普通高等院校土木专业“十三五”规划精品教材

工程项目管理

（第三版）

Engineering Project Management

本书主审　田金信

本书主编　杨晓庄

本书副主编　崔玉影　沈爱华

本书编写委员会

杨晓庄　孙　莉　崔玉影　沈爱华

张丽丽　任晓宇　林　野　孙　颖

初　蕾

华中科技大学出版社

中国·武汉

图书在版编目(CIP)数据

工程项目管理/杨晓庄主编. —3版. —武汉：华中科技大学出版社，2018.2(2023.12重印)
普通高等院校土木专业"十三五"规划精品教材
ISBN 978-7-5680-3225-4

Ⅰ.①工… Ⅱ.①杨… Ⅲ.①建筑工程-工程项目管理-高等学校-教材 Ⅳ.①TU71

中国版本图书馆CIP数据核字(2017)第181617号

工程项目管理(第三版)　　　　杨晓庄　主编
Gongcheng Xiangmu Guanli (Di-san Ban)

责任编辑：陈　忠
封面设计：原色设计
责任校对：曾　婷
责任监印：朱　玢
出版发行：华中科技大学出版社(中国·武汉)　　电话：(027)81321913
　　　　　武汉市东湖新技术开发区华工科技园　　邮编：430223
录　　排：华中科技大学惠友文印中心
印　　刷：武汉邮科印务有限公司
开　　本：850mm×1065mm　1/16
印　　张：22.5
字　　数：475千字
版　　次：2023年12月第3版第8次印刷
定　　价：59.80元

内容提要

本书系统地论述了工程项目建设过程中的管理理论和方法，主要包括工程项目及工程项目管理的基本概念，工程项目的前期策划，工程项目目标与范围管理，工程项目组织与沟通管理，工程项目招投标与合同管理，工程项目进度管理，工程项目成本管理，工程项目质量管理，生产要素管理、安全管理与现场管理，工程项目风险管理等内容。

本书可作为土木工程专业、工程管理专业以及相关专业本科生的专业课教材或教学参考书，在内容和学时安排上可以作适当的调整。也可供工程项目管理、房地产开发、施工管理等领域的从业人员参考使用。

普通高等院校土木专业"十三五"规划精品教材

总　序

教育可理解为教书与育人。所谓教书，不外乎是教给学生科学知识、技术方法和运作技能等，教学生以安身之本。所谓育人，则要教给学生做人的道理，提升学生的人文素质和科学精神，教学生以立命之本。我们教育工作者应该从中华民族振兴的历史使命出发，来从事教书与育人工作。作为教育本源之一的教材，必然要承载教书和育人的双重责任，体现两者的高度结合。

中国经济建设高速持续发展，国家对各类建筑人才需求日增，对高校土建类高素质人才培养提出了新的要求，从而对土建类教材建设也提出了新的要求。这套教材正是为了适应当今时代对高层次建设人才培养的需求而编写的。

一套好的教材应该把人文素质和科学精神的培养放在重要位置。教材中不仅要从内容上体现人文素质教育和科学精神教育，而且还要从科学严谨性、法规权威性、工程技术创新性来启发和促进学生科学世界观的形成。简而言之，这套教材有以下特点。

一方面，从指导思想来讲，这套教材注意到"六个面向"，即面向社会需求、面向建筑实践、面向人才市场、面向教学改革、面向学生现状、面向新兴技术。

二方面，教材编写体系有所创新。结合具有土建类学科特色的教学理论、教学方法和教学模式，这套教材进行了许多新的教学方式的探索，如引入案例式教学、研讨式教学等。

三方面，这套教材适应现在教学改革发展的要求，提倡所谓"宽口径、少学时"的人才培养模式。在教学体系设计、教材内容安排等方面也做了相应改变，教学起点可视学生水平做相应调整。同时，在这套教材编写中，尤其重视学生的综合能力培养和基本技能培养，适应土建专业特别强调实践性的要求。

我们希望这套教材能有助于培养适应社会发展需要的、素质全面的新型土木工程类专业人才。我们也相信这套教材能达到这个目标，从形式到内容都成为精品，为教师、学生以及专业人士所喜爱。

中国工程院院士　王思敬

2006 年 6 月于北京

前　言

《工程项目管理》是土木工程类专业学生必修的专业课程。它紧密联系工程建设管理的实践，体现社会科学和自然科学的交叉与融合，强调理论与实践的紧密结合。

由于现代工程建设的复杂性和综合性，以及改革开放以来建筑业的不断发展，工程建设实践中出现了不少新情况和新问题，传统的管理方式和方法已经不能适应新形势下实践的要求。因此，必须在实践中研究和采用现代化的新理论，应用新方法和手段，以问题为导向，不断总结经验教训，提高工程项目的管理水平。

本书既可作为工程项目管理专业的教科书，也可作为从事工程项目管理工作人员的参考书。本书系统地介绍了工程项目管理的概念、过程和方法，以此构筑出工程项目管理的整体框架结构，不仅介绍如何进行项目管理，而且重点介绍为什么要这样进行管理。各章均列有本章要点和思考题，便于学生学习时抓住要点，并通过练习巩固所学知识。此外，还包括工程项目管理实例，以及对实例的分析和总结，旨在为学生提供实用的工程项目管理操作范式，培养学生理论联系实际的作风和实际工作能力。

工程项目管理理论是基于工程项目管理实践总结出来的，在强调对工程项目管理的基本思想体系学习的同时，更强调理论的应用以及学生解决实际问题的能力。学生通过对本课程的学习，可以全面了解工程项目管理知识体系，其主要内容包括工程项目及工程项目管理的基本概念，工程项目的前期策划，工程项目目标与范围管理，工程项目组织与沟通管理，工程项目招投标与合同管理，工程项目进度管理，工程项目成本管理，工程项目质量管理，生产要素管理、安全管理与现场管理，工程项目风险管理等内容。

本书编写工作共有九位教师参加，分别来自：哈尔滨商业大学、大连大学、山东理工大学、黑龙江建筑职业技术学院、黑龙江职业学院。他们从专业的角度出发，根据自己的教学及科研成果，在借鉴前人研究成果的基础上，对工程管理的知识体系作了诠释。全书由杨晓庄担任主编，崔玉影、沈爱华担任副主编；张丽丽、任晓宇、林野、孙颖、初蕾、孙莉参编。各章编写分工如下：第1、2章由杨晓庄、沈爱华编写，第3、9章由沈爱华、张丽丽编写，第4章由杨晓庄、任晓宇编写，第5、8章由林野、初蕾编写，第6章由孙莉、崔玉影编写，第7章由崔玉影、任晓宇编写，第10章由崔玉影、张丽丽、孙颖编写。

本书在编写过程中，参考了很多专家、学者的著作和研究成果，同时得到了哈尔滨工业大学田金信教授的热情帮助，提出许多宝贵意见，在此表示深深的感谢。

由于编写时间仓促，作者水平有限，书中内容若有不足之处，还请各位读者批评指正。

编者　著

2018年1月

目　　录

第1章 工程项目管理概论

1.1 项目和工程项目

1.1.1 项目及其特性

古代，从中国的万里长城到埃及的金字塔，都是工程项目的典范。现代，从计算机软件的研发到一部电影的制作完成，也是项目的一种形式。

国际标准化组织(ISO)给出项目的定义如下："具有独特的过程，有开始和结束日期，由一系列相互协调和受控的活动组成。过程的实施是为了达到规定的目标，包括满足时间、费用和资源等约束条件。"

此外，项目还具有如下特性。

1. 一次性(单件性)

项目作为总体来说是一次性的、不重复的，这是项目区别于其他常规"活动和任务"的基本标志，也是识别项目的主要依据。

2. 目标性

项目均具有各自不完全相同的目标，尽管一个项目中包含部分的重复内容，但在总体上仍然是独立的。

3. 约束性

项目只能在一定的约束条件下进行。约束条件包括时间、资金和资源等方面的约束。

4. 寿命周期性

项目始终有确定的开始和结束时间。

5. 多活动性

项目包含着一系列相互独立、相互联系、相互依赖的整个活动过程所涉及的各项活动。

1.1.2 项目的特点

项目具有以下五个特点。

1. 目的性

项目是一种有着预定需求的最终产品的一次性活动。它可以被分解为子项任务，只有子项任务得以完成，才能实现整体项目的完成。

2. 寿命周期性

项目从开始到结束具有寿命周期。

3. 依赖性

项目经常与其上级组织同时进行的其他项目互相影响,而且项目始终与组织中的标准的、常规的运作相互影响,与组织中的职能部门(市场、财务和生产等)以规则的、成形的方式相互影响。

4. 独特性

每个项目都有一些独特的成分,可以说找不出两个完全相同的项目。这意味着项目不能完全按成熟方法完成,因而项目具有风险性,这就要求项目管理者创造性地解决项目实施中的问题。

5. 冲突性

项目与职能部门为资源和人员而争夺;项目部成员为争取项目资源和解决项目问题发生冲突;项目与项目之间为争夺有限的资源也存在冲突。

1.1.3 工程项目及特征

工程项目是一项固定资产投资的经济活动,它是最为常见的项目类型。工程项目是指需要一定量的投资,经过策划、设计和施工等一系列活动,在一定的资源约束条件下,以形成固定资产为确定目标的一次性活动。

1. 工程项目基本特征

工程项目具有项目的基本特征,具体表现在以下五个方面。

(1) 工程项目的一次性

任何工程项目作为总体来说是一次性的、不重复的。即使在形式上极为相似的项目,例如,一个住宅小区中,建筑外观和结构类型完全一致的两栋住宅楼,仍然存在地质条件、建造材料、建造时间和项目组织等方面的不同,所以它们之间无法等同替代。

(2) 工程项目的目标性

任何工程项目在建成后都具有特定的使用功能,以满足业主的需求,因而其建设的目的是明确的。这个目的在项目策划阶段就已明确,并在以后的实施阶段逐步实现。

(3) 工程项目的约束性

任何工程项目总是受时间、资金和资源制约。

从时间的约束来看,业主总是希望尽快实现项目的目标,发挥投资效益,缩短项目的投资回收期。时间的约束是对工程项目开始和结束时间的限制,形成了工程项目的工期目标。

从资金的约束来看,业主对资金事先预算的投入形成了工程项目的费用目标。目前,工程项目的投资呈多元化,对项目资金的使用越来越严格,经济性和效益性要求也越来越高。

从资源的约束来看，投入到工程项目中的资源是有限的，例如人力和材料的供应是有限的，工程建设的技术水平是有限的等等。

(4) 工程项目的寿命周期性

任何工程项目都经历从提出项目建议书、策划(决策)、实施、使用到终止使用(报废)等过程。

但是从参与工程项目不同组织的角度来看工程项目的寿命周期性，可以将工程项目的整个周期分解成几个阶段性周期，作为业主考虑的是全周期，作为承包单位则根据所承包的工程项目的内容考虑相应的阶段周期，例如施工承包单位承包的内容是工程项目的施工建造至交付使用，工程项目寿命的周期即工期。

(5) 工程项目由活动构成

工程项目过程就是不同的专业人员，如建筑师、结构工程师、水电工程师和咨询工程师等在不同的时间与不同的空间进行不同的活动，完成各自的任务，这些任务的完成共同促成了该工程项目的完成。

2. 工程项目的其他特征

工程项目除以上基本特征外，还具有如下特征。

(1) 投资大

一个工程项目少则有几百万元，多则有几千万元、数亿元的资金投入。

(2) 建设周期长

工程项目的寿命周期少则一年，多则几十年。

(3) 不确定性因素多、风险大

工程项目由于建设周期长，露天作业多，受外部环境影响大，因此，不确定性因素多，风险大。

(4) 参与人员多

工程项目参与人员是指直接参与工程建设的人员，主要包括业主、建筑师、结构工程师、水电工程师、项目管理人员和监理工程师等。此外，还涉及进行工程项目监督管理的政府建设行政主管部门以及其他相关部门的人员，例如，当地建筑工程质量监督站的管理技术人员等。

1.1.4 工程项目类型

1. 根据功能不同划分

通常，根据工程项目的功能不同，工程项目可以分成四种主要形式。

(1) 住宅建筑

住宅建筑是指那些用来居住的房屋建筑物。房地产开发商作为业主的代理人，负责确定必要的设计和建造合同，同时负责项目的融资以及销售建造好的房屋。

(2) 公用性建筑

公用性建筑包括商业建筑(如商店和购物中心)、文化教育建筑(如学校)、卫生建筑(如医院)、娱乐设施和体育场馆等。

(3) 工业建筑

工业建筑包括钢铁厂(如上海宝钢)、核电厂(如大亚湾核电站)等。

(4) 基础设施

基础设施工程大多属于公共工程项目,包括高速公路、隧道、桥梁、排水系统和污水处理厂等。

2. 根据任务不同划分

根据工程项目的参与方承担的工程项目的任务不同,还可以进行如下划分。

(1) 工程项目(包括使用至报废)

工程项目是针对投资业主而言的,它作为一项固定资产投资活动,涉及从项目构思、策划、实施到项目建成交付使用乃至报废,通常是到建成交付使用为止,突出建设阶段。

(2) 工程承包项目

工程承包项目是针对承包商而言的,承包商根据与业主的合同规定,涉及不同的工程承包范围,主要是在项目的实施建造阶段。

(3) 工程勘察设计项目

工程勘察设计项目是针对勘察设计单位而言的,重点在项目实施的勘察设计阶段,根据勘察设计单位与业主签订的工程勘察设计合同,确定勘察设计工作内容。

(4) 工程监理项目

工程监理项目是针对监理单位而言的,监理单位受业主的委托,根据与业主签订的工程监理合同,对工程项目进行管理工作。

此外,工程项目按性质又可分为新建项目、扩建项目和改建项目。

1.1.5 工程项目的组成

一般情况下,可以将工程项目按其组成内容,从大到小,划分为若干个单项工程、单位工程、分部工程和分项工程。

1. 单项工程

单项工程是指具有独立的设计文件,竣工后可以独立发挥生产能力或效益的工程。例如一座工厂中的各个主要车间、辅助车间、办公楼和住宅等。

2. 单位工程

单位工程是单项工程的组成部分,是指具有单独设计图纸的能力,可以独立施工,但完工后一般不能独立发挥生产能力和效益的工程。例如,一个工业车间通常由建筑工程、管道安装工程、设备安装工程和电气安装工程等单位工程组成。

3. 分部工程

分部工程一般是根据单位工程的部位、构件性质及其使用材料或设备种类等的不同而划分的工程。例如,房屋的土建单位工程,按其部位,可以划分为地基与基础、主体结构、建筑屋面和装饰装修等分部工程；按其工种，可以划分为土石方工程、砌筑工程、钢筋混凝土工程、防水工程和抹灰工程等子分部工程。

4. 分项工程

分项工程一般是按分部工程的施工方法、使用材料、结构构件的规格等不同因素划分的，是通过简单的施工过程就能完成的工程。例如，房屋的基础分部工程可以划分为挖土、混凝土垫层、砌毛石基础和回填土等分项工程。

【例 1-1】 某高校新校区项目

某高校新校区位于某大学城，距市中心 10 km，建设规划到 2015 年在校生规模达 6000 人。建设用地 40 万平方米，总建筑面积 18 万平方米。其中，校区设施 12 万平方米，生活服务设施 6 万平方米。该新校区工程项目分三期建设，各期建设内容及建筑面积如表 1-1 所示。

表 1-1　项目一览表

项目		总面积（万平方米）	一期工程（万平方米）	二期工程（万平方米）	三期工程（万平方米）
1. 建(构)筑物		18	7.0	4.1	6.9
其中	(1) 教学楼	3.6	1.2	1.2	1.2
	(2) 科研实验楼	4.8	1.2	1.2	2.4
	(3) 艺术馆	0.3			0.3
	(4) 创新中心	0.5		0.5	
	(5) 图书馆	1.2	1.2		
	(6) 国际交流馆	0.3		0.3	
	(7) 行政办公楼	0.4	0.3		0.1
	(8) 专家招待所	0.3		0.3	
	(9) 学生公寓	4.8	2.4		2.4
	(10) 师生食堂	1.0	0.6		0.4
	(11) 游泳馆	0.2		0.2	
	(12) 体育馆	0.4		0.4	
	(13) 配套建筑	0.2	0.1		0.1
2. 田径场		1	1		
3. 运动场		0.6	0.6		

由表 1-1 可知:该工程项目是新建项目,某高校新校区项目是项目的名称;其中教学楼和科研实验楼等均为单项工程。

【例 1-2】 某石化集团有限责任公司“十五”规划项目

该项目位于某省某市,是热动车间技术改造项目。厂区占地面积 90 910 m^2,厂区建(构)筑物占地 30 260 m^2,主要生产建(构)筑物的名称及结构选型如下所述。

(1) 主厂房

主厂房采用钢筋混凝土排架联合布置,开间 8 m。

① 汽机间。汽机间采用钢筋混凝土排架结构,跨度 27 m,长 89.2 m,操作层标高 8 m,柱顶标高 21 m。

② 除氧间。除氧间采用单跨现浇钢筋混凝土框架结构,跨度 10.5 m,长 89.2 m,高 42.7 m,四层。

③ 煤仓间。煤仓间采用单跨现浇钢筋混凝土框架结构,跨度 9 m,长 89.2 m,高 42.7 m,六层。

④ 锅炉间。锅炉间采用钢筋混凝土排架结构,跨度 33 m,长 73.2 m,操作层标高 8 m。

(2) 汽机基座

汽机基座采用现浇钢筋混凝土框架结构。

(3) 燃料建筑

① 碎煤楼。碎煤楼采用现浇钢筋混凝土框架结构,平面尺寸 14 m×10 m,高 19.5 m,三层。

② 输煤栈桥。输煤栈桥采用现浇钢筋混凝土柱,跨度 5.3 m,栈桥上部结构采用钢结构。

(4) 35 kV 开关站

35 kV 开关站采用现浇钢筋混凝土框架结构,平面尺寸 45 m×23 m,高 13 m,三层。

(5) 化水处理

① 化水处理车间及泵房。化水处理车间及泵房采用现浇钢筋混凝土高低跨排架结构,长 78 m,主跨 15 m,高 9 m;附跨 6 m,高 5 m。

② 化验楼。化验楼采用现浇钢筋混凝土框架结构,宽 12 m,长 22 m,高 13.5 m,三层。

(6) 循环水

① 循环水泵房。循环水泵房采用现浇钢筋混凝土框架结构,宽 9 m,长 33.6 m,单层地下 4 m,地上 7.5 m,端部配电、控制及加药间为单层砖混结构。

② 冷却塔。采用现浇钢筋混凝土双曲线冷却塔一座。

(7) 附属建筑

车间办公楼采用现浇钢筋混凝土框架结构,宽 15 m,长 40 m,高 12 m,三层。

综上所述，该项目是技术改造项目，某石化集团有限责任公司“十五”规划项目是项目的名称；其中主厂房和循环水泵房等是单项工程。

1.2 项目管理与工程项目管理

1.2.1 项目管理的概念

项目管理的思想是伴随着项目的实施产生的。秦始皇为了建成自己的陵墓，动用了约70万人(约占当时全国人口的1/6)，以及数不胜数的财力和物力，历经周密的设计、完备的施工方法以及严格的组织措施的建设过程，最终完成了这项气势恢弘的工程。

现代项目管理理论认为，项目管理是通过项目经理和项目组织的努力，运用系统理论和方法对项目及其资源进行计划、组织、协调和控制，旨在实现项目特定目标的管理方法体系。该管理理论有以下四点内涵。

1. 项目管理是一种管理方法体系

项目管理是一种管理项目的科学方法，但并非唯一的方法，更不是一次任意的管理过程。

项目管理作为一种管理方法体系，在不同国家、不同行业及其自身的不同发展阶段，无论是在内容上，还是在技术手段上都有一定区别，但其最基本的定义、概念是相对固定的，被广泛接受和认可的。

2. 项目管理的对象与目的

项目管理的对象是项目，项目又是一系列任务组成的整体系统。项目管理的目的，就是处理好这一系列任务之间纵横交错的关系，按照业主的需求形成项目的最终产品。

3. 项目管理的职能与任务

项目管理的职能，是对所组织的资源进行计划、组织、协调和控制。资源是指项目所需要的，在所在组织中可以得到的人员、资金、技术和设备等。在项目管理中，还有一种特殊的资源，即时间。项目管理的任务是对项目及其资源进行计划、组织、协调和控制。

4. 项目管理运用系统的理论与思想

由于项目任务是分别由不同的人员执行的，所以项目管理要求把这些任务和人员集中到一起，把它们当作一个整体对待，最终实现整体目标。因此，需要以系统的理论与思想来管理项目。

1.2.2 项目管理的特点

1. 项目管理是一项复杂的工作

项目一般是由多个组织运用多种专业知识来完成任务,通常没有或较少有经验可以借鉴,因为其中有许多不确定、未知的影响因素。这些因素决定了项目管理是一项很复杂的工作。

2. 项目管理具有创造性

由于项目具有一次性的特点,因此项目管理既要承担风险又必须发挥创造性。项目的创造性依赖于科学技术的发展和支持:一是继承积累性,体现在人类可以沿用经验,继承前人的知识、经验和成果,并在此基础上向前发展;二是综合性,即要解决复杂的问题必须依靠和综合多种学科的成果,将多种技术结合起来,才能实现科学技术的飞跃或更快的发展。

3. 项目管理需要建立专门的项目部

依托项目成立专门的管理组织——项目部。项目部由各种不同专业、不同部门的专业人员构成,旨在处理项目进行过程中的各种组织、技术、经济、控制和协调等问题。

4. 项目经理在项目管理中发挥着非常重要的作用

项目经理有权独立地进行计划、资源分配、协调和控制。项目的性质功能以及项目管理的职能,要求项目经理具备经济、技术管理等诸多知识,并具有较高的组织领导才能。

1.2.3 工程项目管理

1. 概念

工程项目管理是以工程项目为对象,在既定的约束条件下,为最优地实现工程项目目标,根据工程项目目标、工程项目的内在规律,对从项目构思到项目完成(指项目竣工并交付使用)的全过程进行的计划、组织、协调和控制,以确保该工程项目在允许的费用和要求的质量标准下按期完成。

根据工程参与方的不同,有工程项目管理、工程勘察设计项目管理、工程承包项目管理和工程监理项目管理。它们的区别在于管理的主体、管理的对象和管理的范围不同。

2. 工程项目管理与一般生产管理的区别

工程项目管理与一般生产管理的区别如表1-2所示。

表1-2 工程项目管理与一般生产管理的区别

工程项目管理	一般生产管理	工程项目管理	一般生产管理
产品的一次性	产品的大批量重复生产	生产资源不定	生产资源固定
产品固定,生产流动	产品流动,生产固定	流动的生产班组	静态的生产班组

续表

工程项目管理	一般生产管理	工程项目管理	一般生产管理
生产状态变化大	生产状态不变	体现客观的成果	体现成果的水平

3. 工程项目管理目标及目标之间的关系

工程项目管理的基本目标就是有效利用有限资源，以尽可能少的费用和尽可能快的速度建成该项目，使其实现预定的质量(功能)。

质量(功能)目标、工期目标和费用目标，共同构成工程项目管理的目标体系，如图 1-1 所示。三者之间有着密切的内在联系。

在任何一个工程项目中，必然存在三个目标之间的平衡，可以用图 1-2 中三角形里的某一点来表示(如 A 点)。

用图 1-2 可以解释三大目标之间的关系，图中各点含义如下：

① Q 点表示质量是最重要的；

② T 点表示工期是最重要的；

③ C 点表示费用是最重要的；

④ A 点表示三个目标的重要性程度相同；

⑤ B 点表示重点考虑工期和质量，而费用考虑得很少；

⑥ E 点表示重点考虑费用和质量，而工期考虑得很少；

⑦ D 点表示重点考虑工期和费用，而质量考虑得很少。

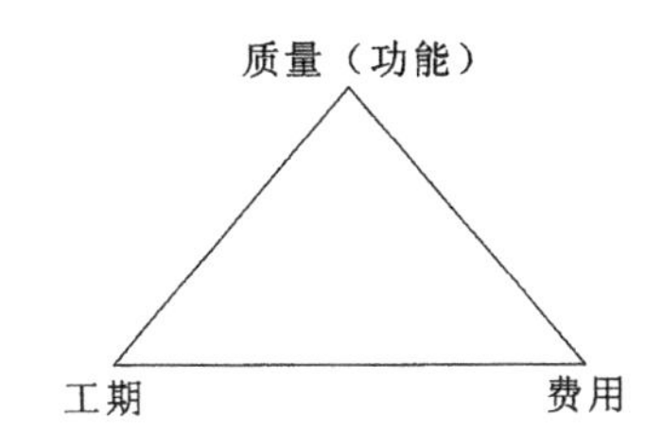

图 1-1　工程项目管理目标体系

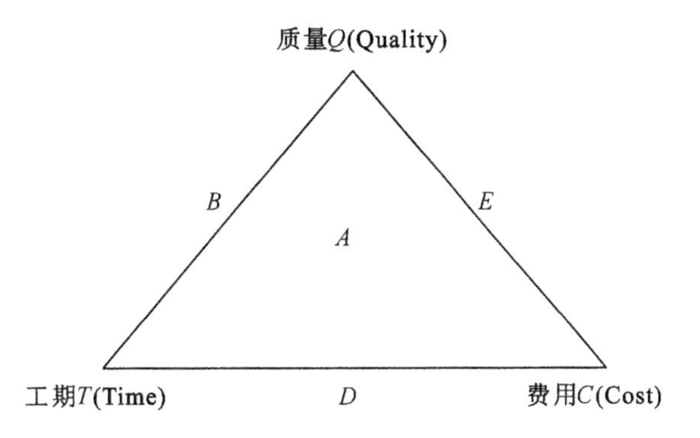

图 1-2　三大目标之间的内在关系图

由此可见,三大目标之间是对立的关系,但是也存在统一的关系。例如,适当增加赶工的费用,可以缩短工期,使项目提早动用,缩短投资回收期;适当提高质量标准,虽然建设费用增加了,但能够降低使用期的维修费;合理、均衡的进度计划,可以保证实现质量目标和节约费用。

因此,三大目标是一个不可分割的整体,是一个系统,孤立地重视哪一个目标和忽视哪一个目标都是不可取的。实践中,大多数工程项目往往考虑 A 点附近,即费用经济可接受,实施时间较短,质量又能达到要求的标准。

1.3 工程项目建设程序

《中华人民共和国建筑法》(以下简称为《建筑法》)规定,工程项目要符合建设程序,因此工程项目管理的内容也是围绕建设的程序展开的。工程项目建设一般可分为项目决策、项目设计、建设准备、施工和动用前准备及竣工验收五个阶段。

1.3.1 项目决策阶段

项目决策阶段的工作主要是编制项目建议书,进行可行性研究和编制可行性研究报告。

1.3.2 项目设计阶段

一般项目的项目设计阶段,可分为初步设计和施工图设计两个阶段。特殊要求的项目可在两阶段之间增加技术设计阶段。

1.3.3 建设准备阶段

建设准备阶段的工作包括征地,拆迁,平整场地,通水,通电,通路以及组织设计、材料订货,组织施工招标,选择施工单位,报批开工报告等。

1.3.4 施工和动用前准备

施工单位按设计进行施工安装,建成工程实体。同时,业主在监理单位协助下做好项目建成动用的系列准备工作。例如人员培训、组织准备、技术准备和物资准备等。

1.3.5 竣工验收阶段

申请验收需要做好整理技术资料,绘制项目竣工图纸,编制项目决算等准备工作。大中型项目应当经过初验,然后再进行最终的竣工验收。简单、小型项目可以一次性进行全部项目的竣工验收。项目验收合格即交付使用,同时按规定实施保修。

我国工程项目建设程序如图 1-3 所示。

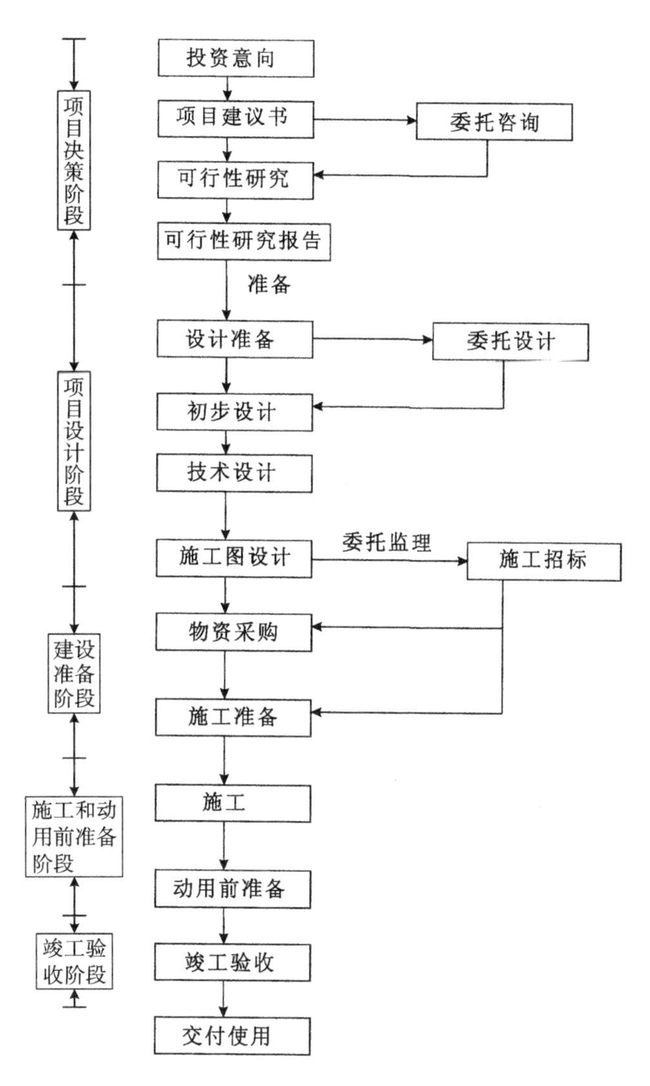

图1-3 工程项目建设程序框图

1.4 工程项目参与各方的管理职能

由于工程项目参与各方的工作性质和组织特征的不同，以及参与项目的各方处于不同的阶段，其工程项目管理的任务和目的不同，因而其管理职能也不同。

1.4.1 业主方对工程项目的管理

业主方负责从可行性研究开始直到工程竣工交付使用的全过程管理，是整个工程项目管理的中心。业主方对工程项目的管理包括以下职能。

1. 决策职能

由于工程项目的建设过程是一个系统工程,每个阶段是否启动都要由业主方进行决策。

2. 计划职能

围绕工程项目建设的全过程、总目标,将实施过程的全部活动都纳入计划轨道,用动态的计划系统协调与控制整个工程项目,保证建设活动协调有序地实现预期目标。

3. 组织职能

业主方的组织职能既包括在内部建立工程项目管理的组织机构,又包括在外部选择可靠的设计单位与承包单位,实施工程项目不同阶段、不同内容的任务。

4. 协调职能

由于工程项目实施的各个阶段在相关的层次、相关的部门之间存在大量的结合部,构成了复杂的关系和矛盾,应通过协调职能进行沟通,排除不必要的干扰,确保系统的正常运行。

5. 控制职能

工程项目目标的实现是以控制职能为主要手段,业主方不断地通过决策、计划、协调和信息反馈等,采用科学的管理方法确保目标的实现。业主方对工程项目管理的主要任务就是要对投资、进度和质量进行控制。

【例 1-3】 某房地产开发公司主要职能部门的划分及职责

(1) 开发部

① 负责项目的市场调研、可行性研究和经济技术论证。

② 负责项目各项前期手续的办理,包括土地竞标、土地证申领、项目立项和申领建设用地规划许可证等。

③ 负责审核公司所有项目合同,并监督合同执行。

④ 负责规划设计及设计变更工作,办理水、电、气、市政工程等方案报审。

⑤ 负责组织项目全程策划工作,编制项目建设实施计划。

⑥ 负责编制公司项目统计年度、季度、月度报表。

⑦ 负责本部门职责范围内的工程技术档案建档工作,并及时向总经理办公室移交归档。

⑧ 配合工程部做好工程招标、预决算复核工作。

(2) 工程部

① 负责组织工程招标和材料设备采购工作,落实对承包商、供应商和监理单位等的考察调研。

② 负责工程进度管理,编制工程实施详细计划和工程进度表。

③ 负责工程质量管理,督促检查工程监理单位的工作质量,参与重要分部分项工程的隐蔽验收工作。

④ 负责组织审查施工组织设计、施工方案、监理大纲及实施细则。

⑤ 负责工程造价管理工作，实行动态管理，按照权限做好工程现场签证工作。组织工程预(决)算审核工作，会同开发部做好各类工程款项的核算工作。

⑥ 负责检查督促施工单位的现场安全及文明施工情况。

⑦ 负责组织工程质量报建工作，并领取相关证照。组织工程预验收及竣工验收，做好竣工资料移交及归档工作。

⑧ 负责组织向物业部进行实体和资料移交工作，配合物业部做好保修期内的维修整改工作。

⑨ 配合开发部办理项目各项前期手续。

(3) 财务部

① 严格执行《中华人民共和国会计法》《房地产开发企业会计制度》，按本公司章程行使财务管理职能。

② 负责编制公司年度、季度、月度财务计划。

③ 做好日常资金筹措和使用工作，建立债权备忘录。负责审核各部门的用款计划，并按合同规定及时收付各项资金。参与编制项目可行性研究，加强对项目成本的基础管理，定期进行成本分析，提出成本控制方案。

④ 根据会计制度规定正确设置和使用会计科目，及时、准确地编制各类会计报表，做到表表相符、账表相符。负责组织会计凭证、账簿和报表等会计资料的整理、装订并按电算会计档案管理要求保管会计档案。

1.4.2　政府对工程项目的管理

政府对工程项目的管理是指政府有关部门对工程项目进行的监督和管理，以相关的法律为依据，由有关的政府机构来执行强制性监督与管理。

1. 政府对工程项目的管理

根据政府的职能，政府对工程项目的管理贯穿工程项目的全过程，其管理的内容主要包括以下九个方面。

① 建设用地管理。

② 建设规划管理。

③ 环境保护管理。

④ 建筑防火管理。

⑤ 建筑防灾(防震、防洪等)管理。

⑥ 有关技术标准、技术规范执行情况的审核。

⑦ 建设程序管理。

⑧ 施工中的安全、卫生管理。

⑨ 建成后的使用许可管理。

在施工阶段，国家实行建设工程质量监督管理制度。工程质量监督管理的主体是各级政府建设行政主管部门和其他有关部门。工程质量监督管理由建设行政主管部门或其他有关部门委托的工程质量监督机构具体实施。

工程质量监督机构是经省级以上建设行政主管部门或有关专业部门考核认定,具有独立法人资格的单位。它受县级以上地方人民政府建设行政主管部门或有关专业部门的委托,依法对工程质量进行强制性监督,并对委托部门负责。

工程质量监督工作的基本程序是:建设单位在工程开工前一个月,到监督站办理监督手续,提交勘察设计资料等有关文件;监督站在接到文件、资料后的两周内,确定该工程的监督员,通知建设、勘察、设计和施工单位,并提出监督计划。

2. 工程质量监督

工程质量监督工作的主要内容包括以下三个方面。

① 工程开工前,监督员检查施工现场工程建设各方主体及有关人员的资质或资格;检查勘察、设计、施工、监理单位的质量管理体系和质量责任制落实情况;检查有关质量文件,技术资料是否齐全、是否符合规定。

② 工程施工中,按照质量监督工作方案,对建设工程地基基础、主体结构和其他涉及安全的关键部位进行现场实地抽查,对用于工程的主要建筑材料、构配件的质量进行抽查。对地基基础分部、主体结构分部和其他涉及安全的分部工程的质量验收进行监督。

③ 工程完工后,监督建设单位组织的工程竣工验收的组织形式、验收程序以及在验收过程中提供的有关资料和形成的质量评定文件是否符合有关规定,实体质量是否存在严重缺陷,工程质量验收是否符合国家标准。

工程质量监督机构应当在工程竣工验收之日起5日内,向备案机关提交工程质量监督报告。

1.4.3 施工项目管理

施工单位通过工程施工投标取得工程施工任务,以施工合同为依据,组织项目管理,称为施工项目管理。施工项目管理的目标包括施工的成本目标、进度目标和质量目标。施工方的项目管理工作主要在施工阶段进行,但也涉及设计准备阶段、设计阶段、动用前准备阶段和保修阶段。施工项目管理的任务包括施工安全管理、成本控制、进度控制、合同管理、信息管理以及与施工有关的组织与协调。

1. 施工项目管理的特征

(1) 施工项目是主要的管理对象

施工项目管理的主体是以施工项目经理为首的项目经理部,管理的客体是施工对象、施工活动以及相关的生产要素。

(2) 施工阶段管理的内容随着施工阶段的不同而不同

施工项目管理一般包括施工投标、签订施工合同、施工准备、施工及竣工验收、保修阶段的管理。施工阶段又包括基础、主体结构、屋面、装修、设备安装和竣工验收等内容，其管理的内容差异很大。因此，必须做出管理计划，签订合同，提出措施，进行有针对性的动态管理，并且还要进行资源优化组合，以提高施工效率和项目效益。

（3）施工项目管理的首要任务是施工现场的管理

施工项目现场管理是指对施工现场内的活动及空间的使用所进行的管理。施工现场管理是建筑安全生产管理的关键。

2. 施工项目管理的主要工作

（1）建立工程承包项目管理的组织——项目部

① 选聘施工项目经理。项目经理是企业法定代表人在承包的施工项目上的委托代理人。对项目经理的素质要求如下：

a. 能力要求：具有符合施工项目管理要求的能力；

b. 经验和业绩要求：具有相应的施工项目管理经验和业绩；

c. 知识要求：具有承担项目管理任务的专业技术、管理、经济、法律和法规知识；

d. 道德品质要求：具有良好的道德品质。

② 选择适当的组织形式，组建施工项目管理机构，明确责任、权限和义务。项目经理部是由项目经理在企业的支持下组建并领导，进行项目管理的组织机构。项目经理部的组织形式应根据施工项目的规模、结构复杂程度、专业特点、人员素质和地域范围确定。

③ 根据施工项目管理的要求制定施工项目管理制度。对于企业制定的规章制度，项目经理部应无条件遵守；当企业现有的规章制度不能满足项目管理需要时，项目经理部可以自行制定规章制度，但是应报企业或其授权的职能部门批准。

（2）编制施工项目管理计划

施工项目管理计划是对该项目管理组织内容、方法、步骤、重点进行预测和决策等作出具体安排的纲领性文件。施工项目管理计划的主要内容有以下三个方面。

① 进行项目分解，以便确定阶段性控制目标，从局部到整体进行工程承包活动和进行工程承包项目管理。

② 建立施工管理工作体系，绘制施工项目管理工作结构和相应管理流程图。

③ 绘制施工项目管理计划，确定管理重点，形成文件，以利于执行。

（3）进行施工项目现场管理

施工项目现场管理的总体要求是文明施工，现场入口处要有“五牌二图”，规范场容管理，做好环境保护和卫生管理等。

（4）进行施工项目的目标控制

施工项目的目标控制主要包括进度、质量、成本和施工现场安全等目标控制。

（5）对施工项目的生产要素进行优化配置和动态管理

施工项目的生产要素是工程承包项目目标得以实现的保证，主要包括劳动力、材料、设备、资金和技术。生产要素管理的内容包括以下三个方面。

① 分析各项生产要素的特点。

② 按照一定原则、方法对施工活动生产要素进行优化配置,并对配置状况进行评价。

③ 对施工项目的各项生产要素进行动态管理。

(6) 进行施工项目的合同管理

施工项目管理是在市场条件下进行的特殊交易活动的管理。这种交易从招标投标开始,持续于管理的全过程。因此,必须签订合同,进行履约经营。合同管理的好坏直接关系到工程承包项目管理与工程承包项目的技术经济效果和目标能否实现。

(7) 进行施工项目的信息管理

施工项目管理是一项复杂的现代化管理活动,因此要依靠大量信息,并对大量信息进行管理,既包括内部的信息管理,也包括外部的信息管理。

1.4.4 工程建设监理

由于工程项目的实施是一次性的任务,因此业主方自行进行项目管理往往有很大的局限性。由于在技术和管理方面缺乏配套的力量,因而工程项目完全可以依靠发展中的咨询业为其提供项目管理服务,这就是社会建设监理。因此工程建设监理成为业主方对工程项目管理的一种重要形式。

1. 工程建设监理的概念

工程建设监理是指针对工程项目建设,业主委托和授权社会化、专业化的工程建设监理单位,根据国家批准的工程项目建设文件,有关工程建设的法律、法规和工程建设监理合同以及其他工程建设合同所进行的旨在实现投资目的的微观监督管理活动。

2. 工程建设监理的性质

(1) 服务性

在监理单位和业主签订的监理委托合同中,明确了监理工作的范围和权限。被监理的对象是承包商。

(2) 独立性

监理单位作为独立的专业单位受聘于业主履行服务,监理工程师作为独立的专业人员进行工作。为了保证工程建设监理行业的独立性,从事这一行业的监理单位和监理工程师必须与某些行业或单位断绝人事上的依附关系以及经济上的隶属或经营关系,也不能从事施工、材料供应等行业的工作。

(3) 公正性

当业主和承包商发生利益冲突或矛盾时,监理单位能够以事实为依据,站在第三方立场上公正地解决和处理问题。

(4) 科学性

工程建设监理的科学性是由工程项目的特点和监理工作的特点决定的。现今的工程建设项目向着多方向发展,科技水平越来越高,这就要求监理人员应具备较高的专业知识和经济管理知识，才能较好地进行监理工作。

3. 工程建设监理的范围

根据中华人民共和国建设部令第86号《建设工程监理范围和规模标准规定》，下列建设工程必须实行监理：

① 国家重点建设工程；

② 大中型公用事业工程；

③ 成片开发建设的住宅小区工程；

④ 利用外国政府或者国际组织贷款、援助资金的工程；

⑤ 国家规定实行监理的其他工程。

4. 监理单位与业主、承包商的关系

业主与监理单位经平等协商签订了监理合同，就确定了两者之间是委托与被委托、授权与被授权的关系。监理合同对监理人员的数量、素质、服务范围、服务时间和服务费用等作出详细规定，同时也明确了业主授予监理工程师的权力。

监理单位与承包商之间不签订任何工程合同，他们之间的关系体现在业主与承包商签订的《建设工程施工合同》中。合同约定，发包人可以委托监理单位全部或者部分负责合同的履行。工程施工监理应当依照法律、行政法规及有关的技术标准、设计文件和建设工程施工合同，对承包人在施工质量、建设工期和建设资金使用等方面，代表发包人实施监督。发包人应当将委托的监理单位名称、监理内容及监理权限以书面形式通知承包人。在施工合同的专用条款中应当写明总监理工程师的姓名、职务和职责。因而，监理工程师与承包商之间是监理与被监理的关系，由于业主的委托与授权，承包商的工作要得到监理工程师的批准，同时也要达到监理工程师满意的程度。但是监理单位不得超越承包合同所确认的权限，也不得违反国家的法律、法规。

在工程建设领域，建设监理制度的推行，使工程建设管理成为在政府有关部门的监督管理之下，由项目业主、承包商和监理单位直接参加的"三方"管理体制，形成既有利于相互协调又有利于相互约束的完整的项目组织系统，为实现工程项目总目标奠定了组织基础。

1.5　国内外工程项目管理模式

工程项目由于具有一定的特殊性质，其建设周期较长，易受外界环境的影响，规模较大，其中的利益相关者也较多，而且存在一定的风险性。为充分考虑每个工程项目的具体特点以及所处的不同环境，有效规避可能产生的风险因素，在工程项目的管理过程中也就采取不同的项目管理模式，才能够使得建筑目标最终得以实现。自工程项目管理模式发展至今，国内外的建筑行业市场中存在很多种项目管理模式，其中不乏一些较为成熟的、拥有先进管理经验的模式，但每一种管理模式必然存在一定的优势和不足之处。

国内外建筑市场中传统的工程项目管理模式存在的历史悠久,也为建筑工程的施工管理作出了一定的贡献,它的主要管理方式如下文所述。在工程项目立项之前,业主将一切工作委托给相关的咨询师,由他们去做立项之前具体的准备及评估工作,之后选择合适的设计方对该工程项目进行相关的设计,之后便通过招投标的方式选择合适的承包商承包该工程项目的施工与管理工作。在此过程中,负责该工程项目管理工作的主要人员就是建筑方或者业主所委托的相关咨询方。这样的工程项目管理模式存在的时间较长,因此工程参与各方对工程的每个管理环节与施工环节相对熟悉,并且可以掌控整个工程项目的设计工作,对工程项目的预算能有一定的把握度。该工程项目管理模式适用于在工程项目招投标之前已经完成了基本设计工作且不再做出重大改变的工程项目,因此它存在一定的局限性和不足之处,诸如该种工程项目管理模式实施的前提限制条件就是工程项目在施工过程中不会发生重大的改变,一旦发生工程变更,资金投入的比例会大幅增加的同时,风险系数也不可避免的增加。再者,由于该种项目管理模式欠缺一定的科学、合理性,因此整个项目管理周期长,投入多。这些都是造成工程项目不能顺利完成、投产使用,并达到一定经济效益的制约因素。

由此可见,不同的工程项目管理模式适用于不同的工程项目,并且均存在一定的优势与不足之处,为更好地研究工程项目管理模式,使其能够在不同的工程项目中得以改进与优化,并发挥自己独特的优势作用,因此,本章节以下内容将对目前国内外常见的几种工程项目管理模式进行详细的对比分析。

1.5.1 DBB(Design—Bid—Build)模式

DBB(Design—Bid—Build)模式是在国内外建筑市场上流行较久的一种项目管理模式,也就是设计-招标-建造模式。在这种模式中,业主将工程项目大致分为两个阶段进行,第一个阶段是项目前期阶段,包括项目的可行性研究、评估、前期阶段的设计以及通过招投标选择项目合适的招投标等,这些工作由业主委托的专门的咨询工程师进行。第二阶段,通过由第一段选择出的承包商负责工程项目的施工及管理工作,包括材料及设备的采购,分包商及供应商的选择等,在此过程中,项目的实施严格遵循先设计、后招标、最后建造的顺序与原则。这种模式的各方关系如图 1-4 所示。

DBB 模式的优点在于它是一个较为成熟的工程项目管理模式,在该模式中,业主对于咨询方与承包方的选择可控程度较大,可以依据自己的要求及工程项目的需求选择合适的、具有一定专业技术水平与管理经验的组织或个人。其次,业主对项目的掌控度的增加就降低了风险发生的可能性,有利于业主对资金、设备、人员等资源进行合理协调与配置。但是任何一种项目管理模式都存在一定的不足之处,DBB 模式的缺点就在于由于业主亲自参与咨询方、施工方与管理方的选择过程,并亲自与他们签订合同,因此导致项目的前期管理过于复杂,投入成本较高;再者,万一出现工程

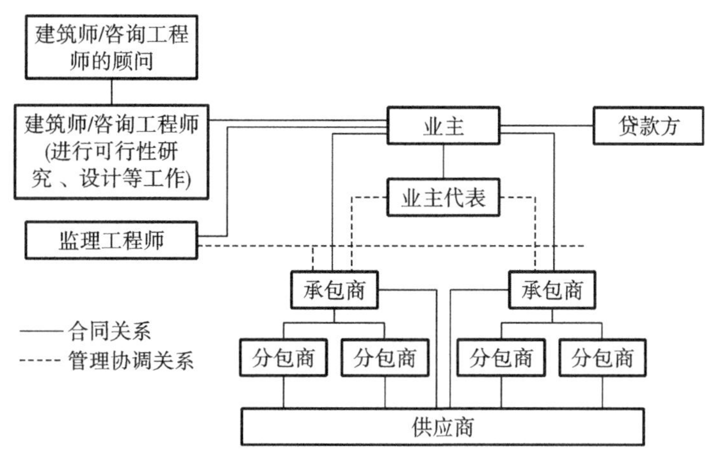

图 1-4　DBB 模式

变更或者工程事故等问题，容易因为协调或者沟通交流的原因出现纷争，给业主带来麻烦。但 DBB 模式的运行与发展，给后续新型的工程项目管理模式的出现奠定了一定的基础，例如国内目前使用最多的招投标管理、合同管理、项目法人责任制等都是依据此模式延伸发展而来的。

1.5.2　DB(Design—Build)模式

DB(Design—Build)，即设计-建造模式，是国内外建筑工程项目管理过程中常用项目管理模式之一，这种工程项目管理模式在国内也称为建筑施工总承包管理模式。所谓 DB 模式，就是指在工程项目确立初期，业主通过招投标的方式，按照施工原则及要求确定符合资质的承包商承包此项工程，并签订合同，按照合同要求，该承包商对整个工程项目的设计、施工以及管理负全部责任。现实中，多数承包商承包工程后根据项目特点及企业自身的能力，将工程的不同部分分别承包给不同的分包公司。这就构成了整个 DB(Design—Build)工程项目管理模式。在设计-建造模式过程中，业主与总承包商之间相互协调、相互配合，完成对整个工程项目的设计、施工及管理过程，缩短了交流时间，同时提升了交流效率。其合同关系如图 1-5 所示。

设计-建造模式的优缺点如下。

1. 优点

① 责任具体化，提升了工程项目管理的效率。由于该种项目管理模式的特点所决定的，总承包商是本项目的直接负责人，因此，当出现责任事故或者工程需要变更等事件的时候，业主直接与总承包商进行沟通与交流，这样既降低了项目管理过程中的交流、协调的时间和费用，同时也提升了管理的效率。在面对业主的要求的时候，承包商能够直接、迅速作出相应的对策以满足业主对工程项目的需求。

② 有效降低工程总成本费用。整个工程项目由总承包商负责，有利于加强对施工进度的控制，缩短工期，因此成本得到有效控制。这一点，从国内外有关的调研数

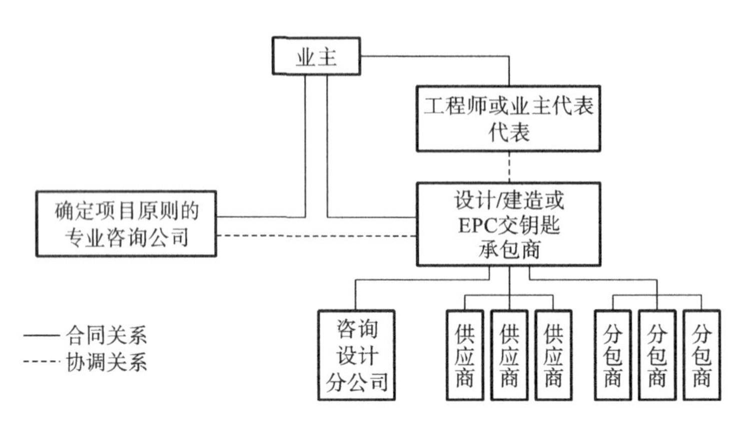

图 1-5 设计-建造模式

据中就可以了解到,设计-建造模式要比其他的工程项目管理模式成本低百分之十左右。

③ 施工任务划分详细,工作效率提升。因为在本项目管理模式中,总承包商根据工程的施工特点将不同的部分承包给了具有不同资质或者施工水平的分包商,以便让他们能够承包各自工作的强项部分,这样做能够使施工任务划分得更加详细,也就能够有效提升工作效率。与此同时,各个部分责任分明,按照合同约定的内容既独立又有一定联系的施工,避免了管理环节上的繁琐。

2. 缺点

① 建筑质量受总承包商水平影响较大。建筑工程项目是由总承包商负责进行设计、施工以及管理工作的,因此,总承包商水平的高低很容易影响到整个建筑工程的质量。如果业主在招标过程中对承包商资质选择不当,则容易对工程项目的质量以及成本产生一定的风险因素。

② DB 模式中,业主对项目缺乏控制能力,主要是由承包商掌控设计、施工以及管理的过程。

③ 建设周期较长,成本高。在 DB 模式中,所有的建设程序是按照设计、施工、管理的流程进行,经历的建设周期较长,业主前期投入的费用较多,因此成本较高。

1.5.3 EPC(Engineering —Procurement—Construction)模式

EPC(Engineering —Procurement—Construction),即设计-采购-建设模式,是指业主选择一家工程项目公司并与其签订合同,该工程项目公司按照与业主的合同约定对该工程项目进行设计、采购与建设全过程的承包活动。其中,业主与工程项目公司签订的合同中规定了整个工程项目的总价及质量等要求,该工程项目公司依照约定对项目设计、采购及建设过程中的质量、成本、进度与安全进行有效控制,直至该项目的完成。

1. 设计、采购、施工(EPC)的工作范围

① 设计(Engineer):除包括设计计算书和图纸外,还包括根据“业主的要求”中

列明的设计工作，即项目可行性研究，配套公用工程设计，辅助工程设施的设计以及结构、建筑设计等。

② 采购(Procure)：可能包括获得项目或施工期的融资，购买土地，购买包括在工艺设计中的各类工艺、专利产品以及设备和材料等。

③ 施工(Construct)：一般包括全面的项目施工管理，如施工方法，安全管理，费用控制，进度管理及设备安装调试、工作协调等。

2. EPC模式的基本特征

(1) 总承包商责任制与风险制

EPC模式中，按照与业主的合同约定，项目的总承包商参与工程项目的设计和采购及建设的全过程中，并且负全部责任，同时，项目的总承包商将不同的部分项目发包给分包商，也就对分包商的施工质量、成本、安全等负责。在项目承担的风险方面，因为项目的总承包商是项目的总负责人，因此承担主要风险责任，包括设计风险、经济风险、项目变更风险及合同纠纷风险等。

(2) 工程项目管理工作的灵活性

EPC模式中，业主将项目全部工作交给总承包商，就由总承包商对项目的进度计划、施工技术、管理等工作进行自主规划与安排，而业主只需要及时掌握工程进度及施工质量等状况即可，这体现了EPC模式中业主与总承包商工作的灵活性。

(3) 工程项目管理工作中过程控制与事后监督模式双重启用

工程项目管理工作中过程控制与事后监督模式双重启用，确保建设目标的顺利完成。其中，过程控制指的是业主通过委托专业的监理咨询单位，对工程施工过程中的每一个环节做到严格的监督、检查，确保工程的进度、质量、安全等；事后监督则指的是业主在工程项目竣工的时候根据相关质量规范体系、合同约定及图纸等对已经完工的工程项目进行验收，对不合格的部分有权对承包单位提出整改意见。

3. EPC模式的成本控制

(1) 招标控制

业主委托专门的咨询机构针对工程项目的要求及特点编制招标文件，在招标过程中，承包商为在竞争中获胜，取得项目的建造权，就会在保证项目质量的前提下，尽可能的科学合理配置资源，优化管理手段，从而达到降低项目成本的目的。因此，通过招投标控制项目成本，可以提升建筑产品质量，优化建筑施工管理手段，以此实现提高项目经济效益的目标。

(2) 合同控制

工程项目建设签订的施工合同，是约束承包者行为，控制项目成本的又一有效手段。签订施工合同，可以将责任明确化，降低纠纷等风险因素发生的可能性。同时，合同中对施工进度及造价均有明确指示，因此，它既可以保障工程项目的顺利实施，又可以维护合同双方的合法利益，有效地控制项目的成本投入。

(3) 工程变更过程中的造价控制

工程变更对于工程项目的建设与实施来说是普遍存在的现象,由于外界施工环境的改变,需要对施工方案或者计划进行更改;施工图纸或者设计有错误,要根据业主需求进行更改;合同目标出现问题需要及时进行整改等,这些都是产生工程变更的原因。在实行工程变更的过程中,要严格控制其流程与内容,才能够做到有效地控制成本投入。例如,承包者在面对工程变更程序的时候,要严格审查工程变更的内容,并事先确认好工程变更部分的造价,然后再进行相应的施工工作。这样做的优势就在于施工过程中能够按照事先做好的预算,及时调整施工手段,科学、合理化地配置各种资源,最终将成本控制在预算之内。

4. EPC 模式的优点

① 总承包商工作可发挥空间大。在 EPC 模式中,业主委托总承包商对工程项目进行全过程的管理,而自己只负责整体调控,因此,总承包商的工作自由空间较大,可以充分发挥总承包商的技术水平与丰富的施工管理经验,以协助业主以最优的方式实现项目的最终目标。

② 责任明确化。在 EPC 模式中,业主与总承包商签订定向合同,因此两者的工作范围与工作责任都明确化了,这有利于工程项目的施工与管理,避免因为责任划分而出现经济或其他纠纷,影响项目经济效益及社会效益的实现。

③ 合同总价确定。合同总价的确定有利于合同双方对工程项目的成本投入及施工进度进行有效的管理与控制。

5. EPC 模式的缺点

① EPC 模式中,总承包商对项目的全过程进行管理与控制,业主只针对工程项目的整体进行调控,因此,业主对工程的具体施工管理过程参与程度较低,不能及时掌握工程的最新状态。一旦工程项目出现变更或者事故,业主不容易掌握主动权或不具备及时处理的能力。

② 总承包商的风险增加。项目由总承包商与业主签订合同,从而总承包商全权控制,一旦出现质量、成本、进度或安全上的事故,由其负全部责任,这就加大了总承包商所面临的风险。

1.5.4 PMC(Project—Management—Contractor)模式

PMC(Project—Management—Contractor),即项目管理承包模式。它指的是业主将工程项目交给项目管理承包者,由承包者进行项目从构思、立项、招投标到施工,以及包括项目设计与采购的全过程管理,但承包者不参与工程项目设计、采购等阶段的具体工作。PMC 模式最大的特点在于它掌控工程项目的整体规划,并与业主的目标和利益保持高度一致。

随着物质生活水平的提升,人们对建筑产品的外观、质量、安全等性能方面的要求也越来越高,相应的,对项目管理水平也有了更高的要求。由于建筑项目大多周期长，涉及一定的技术水平和管理水平，受到外界环境的限制，因此对于项目承包者来说，技术与经验就格外重要。良好的技术水平与丰富的经验能够协助业主对工程项目进行全方位的规划与管理工作，例如，在保证质量的前提下，科学合理化地缩短工期，降低工程成本；协助业主对工程项目的质量、进度、安全等方面进行有效控制；对参与工程项目的团队、供应商等进行管理，使其能够统一服务于项目。

近年来，国际上建设项目在建设管理与实践方面有了较大的变化，总承包已不是从项目可研批准开始直到考核、验收，而是分成两个阶段来进行，第一阶段叫作定义阶段，第二阶段叫作执行阶段，在这两个阶段里，业主委托一家工程公司对项目进行全面的管理，即“项目管理承包商”。第一阶段，项目管理承包商要负责组织或完成基础设计，确定所有技术方案、专业设计方案，确定设备、材料的规格与数量，作出相当准确的估算（±10%），并编制出工程设计、采购和建设的招标书，最终确定工程中各个项目的总承包商（EPC或EP+C）。第二阶段，由中标的总承包商负责执行详细设计、采购和建设工作。项目管理承包商在这个阶段里，要替业主担负起全部项目的管理协调和监理责任，直到项目完成。在各个阶段，项目管理承包商应及时向业主报告工作，业主则派出少量人员对PMC的工作进行监督和检查。

PMC模式的优点和缺点如下。

1. 优点

① 项目管理承包商经验丰富，管理水平较高，有助于协助业主实现建筑工程项目目标。由PMC模式特点决定，业主大多选择具有先进技术及管理水平、丰富工作经验的项目承包公司参与工程项目的施工与管理，因此，利用其专业及管理技能，对工程项目实行整体性组织与协调，从而协助业主实现建筑工程项目目标。

② PMC模式能够有效优化项目组织管理结构。在PMC模式中，由项目管理承包商掌控着工程项目的整体规划，因此省去了众多分包商、供应商共同参与建设施工管理过程的情况，而整个项目由业主与项目管理承包商直接沟通与交流，相应的工程项目组织结构也由项目管理承包商设立，这样的组织结构模式有效地简化了业主与承包商之间的关系，从而也优化了项目组织管理机构。

③ PMC模式能够有效降低成本，节约投资。在PMC模式中，项目管理承包商与业主的目标和利益保持高度一致性，因此从项目的立项开始，到项目的施工直至投产运营，都能够帮助业主有效节约资金，同时在确保建筑产品质量的前提下，尽可能缩短工期，降低生产成本。

2. 缺点

由于PMC模式中对工程项目掌有控制主动权的为项目管理承包商，因此，对于业主来说，如何选择一个合适的项目管理承包商，是实施工程项目的关键之处，这也就增加了业主的风险。与此同时，项目从立项开始就交由项目管理承包商全权负责，因此，业主在实际项目参与能力上有所下降，一旦工程有任何变更或者风险，业主不能及时掌握情况，这也增加了业主面对风险的可能性。

由于当今工程项目趋于复杂化,越来越多的政府或地区开始推行 PMC 模式。PMC 模式的引入,能够有效解决复杂工程项目中的施工技术与管理问题,还能够帮助业主简化投资、融资渠道,确保该项工程项目的实施和建筑目标的实现。与此同时,PMC 模式的引入与优化改革,还能够帮助政府或地区提升自身的建筑工程管理水平,提升项目的经济效益与社会效益。

1.5.5 建筑工程管理方式(CM 模式)

建筑工程管理方式(CM 模式:Construction Management Approach)又称“边设计、边施工”方式或快速轨道方式。CM 模式是由业主委托 CM 单位以一个承包商的身份,采取有条件的“边设计、边施工”的生产组织方式来进行施工管理,直接指挥施工活动,在一定程度上影响设计活动,而 CM 单位与业主的合同通常采用“成本+利润”方式的这样一种承发包模式。此方式通过施工管理商来协调设计和施工的矛盾,使决策公开化。施工管理商早期介入工程项目,工程项目通过快速路径法,可以做到提前施工、提前竣工。CM 模式的特点:由业主和业主委托的工程项目经理与工程师组成一个联合小组,共同负责组织和管理工程的规划、设计和施工,完成一部分分项(单项)工程设计后,即对该部分进行招标,发包给一家承包商(无总承包商),由业主直接按每个分项工程与承包商分别签订承包合同。这种模式的优点是缩短工程从规划、设计、施工到交付业主使用的周期,节约建设投资,减少投资风险,业主可以较早获得效益。其缺点是分项招标导致承包费高,因此要做好分析比较,认真研究分项工程的数量,选定最优结合点。这是近年在国外广泛流行的一种合同管理模式,这种模式打破了过去那种设计图纸全部完成之后才进行招标的连续建设生产模式。连续建设发包方式与阶段发包方式的比较如图 1-6 所示。

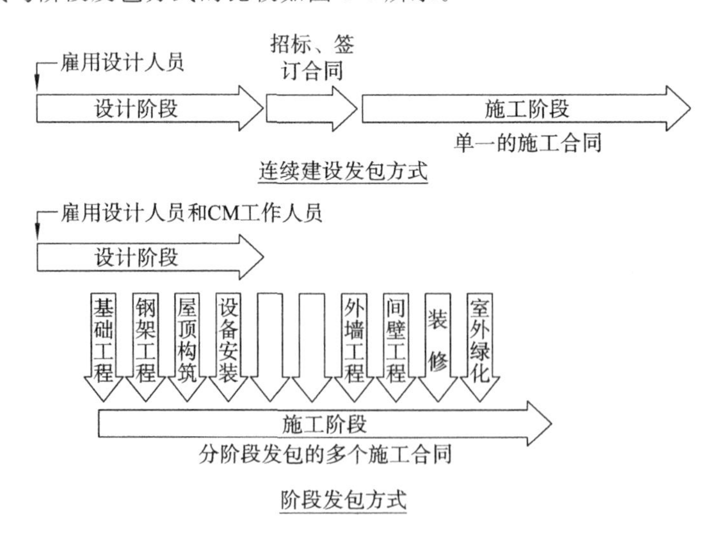

图 1-6 连续建设发包模式和阶段发包模式对比图

CM 模式的两种实现形式如图 1-7 所示。

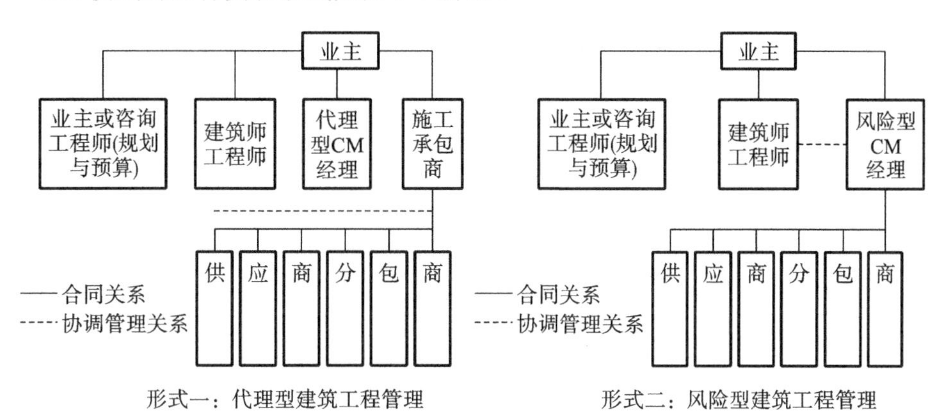

图 1-7　CM 模式的两种管理方式

第一种形式为代理型建筑工程管理（“Agency”CM）方式。在这种方式下，CM 经理是业主的咨询和代理，业主和 CM 经理的服务合同规定费用是固定酬金加管理费。业主在各施工阶段和承包商签订工程施工合同。

第二种形式为风险型建筑工程管理（“At Risk”CM）方式。采用这种形式，CM 经理同时也担任施工总承包商的角色，一般业主要求 CM 经理提出保证最大工程费用（GMP：Guaranteed Maximum Price），以保证业主的投资控制，如最后结算超过 GMP，则由 CM 公司赔偿；如低于 GMP，则节约的投资归业主所有，但 CM 公司由于额外承担了保证施工成本风险，因而能够得到额外的收入。

CM 模式的优点和缺点如下。

1. 优点

① 有效缩短工期。由 CM 模式的特点所决定的，在工程项目的设计阶段与施工阶段的联系的紧密程度提升，两者之间衔接环节处理得当，因此有效的缩短了建设工期。

② 交流效率得到明显改善。传统的工程项目管理过程中往往因为设计方与施工方之间的沟通与交流出现问题而引起工期上的延误，在 CM 模式中，工程项目只有一个组织或个人负主要责任，因此提升了业主与施工方的沟通交流的效率，从而提升整个工程项目的工作效率。

③ 建设工程工作效率高。因工程项目在前期阶段就交由具有专业工作经验的组织或个人对项目进行负责，由于丰富工作经验的原因使得该工程项目减少了很多不必要的施工或管理环节，同时，当建设工程项目在面对突发状况时，该有经验的组织或个人也能够迅速做出有效反映，降低了风险的发生，同时提升了工作效率。

④ 分包人的选择上是由业主与承包者共同做出的决定，因此具有一定的先进性与明智性。

⑤ 设计与施工环节的相搭接，能够促使项目在先进的施工工艺与技术水平的利

用上更加合理化,保障了工程项目的质量。

2. 缺点

① 项目经理或者组织要求较高。因为在项目前期就要确定该有一定工作经验的组织或者个人来对本项目负责,因此,对项目经理或者主要负责组织无论从专业知识,还是团队协作能力或者是经验都有较高的要求。

② 业主所承担的风险大。CM 模式中,对于工程项目费用的估算并不能特别准确,因此这就需要业主对工程项目的掌控程度特别高,若出现沟通方面的问题,则极其容易影响到工程的整体进度,进而增加成本的投入。

1.5.6 BOT(Build-Operate-Transfer)模式

BOT(Build-Operate-Transfer)模式,就是人们所说的建造-运营-移交模式,相对于其他的工程项目管理模式来说,这是一种较为新颖、具有独特优势的项目管理模式。所谓 BOT 模式,就是指国家将工程项目对外开放,把建设的权利交给某项目公司或者投资人,然后由该项目公司或者投资人负责该工程项目的融资、组织、建设、投产以及运营,最终,再将该项目交由项目的发起方。它是一种融资和建造的项目管理模式,其新颖之处在于该项目公司或者投资人自己负责项目的整个资金,然后通过项目的投产运营所获取的利润偿还贷款,最终再将项目无偿或以名义价格交给项目的发起方,在这里,项目的发起方一般指的是政府部门,如图 1-8 所示。

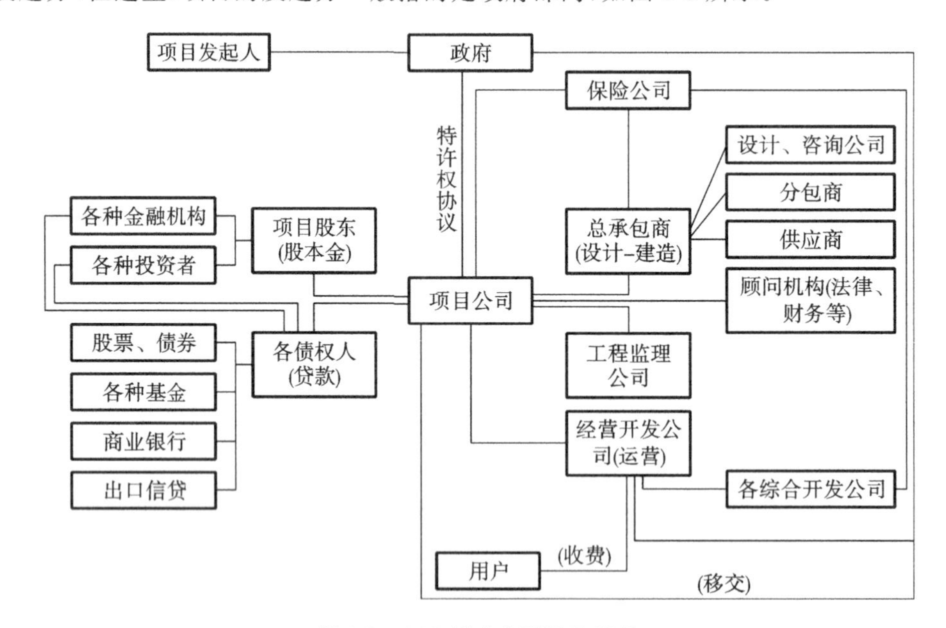

图 1-8 BOT 模式典型结构框架

BOT 模式的优缺点如下。

1. 优点

① 在BOT模式中，政府作为项目的发起者，因此项目的立项到建立是获得了政府许可与支持的，在此优势条件之下，有可能获得更多的资金及政策方面的支持，从而拓宽了项目的融资渠道。

② 减轻了政府承担债务的负担与风险。由于在BOT模式中，项目的融资与债务的承担和偿还均是某项目公司或者投资人这样的私营机构，因此政府偿还债务的负担得以减轻，同时，所承担的风险自然降低。

③ 吸引外国资金注入，弥补本国资金不足的状况。

④ 项目施工及管理技术得以提高。在BOT模式中，由外国项目管理公司承担工程项目建设的几率较大，因此可以引进国外先进的施工技术水平与管理水平，为本国工程项目的发展提供一定的借鉴经验，同时也促使国内外的项目公司进行更好的经验交流与经济合作。

2. 缺点

① 政府对工程项目的掌控力下降。在BOT模式中，项目全部交由项目公司或者投资人这样的私营机构进行项目的融资、组建与运营，在此过程中，政府对于项目的掌控力下降，不能直接参与到项目的建设与经营过程中。

② 项目融资资本高且参与方关系复杂。由于在BOT模式中，政府将工程项目对外开放，因此可能会导致最终参与该项目的相关者较多，关系较复杂，不便于统一的管理与掌控。同时，项目前期准备时间较长，投入资本较高。

③ 由于该模式中项目多由国外的项目公司承担，因此，在项目建成之后，可能会造成税收及外汇的流失，这也增加了政府承担的相关利率与汇率之间的风险。

1.5.7 代建制项目管理模式

代建制是指政府通过招标的方式，选择专业化的项目管理单位（以下简称代建单位）负责项目的投资管理和建设组织实施工作，项目建成后交付使用单位的制度。代建期间，代建单位按照合同约定代行项目建设的投资主体职责，有关行政部门对实行代建制的建设项目的审批程序不变。在国外，代建制的起源是美国的CM项目管理模式，即Construction Manager，为项目业主提供工程管理的服务。后又演化成为Construction Agent at Risk和Construction Agent这两种模式。

代建制试点中的“代建合同”有如下几种模式。

① “委托代理合同”模式。这种模式是上海、广州、海南的代建制试点采用的模式。在政府投资主管部门下设具有法人资格的建设工程项目法人，或者指定一个部门作为项目业主，由项目法人（或项目业主）采用招标投标方式选定一个工程管理公司作为代建单位，再由项目法人（或项目业主）作为委托方，与代建单位（受托方）签订代建合同。

此委托代理合同模式的实质是委托代建单位对项目工程建设施工进行专业化组

织管理,并代理委托方采用招标方式签订建设工程承包、监理、设备采购等合同。

特点:项目建成后的使用单位不是“合同当事人”;项目投资资金的管理权仍然掌握在投资人(项目法人、项目业主)的手中。

优点:可以实现防止公共工程招标中的腐败行为和对公共工程建设的专业化管理的政策目的(对于项目工程的使用单位或者管理单位尚不存在的情形,适于采用此模式)。

缺点:

a. 相当于政府投资主管部门作为建设单位“包揽”项目工程建设,然后将项目工程“分配”(划拨)给使用单位,将“政府投资”变成了“公房分配”,不符合改革政府投资体制的政策目的;

b. 使用单位不是“合同当事人”,难以发挥使用单位的积极性,甚至使用单位不予协助、配合,增加工程建设中的困难。

② “指定代理合同”模式。该模式是重庆、宁波、厦门和贵州代建制试点采用的模式。政府投资主管部门采用招标投标方式选定一个项目管理公司作为代建单位,由作为代理人的该代建单位与作为被代理人的使用单位签订代建合同。

此“指定代理合同”模式的实质是政府投资主管部门指定代建单位作为使用单位的代理人,对项目工程建设施工进行专业化组织管理,并代理使用单位采用招标方式签订建设工程承包、监理、设备采购等合同。

特点:投资人(政府投资主管部门)不是合同当事人;投资和资金的管理权掌握在使用单位手中。

优点:可以实现防止公共工程招标中的腐败行为和实现公共工程建设的专业化管理的政策目的。

缺点:

a. 投资和资金的管理权仍然掌握在使用单位手中,实际上并未对现行投资体制进行任何改革;

b. 投资人(政府投资主管部门)不是“合同当事人”,政府投资主管部门在选定代建单位后,实际上不可能对项目投资资金的运用和工程建设施工进行有效监督。

③ “三方代建合同”模式。该模式是北京、武汉、浙江代建制试点采用的模式,政府投资管理部门与代建单位、使用单位签订“三方代建合同”。

北京市是由发改委(投资人)选定代建单位,并与代建单位、使用单位签订“三方代建合同”;武汉市是由政府指定的责任单位(投资人)选定代建单位,并与代建单位、使用单位签订“三方代建合同”;浙江省是由政府投资综合管理部门(投资人)选定代建单位,并与代建单位、使用单位签订“三方代建合同”。

“三方代建合同”除规定代建单位的权利、义务和责任外,还明确规定的内容如下:a. 政府主管部门的权限和义务:对代建单位(受托人)的监督权、知情权;提供建设资金的义务。b. 使用单位的权利和义务:对代建单位(代理人)的监督权、知情权,对所建设完成的工程和采购设备的所有权;协助义务、自筹资金供给义务。

优点:可以发挥三方当事人的积极性,实现三方当事人的相互制约;可以防止公共工程招标中的腐败行为,实现对公共工程建设施工和项目投资资金的专业化管理,保证工程质量和投资计划的执行,实现政府投资体制改革的政策目的。

缺点:

a. 设计的"可施工性"较差,设计时很少考虑施工采用的技术、方法、工艺和降低成本的措施;施工阶段的设计变更多,导致施工效率降低,进度拖延,费用增加,不利于业主的投资控制及合同管理;

b. 设计单位与承包商之间相互推诿责任,使业主利益受到损害;

c. 建设周期长,按设计—招标—施工的建设方式循序渐进,业主在施工图设计全部完成后组织整个项目的施工发包,中标的总包商再组织进场施工。

代建制最早出现在政府投资项目中,特别是公益性项目。针对财政性投资、融资社会事业建设工程项目法人缺位,建设项目管理中"建设、监管、使用"多位一体的缺陷,从而导致建设管理水平低下、腐败问题严重等问题,通过招标和直接委托等方式,将一些基础设施和社会公益性的政府投资项目委托给一些具有实力和工程管理能力的专业公司实施建设,而业主则不从事具体项目建设管理工作。业主与项目管理公司或工程咨询公司通过管理服务合同来明确双方的责任、权利、利益。

1.5.8　PFI(Private-Finance-Initiative)模式

PFI(Private-Finance-Initiative)指的就是私人融资模式,它是在国家或地方政府的相关政策支持下,将工程项目开放化,使得私人组织或个人参与到工程项目或者基础设施的建设过程中来,也就是工程项目的民营化趋势,从某种程度上来看,它是BOT模式的延伸与优化。也可以将PFI模式看作是政府与私人组织的合作管理模式,私人组织在政府政策、资金的支持与允许下,签订一个具有时间期限的合同,在合同期内,私人组织承担建筑工程项目的施工、管理以及建筑产品的运营工作,合同期结束之后,政府买回该建筑产品,或者共同运营该建筑产品,或者该私人组织将建筑产品归还给政府,这就将原本属于国家或政府的责任转移给私人组织。该模式最大的特点就是打破了基础设施等建筑产品由政府单方负责的情况,改为合作模式。

1. PFI模式的特点

虽然PFI模式与BOT模式具有很大程度上的相似性,属于BOT模式的改进与优化,但是它相对于BOT模式来说,是一种全新、独立的私人融资模式,代表着工程项目管理模式的又一改变。PFI模式和BOT模式相比主要有以下几个特点。

(1) 工程项目主体私人化

在BOT模式中,承担项目建设的主体既有国内的建筑公司,也有国外的建筑公司,而PFI模式中,进一步将工程项目主体私人化,大多是国内的私人组织承担工程项目的建设与运营。

(2) 项目管理方式全面化

在PFI模式中,工程项目建设方案是由政府与承担该项目的私人组织协调决定的,并不像在BOT模式中,先由政府决定工程项目的建设方案,再交由承担该项目的组织进行实施规划与管理工作。

(3) 项目后期运营方式灵活化

BOT模式规定在工程项目合同期满后,项目承担者要将项目归还给政府部门。而在PFI模式中,假设在合同期满后,承担该项目的私人组织所获取的经济利益未能达到之前的约定,则可以继续拥有该项目的运营权利。

2. PFI模式的优势

PFI模式作为一种新型的融资项目管理模式,在某种程度上弥补了传统项目管理模式的不足,提升了政府的融资效率,在拓宽了资金渠道的同时,提升了项目的管理水平,降低了项目的资源消耗与成本投入。下面就PFI模式的优势所在进行具体的分析。

① 拓宽了资金渠道。PFI模式中项目承担者私人化,即多数为国内的民营企业或者民营组织。伴随我国经济体制的深化改革与发展,民营企业在经济市场中得以迅速发展与壮大,并存在大量的闲置资本等。充足的民营资本保障了工程项目的顺利实施,同时也能够降低政府资金不足或者融资的压力。

② 降低投资成本,提升建设效率。PFI模式中,政府部门与承担项目的私人组织签订一定的合同,由该私人组织负责项目的施工及运营全过程,此过程同样包括对项目投资成本的控制,这就降低了政府部门在项目管理过程中投入资本的压力。与此同时,私人组织通过竞争,依赖于自身优秀的施工技术、先进的管理经验等,最终获取工程项目的施工与运营权利,很大程度上提升了工程项目的建设效率。

③ 应用范围扩大。PFI模式不仅仅适用于普通的政府基础设施的建设,同样可以用于一般性的工程项目建设,这就扩大了PFI模式的应用范围。

④ 政府承担的风险降低。PFI模式中由私人组织对项目的全过程负责,这在很大程度上降低了政府承担的经济风险、项目设计风险、工程变更风险、合同风险、施工管理纠纷风险等,风险责任的转移,使得政府部门的压力降低。

1.5.9 工程项目管理模式的发展趋势

从传统的工程项目管理模式到现如今的一些新型的项目管理模式的发展,代表着科学技术水平与管理手段的进步,同时也代表着人们与社会对建筑产品的需求。新型项目管理模式是传统模式的延伸与优化,只有跟随市场的不断变化调整自身的管理模式,才能够在建筑市场中站稳脚跟,发挥自己独特的优势,保持一定的核心竞争能力。从传统到新型工程项目管理模式的发展来看,可以总结出新型模式以下几个特点。

1. 责任趋于明确化

随着科学技术水平与管理手段的优化,工程项目的组织管理机构逐渐得以清晰、简化，同时，责任也趋于明确化。建设工程项目是一个复杂的过程，不仅涉及到经济、政策、人员，还涉及到外界环境等，其参与方也包括了业主、承包商、咨询师、设计师、分包商、供应商等，工程的每一个环节都需要这些参与方的积极协调与配合，科学、合理的划分职责，明确责任，才能够确保工程项目能够保质、按时的完工并投入使用。

2. 承包者专业水平需求高

由于新型的工程项目管理模式中，业主大多将项目全权委托于专门的项目管理组织或公司，在市场竞争模式之下，项目管理公司为获取工程项目只能不断地提升自身的技术水平与管理水平，同时，业主也更加青睐于那些具有先进施工技术水平和丰富管理经验的项目管理公司，以降低工程项目风险发生的可能性，这就对建筑市场中项目管理组织或公司提出了更高的要求。总之来说，专业性、先进性是业主选择工程项目管理公司最重要的标准。

3. 工程项目管理趋于全过程化

传统的工程项目管理模式大多将工程分为几个阶段，由不同的分包商承担项目的建设及管理责任，在新型模式中，依靠全过程与全方位的管理手段，能更有效地实现工程目标。

【本章要点】

要求学生了解工程项目的概念及特性；理解工程项目的类型及组成；掌握项目管理的概念及特点；掌握工程项目管理的概念；熟悉工程项目的目标及相互关系；掌握我国工程项目建设程序；熟悉工程建设的各参与方、相互关系以及各自的管理职能；掌握工程项目管理模式的几种主要形式。

【思考与练习】

1. 什么是项目和工程项目？
2. 什么是工程项目管理？
3. 工程项目的主要特征是什么？
4. 工程项目是如何划分的？
5. 政府、业主、承包商的工程项目管理的特点是什么？
6. 简述 EPC 模式及其优缺点。
7. 工程项目管理模式的发展趋势。

第2章　工程项目的前期策划

2.1　工程项目的前期策划工作

工程项目的确立是一个极其复杂又十分重要的过程。本书将项目构思到项目批准正式立项定义为项目的前期策划阶段。尽管工程项目的确立主要是从上层系统(如国家、地方、企业、部门)出发,从全局的和战略的角度出发(这个阶段主要是上层管理者的工作),但这里面又包含许多项目管理工作。要使项目取得成功,必须在项目前期的策划阶段就进行严格的项目管理。

谈到项目的前期策划工作,许多人一定会想到项目的可行性研究。关于可行性研究,有下列问题存在。

① 可行性研究的意图是如何产生的?为什么要进行可行性研究,对哪些方面进行可行性研究?

② 可行性研究的尺度是如何确定的?可行性研究是对方案目标完成程度的论证。在可行性研究之前就必须确定项目的目标,并以它作为衡量的尺度,同时确定一些具体方案作为研究对象。

③ 可行性研究的花费较大。在国际工程项目中,可行性研究常常要花费几十万、几百万甚至上千万美元,它本身就是一个很大的项目。所以,在它之前就应该有严格的研究和决策,不能仅有一个项目构思就做可行性研究。

项目前期策划工作的主要任务是寻找并确立项目目标、定义项目,并对项目进行详细的技术经济论证,使整个项目建立在可靠、坚实而且优化的基础之上。

2.1.1　项目前期策划的过程和主要工作

项目的确立必须按照系统方法有步骤地进行,其步骤一般如下。

(1) 工程项目构思的产生和选择

任何工程项目都起源于项目的构思,而项目构思的产生或是为了解决上层系统(如国家、地方、企业、部门)的问题,或是为了满足上层系统的战略目标和计划。这种构思可能很多,人们达到目的的途径和方法也可能很多,必须在它们中间作出选择,并经权力部门批准,以作进一步的研究。

(2) 项目的目标设计和项目定义

这一阶段主要通过进一步研究上层系统情况和存在的问题,提出项目的目标因素,进而构成项目目标系统,通过对目标的书面说明形成项目定义。

（3）可行性研究

可行性研究即提出实施方案，并对实施方案进行全面的技术经济论证，看其能否实现目标，论证的结果是项目决策的依据。

2.1.2　项目前期策划应注意的问题

项目前期策划应该注意如下问题。

① 环境是确定项目目标、进行项目定义、分析可行性的最重要的影响因素，是进行正确决策的基础。在整个过程中必须不断地进行环境调查，并对环境发展趋向进行合理的预测。

② 整个过程伴随着多重信息反馈，要不断地进行调整、修改和优化，甚至放弃原定的构思、目标或方案。

③ 在项目前期策划过程中阶段决策是非常重要的，在整个过程中必须设置几个决策点，对阶段工作结果进行分析、选择。

2.1.3　项目前期策划工作的重要作用

项目的前期策划工作不仅对项目的整个生命期以及项目的实施和管理起着决定性作用，而且对项目的整个上层系统都有着极其重要的影响。

（1）项目构思和项目目标决定项目的方向

方向错误必然会导致整个项目的失败，而且这种失败又常常是无法弥补的。图 2-1 能清楚地说明这个问题。如图所示，项目的前期费用投入较少，主要投入在施工阶段，但项目前期策划对项目生命期的影响最大，稍有失误就会导致项目的失败，造成不可挽回的损失，而施工阶段的工作对项目生命期的影响很小。如果项目目标设计出错，常常会产生如下后果。

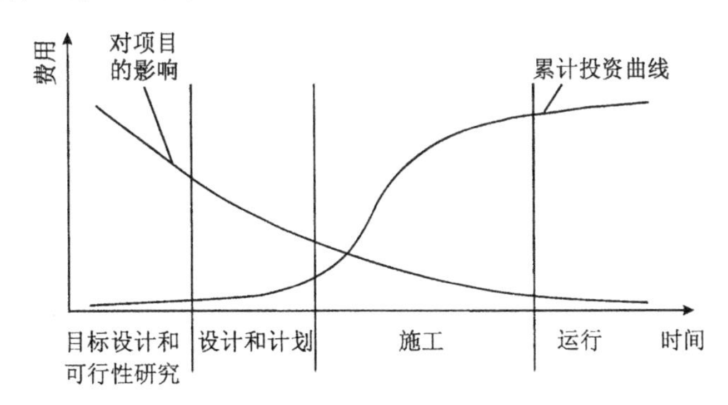

图 2-1　项目累计投资和影响对比图

① 工程建成后无法正常地运行，达不到使用目的。

② 虽然可以正常运行，但其产品或服务没有市场，不能被社会接受。

③ 运营费用高，没有效益，没有竞争力。

④ 项目目标在工程建设过程中不断变动,造成超投资、超工期等。

(2) 影响全局

项目的建设必须符合上层系统的需要,能够解决上层系统存在的问题。如果上马一个项目,其结果不能解决上层系统的问题,或不能被上层系统所接受,那么通常会成为上层系统的包袱,给上层系统带来历史性的影响。一个工程项目的失败常常会导致经济损失,导致企业的衰败,导致社会问题,导致环境的破坏。

2.2 工程项目的构思

2.2.1 项目构思的产生

任何工程项目都从构思开始,项目构思常常出自项目的上层系统(国家、地方、企业、部门)现存的需求、战略、问题和可能性。项目和项目参加者不同,项目构思的起因就有可能不同。

(1) 通过市场研究发现新的投资机会、有利的投资地点和投资领域

例如,通过市场调查发现某种产品有庞大的市场容量或潜在市场,应该开辟这个市场;企业要发展,要扩大销售,扩大市场占有份额,必须扩大生产能力;企业要扩大经营范围,增强抗风险能力,搞多种经营、灵活经营,向其他领域和地域投资;出现了新技术、新工艺和新的专利产品等——这些都是新的项目机会。

(2) 上层系统运行存在问题或困难

例如,某地方交通拥挤不堪;住房特别紧张;企业产品陈旧,销售市场萎缩,技术落后,生产成本增加;能源紧张;环境污染严重等——这些问题都产生对项目的需求,必须用项目来解决。

(3) 为了实现上层系统的发展战略

例如,为了解决国家或地方的社会发展问题,使经济腾飞,战略目标和计划常常都是通过项目实施的,所以一个国家或地方的发展战略或发展计划常常包括许多新的项目。在做项目目标设计和项目评价时必须考虑对总体战略的贡献。

(4) 项目业务

许多企业以工程项目作为基本业务对象,如工程承包公司、成套设备的供应公司、咨询公司,以及一些跨国公司,在它们业务范围内的任何工程信息(如招标公告)都是它们承接业务的机会,都可能产生项目。

(5) 通过生产要素的合理组合,产生项目机会

目前,许多项目策划者和投资者常常通过大范围的国家间生产要素的优化组合策划新的项目。最常见的是通过引进外资,引进先进的设备、生产工艺,利用当地的廉价劳动力、原材料和已有的厂房,生产符合市场需求的产品,产生高效益的工程项目。在国际经济合作领域,这种"组合"的艺术已越来越为人们所重视,通过它能演化

出各式各样的项目，能取得非常高的经济效益。

在国际工程中，许多承包商通过调查研究，在业主尚未形成项目意识时就提出项目构思，并帮助业主进行目标设计、可行性研究和技术设计，以获得这个项目的承包权。这样业主和承包商都能获得非常高的经济效益。

2.2.2 项目构思的选择

通常针对某种环境状况，项目的构思是丰富多彩的，有时甚至是“异想天开”的，所以不可能将每一个构思都付诸更深入的研究。那些明显不现实或没有实用价值的构思必须淘汰；同时，由于资源的限制，即使是有一定可实现性和实用价值的构思，也不可能都转化成项目。一般只能选择少数几个进行更深入的研究、优化。由于构思仅仅是比较朦胧的概念，所以对它也很难进行系统的、定量的评价和筛选，一般只能从如下三个方面来把握。

① 上层系统问题和需求的现实性。

上层系统的问题和需要是实质性的，同时预计通过采用项目手段可以顺利地解决这些问题。

② 应考虑到环境的制约，充分利用资源和外部条件。

③ 充分发挥自己已有的长处，运用自己的竞争优势，或在项目中达到合作各方竞争优势的最优组合。

这样综合考虑“构思-环境-能力”之间的平衡，以求达到主观和客观的最佳组合。经过认真的研究，觉得某个项目的建设是可行的、有利的，并得到权力部门的认可，则将项目的构思转化为目标建议，提出进一步的研究，进行项目的目标设计。

2.3 工程项目的目标设计

2.3.1 目标管理方法

1. 工程项目的目标管理法

目标是对预期结果的描述。要取得项目的成功，必须有明确的目标。

工程项目采用严格的目标管理方法，这主要体现在如下五个方面。

① 在项目实施前就必须确定明确的目标，精心论证，并予以设计、优化和计划。不允许在项目实施中仍存在目标不确定的现象和对目标做过多的修改。当然，在实际过程中，调整、修改甚至放弃项目目标也是有可能的，但那常常预示着项目的失败。

② 在项目的目标系统设计中首先设立项目总目标，再采用系统方法将总目标分解成子目标和可执行目标。目标系统必须包括项目实施和运行的所有主要方面。项目目标设计必须按系统工作方法有步骤地进行。通常在项目前期进行项目目标总体设计，建立项目目标系统的总体框架，更具体、详细和完整的目标设计在可行性研究

阶段以及在设计和计划阶段进行。

③ 将项目目标落实到各责任人,将目标管理同职能管理高度地结合起来,使目标与组织任务、组织结构相联系,建立由上而下、由整体到分部的目标控制体系,并加强对责任人的业绩评价,鼓励责任人竭尽全力圆满地完成他们的任务。

④ 将项目目标落实到项目的各阶段。项目目标作为可行性研究的尺度,经过论证和批准后作为项目技术设计和计划、实施控制的依据,最后又作为项目后评价的标准。这样使计划和控制工作十分有效。

⑤ 在现代项目中,人们强调全寿命期集成管理。它的重点在于项目的一体化,在于以项目全寿命期为对象建立项目的目标系统,并将其分解到各个阶段,进而保证项目在全寿命期中目标、组织、过程、责任体系的连续性和整体性。

2. 目标管理法存在的问题

在项目管理中推行目标管理也存在许多问题,主要表现在以下四个方面。

① 在项目前期就要求设计完整的且科学的目标系统是十分困难的。原因在于项目是一次性的,项目目标设计没有直接可用的参照系。项目初期人们所掌握的信息还不多,对问题的认识还不深、不全面。项目前期,设计目标系统的指导原则、政策不够明确,很难作出正确的综合评价,预测项目系统环境复杂,边界不清楚,不可预见的干扰多。

② 项目批准后,由于目标变更的影响很大,管理者对变更目标往往犹豫不决;行政机制的惯性,目标变更必须经过复杂的程序;项目决策者常常不愿意否定过去,不愿意否定自己等。这些因素导致目标的刚性非常大,不能随便改动,也很难改动,这种目标的刚性对工程项目常常是十分危险的。

③ 在目标管理过程中,人们常常注重近期的局部的目标,因为这是他们的首要责任,是对他们考核和评价的依据。例如在建设期人们常常过于注重建设期的成本目标、工期目标,而较少注重运行问题。有时这样会损害项目的总目标。

④ 其他问题。例如,人们可能过分使用和注重定量目标,因为定量目标易于评价和考核,项目的成果显著,但有些重要的和有重大影响的目标很难用数字来表示。

2.3.2 情况分析

1. 情况分析的作用

目标设计是以环境和上层系统状况为依据的。情况分析是在项目构思的基础上,对环境和上层系统状况进行调查、分析和评价,是目标设计的基础和前导工作。工程实践证明,正确的项目目标设计和决策需要熟悉环境和掌握大量的信息。

① 通过对情况的分析可以进一步研究和评价项目的构思,将原来的目标建议引导到实用的理性的目标概念上,使目标建议更符合上层系统的需求。

② 通过情况分析可以对上层系统的目标和问题进行定义,从而确定项目的目标因素。

③ 通过情况分析确定项目的边界条件状况。这些边界条件的制约因素常常会直接产生项目的目标因素，例如，法律规定、资源约束条件和外部组织要求等。如果目标中不包括或忽略了这些因素，则这个项目是极其危险的。

④ 为目标设计、项目定义、可行性研究以及详细设计和计划提供信息。

⑤ 通过情况分析可以对项目中的一些不确定因素即风险进行分析，并对风险提出相应的规避措施。

2. 情况分析的内容

情况分析首先需要作大量的环境调查，掌握大量的资料，其内容包括以下七个方面。

① 拟建工程所提供的服务或产品的市场现状和趋向的分析。

② 上层系统的组织形式，企业的发展战略、状况及能力，上层系统运行存在的问题。对于拟解决上层系统问题的项目，应重点了解这些问题的范围、状况和影响。

③ 企业所有者或业主的状况。

④ 能够为项目提供合作的各个方面，如合资者、合作者、供应商和承包商的状况，上层系统中的其他子系统及其他项目的情况。

⑤ 自然环境及其制约因素。

⑥ 社会的经济、技术和文化环境，特别是市场情况。

⑦ 政治环境和法律环境。特别是与投资项目的实施和运行过程相关的法律和法规。

环境调查应是系统的，尽可能定量，用数据说话。环境调查应主要着眼于历史资料和现状，并对将来状况进行合理预测，对目前的情况和今后的发展趋向作出初步评价。

3. 情况分析的方法

情况分析可以采用调查表法、现场观察法、专家咨询法、ABC 分类法、决策表法、价值分析法、敏感性分析法、企业比较法、趋向分析法、回归分析法、产品份额分析法以及对过去同类项目的分析方法等。

2.3.3　问题的定义

经过情况分析可以从中认识和引导出上层系统的问题，并对问题进行定义和说明。项目构思所提出的主要问题和需求表现为上层系统的症状，而进一步的研究可以得到问题的产生原因、背景和界限。问题定义是在目标设计的诊断阶段完成的，从问题的定义中确定项目的任务。

对问题的定义必须从上层系统全局的角度出发，并抓住问题的核心。问题定义的基本步骤如下。

① 对上层系统问题进行罗列、结构化，即上层系统有几个大问题，一个大问题又可能由几个小问题构成。

② 对原因进行分析，将症状与背景、起因联系在一起，这可以采用因果关系分析法。

例如，企业利润下降的原因可能是原材料价格、人工成本上涨，生产工艺落后，从而造成生产成本提高，废品增加，产品销路不好，产品积压等。

进一步分析，产品销路不好的原因可能是该产品陈旧老化，市场上已有更好的新产品出现；产品的售后服务不好，用户不满意；产品的销售渠道不畅，用户不了解该产品等。

③ 分析这些问题将来发展的可能性和对上层系统的影响。有些问题会随着时间的推移逐渐减轻或消除，有的却会逐渐严重。例如，产品处于发展期则销路会逐渐好转，而如果产品处于衰退期，则销路会越来越差。

2.3.4 提出目标因素

1. 目标因素的来源

目标因素通常由如下三个方面决定。

① 问题的定义是目标设计的依据，是目标设计的诊断阶段，其结果是提供项目拟解决问题的原因、背景和界限。

② 有些边界条件的限制也将形成项目的目标因素，如资源限制、法律制约和周边组织的要求等。

③ 对于为完成上层系统战略目标和计划的项目，许多目标因素是由最高层设置的，上层战略目标和计划的分解可直接形成项目的目标因素。

问题的多样性和复杂性，边界条件的多方面约束，形成了目标因素的多样性和复杂性。但如果目标因素的数目太多，则系统分析、优化和评价工作将十分困难，计划和控制工作的效率也将很差。

2. 常见的目标因素

一个工程项目常见的目标因素可能有如下三类。

(1) 问题解决的程度

问题解决的程度是指项目建成后所实现的功能，所达到的运行状态。例如，项目产品的市场占有份额，项目产品的年产量或年增加量，新产品开发达到的销售量、生产量、市场占有份额和产品竞争力，拟达到的服务标准或质量标准等。

(2) 项目自身的目标

项目自身的目标包括以下方面。

① 工程规模，即项目所能达到的生产能力规模，如建成一定产量的工厂、一定吞吐能力的港口、一定建筑面积或居民容量的小区。

② 经济性目标，主要为项目的投资规模、投资结构、运营成本，项目投产后的产值目标、利润目标、税收和该项目的投资收益率等。

③ 项目时间目标，包括短期(建设期)、中期(产品生命期、投资回收期)、长期(厂

房或设施的生命期)的目标。

(3) 其他目标因素

其他目标因素可能包括以下方面:提高劳动生产率、人均产值利润额,吸引外资数额,提高自动化、机械化水平,增加就业人数,对自然和生态环境的影响,对企业形象的影响等。

目标因素的提出应是全面的,不能遗漏。

3. 各目标因素指标的初步确定

各目标因素指标的初步确定即将目标因素用时间、成本、产品数量和特性指标来表示,且尽可能明确,以便能进一步地定量化分析、对比和评价。在这里仅初步确定各目标因素指标,对项目规模和标准初步定位,然后才能进行目标因素之间的相容性分析,构成一个协调的目标系统。确定目标因素指标应注意以下六点。

① 目标因素指标应真实反映上层系统的问题和需要,应基于情况分析和问题的定义之上。

② 目标因素指标应切合实际,实事求是,既不好大喜功,又不保守,一般经过努力就能实现。如果指标定得太高,则难以实现,会将许多较好的可行的项目淘汰;如果指标定得太低,则失去优化的可能,失去更好的投资机会。

③ 目标因素指标的提出、评价和结构化并不是在项目初期就可以办到的。按正常的系统过程,在目标系统优化、可行性研究、技术设计和计划中,还需要对它们作进一步分析、讨论和对比,并逐渐修改、联系、变异和优化。

④ 目标因素的指标要有一定的可变性和弹性,应考虑到环境的不确定性、风险因素、有利的和不利的条件等;应设定一定的变动范围,如划定最高值、最低值区域。这样,在进一步的研究论证(如目标系统优化、可行性研究、技术设计和计划)中可以按具体情况进行适当的调整。

⑤ 项目的目标因素必须重视时间限定。一般目标因素都有一定的时效,即目标实现的时间要求。

⑥ 目标因素指标可以采用相似情况(项目)比较法、指标(参数)计算法、费用/效用分析法、头脑风暴法和价值工程等方法确定。

4. 投资收益率的确定

在工程项目的经济性目标因素中,投资收益率常常占据主要地位,该指标的确定通常考虑以下因素。

① 资金成本,即投入这个项目的资金筹集费用和应支付的利息。

② 项目所处的领域和部门。在社会经济系统中,不同的部门有不同的投资收益率水平。例如电子、化工部门与建筑部门相比投资收益率差别很大,人们可以在该部门投资利润率基础上调整,但不能摆脱它。当然,一个部门中不同的专业方向,投资收益率水平也不一样。例如,建筑业中装饰工程项目比土建项目利润率要高。

③ 项目风险的大小,即在项目实施及其产品的生产、销售中不确定性的大小。

一般风险大的项目期望投资收益率应高一些,风险小的项目可以低一些。一般以银行存款(或国债)利率作为无风险的收益率的参照。

④ 通货膨胀的影响。通货膨胀造成货币实际购买力的下降。由于在项目过程中资金的投入和回收时间不一致,所以要考虑通货膨胀的影响。为了达到项目实际的收益,确定的投资收益率一般不低于通货膨胀率与期望的(假设无通货膨胀)投资收益率之和。

⑤ 对于合资项目,投资收益率的确定必须考虑各投资者期望的投资收益率。

⑥ 其他因素。例如,投资额的大小、建设期和回收期的长短、项目对全局(如企业经营战略、企业形象)的影响等。

2.3.5 目标系统的建立

对目标因素按照它们的性质进行分类、归纳、排序和结构化,形成目标系统,并对目标因素进行分析、对比和评价,使项目的目标协调一致。

1. 目标系统结构

项目目标系统至少有以下三个层次。

(1) 系统目标

系统目标是对项目总体的概念上的确定,它是由项目的上层系统决定的,具有普遍的适用性。系统目标通常可以分为以下方面。

① 功能目标,即项目建成后所达到的总体功能。例如,通过一个高速公路建设项目使某地段达到日通行量4万辆,通行速度120 km/h。

② 技术目标,即对工程总体的技术标准的要求或限定。例如,一个高速公路符合中国公路建设标准。

③ 经济目标,例如总投资、投资回报率等。

④ 社会目标,例如对国家或地区发展的影响等。

⑤ 生态目标,例如环境目标、对污染的治理程度等。

(2) 子目标

系统目标需要由子目标来支持。子目标通常由系统目标导出或分解得到,或是自我成立的目标因素,或是对系统目标的补充,或是边界条件对系统目标的约束。它仅适用于项目的某一方面,对某一个子系统进行限制。例如,生态目标可以分解为废水、废气、废渣的排放标准,环境的绿化标准,生态保护标准。

(3) 可执行目标

子目标可再分解为可执行目标。它们决定了项目的详细构成。可执行目标以及更细的目标因素的分解,一般在可行性研究、技术设计和计划中形成、扩展、解释及量化,然后逐渐转变为与设计和实施相关的任务。例如,为达到废水排放标准所应具备的废水处理装置的规模、标准、处理过程和技术等。

2. 目标因素的分类

（1）按性质划分

按性质划分，目标因素可以分为以下两类。

① 强制性目标，即必须满足的目标因素，通常包括法律和法规的限制、政府的规定、政策、技术规范的要求等。例如，环境保护法规定的排放标准，事故的预防措施，技术规范所规定的系统的完备性、安全性和设计标准等。这些目标必须纳入项目系统中，否则项目不能成立。

② 期望的目标，即尽可能满足的有一定范围弹性的目标因素。例如总投资、投资收益率和就业人数等。

（2）按表达划分

按表达划分，目标因素可以分为以下两类。

① 定量目标，即能用数字表达的目标因素，常常又是可考核的目标。例如工程规模、投资回报率和总投资等。

② 定性目标，即不能用数字表达的目标因素，常常又是不可考核的目标。例如改善企业或地方形象，改善投资环境，使用户满意等。

3. 目标因素之间的争执

诸多目标因素之间存在复杂的关系，可能包括相容关系、相克关系或其他关系（如模糊关系、混合关系）。相克关系，即目标因素之间存在矛盾，存在争执。例如环境保护要求和投资收益率、自动化水平和就业人数、技术标准与总投资等的矛盾。

通常在确定目标因素时尚不能排除目标之间的争执，但在目标系统设计、可行性研究、技术设计和计划中必须解决目标因素之间的相容性问题，必须对各目标因素进行分析、对比、修改、优化。这是一个反复的过程，通常包括以下方面。

（1）强制性目标与期望目标发生争执

此类争执最常见的是环境保护要求和经济性（投资收益率、投资回收期和总投资额等）之间的争执，此种情况下必须首先满足强制性目标的要求。

（2）强制性目标争执的处理方法

如果强制性目标因素之间存在争执，说明该项目存在自身的矛盾性，可以通过以下两种方式处理。

① 判定这个项目构思是不行的，可以重新构思，或重新进行情况调查。

② 消除某一个强制性目标，或将它降为期望目标。不同的强制性目标的强制程度不一样。例如，国家法律是必须要满足的，但有些地方政府的规定和地方的税费尽管也对项目有强制性，却有一定的通融余地，可以通过一些措施将它降为期望的目标。

对于期望目标因素的争执又分两种情况。第一种，如果定量的目标因素之间存在争执,可以采用优化的办法,追求技术经济指标最有利(如收益最大、成本最低、投资回收期最短)的解决方案。具体的优化工作是可行性研究的任务。第二种,定性的目标因素的争执可通过确定优先级,寻求之间的妥协和平衡。有时可以通过定义权重将定性的目标转化为定量的目标进行优化。

总之,在目标系统中,系统目标优先于子目标,子目标优先于可执行目标。

4. 目标系统设计的几个问题

(1) 利益争执

由于许多目标因素是与项目利益相关的各种人提出的,所以许多目标争执实质上又是不同群体的利益争执。

① 项目参加者之间的利益可能会有矛盾,在项目目标系统设计中必须考虑和顾及到项目相关的不同群体与集团的利益,必须体现利益的平衡。没有这种平衡,项目是不可能顺利进行的。

② 项目的顾客和投资者的利益应优先考虑,它们的权重较大。当项目的产品或服务的顾客与其他利益相关者的需求发生矛盾时,应首先考虑满足顾客的需求和利益。

③ 在实际工作中,有许多上层系统的部门人员参与项目的前期策划,他们极可能将其部门的利益和期望带入项目的目标设计中,进而造成项目目标设计小部门的讨价还价,容易使子目标与总目标相背离。应防止因部门利益的冲突导致项目目标因素的冲突。

(2) 工作小组的组成

大型项目应在有广泛代表性的基础上构成一个工作小组负责这方面工作。工作小组应包括目标系统设计的组织和管理人员,市场分析诊断人员,与项目相关的实施技术、产品开发人员等。

(3) 预测市场与生产规模的矛盾

在确定项目的功能目标时,经常还会出现预测的市场需求与经济生产规模的矛盾,对一般的工业生产项目,工程只有达到一定的生产规模才会有较高的经济效益;但按照市场预测,在一定的时间内,产品的市场容量较小。

这对矛盾在许多工程项目中都存在,而且常常不易圆满地解决。例如,按照经济分析,一般光导纤维电缆厂的经济生产规模为年产 20 万千米以上。在 20 世纪 90 年代初,我国每年光导纤维电缆的铺设量约为 2 万千米。而我国当时共上马了 25 个光导纤维电缆制造厂。这种现象在我国许多领域都存在。

对一个有前景同时又具有风险的项目,特别是对投资回收期很长的项目,最好分阶段实施。例如,一期先建设一个较小规模的工程,然后通过二期、三期追加投资扩大规模。对近期目标进行详细设计、研究,对远景目标通过战略计划来安排。

2.4　工程项目的定义

2.4.1　项目定义的概念

项目定义是指以书面形式描述项目目标系统，并初步提出完成方式。它是将原直觉的项目构思和期望引导到经过分析、选择得到的有根据的项目建议，是项目目标设计的里程碑。

项目定义以一个报告的形式提出，即项目说明。它是对项目研究成果的总结，是项目目标设计结果的检查和阶段决策的基础。它应足够详细，包括以下六个方面：

① 问题、问题的范围和问题的定义；

② 解决这些问题对上层系统的影响和意义；

③ 系统目标和最重要的子目标，近期、中期和远期目标，对近期目标应定量说明；

④ 边界条件，如市场分析、所需资源和必要的辅助措施、风险因素；

⑤ 可能的解决方案和实施过程的总体建议，包括方针或总体策略、组织安排和实施时间总安排；

⑥ 经济性说明，如投资总额、财务安排、预期收益、价格水准和运营费用等。

2.4.2　项目的审查与选择

1. 项目审查

项目定义后必须对项目进行评价和审查。这里的审查主要是风险评估、目标决策、目标价值评价，以及对目标设计过程的审查。而财务评价和详细的方案论证则要在可行性研究中和设计过程中进行。

在审查中应防止自我控制、自我审查。一般由未直接参加目标设计，与项目没有直接利害关系，但又对上层系统有深入了解的人员进行审查。必须有书面审查报告，并补充审查部门的意见和建议。审查后由权力部门批准是否进行可行性研究。

2. 项目选择

从上层系统（如国家、地方、企业、部门）的角度对一个项目决策，不仅限于对一个有价值的项目构思的选择，而且常常面临许多项目机会的选择。一个企业面临的项目机会可能很多（如许多招标工程信息、许多投资方向），但企业资源是有限的，不能全面出击抓住所有的项目机会，一般只能在其中选择自己的主攻方向。选择的总体目标通常包括以下方面。

① 通过项目能够最有效地解决上层系统的问题，满足上层系统的需要。对于提供产品或服务的项目，应着眼于有良好的市场前景。

② 使项目符合企业经营战略目标，以项目对战略的贡献作为选择尺度，例如对

竞争优势、长期目标、市场份额和利润规模等的影响。由于企业战略是多方面的,如市场战略、经营战略和工艺战略等,则可以详细、全面地评价项目对这些战略的贡献。

③ 企业的现有资源和优势能得到最充分的利用,必须考虑到自己进行项目的能力,特别是财务能力。当然现在人们常常通过合作(如合资、合伙、国际融资等)进行大型的、自己无法独立进行的项目,这是有重大战略意义的。

④ 项目本身成就的可能性最大和风险最小,选择成就(如收益)期望值大的项目。

2.4.3 提出项目建议书,准备可行性研究

在可行性研究之前必须对工程建设即项目本身进行说明,提出项目建议书。

(1) 项目建议书

项目建议书是对项目目标系统和项目定义的说明和细化,同时作为后继的可行性研究、技术设计和计划的依据,并将目标转变成具体的项目任务。项目建议书中要提出项目的总体方案或总的开发计划,同时对项目经济、安全、高效运行的条件和运行过程作出说明。

(2) 责任者确定

提出要求,确定责任者。项目建议书是项目管理者与可行性研究、技术设计和计划等相关专家沟通的文件。如果选择责任者,则这种要求即成为责任书。

(3) 项目建议书的内容

建议书必须包括项目可行性研究、技术设计和计划、实施所必需的总体信息、方针、说明。它们应清楚明了,不能有二义性,必须顾及下述内容。

① 系统目标应转变为任务。系统目标应进一步分解成子目标,这样能验证任务的完成程度,同时使专家组能够明确自己的工作任务和范围。

② 有足够的自由度,有选择的余地和优化的可能,提出可能的方案、风险的界定和量度。

③ 应提出最有效地满足实现所提出目标的可行的备选方案,提出内部的和外部的、项目的和非项目的、经济的、组织的、技术的与管理的措施。

④ 情况和边界条件应清楚说明。

⑤ 明确区分强制性的和期望的目标、远期目标和近期目标,并将近期目标具体化、定量化。

⑥ 目标的优先级及目标争执的解决办法。

⑦ 可能引起的法律问题、特殊风险以及解决办法。

建议书的提出表示项目目标设计结束,接下来就是提交可行性研究了。

2.5　工程项目的可行性研究

2.5.1　可行性研究的概念及作用

1. 可行性研究的概念

项目可行性研究是指在投资决策之前，对拟建项目进行全面的技术经济分析论证并试图对其作出可行或不可行评价的一种科学方法，它是项目管理工作的重要内容，是项目管理程序的重要环节，是项目投资决策中必不可少的一个工作程序。在项目投资管理中，可行性研究是指在项目投资决策之前，调查、研究与拟建项目有关的自然、社会、经济和技术资料，分析、比较可能的投资建设方案，预测、评价项目建成后的社会经济效益，并在此基础上，综合论证项目投资建设的必要性、财务上的盈利性和经济上的合理性、技术上的先进性和适用性，以及建设条件上的可能性和可行性，从而为投资决策提供科学依据的工作。一个完整的可行性研究报告至少应包括以下三个方面的内容。

① 分析论证项目投资建设的必要性。这项工作主要是通过市场预测工作来完成的。

② 分析论证项目投资建设的可行性。这项工作主要是通过生产建设条件、技术分析和生产工艺论证来完成的。

③ 分析论证项目投资建设的合理性（财务上的盈利性和经济上的合理性）。这项工作主要是通过项目的效益分析来完成的，它是可行性研究中最核心的问题。

项目可行性研究的任务主要是通过对拟建项目进行投资方案规划、工程技术论证、经济效益的预测和分析，经过多个方案的比较和评价，为项目决策提供可靠的依据和可行的建议，并明确回答项目是否应该投资和怎样投资。因此，项目可行性研究是保证项目以一定的投资耗费取得最佳经济效果的科学手段。通过项目的可行性研究，可以避免和减少项目投资决策的失误，强化投资决策的科学性和客观性，提高项目的综合效益。

2. 可行性研究的作用

对投资项目进行可行性研究的主要目的在于为投资决策从技术、经济等多方面提供科学依据，以提高项目投资决策的水平，提高项目的投资经济效益。具体来说，项目的可行性研究具有以下作用。

(1) 作为项目投资决策的依据

一个项目的成功与否及效益如何，会受到社会的、自然的、经济的、技术的诸多不确定因素的影响，而项目的可行性研究有助于分析和认识这些因素，并依据分析论证的结果提出可靠的或合理的建议，从而为项目的决策提供强有力的依据。

(2) 作为向银行等金融机构或金融组织申请贷款、筹集资金的依据

银行是否给一个项目贷款融资,其依据是这个项目是否能按期足额归还贷款本息。银行只有在对贷款项目的可行性研究进行全面细致的分析评价之后,才能确认是否给予贷款。例如,世界银行等国际金融组织都视项目的可行性研究报告为项目申请贷款的先决条件。

(3) 作为编制设计和进行建设工作的依据

在可行性研究报告中,对项目的建设方案、产品方案、建设规模、厂址、工艺流程、主要设备和总图布置等作了较为详细的说明,因此,在项目的可行性研究得到审批后,即可以作为项目编制设计和进行建设工作的依据。

(4) 作为签订有关合同、协议的依据

项目的可行性研究是项目投资者与其他单位进行谈判,签订承包合同、设备订货合同、原材料供应合同、销售合同及技术引进合同等的重要依据。

(5) 作为项目进行后评价的依据

要对投资项目进行投资建设活动全过程的事后评价,就必须以项目的可行性研究作为参照物,并将其作为项目后评价的对照标准,尤其是项目可行性研究中有关效益分析的指标,无疑是项目后评价的重要依据。

(6) 作为项目组织管理、机构设置、劳动定员的依据

在项目的可行性研究报告中,一般都须对项目组织机构的设置、项目的组织管理、劳动定员的配备及其培训、工程技术和管理人员的素质及数量要求等作出明确的说明。

(7) 作为审查项目环境影响和申请建设执照的依据

其他可行性研究报告可作为环保部门审查项目环境影响的依据,也可作为向项目所在地政府和规划部门申请建设执照的依据。

2.5.2 可行性研究的内容

可行性研究主要包括下列内容:市场情况与需求分析、产品方案与建设规模、建厂条件与厂址选择、工艺技术方案设计与分析、项目的环境保护与劳动安全、项目实施进度安排、投资估算与资金筹措、财务效益与社会效益评估。

不同的项目,其具体研究内容不同。按照联合国工业发展组织(UNIDO)出版的《工业可行性研究手册》,其可行性研究内容包括以下方面。

1. 实施要点

实施要点即对各章节的所有主要研究成果的扼要叙述。

2. 项目背景和历史

① 项目的主持者。

② 项目历史。

③ 已完成的研究和调查的费用。

3. 市场和工厂的生产能力

(1) 需求和市场

① 对该工业现有规模和生产能力的估计,以往的增长情况,今后增长情况的估计,当地的工业分布情况,其主要问题和前景,产品的一般质量。

② 以往进口及今后的趋势、数量和价格。

③ 该工业在国民经济建设中的作用;与该工业有关的或为其指定的优先顺序和指标。

④ 目前需求的大致规模,过去需求的增长情况,主要决定因素和指标。

(2) 销售预测和经销情况

① 从现有的、潜在的角度,分析当地和国外生产者与供应者对该项目的竞争状况。

② 市场的当地化。

③ 销售计划。

④ 产品和副产品年销售收益估计。

⑤ 推销和经销的年费用估计。

(3) 生产计划

① 产品。

② 副产品。

③ 废弃物(废弃物处理的年费用估计)。

(4) 工厂生产能力的确定

① 可行的正常工厂生产能力。

② 销售、工厂生产能力和原材料投入之间的数量关系。

4. 资源、原材料、燃料与公用设施条件

在建设工程中,要对投入品的大致需要量、它们现有的和潜在的供应情况,以及对当地和国外的原材料投入的每年费用作粗略估计。投入品主要包括以下方面:

① 原料;

② 经过加工的工业材料;

③ 部件;

④ 辅助材料;

⑤ 工厂用物资;

⑥ 公用设施,特别是电力。

5. 厂址选择

对厂址进行多方案的技术经济分析和比较,提出选择意见。厂址选择也包括对土地费用的估计。

6. 项目设计

(1) 项目范围的初步确定

(2) 技术和设备

① 依生产能力大小所能采用的技术和流程。

② 当地和外国技术费用的粗略估计。

③ 拟用设备的粗略布置。

④ 按上述分类的设备投资费用的粗略估计。

(3) 土建工程

土建工程的粗略布置、建筑物的安排、所要用的建筑材料的简略描述包括:场地整理和开发;建筑物和特殊的土建工程;户外工程;按上述分类的土建工程投资费用的粗略估算。

7. 工厂机构管理费用

(1) 机构设置

机构设置包括:生产、销售、行政、管理等机构。

(2) 管理费用估计

管理费用包括:工厂的、行政的、财政的费用。

8. 人力

① 人力需要的估计,细分为工人和职员,又可分为各种主要技术类别。

② 按上述分类的每年人力费用估计,包括关于工资和薪金的管理费用。

9. 制定实施时间安排及费用

① 所建议的大致实施时间表。

② 根据实施计划估计的实施费用。

10. 财务和经济评价

(1) 总投资费用

① 周转资金需要量的粗略估计。

② 固定资产的估计。

③ 总投资费用。

(2) 项目筹资

① 预计的资本结构及预计需筹集的资金。

② 利息。

(3) 生产成本

生产成本是按固定和可变成本分类的各项生产成本的概括。

(4) 财务评价(在上述估计值的基础上作出)

财务评价包括:清偿期限、简单收益率、收支平衡点、内部收益率等。

(5) 国民经济评价

① 初步测试。包括项目换汇率和有效保护。

② 利用估计的加权数和影子价格(外汇、劳力、资本)进行大致的成本-利润分析。

③ 经济方面的工业多样化。

④ 创造就业机会的效果估计。

⑤ 外汇储备估计。

2.5.3　项目可行性研究的基本要求

可行性研究作为项目的一个重要阶段，不仅起到细化项目目标和承上启下的作用，而且其研究报告是项目决策的重要依据。只有可行性研究是正确且符合实际的，才可能做出正确的决策。它的要求包括以下方面。

① 大量调查研究，以第一手资料为依据，客观地反映和分析问题，不应带任何主观观点和其他意图。可行性研究的科学性常常是由调查的深度和广度决定的。

项目的可行性研究应从市场、法律和技术经济的角度来论证项目可行或不可行，而不只是论证可行，或已决定上马该项目了，再找一些依据证明决定的正确性。

② 可行性研究应详细、全面，将定性和定量分析相结合，用数据说话，多用图表表示分析依据和结果。可行性研究报告应透彻和明了。人们常用的方法包括数学方法、运筹学方法、经济统计和技术经济分析方法等。

③ 多方案比较，无论是项目的构思，还是市场战略、产品方案、项目规模、技术措施、厂址的选择、时间安排、筹资方案等，都要进行多方案比较。应大胆地设想各种方案，进行精心的研究论证，按照既定目标对备选方案进行评估，以选择经济合理的方案。

通常对于工程项目，所采用的技术方案应是先进的，同时又应是成熟且可行的；而研究开发项目则追求技术的新颖性与技术方案的创造性。

④ 在可行性研究中，许多考虑是基于对将来情况的预测，而预测结果中包含着很大的不确定性。例如，项目的产品市场，项目的环境条件，参加者的技术、经济、财务等各方面都可能有风险，所以要加强风险分析。

⑤ 可行性研究的结果作为项目的一个中间研究和决策文件，在项目立项后应作为设计和计划的依据，在项目后评价中又作为项目实施成果评价的依据。可行性研究报告经上级部门审查、评价和批准后，项目即获得立项。这是项目生命期中最关键性的一步。

2.5.4　可行性研究应遵循的原则

承担可行性研究的单位在可行性研究中应遵循以下原则。

(1) 科学性原则

科学性原则要求按客观规律办事，这是可行性研究工作必须遵循的基本原则。要求做到以下方面的工作。

① 用科学的方法和认真负责的态度来收集、分析和鉴别原始的数据与资料，以确保数据、资料的真实性和可靠性。

② 要求每一项技术与经济指标都有科学依据,都是经过认真分析计算得出的。

③ 可行性研究报告和结论不能掺杂任何主观成分。

(2) 客观性原则

客观性原则要求坚持从实际出发,实事求是。可行性研究要根据项目的要求和具体条件进行分析和论证,以得出可行和不可行的结论。因此,建设所需条件必须是客观存在的,而不是主观臆造的。

(3) 公正性原则

公正性原则要求在可行性研究工作中排除各种干扰。尊重事实,不弄虚作假,这样才能使可行性研究正确、公正,为项目投资决策提供可靠的依据。

目前,在可行性研究工作中确实存在不按科学规律办事,不尊重客观实际,为得到主管部门批准任意编造数据,夸大有利条件,回避困难因素,故意提高效益指标等不良行为。虚假的可行性研究报告一危害国家,二损害投资者自己,是不可取的。

项目建设单位应做好下列工作。

① 提供准确真实的资料数据。例如,拟建地区的环境资料,企业投资的真实目的与要求,原单位的生产、工艺和技术资料。

② 委托有资格的机构进行可行性研究,并签订有关合同,明确研究的具体内容,如建设的意图、进度与质量要求,主要的技术经济指标等。

③ 进行监督。合同签订后,建设单位应对可行性研究的进度、研究的质量不断地进行监督检查。

2.5.5 项目可行性研究的步骤

在国际上,典型的可行性研究的工作程序分为六个步骤。

(1) 准备工作

在开始阶段,要讨论可行性研究的范围,仔细限定研究的界限及弄清雇主的目标。

(2) 进行实地调查和技术经济研究

实地调查和技术经济研究要包括项目的主要方面。需求量、价格、工业结构和市场竞争将决定市场机会;原材料、能源、工艺、运输、人力和外国工程则影响到工艺技术的选择。这里所提及的各方面都是相互关联的,但是每个方面都要分别评价,只有到了下一个阶段,才能得到最后的结论。

(3) 选优

将项目的各个不同方面设计成可供选择的方案。在这里,咨询单位的经验发挥着很重要的作用,它能用较多的有代表性的设计组合制定出少数可供选择的方案,能够有效地取得最优方案,随后进行详细的讨论,由雇主作非计量因素方面的判定,并确定协议项目的最后形式。

（4）对选出的最优方案进行更详细的编制

要研究具体的范围，估算投资费用、经营费用和收益，同时作出项目的经济分析和评价。为了达到项目预定目标，可行性研究必须论证所选择的项目在技术上是可行的，建设进度是能够达到的。预计的投资费用应该包括所有的合理的未预见费用，经济分析必须说明项目在经济上是能够承受的，资金是能够筹措到的。敏感性分析则用来论证成本、价格或进度等发生变化时，可能给项目的经济效益带来的影响。

（5）编制可行性研究报告

可行性研究报告的结构和内容常常有特定的要求（如各种国际贷款机构的规定等），这些特定要求和涉及的步骤，在项目的编制和实施中对雇主有很大帮助。

（6）编制资金筹措计划

在比较方案时，项目的资金筹措已做过详细的考察，一些潜在的项目资金也有可能在讨论可行性研究时出现。在实施中部分期限和条件的改变也会导致资金发生改变，这些都可以根据可行性研究的财务分析作出相应的调整。同时，应做出最终决策，以便根据协议的进度及预算实施项目。

【本章要点】

熟悉项目前期策划的概念及重要作用；了解项目构思产生的起因；了解项目目标系统的建立及目标系统设计应注意的几个问题；了解项目的审查及选择；掌握可行性研究的作用及内容。

【思考与练习】

1. 工程项目的目标因素是由什么决定的？

2. 工程项目的目标分哪几个层次？

3. 简述工程项目可行性研究的主要内容。

4. 某领导视察某地长江大桥，看到大桥上拥挤不堪，则产生在该地建设长江二桥的构思。他翻阅了该地区长江段地图，指示在大桥下游某处建设长江二桥，并指示做可行性研究。试分析该工程项目构思过程存在的问题。

5. 在某中外合资项目中参加者各方有如下目标因素。

① 外商：要求投资回报率较高，增加其产品在中国市场的占有份额。

② 当地政府：发展经济，吸引外资，增加就业，增加当地税收，改善地方形象。

③ 法律：环境保护法要求的“三废”排放标准，税法，劳动保护法。

④ 中方企业：吸引外资，对老产品进行更新改造，提高产品的技术水平，增加产品的年产量和市场占有率，充分利用现有的厂房、技术人员、工人和土地。

试分析：

（1）在上述目标中哪些属于期望的目标？哪些属于强制性目标？哪些属于定量目标？哪些属于定性目标？

(2) 在上述目标因素中哪些是有紧密联系的？有什么联系？

(3) 哪些目标因素之间存在争执？

(4) 哪些目标因素可以用项目解决？哪些不能用项目解决？

6. 按照规模效益的要求，任何一个工程项目必须达到一定的规模才能有经济效益，但是工程项目的规模必须按照将来的市场需求确定。试分析，如果两者之间发生矛盾应如何解决。

7. 一个企业上马一个新产品，该项目工程建设期3年，预计该新产品的生命期为投产后5年，而厂房的使用寿命为50年。如果由您负责该项目的目标设计，您将如何设计项目与时间相关的目标？

第3章　工程项目目标与范围管理

3.1　项目的目标与目标管理

3.1.1　目标及目标管理

1. 目标及目标管理的概念

目标是一定时期集体活动预期达到的成果或结果。

目标管理指集体中成员亲自参加工作目标的制定，在实施中运用现代管理技术和行为科学，借助人们的事业感、能力、自信、自尊等，实行自我控制，努力实现目标。

目标管理作为一种管理技术，起始于20世纪60年代，是一种把总体目标与具体计划相联系的管理方式，也是项目管理经常使用的管理方法。目标管理的过程实际上是参与管理和自主管理的过程，高层管理人员设定总体目标，该目标作为下属制订各自工作计划的依据，下属员工根据该目标和各自的期望相应地确定每个人的职责范围和工作结果，经理人员定期对其工作结果进行评价。项目的目标管理要发挥作用，必须得到项目管理层的支持。

2. 目标管理的程序

(1) 确定任务分工

确定项目组织内各层次、各部门的任务分工，对完成项目任务及工作效率提出要求，并把项目组织的任务转换为具体的目标。

(2) 落实制定的目标

落实制定的目标，包括以下几个部分：

① 要落实目标的责任主体，即谁对目标的实现负责；

② 明确目标主体的责、权、利；

③ 要落实对目标责任主体进行检查、监督的责任人及手段；

④ 要落实目标实现的保证条件。

(3) 调控目标的执行过程

对目标的执行过程进行调控，即监督目标的执行过程，进行定期检查，发现偏差，分析产生偏差的原因，及时进行协调和控制。对目标执行好的主体进行适当的奖励。

(4) 评价目标完成的结果

对目标完成的结果进行评价，即把目标执行结果与计划目标进行对比，评价目标管理的好坏。

综上所述,可以将目标管理的程序概括为:

① 确定任务、制定目标;

② 分解目标、落实责任;

③ 展开实施、进行控制;

④ 达到目标、诊断评价。

3. 目标管理的要点

① 目标管理的基本点是以被管理活动的目标为中心,把经济活动和管理活动的任务转换为具体的目标加以实施和控制,通过目标的实现,完成经济活动的任务。

② 目标管理的精髓是以目标指导行动。目标是一切管理活动的中心和总方向,它决定了计划时的最终目的,执行时的行动方向,考核时的具体标准。只有有效地把握住目标,管理活动才能达到有效和高效。

③ 目标管理是面向未来的、主动的管理。目标不是现实行为中的既成事物,而是对于未来的期望值。管理者必须自觉以目标为导向,主动追求未来成果,并促使人们发挥最大潜能,提高工作效率,使管理效能达到最高水平。

④ 目标管理是全体人员参加的管理活动。它通过目标责任体系,明确管理层次,确立每个人的管理目标,通过自我监督、自我管理、自我控制激发员工积极性,完成目标责任。

目标管理也存在一定的缺点。例如,在项目前期,很多因素不明确,很难设计出完整、科学的目标系统;由于目标的刚性,管理者对目标的变更往往犹豫不决;并不是所有项目组成员的工作结果都是可以度量的,对项目组成员进行不恰当的评价容易挫伤其积极性。

3.1.2 工程项目目标管理体系

1. 目标系统的建立

工程项目目标的确定需要一个过程。在项目的初始阶段,项目目标往往不清晰,随着项目的进展,目标界定越来越清晰。在项目不同的发展阶段,目标的确定也有所不同,项目初始目标一般是由项目发起人或者客户提出的,而项目实施目标是项目组织为了满足或超越项目发起人或客户的要求而制定的目标。因此,工程项目的目标系统设计是一项复杂的系统工程。在目标因素的基础上进行集合、排序、选择、分解和结构化,形成目标系统,并对目标因素进行定置化描述。

目标系统设计是将项目的总目标分解成子目标,子目标再分解成可执行的单一目标,形成目标层次。目标系统至少应该有以下三个层次。

(1) 系统目标

系统目标是对项目概念上的确定,由项目的上层系统决定,它较少关注项目本身,具有普遍的适用性和影响。系统目标通常可以分为功能目标、技术目标、经济目标、社会目标、生态目标等。

（2）子目标

子目标是由系统目标导出，或自我成立的目标因素，或对系统目标的补充，或边界条件对系统目标的约束。它仅适用于项目某一方面、某一个子系统的限制或控制。子目标通常用于确定子项目的范围。

（3）可执行目标

可执行目标确定项目的详细构成。可执行目标以及更细的目标分解，一般在可行性研究以及技术设计和计划中形成、扩展、解释、定量化，逐渐转变为与设计、实施相关的任务。操作目标经常与解决方案（技术设计或实施方案）相联系。

2. 目标系统结构

工程项目的目标系统是由工程项目的各级目标按照一定的从属关系和关联关系而构成的目标体系。工程项目目标系统的建立是工程项目实施的前提，也是项目管理的依据。在目标因素确立后，经过进一步的结构化，即可形成目标系统。工程项目的建设过程是工程项目目标系统多目标优化的过程。目标系统是由不同层次的目标构成的体系，可以根据项目的实际情况将目标分成若干级，目标系统结构是工程项目的工作任务分解结构的基础。

（1）按管理对象不同分类

在一个工程项目中，不同的管理对象有不同层次、内容、角度的项目目标，其中影响最大的是业主、承包商、监理工程师三个方面。各种工程项目管理都是以其目标的实现为宗旨的，从而形成了以下分类的工程项目管理目标体系：

① 以工程为对象的目标体系，即以建设项目为对象的工程项目管理目标，包括以单项工程为对象的工程项目管理目标、以单位工程为对象的工程项目管理目标；

② 以管理者为主体的工程项目管理目标，如业主项目管理目标、监理项目管理目标、施工项目管理目标、项目经理部管理目标、作业层管理目标等；

③ 按业务管理划分的工程项目管理目标，包括进度目标、质量目标、安全目标、成本目标、利润目标、资源节约目标、文明工地目标、环保目标等；

④ 按施工阶段划分的施工项目管理目标，包括年度目标、季度目标、月度目标等；

⑤ 按产生的载体划分的施工项目管理目标，包括合同目标、规划目标、计划目标等。

（2）按管理的性质不同分类

① 按控制内容的不同，可以分为投资目标、工期目标和质量目标等。

② 按重要性的不同，可以分为强制性目标和期望性目标。

③ 按目标的影响范围，可以分成项目系统内部目标和项目系统外部目标。

④ 按目标实现的时间，可以分成长期目标和短期目标。

⑤ 按层次的不同，可以分为总目标、子目标和操作性目标等。

3.1.3 工程项目目标管理

目标管理可以应用于各个领域,下面以一个施工项目目标管理的过程,来说明工程项目目标管理的步骤和内容。

1. 施工项目管理目标的制定

(1) 施工项目目标制定的依据

① 工程施工合同提出的建筑施工企业应承担的施工项目总目标;项目经理与企业经理之间签订的施工项目管理目标责任书中项目经理的责任目标。

② 国家的政策、法规、方针、标准和定额。

③ 生产要素市场的变化动态和发展趋势。

④ 有关文件、资料,如图纸、招标文件、施工项目管理实施策划等。

⑤ 对于国际工程施工项目,制定控制目标还应依据工程所在国的各种条件及国际市场情况。

(2) 施工项目目标的制定原则和程序

① 施工项目目标制定的原则是:实现工程承包合同目标;以目标管理方法进行目标展开,将总目标落实到项目组织乃至每个执行者;充分发挥施工项目管理实施策划在制定目标中的作用;注意目标之间的相互制约和依存关系。

② 施工项目目标的制定程序如下。

a. 认真研究、核算工程施工合同中界定的施工项目控制总目标,收集制定控制目标的各种依据,为控制目标的落实做准备。

b. 施工项目经理与企业经理签订施工项目管理目标责任书,确定项目经理的控制目标。

c. 项目经理部编制施工项目管理实施策划,确定施工项目经理部的计划总目标。

d. 制定施工项目的阶段控制目标和年度控制目标。

e. 按时间、部门、人员、班组落实控制目标,明确责任。

f. 责任者提出控制措施。

2. 施工项目管理目标的分解

企业总目标制定后,目标应自上而下展开。分解的目的是自下而上保证目标的实现。

(1) 总目标的细化及编制可操作的定量定性指标

管理目标有很多种,应对每种目标进行专业分解,如质量、安全、文明工地等目标,进一步细化成各项指标、标准。制定出可操作的、具体的定量或定性指标,同时,还有许多为了保证总目标实现而需要大量的管理目标,共同形成完整的指标体系。

(2) 按时间将总目标分解成几个阶段

总目标是整个过程完成后才能实现的。为了便于及时考核与控制,应分解成若干阶段性目标，如年目标、地下室出地面目标、结构封顶目标等。同时要制定季、月目标，以便以月保季、保阶段性目标，从而保证总目标的实现。

（3）纵、横向分解到各层次和个人

纵向分解到各层次、各单位，横向分解到各层次内的各部门，明确主次关联责任。把目标分解到最小的可控制单位和个人，以利于目标的控制和实现，并制定个人的管理职责，确定“人”的各项管理责任。

（4）制定层层管理的制度

这种管理制度使各项管理都有章可循，各项管理工作都有序地进行，确保目标的实现，确定了“事”的各项管理办法。

目标分解是一项细致的工作，要根据工程项目的具体情况进行分解，要做到分解合理、到位。

3. 责任落实

目标分解不等于落实。落实目标要遵循以下各项要求：

① 落实目标的责任主体，即谁对目标的实现负责，要明确主要责任人、次要责任人、关联责任人；

② 明确责任主体的责、权、利；

③ 落实对目标责任主体进行检查、监督的标准及上一级责任人；

④ 落实实现目标的具体措施、手段和各种保证条件。

4. 对目标的执行过程进行调控

监督目标的执行过程，进行定期检查，发现偏差并分析偏差的原因，及时进行协调和控制。

5. 对目标完成的结果进行分析评价

把目标执行结果与计划目标进行对比，以评价目标管理的效果。项目管理层的主要评价指标应是工程质量、工期、成本和安全。

6. 目标管理成功应采取的措施

（1）制定和实现目标要充分调动人的积极性

在制定总目标时，要鼓励下级管理人员、分包单位的管理人员积极参与，上下结合，使制定目标准确性较高。同时在制定目标过程中，使职工更加了解目标的内涵和实现目标的意义，这是实现目标管理的基础。

目标管理的方法既要重视产品、管理工作，也要重视人的因素，把共同制定的目标自上而下的分解和自下而上的目标期望相结合。这样能使职工发现工作的兴趣和价值，在工作中实行自我控制，通过努力工作，满足自我实现的需要，从而实现组织的共同目标。

（2）目标管理应是全方位的、立体的、动态的管理

所谓全方位的管理是指横向到边，竖向到底的全面的管理。所谓立体的管理是指有管理的人、管理的内容和方法（事），以及管理的对象，即工程项目（物），是人、事、

物的三维立体管理。所谓动态的管理是指施工生产在不断发展、不断调整完善的目标管理。

(3) 实现管理目标的手段要有相应的控制能力

工程项目是一个系统工程,项目目标的实现又是一个复杂的长时间过程。在这个过程中,由于条件的变化、人为和天灾的因素,会导致突然的变化和不可测事情的发生。因此,管理者必须有极强的控制能力和调节手段,以确保总目标的实现。在此过程中,由于管理内容多,分包单位多,项目部必须实行统一指挥,通过计划、组织、协调、控制、思想教育、经济奖罚等方法使整个工程各施工单位形成集中统一的整体,确保项目目标的实现。

(4) 对实行目标管理而带来的风险应建立激励和约束机制

管理目标的实现要经过努力工作,付出很大的精力才能达到,同时实现的过程中会因为条件变化,管理上的某些失误,造成一定的损失和风险。为了鼓励每个人都兢兢业业地工作,应实行激励政策。

对管理层人员要健全内部岗位责任制,使各类人员明确责任,使其工作成效与奖金挂钩,重奖突出贡献者;在总、分包合同条款及阶段目标责任状中,要建立奖罚条款,形成内部的激励和约束机制。

(5) 管理工作要有全面性、精确性

制定完整的规章制度,在制度的约束下规范自己的行为。要使所有的制度实施不漏项、不含糊、无空隙,使受控面精确到每个人、每件事。研究协调工作的内容、办法和提高协调工作的能力,是使各项管理工作受控运行的重要手段之一。建立行之有效的、严格的控制办法是完成目标的重要保证,尤其是日常的检查验收制度,使目标在实践过程中一直处在正确的轨道上。

3.2 工程项目范围管理概述

3.2.1 工程项目范围的概念与定义

工程项目的成功依赖于很多因素,如上级的支持、项目团队的工作、清晰的项目任务、明确的需求说明、正确的工作计划等,这里面大多数都是项目范围管理的组成要素。美国凯勒管理研究生院的项目经理威廉·V·黎巴认为,缺少正确的项目定义和范围核实是导致项目失败的主要因素。有研究结果显示,不良定义的范围或使命是项目成功的障碍。科学家通过对一个大型炼油厂建设项目的研究发现,项目主要部分的不良范围定义对成本和进度产生的负面影响最大。一项研究发现,在50%以上的成功项目中,明确的使命陈述在项目的概念、计划和执行阶段中是一个良好的预测指标;一项调查发现,缺少明确的目标是超过60%的被访项目经理所表述的主要问题之一;在一项对1400多名项目经理进行的大型研究中发现,将近有50%的项目经理计划的问题与不明确的范围和目标定义有关。这些研究反映出项目的成功和明确的范围定义之间有着很强的相关性。

1. 工程项目范围的概念

工程项目本身是一个系统,系统应该是有边界的。工程项目范围是指工程项目各过程的活动总和,或指组织为了成功完成工程项目并实现工程项目各项目标所必须完成的各项活动。所谓"必须完成的各项活动",是指不完成这些活动,工程项目就无法完成;所谓"全部活动",是指工程项目的范围包括完成该工程项目要进行的所有活动,不可缺少或遗漏。简单地说,确定工程项目范围就是为项目界定一个界限,划定哪些方面是属于项目应该做的,而哪些方面是不应该包括在项目之内的,从而定义工程项目管理的工作边界,确定工程项目的目标和主要可交付成果。一个无法确定范围的工程项目是不可能实现的。

(1) 产品范围与项目范围

在项目环境中,"范围"一词可能指产品范围,也可能指项目范围。要注意的是,这两个词的含义是不同的。产品范围即一个产品或一项服务应该包含哪些特征和功能;项目范围即为了交付具有所指特征和功能的产品所必须要做的工作。简单地说,工程项目范围就是指做什么、如何做,才能交付该产品。

通常,产品范围的定义就是对产品要求的度量,而项目范围的定义落实在一系列要做的工作上,两种范围的定义立足于不同的角度,结合起来的结果即是经过项目的工作,最终交付一个或一系列满足特定要求的产品和服务。

(2) 工程项目范围的定义

工程项目范围的定义要以其组成的所有产品的范围定义为基础,但是又不限于产品范围,它还包括为了实现这些产品范围所必须要做的管理工作,如工程项目的进度管理、成本管理、质量管理等。

通常来说,确定了项目范围的同时也就定义了项目的工作边界,明确了项目的目标和项目主要的可交付成果。无论是新技术或者是新产品的研发项目或者服务性的项目,恰当的范围定义对于项目的成功来讲是十分关键的。如果项目的范围定义不明确或在实施的过程中不能有效控制,变更就会不可避免的出现,而变更的出现会破坏项目的节奏、进程,造成返工、延长项目工期、降低项目生产人员的生产效率和士气等,从而造成项目最后的成本大大超出预算的要求。

2. 确定工程项目范围的意义

工程项目管理中最难做的一件工作就是确定工程项目的范围,当然,它也是最重要的一项工作。通过项目范围的界定过程,确定完成项目所必不可少的工作,以及界定出那些不必要(或无法完成)的工作,是有重要意义的。因为,该做的工作不做,就实现不了项目的目的,而不必要做或做不了的工作做了,又浪费资金、人力等资源,白白耗费时间。因此,确定项目范围对项目管理来说可以产生如下作用。

(1) 保证了项目的可管理性

范围定义明确了项目的目标和主要的项目可交付成果,可交付成果又可被划分为较小的、更易管理的组成部分。

(2) 提高费用、时间和资源估算的准确性

项目的工作边界定义清楚了,项目的具体工作内容明确了,这就为项目所需的费用、时间、资源的估计打下了基础。

(3) 确定进度测量和控制的基准

项目范围是项目计划的基础,如果项目范围确定了,就为项目进度计划测量和控制确定了基准。

(4) 有助于清楚地分派任务

确定项目范围也就确定了项目的具体工作任务,为进一步分派任务打下了基础。

(5) 可作为评价项目成败的依据

项目范围是按照业主或用户的需求来确定的,确定的内容编写在正式的项目范围说明书或项目参考条款中,并记录了修改或变更范围的情况,因此提供了监督和评价的依据。

总之,工程项目范围的界定是很重要的,它构成了问题解决过程的关键步骤,指明了人们筹划工程项目定义的整个过程,显示了人们是怎样达到各自目标的。明确不在工程项目范围之内的工作,或者是因为实现项目的收益不需要这些工作(尽管有它们会更好),或者是因为其他工作会替代它们。有时,为了适应资金的限度,必须减少一些潜在的收益,所以,工程项目的范围一定要清晰陈述。同时,项目干系人必须在项目要产出什么样的产品和服务方面达成共识,也要在如何产出这些产品和服务方面达成一定的共识。

3.2.2 工程项目范围管理的主要内容与过程

1. 工程项目范围管理的主要内容

工程项目范围的管理也就是对工程项目应该包括什么和不应该包括什么进行定义和控制,应以确定并完成工程项目目标,保证实施过程和交付工程的完备性为目的。工程项目范围管理的对象应包括为完成项目所必需的专业工作、管理工作和行政工作。

2. 工程项目范围管理的过程

工程项目范围管理应该包括如下过程。

(1) 工程项目启动

工程项目启动就是正式承认一个新项目的存在或一个已有项目应当进入下一个阶段的过程,即阶段启动。虽然项目启动有正式启动(经过论证)和非正式启动(不需专门论证)之分,但是工程项目必须经过论证才能正式启动,绝不允许采取非正式的方式启动一个工程项目,或启动工程项目的一个阶段。工程项目之所以要正式启动,

是因为它是一种大型的、复杂的、资源投入多的、耗用时间长的、经济影响和社会影响大的项目，任何草率的做法都会招致不可挽回的重大损失。工程项目启动不是瞬间决策，要有充分依据和可靠结论后才能启动，而能否启动的主要工作就是工程项目范围的确定。所以，工程项目启动是工程项目范围管理的重要内容。

工程项目启动时要进行工程项目的策划，根据组织的战略计划和经验，选择可行的方案，采取一些决策模型技术，并可依据专家的判断来评价各种方案，最后形成可行性研究评估报告。

工程项目启动过程的输出就是项目章程。项目章程是一个重要文档，这个文件正式承认工程项目的存在，并对工程项目提供概览。对于合同项目来说，签署的合同可以作为工程项目许可证，合同条款必须写明约束条件和项目假设。

工程项目启动的关键结果就是确定项目经理。应及早定出项目经理，并且项目经理应参加项目计划的编制。

(2) 工程项目范围计划

工程项目范围计划是指进一步形成各种文档，为将来项目决策提供基础。这些文档包括范围说明书、辅助性细节、范围管理计划。这些文档定义了项目目标和可交付成果，确定了工程项目的工作边界和管理方法，可用以帮助项目利益人之间达成共识，并作为项目决策的基础。

(3) 工程项目范围定义

工程项目范围定义就是运用一些方法和技术(如工作分解结构)，把工程项目的主要可交付成果(如范围说明书中所定义的)划分为较小的、更易管理的单位。工作分解结构更进一步地确定了工程项目的整个范围。也就是说，在项目范围之内，工作分解有助于加深对工程项目范围的理解。

(4) 工程项目范围核实

工程项目范围核实是项目的利益相关者，如项目投资人或建设单位等对项目范围进行最终确认和接受的过程。如果项目被提前终止，范围核实过程应确定项目完成的层次和程度，并将其形成文件。

(5) 工程项目范围变更控制

工程项目范围变更包括建设单位提出的变更、设计变更、计划变更。工程项目范围变更控制是指对有关工程项目范围的变更施加影响和控制。主要的过程输出是范围变更、纠正行动与教训总结。范围变更控制必须与其他控制过程，如时间控制、成本控制、质量控制等结合起来。

3.3 工程项目范围的确定及定义

确定工程项目范围，其结果需要编写正式的项目范围说明书，包括详细的辅助内容及范围管理计划。工程项目范围说明书是项目组织与项目业主(客户)之间对项目的工作内容达成共识的基础,用来对项目范围达成共同的理解,并确认这样的理解,以此作为将来项目管理的基础。项目范围管理计划描述如何管理项目的范围。

1. 工程项目范围说明书

在进行工程项目范围确定前,一定要有工程项目范围说明书。因为范围说明书详细说明了为什么要进行这个项目,明确了项目的目标和主要的可交付成果,是项目班子和任务委托者之间签订协议的基础,也是未来项目实施的基础,并随着项目的不断实施进展,需要对范围说明进行修改和细化,以反映项目本身和外部环境的变化。有了项目的范围说明书,就能形成项目的基本框架,使项目所有者或项目管理者能够系统地、逻辑地分析项目关键问题及项目形成中的相互作用要素,使得项目的利益相关者能就项目的基本内容和结构达成一致,并能形成项目结果核对清单。项目结果核对清单作为项目评估的一个工具,在项目终止以后或项目最终报告完成以前使用,并将其作为评价项目成败的依据。

(1) 工程项目范围说明书的内容

工程项目范围说明书是一个要发布的文件,具体来看,工程项目范围说明书应包括以下三个方面的内容。

① 项目的合理性说明:解释为什么要进行这一项目。项目合理性说明为将来提供评估各种利弊关系和识别风险的基础。

② 项目目标:确定项目成功所必须满足的某些数量标准。项目目标至少应包括费用、时间进度和技术性能或质量标准。项目目标应当有属性(如费用)、衡量单位(如货币单位)和数量(如150万)。未被量化的目标往往具有一定的风险。

③ 项目可交付成果:一份主要的、具有归纳性层次的产品清单。这些产品完全、满意的交付标志着项目的完成。

(2) 工程项目范围说明书的作用

工程项目范围说明书起到了如下四个方面的作用。

① 形成项目的基本框架。使项目干系人能系统地分析项目的关键问题及项目形成中的相互作用要素,能就项目的基本内容和结构达成一致。

② 产生项目有关文件格式的注释,用来指导项目有关文件的产生。

③ 形成项目结果核对清单。项目结果核对清单作为项目评估的一个工具,在项目终止以后或项目最终报告完成以前使用,以此作为评价项目成败的依据。

④ 可以作为项目整个生命周期中监督和评价项目实施情况的背景文件,作为有关项目计划的基础。

规模大、内容复杂的项目,其范围说明书也可能会很长。政府项目通常会有个被称作工作说明书(SOW)的范围说明。有的工作说明书可以长达几百页,特别是要对产品进行详细说明的时候。如其他类型的项目管理文件一样,范围说明文件随着项目的进展,可能需要进行调整、修改或细化,以反映项目界限的变化,满足项目管理的需要。项目范围说明书包括的内容见表3-1。

表 3-1 项目范围说明书格式

项目范围说明书	
项目名称:	
项目编号:	日期:
项目经理:	项目发起人:
项目论证: 项目产品: 项目可交付成果: 不包括的工作: 项目目标: ·工期 ·预算 ·质量 ·安全 资源: ·已有资源 ·需采购的资源 约束条件: 假设前提: 项目的主要风险:	

项目经理应当与项目的主要利益相关者共同编制项目范围说明书,客户应当在范围说明书上签字,以表示对项目范围的同意与认可。

2. 工程项目范围管理计划

工程项目范围管理计划是对范围变更控制的说明,包括如何管理项目范围,如何将变更纳入到项目范围之内,对项目稳定性的评价,如何识别范围变更及如何对其进行分类等。根据项目的需要,工程项目范围管理计划可以是正式的或非正式的,可以很详细,也可以只是一个大概框架。工程项目范围管理计划包括的内容如下:

① 如何管理项目的范围及稳定性预期范围变更频率;预期范围变更幅度;

② 如何对项目的范围变更进行集成管理;如何(以及由谁)进行项目范围变更的识别与描述;如何对项目的范围变更进行分类;项目范围变更的程序和批准的级别;项目范围变更引起的项目过程调整。

3. 工程项目范围定义

在完成工程项目范围的确定工作之后,项目范围管理进一步的工作就是范围定义,即将项目任务分解为易于操作和管理的单位。范围定义对项目的成功非常重要,因为一个好的范围定义可以提高项目的时间、成本及所需资源估算的准确性,便于分工和明确责、权、利,还可以为项目执行绩效评测和项目控制提供一个基准,并有助于清楚地沟通工作职责。

工程项目范围定义就是要将建设项目和计划对象进行分解。将建设项目分解,就是将它依次分解为单项工程、单位工程、分部工程和分项工程,这也是产品分解体系;将计划对象进行分解,就是将总计划分解为阶段计划、月计划、旬计划,或将总计划分解为单项工程计划、单位工程计划和分部工程计划。计划对象的项目划分是以项目产品划分为基础的。

3.4 工程项目结构分析

3.4.1 工程项目工作分解结构的概念与作用

1. 工程项目工作分解结构的概念

工作分解结构(Work Breakdown Structure,简称 WBS)是归纳和定义整个项目范围的一种最常用的方法,是项目计划开发的第一步,指把工作对象(工程项目、其管理过程和其他过程)作为一个系统,将其按一定的目的分解为相互独立、相互制约和相互联系的活动(或过程)。它是项目团队在项目期间要完成或生产出的最终细目的等级树,所有这些细目的完成或产出构成了整个项目的工作范围。进行工作分解是非常重要的工作,它在很大程度上决定项目能否成功。如果项目工作分解的不好,在实施的过程中难免要进行修改,可能会打乱项目的进程,造成返工、延误时间、增加费用等后果。如果用这种方法分解工程项目(或其构成部分、阶段),则称为工程项目工作分解结构。

2. 工程项目工作分解结构的作用

工程项目工作分解结构是将整个项目系统分解成可控制的活动,以满足项目计划和控制的需求。它是项目管理的基础工作,是对项目进行设计、计划、目标和责任分解、成本核算、质量控制、信息管理、组织管理的对象。工程项目工作分解结构的基本作用如下。

① 保证项目结构的系统性和完整性。分解结果代表被管理项目的范围和组成部分,还包括项目实施的所有工作,不能有遗漏,这样才能保证项目的设计、计划、控制的完整性。

② 通过工作分解结构,项目的形象透明,人们对项目一目了然,项目的概况和组成明确、清晰。这使得项目管理者,甚至不懂项目管理的业主、投资者,也能把握整个项目,方便观察、了解和控制整个项目过程;同时可以分析可能存在的项目目标的不明确性。

③ 用于建立目标保证体系。将项目的任务、质量、工期、成本目标分解到各个项

目单元。在项目实施过程中,各责任人就可以针对项目单元进行详细的设计,确定施工方案,作各种计划和风险分析,进行实施控制,对完成状况进行评价。

④ 项目工作分解结构是进行目标分解,建立项目组织,落实组织责任的依据。通过它可以建立整个项目所有参加者之间的组织体系。

⑤ 项目工作分解结构是进行工程项目网络计划技术分析的基础,其各个项目单元是工程项目实施进度、成本、质量等控制的基础。

⑥ 项目工作分解结构中的各个项目单元是工程项目报告系统的对象,是项目信息的载体。项目中的大量信息,如资源使用、进度报告、成本开支账单、质量记录与评价、工程变更、会谈纪要等,都是以项目单元为对象收集、分类和沟通的。

项目工作分解结构的作用可用图3-1表示。

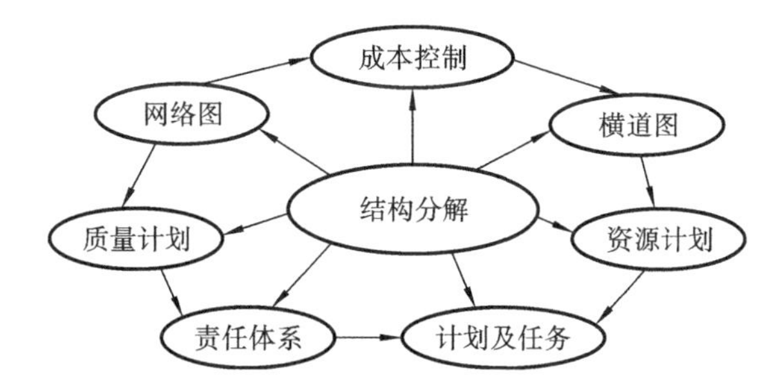

图3-1 工程项目工作分解结构的作用

3.4.2 工程项目结构分解的层次及表现形式

1. 工程项目结构分解的层次

工程项目的结构分解是一个树形结构,以实现项目最终成果所需进行的工作为分解对象,依次逐级分解,形成越来越详细的若干级别(层次)、类别,并以编码标识的若干大小分成不同的项目单元。WBS结构应能使项目实施过程中便于进行费用和各种信息数据的汇总。WBS还考虑诸如进度、合同及技术作业参数等其他方画所需的结构化数据。WBS最常见的形式是五(六)级别(层次)的关联结构,如图3-2所示。

	层次	层级分解	描述
管理层	1	项目	整个项目
	2	可交付成果	主要可交付成果
技术层	3	可交付子成果	可交付子成果
	4	最低可交付子成果	最底层的可交付子成果
	5	工作包	可识别的工作活动

图3-2 工程项目分解的层次

2. 工程项目结构分解的表现形式

WBS是将项目工作分解为越来越小的、更容易管理和控制的单元系统。图3-3是一个简化的分为五层的WBS,针对的是一个单位工程,将其从上到下分解,按照其实施过程的顺序进行逐层分解而形成的结构示意图。

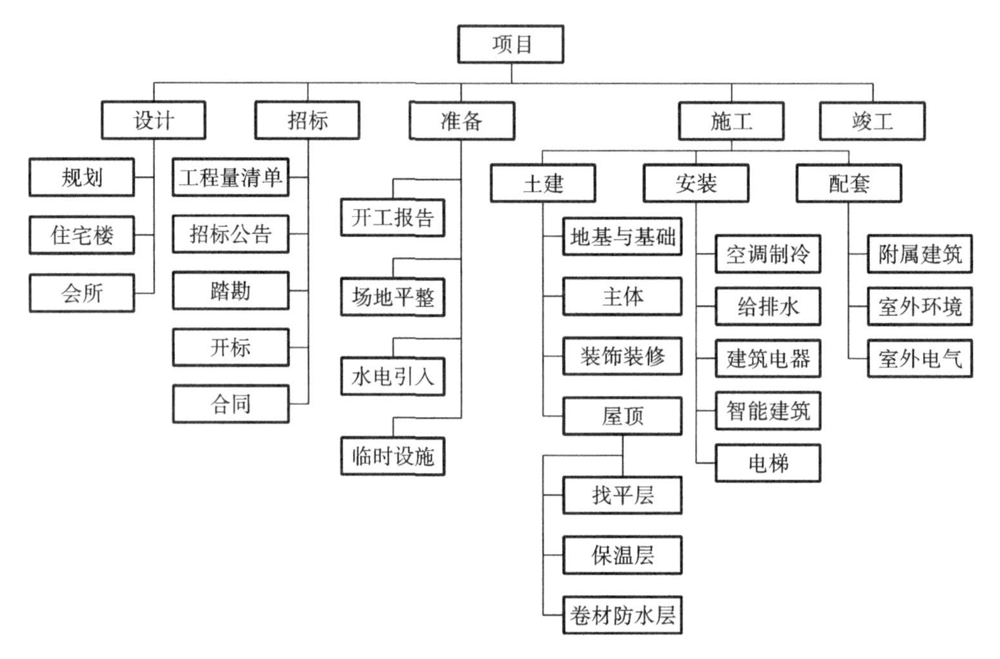

图3-3 工作分解

第一层表现了总的项目目标,即完成项目包含工作的总和,对高层管理人员适用。第二、三层适合中层管理人员,第四、五层则针对一线管理人员。

第二层是项目的主要可交付成果,但不是全部成果。如设计、招标、准备、施工和竣工,主要成果应该包括可交付物及里程碑,如设计的可交付物是施工图纸。里程碑是划分项目阶段的标志,表示了项目进程中从一个阶段进入到另一个阶段的工作内容将发生变化。这一层的主要可交付成果的选择可以从项目工作范围特点的角度选择,还可以从项目的功能构成和组成部分的相对独立性的角度选择。选择这一层面的可交付成果的原则是便于进行管理。

第三、四层是可交付子成果。选择的原则与上一层类似,一个可交付物成果是土建施工,它由四个子可交付物(分部工程)—地基与基础、主体、屋顶、装饰装修,以及最低管理层的可交付子成果(分项工程)—屋面找平层、保温层及卷材防水层组成。在WBS结构的每一层中,必须考虑各层信息如何像一条江河的流水一样由各条支流汇集到干流,流入大海。这个过程要不断的重复,直到可交付的子成果小到管理的最底层乃至个人。这个可交付的子成果又被进一步分解为工作包。分解中应尽量减少结构的层次,层次太多不利于有效管理。WBS的最低一层被称为工作包,工作包是短时间的任务，是项目的最小可控单元。在这一层次上，应能够满足用户对交流和监控的需要，这是项目经理、工程和建设人员管理项目所要求的最低层次。工作包可能包含不同的工作种类，有明确的起点和终点，消耗一定的资源并占用一定的成本。每个工作包都是一个控制点，工作包的管理者有责任关注这个工作包，使其按照技术说明的要求在预算内被按期完成。

工作包应具有以下特点。

① 与上一层次相应单元关联，与同组其他工作包关系明确的独立单元。

② 责任能够落实到具体单位或个人，充分考虑项目的组织机构。要与组织的组织分解结构 OBS 结合起来，使两者紧密结合，以便于项目经理将各个工作单元分派给项目班子成员。

③ 可确定工期，时间跨度最短。时间跨度的长短反映组织对该工作包项目进度控制的要求，其时间跨度的上限应根据这个原则制定。

④ 能够确定实际预算、人员和资源需求。

3.4.3　工作分解结构的编制方法

1. 工程项目结构分解的基本原则

项目结构分解有其基本规律，如果不能正确分解，则会导致以此为基础的各项项目管理工作的失误。项目结构分解的基本原则如下。

① 确保各项目单元内容的完整性，不能遗漏任何必要的组成部分。

② 项目结构分解是线性的，一个项目单元 J_i 只能从属于一个上层项目单元 J，不能同时属于两个上层单元 J 和 I。否则，这两个上层项目单元 J 和 I 的界面不清。一旦发生这种情况，则必须进行处理，以保证项目结构分解的线性关系。

③ 由一个上层单元 J 分解得到的几个下层单元 J_1、J_2、J_3、…、J_n 应有相同的性质，或相同的功能，或同为要素，或同为实施过程。

④ 项目单元应能区分不同的责任者和不同的工作内容，应有较高的整体性和独立性。单元的工作责任之间界面应尽可能小而明确，如此才能方便目标和责任的分解、落实，方便地进行成果评价和责任分析。如果无法确定责任者(如必须由两个人或部门共同负责)，则必须清楚说明双方的责任界限。

⑤ 工程项目工作分解结构与承包方式、合同结构之间相互影响，应予以充分注意。

⑥ 系统分解的合理性还应注意以下方面：

a. 能方便地应用工期、质量、成本、合同、信息等管理方法和手段，符合计划、项目目标跟踪控制的要求；

b. 应注意物流、工作流、资金流、信息流等的效率和质量；

c. 注意功能之间的有机组合和实施工作任务的合理归属；

d. 最低层次的工作单元(工作包)上的单元成本不要太大、工期不要太长。

⑦ 项目分解结构应有一定弹性,以方便于扩展项目范围和内容,变更项目结构。

⑧ 在一个结构图内不要有过多层次,通常 4~6 层为宜。如果层次太少,则单元上的信息量太大,失去了分解的意义;如果层次太多,则分解过细,结构便失去了弹性,调整余地小,工作量大量增加,而效果却很差。

2. 工程项目工作结构分解过程

基本思路是以工程项标体系为主导,以工程技术系统范围和工程项目的总任务为依据,由上而下、由粗到细地进行。具体步骤如下:

① 将工程项目分解成单个定义且任务范围明确的子项目(单项工程);

② 将子项目的结果做进一步分解,直到最底层(单位工程、分部工程、分项工程);

③ 列表分析并评价各层次(直到工作包,即分项工程)的分解结果;

④ 用系统规则将项目单元分组,构成系统结构图;

⑤ 分析并讨论分解的完整性;

⑥ 由决策者决定结构图,形成相应文件;

⑦ 建立工程项目的编码规则。

3. 工程项目工作结构分解方法

(1) 分解方式

对于一个系统来说,存在多种系统分解的方式,只要这些子系统是相互关联的,并且它们能够综合构成系统的整体。工程项目是一个系统,工程项目分解结构的目的是将项目的过程、产品和组织这三种结构形式综合考虑,主要分解方式有以下几种:

① 根据项目组织结构进行分解;

② 根据项目的产品构成阶段进行分解;

③ 根据项目实施的阶段进行分解。

例如,要给一个建筑企业上一个信息化项目,按照项目的组织结构就可以分解为人事信息系统、生产信息系统、财务信息系统等而按该项目的产品结构,则可以分解为企业计划系统(ERP)、客户关系管理系统(CRM)、供应链系统(SCM)、办公自动化系统(OAS)等,按照项目实施的阶段则可以分解为系统分析、系统设计、系统实施、系统交接等阶段。

(2) 分解考虑因素

实际上,WBS 的第一个层次按某种方式分解后,第二个层次或其他层次往往要以另外一种方式分解。那么,到底采用哪种方式进行分解呢?具体的分解方式应该考虑下面三个因素。

① 哪一种更高级的标志会最有意义?

② 任务将如何分配?

③ 具体的工作将如何去做?

根据以上三个因素来分解项目是比较有效的办法。另外，WBS的每个框或圈中的文字最好能够统一，要么全用。“动词＋名词”，如“安装设备”，要么全用“名词＋动词”，如“设备安装”。

(3) 分解方法

制定WBS的方法有自上而下法、集思广益法(头脑风暴法)、两者结合法及采用原先的模板等四种方法。

① 自上而下法是指对项目的分解先从总体考虑，分为几个大部分，然后逐层分解。这种方法优点是层次分明，缺点是有可能遗漏一些小的任务。这种方法适宜采用树形表现形式。

② 集思广益法(又叫头脑风暴法)是指先不考虑层次，让项目成员畅所欲言，将所有想到的任务都列出来，然后再用线条将它们联系起来。这种方法不容易漏项，但不够直观，适宜采用气泡图的表现形式。

③ 两者结合法是指将自上而下法与集思广益法结合起来，先采用集思广益法，画出项目的气泡图，然后再采用自上面下法，整理成树形结构图。由此可知，该方法综合了上述两种方法的优点，既不漏项，又层次分明。并且，我们应了解树形结构图适合供项目的外部用户使用，气泡图适合项目团队内部使用。

④ 采用模板法是指将做过的成功项目的WBS予以抽象，形成某一类项目的模板。有些项目具有相似性，在新项目进行工作结构分解时，就可以在模板库中直接调出相应模板，然后进行相应的添加、删除或修改即可。图3-3为某住宅施工项目的工作分解结构示意。

工作分解结构是出于管理和控制的目的而将项目分解成易于管理部分的技术，本项工作是在确定了项目的范围之后进行的，因此对于各具体的项目而言，项目的范围说明书是进行项目分解的直接前提和依据。

4. WBS编码设计

为适应现代化信息处理的要求，设计一个统一的编码体系，确定编码规则和方法，有利于网络分析、成本管理、数据的储存、分析统计等，且要相互接口，工程项目工作结构分解图采用父码＋子码外的方法编制。

工作分解结构中的每一项工作单元都要编上号码，用来唯一确定每一个单元，这些号码的全体被称为编码系统。编码系统同项目工作分解结构本身一样重要，在项目规划和以后的各个阶段，项目各基本单元的查找、变更、费用计算、时间安排、资源安排、质量要求等各个方面都要参照这个编码系统。若编码系统不完整或编排的不合适，会引起很多麻烦。

利用编码技术对WBS进行信息交换，可以简化WBS的信息交换过程。编码设计与结构设计是有对应关系的。结构的每一层代表编码的某一位数，有一个分配给它的特定的代码数字。在最高层次，项目不需要代码；在第一层次，如果要管理的关键活动小于9个(假设用数字来编码)，则编码是一个典型的一位数编码，如果用字母,那么这一层上就可能有 26 个关键活动,如果用字母加数字,那么这层上就可能有 35 个关键活动;下一层代表上述每一个关键活动所包含的主要任务,其灵活性范围为 1～99,或者如果再加上字母,则灵活性范围更大;以下依此类推。

在图 3-3 中,WBS 编码是由五位数字组成,第一位数表示处于第 0 级的整个项目;第二位数表示处于第 1 级的子工作单元(或子项目)的编码;第三位数是处于第 2 级的具体工作单元的编码;第四位数是处于第 3 级的更细更具体的工作单元的编码。编码的每二位数字,由左到右表示不同的级别,即第 1 位代表 0 级,第 2 位表示 1 级,依此类推。

在 WBS 编码中,任何等级的工作单元都是其余全部次一级工作单元的总和。如第二个数字代表子工作单元(或子项目)——也就是把原项目分解为更小的部分。于是,整个项目就是子项目的总和。所有子项目的编码的第一位数字相同,而代表子项目的数字不同,紧接着后面两位数字是零。再下一级的工作单元的编码依次类推。

在制定 WBS 编码时,责任与预算也可以用同一编码数字制定出来。就责任来说,第一位数字代表责任最大者——项目经理,第二位数字代表各子项目的负责人,第三和第四位数字分别代表 2、3 级工作单元的相应负责人。对于预算也有着同样的关系。

编码设计对于作为项目控制系统应用手段的 WBS 来说是个关键步骤。不管用户是高级人员还是其他职员,编码对于所有的人来说都应当有共同的意义。在进行编码设计时,必须仔细考虑收集到的信息和收集信息所用到的方法,使信息能够自然地通过 WBS 编码进入应用记录系统。

在编码设计时,如果在一个既定层次上,应该尽量将同一代码用于类似信息,这样可以使编码更容易被理解。此外,在设计编码时,还应当考虑到用户的方便使用,使编码以用户容易理解的方式出现。

工作分解结构图一旦确定下来以后,除非特殊情况,应当不能随便加以改动。如遇到必须加以改动的情况,就得召开各方会议,如部门主管、项目经理、执行人员、客户和承包商等参与的大会,就项目目标、工作分解结构等情况共同协商,并达成一致意见,且加以确认,省却日后可能遇到的麻烦。

5. 工程项目结构分解的结果

(1) 工程项目结构图

工程分解结构有如下三种表现形式。

① 树形图,又称组织结构图形式,见图 3-4。其特点是层次分明、非常直观,但不容易修改,也比较难展示项目的全貌。因为一旦修改,层次就不清楚了,而超过五个层次的工程项目不适宜用一张纸画完。

② 气泡图。优点是可以任意修改,箭线可以任意弯曲,缺点是不够直观,较难反映项目全貌,图 3-5 为用气泡图表示竣工验收项目的工作分解结构图。

③ 列表图。列表形式不够直观,但优点是能反映工程全貌。比如像三峡水利枢

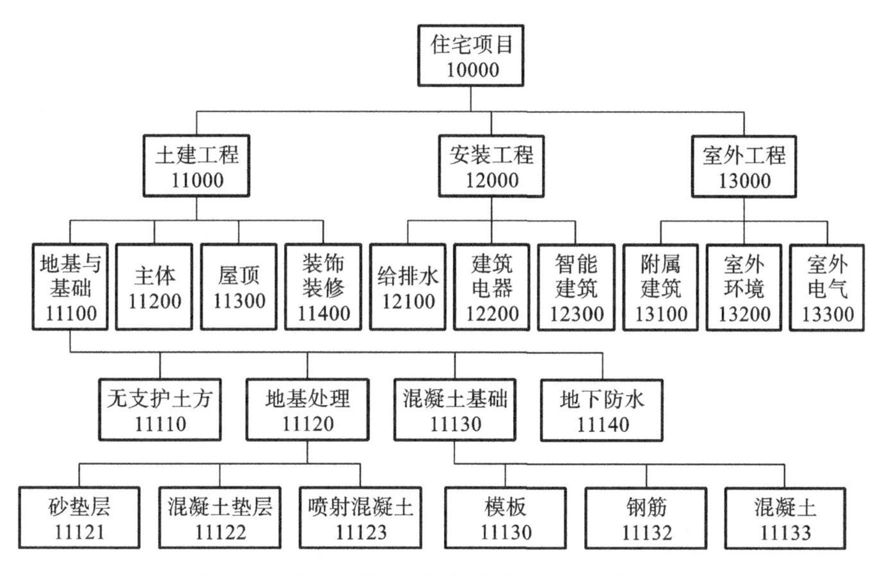

图 3-4 某住宅施工项目结构分解图——树形图

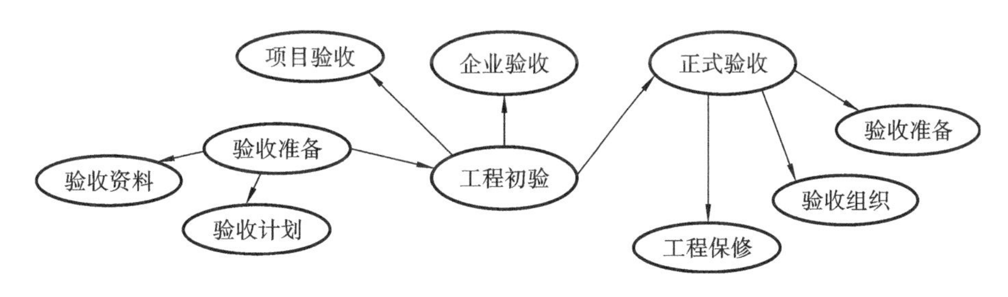

图 3-5 竣工验收项目的 WBS——气泡图

组工程这样的大项目,工作内容非常多,可以印制三峡项目的 WBS 手册,手册的表现形式就需要采用列表的形式,如图 3-6 所示。

(2) 项目结构分析表

工作分解结构图一旦完成以后,这时就有必要将它与有关组织机构图加以结合,利用工作分解结构在有关组织机构当中分配任务和落实责任,这就构成了责任图或者称为责任矩阵,如表 3-2 所示。

责任图将所分解的工作落实到有关部门和个人,并明确表示出有关部门或个人对组织工作的关系、责任、地位等。同时,责任图还能够系统的阐述项目组织内部与组织之间,个人与个人之间的相互关系,以及组织或个人在整个系统中的地位和责任。由此,组织或个人就能够充分认识到在与他人配合当中应承担的责任,从而能够充分、全面地认识到自己的全部责任。总之,责任图是以表格的形式表示完成工作分解结构中的单元的个人责任的方法。

1 住宅项目
- 1.1 土建工程
  - 1.1.1 地基与基础
    - 1.1.1.1 无支护土方
      - 1.1.1.1.1 土方开挖
      - 1.1.1.1.2 土方回填
    - 1.1.1.2 地基处理
      - 1.1.1.2.1 砂垫层
      - 1.1.1.2.2 混凝土垫层
      - 1.1.1.2.3 喷射混凝土护坡
    - 1.1.1.3 混凝土基础
      - 1.1.1.3.1 模板
      - 1.1.1.3.2 钢筋
      - 1.1.1.3.3 混凝土
    - 1.1.1.4 砌体基础
      - 1.1.1.4.1 砖砌体
    - 1.1.1.5 地下防水
      - 1.1.1.5.1 卷材防水
  - 1.1.2 主体结构
    - 1.1.2.1 混凝土结构
      - 1.1.2.1.1 模板
      - 1.1.2.1.2 钢筋
      - 1.1.2.1.3 混凝土
    - 1.1.2.2 砌体结构
      - 1.1.2.2.1 砖砌体
  - 1.1.3 建筑装饰装修
    - 1.1.3.1 地面
    - 1.1.3.2 抹灰
    - 1.1.3.3 门窗
    - 1.1.3.4 吊顶
    - 1.1.3.5 涂饰
    - 1.1.3.6 细部
  - 1.1.4 建筑屋面
    - 1.1.4.1 卷材防水屋面
- 1.2 安装工程
  - 1.2.1 给排水
  - 1.2.2 建筑电器
  - 1.2.3 智能建筑
- 1.3 室外工程
  - 1.3.1 附属建筑
  - 1.3.2 室外环境
  - 1.3.3 室外电气

图 3-6 某住宅施工项目的 WBS——列表图

表 3-2　项目部主要工作任务及管理职能分工表

职能代号:信息—I,决策准备—P,决策—D,执行—E,检查—C。

<table>
<tr><th>阶段</th><th>编号</th><th colspan="2">工作任务</th><th>集团、公司领导</th><th>项目部经理</th><th>专业工程师</th><th>档案管理员</th></tr>
<tr><td rowspan="13">施工准备阶段</td><td>11</td><td colspan="2">编制《项目建设管理大纲》</td><td>D</td><td>PE</td><td>I</td><td></td></tr>
<tr><td>12</td><td colspan="2">三通一平</td><td>C</td><td>DC</td><td>IPE</td><td></td></tr>
<tr><td>13</td><td colspan="2">选定工程承包商、材料供应商</td><td>D</td><td>PI</td><td>I</td><td></td></tr>
<tr><td>14</td><td colspan="2">签订合同</td><td>D</td><td>IPC</td><td>E</td><td></td></tr>
<tr><td>15</td><td colspan="2">地质勘察</td><td>C</td><td>C</td><td>IEC</td><td></td></tr>
<tr><td>16</td><td colspan="2">规划放线</td><td>C</td><td>C</td><td>IEC</td><td></td></tr>
<tr><td>17</td><td colspan="2">工程开工手续</td><td>DC</td><td>IC</td><td>IE</td><td></td></tr>
<tr><td>18</td><td colspan="2">临建设施及临水、临电</td><td>D</td><td>IPC</td><td>IE</td><td></td></tr>
<tr><td>19</td><td colspan="2">施工图会审</td><td>DC</td><td>IPEC</td><td>IE</td><td></td></tr>
<tr><td>20</td><td colspan="2">“四新”工程技术、经济评估</td><td>D</td><td>IPC</td><td>I</td><td></td></tr>
<tr><td>21</td><td colspan="2">编制项目施工进度总体计划</td><td>D</td><td>IPC</td><td>IE</td><td></td></tr>
<tr><td>22</td><td colspan="2">分包单位、甲供材进场计划</td><td>C</td><td>IPC</td><td>IE</td><td></td></tr>
<tr><td>23</td><td colspan="2">工程资金使用计划</td><td>D</td><td>IPC</td><td>IE</td><td></td></tr>
<tr><td rowspan="16">工程施工阶段</td><td rowspan="5">24</td><td rowspan="5">质量控制</td><td>材料定板</td><td>D</td><td>IPC</td><td>IE</td><td></td></tr>
<tr><td>材料进场验收</td><td>C</td><td>DC</td><td>IPEC</td><td></td></tr>
<tr><td>分部、分项工程验收</td><td>C</td><td>DC</td><td>IPEC</td><td></td></tr>
<tr><td>样板工程验收</td><td>C</td><td>DC</td><td>IPEC</td><td></td></tr>
<tr><td>施工质量问题、事故处理</td><td>D</td><td>PC</td><td>IEC</td><td></td></tr>
<tr><td rowspan="5">25</td><td rowspan="5">进度控制</td><td>项目施工进度总体计划</td><td>D</td><td>PC</td><td>IE</td><td></td></tr>
<tr><td>单项工程进度计划</td><td>D</td><td>PC</td><td>IE</td><td></td></tr>
<tr><td>施工总进度计划</td><td>C</td><td>DC</td><td>PC</td><td></td></tr>
<tr><td>工程形象进度周报、月报</td><td>C</td><td>C</td><td>IE</td><td></td></tr>
<tr><td>工期签证</td><td>D</td><td>PC</td><td>IEC</td><td></td></tr>
<tr><td rowspan="6">26</td><td rowspan="6">投资控制</td><td>施工方案审核</td><td></td><td>D</td><td>IPEC</td><td></td></tr>
<tr><td>工程设计变更</td><td>D</td><td>IPC</td><td>IEC</td><td></td></tr>
<tr><td>工程现场签证</td><td>DC</td><td>DC</td><td>IPEC</td><td></td></tr>
<tr><td>年度、月度工程款计划</td><td>D</td><td>PC</td><td>IEC</td><td></td></tr>
<tr><td>工程款支付</td><td>D</td><td>PC</td><td>IEC</td><td></td></tr>
<tr><td>工程结算</td><td>D</td><td>PC</td><td>IC</td><td></td></tr>
</table>

续表

阶段	编号	工作任务		集团、公司领导	项目部经理	专业工程师	档案管理员
工程施工阶段	27	合同管理	合同签订	D	PC	IEC	I
			合同台帐	C	C	I	IE
			合同存档	C	C		IE
	28	信息管理	往来文件管理	C	C	I	E
			工程资料管理	C	C	I	E
			工程档案管理	C	C	I	E
			设计变更、工程现场签证台帐	C	C	I	E
			合作单位评估	D	PC	IEC	
	29	组织协调	部门内部组织协调		DE	I	I
			公司内部协调	D	IPE	I	I
			合作单位组织协调		DE	IPE	
			政府职能部门协调	D	IPE	IE	
			相关往来单位、机构协调	D	IPE	IE	
			周边村民工作协调	D	IPE	IE	
验收交楼阶段	30	竣工验收		D	IPEC	I	
	31	交楼验房		D	IPEC	I	
	32	售后维修		D	IPC	I	
	33	与物业公司交接		DE	IP	IP	

(3) 项目结构分解说明书

WBS 的结果就是项目的工作范围文件。如果项目任务的完成是一份合同,则 WBS 的结果就是合同工作范围文件。故要全面审查工作范围的完备性,分解的科学性,由决策人批准后,才能作为项目实施的执行文件。

3.5 工程项目范围控制

工程项目是一个动态平衡系统。在系统没有开始工作时,系统是平衡的。而在工作开始不久,就一定会发生变化。可能是建设方要求追加一项在计划阶段未曾预想的功能特性,可能是市场环境发生变化等,因此,需要项目组织严格按照项目的范围和工作分解结构文件对项目的范围进行控制。

3.5.1 一般项目范围核实

1. 项目范围核实的含义

项目范围核实是指项目或项目阶段结束时，项目管理组织在将最终应交付的项目产品(或服务)交给业主(或客户)之前，由项目的相关利益者、项目管理组织等，对项目范围给予正式确认和接受，并对已完成的工作成果进行审查，核实项目范围内各项工作是否按计划完成，项目的应交付成果是否令人满意。

2. 项目范围核实的工作内容

项目范围核实工作的内容有如下两个方面：

① 审核项目启动和范围界定工作的结果，包括项目说明书和项目分解结构；

② 对项目或其各阶段所完成的可交付成果进行检查，看其是否按计划或超计划完成。

3. 项目范围核实工作的依据

项目范围核实的依据有：项目说明书；项目范围说明书工作结果；项目产品文件(包括项目计划、项目规范、产品技术文件、产品图纸等)。

4. 项目范围核实的方法

项目范围核实使用项目范围核验表和项目工作结构核验表等。

① 核实项目或项目各阶段可交付成果时，可采用观察、检查、测量、试验等方法。

② 项目范围核验表的内容包括：

a. 项目目标是否完整、准确；

b. 项目目标的衡量标准是否科学；

c. 项目的约束条件是否真实；

d. 项目的假设条件是否合理；

e. 项目的风险是否可以接受；

f. 项目是否有成功把握；

g. 项目范围界定是否能保证上述目标实现；

h. 项目范围是否能产生净收益；

i. 项目范围界定是否需要进一步进行辅助性研究。

③ 工作分解结构核验表的主要内容如下：

a. 项目目标的描述是否清楚；

b. 项目产出物的各项成果描述是否清楚；

c. 项目产出物的所有成果是否都是为实现项目目标服务的；

d. 项目的各项成果是否是工作分解的基础；

e. 工作包是否都是为形成成果服务的；

f. 项目目标层次的描述是否清楚；

g. 项目工作成果、目标之间是否一致、合理;

h. 工作分解结构的层次与项目目标层次的关系是否一致;

i. 项目目标的衡量标准是否是定量指标;

j. 项目工作分解结构中的工作是否有合理的定量指标;

k. 项标的指标值与项目工作绩效的度量标准是否匹配;

l. 项目工作分解结构的层次结构、工作内容、工作包之间的相互关系、所需资源、考核指标、总体协调等是否合理。

5. 项目范围核实的结果

① 对项目范围界定工作的结果正式认可。

② 对项目或项目阶段的可交付成果正式验收。

核实结果应以正式文件确认,如果未得到认可,则项目必须宣告终止。

3.5.2 工程项目的范围核实

1. 工程项目范围核实的特点

① 工程项目范围核实是工程项目管理的重要制度。制度规定,工程项目的所有产品、工作和过程都要经过认证、审批,否则不予验收、不予认可和不予接收。涉及工程项目产品的(包括中间产品),由使用人、建设单位、监理单位、设计单位、施工单位的相关法定代表人、技术负责人、部门负责人、项目经理等,按照分工和权限进行核实涉及过程和工作的,由下一过程或过程结果的接受者核实。也就是说,在工程项目管理中,范围的核实不只是理论上的阐述,而且是实际运行的需要,是制度乃至法规的规定,是"必须"而不是"应当"或"可以"。

② 工程项目范围核实是有关组织领导的日常工作,是权力的体现。每个组织的领导人员参与工程项目管理,其职责就是决策、领导、指导、监督、激励等工作,这些工作没有一项是可以离开项目范围核实的。例如,合同签订以后必须由法定代表人签字盖章,这是法定代表人对合同(范围计划)的核实和确认。一个分项工程完成后,要由监理总工程师检查、验收和签认,一项单位工程的竣工验收,要由设计单位、施工单位、建设单位的负责人共同在竣工验收报告上签字。

③ 工程项目范围核实,需要各利益相关者共同核实或相互核实。一个工程项目涉及众多的利益相关者,其范围核实往往不是一个组织内部的事,而是几个利益相关者之间的事。例如,设计文件完成后,既需要设计负责人核实,也需要设计单位的技术负责人核实,还需要消防、规划、环保、建设单位,政府领导等众多单位参加核实。一项工程项目完成后,要由验收委员会进行检查、验收、接收等。

④ 工程项目的范围核实者要承担法律责任。工程项目的范围核实往往要依据法律、法规的规定进行。例如,《中华人民共和国建筑法》第七条规定:"建设单位应按照国家有关规定向工程所在地县级以上人民政府建设行政主管部门申请领取施工许可证"。第三十一条规定:"建设单位与其委托的监理单位应当订立书面监理委托合

同”。第三十二条规定:“工程监理人员认为工程不符合工程设计要求、施工技术标准和合同约定的,有权要求建筑施工企业改正”。

2. 工程项目范围核实的内容

工程项目范围核实的内容列举如下:

① 项目建议书须经权力部门批准;

② 可行性研究报告须经权力部门批准;

③ 设计文件须经建设单位验收;

④ 工程变更须经监理单位批准;

⑤ 工程的阶段验收和竣工验收须经建设单位(监理单位)、设计单位、施工单位共同进行,并在工程竣工验收报告上签字;

⑥ 工程项目交付使用须经验收委员会验收签字;

⑦ 各种合同须经双方法定代表人审核签字;

⑧ 各种计划须经组织的主管领导审批;

⑨ 施工组织设计除由组织的主管领导审核、审批、签字外,还要由监理单位审批,由发包人认可;

⑩ 工程的预算、结算、决算等,都要按要求由有关领导和部门审批。

3.5.3 工程项目范围变更及控制

1. 工程项目范围变更的原因

① 一般项目范围变更的原因。项目干系人常常由于各种原因对项目的最终产品或最终服务范围的增加、修改或删减,这一类修改或变化叫做变更。造成范围变更的原因很多,主要有如下几项。

a. 项目外部环境发生变化。例如,政府颁布了新法令,竞争对手生产出了新产品,汇率或利率浮动等,项目范围会受到影响而改变。

b. 项目范围的初始规划不周,有错误或遗漏。例如,在设计企业信息系统时未考虑到因特网的广泛使用。

c. 出现了或设计人员提出了新技术、手段或方案。例如,项目实施后出现了制订范围管理计划时尚未出现的、可大幅度降低成本的新技术、新材料、新设备、新工艺,可能会对项目实施产生重大影响,采用到项目中会导致项目范围发生变化。

d. 项目实施组织本身发生变化,如项目所在单位和其他单位合并,项目经理变更,重要技术人员变更等。

e. 项目业主对项目、项目产品的要求发生变化。例如,业主希望汽车公路桥增加通过轻轨列车的能力等。

范围变更出现后,应修改有关技术文件和项目计划,并通知有关的项目干系人。对范围变更采取措施,进行处理之后,应当将造成范围变更的原因、采取的措施及采取的措施的理由、从此次变更中吸取的教训等都记录在案,形成书面文件,存入本项目和其他项目的数据库。

② 工程项目范围变动的原因。工程项目范围变动和一般项目范围变动的原因基本是一样的,主要原因有以下几项。

a. 建设单位提出的变更。包括增减投资的变更,使用要求的变更,预期项目产品的变更,市场环境的变更,供应条件的变更等。

b. 设计单位提出的变更。包括改变设计,改进设计,弥补设计不足,提高设计标准,增加设计内容等。

c. 施工单位提出的变更。包括增减合同中约定的工程量,改变施工时间和顺序,提出合理化建议,施工条件发生变化,材料、设备的换用等。

d. 不可抗力引起的工程项目范围变更。

2. 工程项目范围变更控制

对工程项目范围变更进行控制时,要以工作分解结构、项目进展报告、来自项目内外的变更请求和范围管理计划为依据。变更请求可以是口头或书面的、直接或间接的,可以来自项目外部,也可以来自内部的,可以是法律要求的,也可以是由项目班子加以选择的。除紧急情况外,口头变更必须形成书面文件之后才能受理。

进行范围变更控制必须经过范围变更控制系统。所谓范围变更控制系统就是一套事先确定的修改项目范围应遵循的程序,其中,包括必要的表格或其他书面文件,责任跟踪和变更审批制度、人员和权限。

① 工程项目范围变更管理应符合下列要求。

a. 工程项目范围变更要有严格的审批程序和手续。

b. 范围变更后应调整相关的计划。

c. 重大的项目变更,应提出影响报告。

② 工程项目范围变更控制的内容。

a. 首先要对引起项目范围变更因素和条件进行识别、分析和评价。

b. 所有工程项目范围变更都要经过权力人核实、认可和接受。

c. 需要进行设计的工程项目范围变更,要首先进行设计。

d. 涉及施工阶段的变更,必须签订补充合同文件,然后才能实施。

e. 工程项目目标控制必须控制变更,且把变更的内容纳入控制范畴,使工程项目尽量不与原核实的目标发生偏离或偏离最小。

③ 工程项目范围变更控制的依据。

a. 可行性研究报告。可行性研究报告经批准后,便是工程项目范围控制的基本依据,无论是项目构成、质量标准、使用功能、项目产品、工程进度、估算造价等,都应是范围控制的依据,更应是范围变更控制的约束。国家规定,如果初步设计概算造价高于可行性研究报告的10%,必须报原审批单位批准。用造价限额控制工程项目范围变更,是一项有力的措施。

b. 工作分解结构的分解结果。它是控制工程项目具体范围变更的依据。

c. 设计文件及其造价。设计文件是确定工程项目范围的文件，是控制工程项目范围变更的直接依据。任何涉及设计的范围变更和过程变更，都要依据原设计文件。

d. 工程施工合同文件。工程施工合同文件（包括补充合同文件），是控制工程项目范围变更的直接依据。

e. 工程项目实施进度报告。该报告既总结分析了项目的实际进展情况，又明确了实际与计划的偏差情况，还对项目的未来进展进行预测，可以提供信息的提示，以便进行项目范围变更的控制。

f. 各有关方提出的工程变更要求。包括变更内容和变更理由。

④ 工程项目范围变更控制的方法。

a. 投资限额控制法。即用投资限额约束可能增加项目范围的变更。

b. 合同控制法。即用已经签订的合同限制可能增加的项目范围变更。

c. 标准控制法。即用技术标准和管理标准限制可能增减项目范围的变更。

d. 计划控制法。即用计划控制项目范围的变更。如需改变计划，则应对计划进行调整并经过权力人进行核实和审批。

e. 价值工程法。利用价值工程提供的提高价值的五条途径对工程项目范围变更的效果进行分析，以便做出是否变更的决策。这五条途径是：增加功能，降低成本；功能不变，降低成本；减少辅助功能，降低更多成本；功能增加，成本不变；增加少量成本，获得更多功能。

3.《建设工程施工合同（示范文本）》关于工程变更的通用条款

《建设工程施工合同（示范文本）》（GF—2017—0201）对工程变更作出了规定，内容如下。

（1）工程设计变更

① 施工中发包人对原工程设计进行变更，应提前14天以书面形式向承包人发出变更通知。变更超过原设计标准或批准的建设规模时，发包人应报规划管理部门和其他有关部门重新审查批准，并由原设计单位提供变更的相应图纸和说明。承包人按照工程师发出的变更通知及有关要求，进行下列需要的变更：

a. 更改工程有关部分的标高、基线、位置和尺寸；

b. 增减合同中约定的工程量；

c. 改变有关工程的施工时间和顺序；

d. 其他有关工程变更需要的附加工作。

因变更导致合同价款的增减及造成的承包人损失，由发包人承担，延误的工期相应顺延。

② 施工中承包人不得对原工程设计进行变更。因承包人擅自变更设计发生的费用和由此导致发包人的直接损失，由承包人承担，延误的工期不予顺延。

③ 承包人在施工中提出的合理化建议涉及到对设计图纸或施工组织设计的更改及对材料、设备的换用，须经工程师同意。未经同意擅自更改或换用时，承包人承

担由此发生的费用,并赔偿发包人的有关损失,延误的工期不予顺延。

工程师同意采用承包人合理化建议,所发生的费用和获得的收益,发包人和承包人另行约定分担或分享。

(2) 其他变更

合同履行中发包人要求变更工程质量标准及发生其他实质性变更,由双方协商解决。

(3) 确定变更价款

① 承包人在工程变更确定后14天内,提出变更工程价款的报告,须经工程师确认后调整合同价款。

② 承包人在双方确定变更后14天内不向工程师提出变更工程价款报告时,视为该项变更不涉及合同价款的变更。

③ 工程师应在收到变更工程价款报告之日起14天内予以确认,工程师无正当理由不确认时,自变更工程价款报告送达之日起14天后视为变更工程价款报告已被确认。

④ 工程师不同意承包人提出的变更价款,按关于争议的约定处理。

⑤ 工程师确认增加的变更工程价款作为追加合同价款,与工程款同期支付。

⑥ 因承包人自身的原因导致的工程变更,承包人无权要求追加合同价款。

4. 工程项目范围变更结果

① 工程项目范围变更的结果之一是范围变更文件。该文件说明范围变更的理由、变更的内容及变更对目标(指标)的影响。该文件要经权力人签订确认。

② 工程项目范围变更的结果之二是签订合同。这主要是涉及施工过程中发生的工程变更需要施工单位组织施工的,该合同是原合同的补充文件。

③ 纠偏措施。这是一种控制措施,即当发现工程范围变更引起了原目标实施的偏差时,为了不改变原目标而采取的措施。当偏差被纠正,范围变更措施便得到了积极效果。

④ 调整基准计划。当工程项目范围变更已不能用纠正偏差的办法进行控制时,便应改变原计划,变更计划范围及由范围确定的进度、造价、质量、工程量等目标(或指标)。调整计划应利用科学方法,如网络计划法和挣值法等。

⑤ 吸取经验教训。工程项目范围变更有的是积极的,对工程项目和相关利益者都有利,有的范围变更是消极的,对工程项目和相关利益者均不利,但不得不变更,如不可抗力造成的变更就是消极的变更。因此,要从变更的原因中吸取经验和教训并形成文件,作为管理储备加以保存备用。

【本章要点】

本章主要介绍目标管理及范围管理的基本理论。学生应掌握目标及目标管理的概念,工程项目目标管理的步骤和方法;掌握工程项目范围的概念与定义,工程项目范围的确定方法;重点掌握各种项目系统结构分解方法,它是项目管理最基本,也是最重要的方法之一,对整个项目管理起纲领性作用;了解工程项目范围控制的内容。

【思考与练习】

1. 目标及目标管理的概念。
2. 工程项目目标管理的步骤和方法。
3. 工程项目范围的概念与定义。
4. 工程项目范围的确定方法。
5. 项目系统结构分解方法。

第4章　工程项目组织与沟通管理

4.1　工程项目组织概述

4.1.1　组织的基本理论

组织理论分为相互关联的两个研究方向:组织结构学和组织行为学。组织结构学侧重组织的静态研究,即组织结构的建立,研究目的是建立高效的组织结构;组织行为学侧重组织的动态研究,即组织结构的活动与运行,研究目的是通过合理的资源配置、良好的组织关系,实现组织职能。

1. 组织

组织是指为了实现某种既定目标,通过明确分工协作关系,建立不同层次的权利、责任、利益制度而构成的能够一体化运行的人的系统。它可以理解为以下几个方面。

① 组织是人们具有共同目标的集合体。

② 组织是人们运用不同的知识和技术的技术系统,也是人们相互影响的社会心理系统。

③ 组织是人们通过某种形式的结构关系而共同工作的集合体。

2. 组织结构

组织结构是组织的实体,即组织的各要素相互作用的方式或形式,是执行管理任务的体制,通常用组织系统图表示。组织系统图的基本表现形式有:组织结构图,职位描述,工作流程图等。

3. 组织结构的构成因素

组织结构由管理层次、管理跨度、管理部门、管理职责四部分组成。它们相互联系、相互制约。在进行组织结构设计中,应考虑它们之间的相互关系。

1) 管理层次

管理层次是从最高层管理者到最低层执行者的等级层次。管理层次越少,信息传递就越快,不易失真;而且所需要的人员和设备越少,协调的难度也越小。

2) 管理跨度

管理跨度即管理幅度,是指上级管理者能够直接管理的下级人数。管理跨度越小,管理的人员就越少,处理人与人之间关系的数量就越小,所承担的工作量也就少。

管理跨度与管理层次是相互联系与制约的,二者成反比例的关系,即管理跨度越小，则管理层次越多；反之，管理跨度越大，则管理层次越少。合理确定管理跨度的原则是管理人员能有效的领导、协调其下级的工作。

影响管理跨度的因素如下。

(1) 管理者因素

通常情况下，处在较高管理层次的管理者，管理跨度较小，而处于较低管理层次的管理者管理跨度较大。

对授权意识较强的管理者，可以设置较宽的管理跨度，这样可以充分发挥下属的积极性，使他们能从工作中得到满足。

(2) 被管理者因素

若被管理者的素质高，具有高度的责任感，受过良好的教育，下属的素质越高，管理者处理上下级关系所需的时间和次数就越少，可以设置较宽的管理跨度。反之，应设置较窄的管理跨度。

(3) 工作因素

工作性质复杂，管理跨度应该设置得较窄，相反，工作简单，则可以设置较宽的管理跨度。因为面对复杂的工作，管理者需要与其下属之间保持经常的接触和联系，一起讨论完成工作的方法和措施，所以能够设置较窄的管理跨度。

(4) 组织因素

对具有较强的凝聚力的组织，可以设置较宽的管理跨度，也能够满足管理和协调的需要；而群体凝聚力较弱的组织则应该设置较窄的管理跨度。

3) 管理部门

管理部门的划分是将工程项目总目标划分为若干具体的子目标，然后把子目标对应的具体工作合并归类，并建立起符合专业分工与协作要求的管理部门，并赋予其相应职责和权限。

4) 管理职责

每个岗位均有相应的职责、权力、利益。为提高管理的效率和质量、便于考核，应职责明确，以保证和激励管理部门完成其职责。

4.1.2　工程项目组织的特点

工程项目组织是为实现工程目标而建立的项目管理工作的组织系统。它包括项目业主、承包商、供应商等管理主体之间的项目管理模式，及管理主体针对具体工程项目所建立的内部自身的管理模式。

不同的工程项目具有不同的组织特点，但其具有如下基本共性。

(1) 一次性的项目组织

工程项目组织是为了实现项目目标而建立的。因为工程项目是一次性的，所以，项目完成后，项目组织就解散。

(2) 复杂的项目组织

由于工程项目的参与者多，且在项目中任务不同、目标不同，形成了由不同的组织结构形式组成的复杂的组织结构体系。但又是为了完成项目的共同目标,所以,这些组织应该相互适应。同时,工程项目组织还要与本企业的组织形式相互适应,这也增加了项目组织的复杂性。

(3) 动态变化性的项目组织

项目在不同的实施阶段,工作内容不同、项目的参与者不同;同一参与者,在项目的不同阶段任务也不同。因此,项目组织随着项目的进展发生阶段性动态变化。

(4) 与企业组织关系紧密的项目组织

项目组织是企业组建的,它是企业组织的组成部分;同时企业是项目组织的外部环境,项目组织人员来自企业,并回归企业;企业的经营目标、企业的文化到企业资源、利益的分配都影响到项目组织效率。

4.1.3 工程项目管理组织的建立

工程项目管理组织的建立,首先确定工程项目的项目管理模式,然后确定各参与单位自身采用的项目组织形式。工程项目管理组织的建立步骤如下。

1. 确定工程项目管理模式

根据现阶段我国相关法律法规以及工程项目特点,在我国工程项目管理的体制的基本框架下,选择工程项目管理模式。

2. 建立工程项目组织

(1) 明确项目管理目标

工程项目管理目标取决于项目目标,主要是工期、质量、成本、安全四大目标。由于工程项目各参与单位的项目管理目标是不同的,建立项目组织时应该明确本组织的项目管理目标。

(2) 明确管理工作内容

项目管理工作内容根据管理目标确定,是项目目标的细化和落实。细化是依据项目的规模、性质、复杂程度以及组织人员的技术业务水平、组织管理水平等因素进行。

(3) 选择项目组织结构形式

项目组织结构形式有多种,不同的组织结构形式适应不同的项目管理的需要。根据项目的性质、规模、建设阶段的不同进行选择,选择应考虑有利于项目目标的实现、有利于决策的执行、有利于信息的沟通。

(4) 确定项目组织结构管理层次和跨度

管理层次和管理跨度是影响项目组织工作的主要因素,应根据项目具体情况确定相互统一协调一致的管理层次和跨度。

(5) 定岗定职定编

项目组织机构设置的一项重要原则是以事设岗、以岗定人。根据工作划分岗位,根据岗位确定职责,根据职责确定权益;按岗位职务的要求和组织原则,选配合适的管理人员。

(6) 理顺工作流程和信息流程

合理地工作流程和信息流程是保证项目管理工作科学有序进行的基础,是明确工作岗位考核标准的依据,是严肃工作纪律、使工作人员人尽其责的主要手段。

(7) 制定考核标准,定期进行考核

为保证项目目标的最终实现和项目工作内容的完成,必须对各工作岗位制定考核标准,包括考核内容、考核时间、考核形式等,并按照考核标准,规范开展工作,定期进行考核。

4.2 工程项目组织形式

工程项目组织形式是组织中各要素相互联结的框架的形式。该形式按组织结构可划分为直线制、职能制、直线职能制、矩阵制、事业部制等;按项目组织与企业组织联系方式可划分为职能式、项目式、矩阵式等。本节主要介绍后一种划分的形式。

4.2.1 职能式

1. 职能式组织

职能式组织是指项目任务是以企业中现有的职能部门作为承担任务的主体来完成的。一个项目可能是由某一个职能部门负责完成,也可能是由多个职能部门共同完成。在这种情况下,各职能部门之间与项目相关的协调工作需在职能部门主管这一层次上进行。

2. 职能式组织结构

职能式组织结构如图4-1所示。

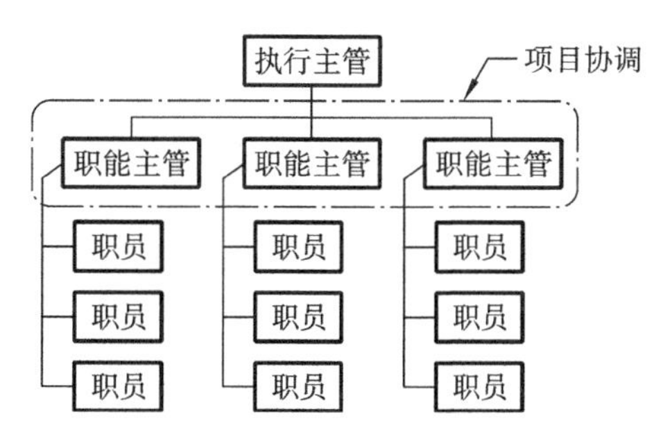

图4-1 职能式组织结构

3. 职能式组织的优点

(1) 提高了人力资源利用率

各职能部门可以根据项目需要灵活调配人力,降低了资源闲置成本,尤其是技术专家在本部门内可同时为其他项目服务。

(2) 有利于提高管理的技术水平

同一职能部门人员可交流经验、共享资源,促进业务水平的提高,而且保证项目技术管理的连续性。

4. 职能式项目组织的缺点

(1) 责任不明确,协调困难

由于各职能部门只负责项目的一部分,对项目的总体不明确,责任比较淡化,而且常从本部门利益出发,各部门之间的冲突很难协调。

(2) 局限性大,沟通困难

职能式项目组织形式有一定的局限性,对于技术复杂的项目较难适应,跨部门之间的沟通更为困难。

5. 职能式组织结构的适用条件

职能式组织结构适宜于规模较小的,以技术为重点的项目,不适宜时间限制性强或要求对变化快速响应的项目。

4.2.2 项目式

1. 项目式组织

在项目化组织方式中,为达到某一特定目标所必需的所有资源按确定的功能结构进行划分(项目化组织的内部结构仍然是功能化的),并建立以项目经理为首的自控制单元。项目经理可以调动整个组织内部或外部的资源。

2. 项目式组织结构

项目式组织结构如图 4-2 所示。

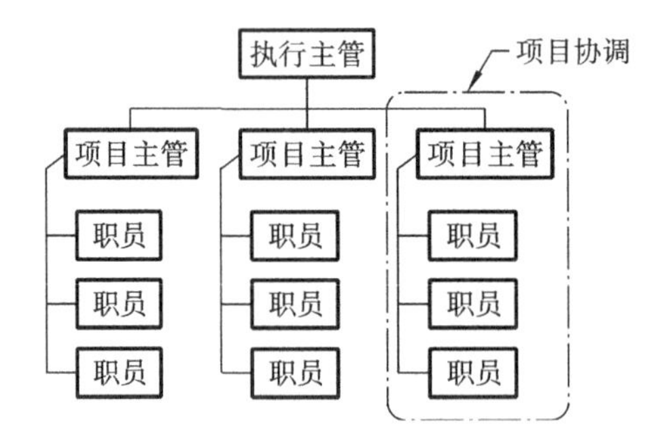

图 4-2 项目式组织结构

3. 项目式组织形式主要优点

(1) 权力集中

权力集中主要表现在项目经理在项目范围内具有绝对的控制权,决策迅速,指挥方便,避免多重领导,有利于提高工作效率。

(2) 效率高

项目经理将从企业抽调或招聘的各种专业技术人员集中在一起解决问题,办事效率高，同时在项目管理中可以相互配合、学习、取长补短，有利于培养一专多能的人才并充分发挥其作用。

4. 项目式组织形式主要缺点

（1）浪费人力资源

在工程项目进展同一时期，各类专业技术人员的工作量可能有很大的差别，因此很容易造成忙闲不均，从而导致人才的浪费，而企业难以进行调剂，导致企业的整体工作效率降低。

（2）效率降低

专业技术人员离开他们所熟悉的工作环境，容易产生临时观念和不满情绪，影响积极性的发挥。同时由于具有不同的专业背景，缺乏合作经验，难免配合不当，致使工作效率降低。

5. 项目式组织结构的适用条件

项目式组织结构适用于包含多个相似项目的单位或组织，以及长期的、大型的、重要的和复杂的项目。

4.2.3　矩阵式

1. 矩阵式组织

矩阵式组织结构是取各项目的职能组织结构和项目的线性组织结构的特征，将各自的特点混合而成的一种项目的组织结构，是一种多元化结构，力求最大限度地发挥项目化和职能化结构的优点并尽量避其弱点。它在职能式组织的垂直层次结构上，叠加了项目式组织的水平结构。矩阵式中又分为弱矩阵式、平衡矩阵式和强矩阵式。

2. 矩阵式组织结构

矩阵式组织结构如图4-3、图4-4、图4-5所示。

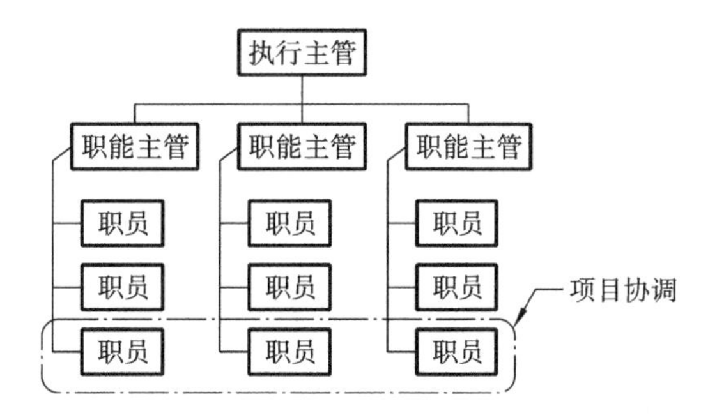

图4-3　弱矩阵组织结构

3. 弱矩阵式、平衡矩阵式和强矩阵式的区别

弱矩阵式、平衡矩阵式和强矩阵式的区别如表4-1所示。

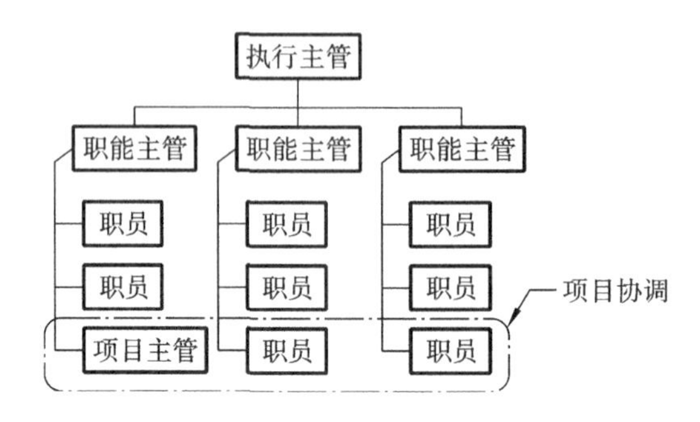

图 4-4 平衡矩阵组织结构

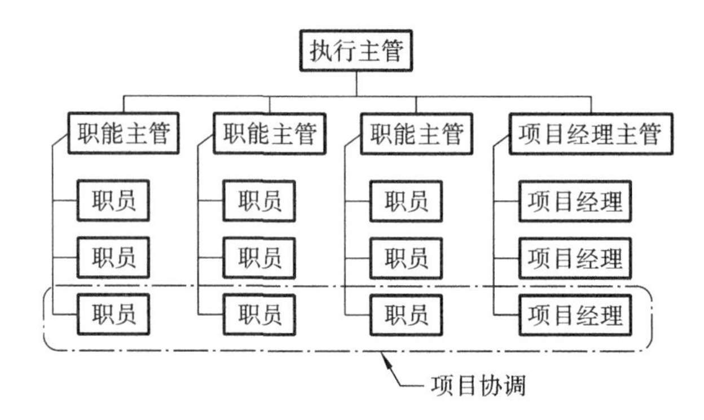

图 4-5 强矩阵组织结构

表 4-1 弱矩阵式、平衡矩阵式和强矩阵式的区别

团队特性	弱矩阵式	平衡矩阵式	强矩阵式
团队负责人权力	低	低到中等	中等到高
职能部门人员投入团队工作的时间比率	0%～25%	15%～60%	50%～95%
团队负责人的角色	兼职	专职	专职
团队负责人的头衔	团队协调人	团队经理	团队经理

4. 矩阵式项目组织的优点

(1) 具有职能式和项目式两种组织形式的优点

此种组织形式既发挥了纵向职能组织的优势,又发挥了横向项目组织的优势,达到企业长期例行管理和项目一次性管理的统一。

(2) 人力资源得到最佳的利用

此种组织形式可以通过职能部门的协调,将闲置的人员及时调配到急需项目上去,有效地利用人力资源,提高项目管理的效率。

(3) 全面培养人才

不同专业的人员在项目组织合作中相互取长补短,在实践中拓宽知识面,有利于人才的一专多能,又可以充分发挥纵向专业职能集中的优势,使人才的成长有深厚的专业训练基础。

5. 矩阵式组织的缺点

（1）双重领导

矩阵式组织中的成员要接受来自横向、纵向领导的双重指令。当双方目标不一致或有矛盾时，会使当事人无所适从。当出现问题时，往往会出现相互推诿、无人负责的现象。

（2）项目经理的责任与权力不统一

一般情况下，职能部门对项目组织成员的控制力大于项目经理的控制力，导致项目经理的责任大于权力，工作难以开展。项目组织成员受到职能部门的控制，所以凝聚在项目上的力量减弱，使项目组织作用发挥受到影响。同时，管理人员兼管多个项目，难以确定管理项目的前后顺序，会顾此失彼。

6. 矩阵式组织结构的适用条件

矩阵式组织结构适用于需要利用多个职能部门的资源，而且技术相对复杂，但又不需要技术人员全职为项目工作的项目，特别是当几个项目需要同时共享某些技术人员时。

4.2.4　工程项目组织形式的选择

每一种组织形式都有它的优点和缺点，每一个工程项目都有它的不同点。因此，选择组织结构形式要根据工程项目的特点和企业的资源，要考虑未来项目的性质、各种组织形式的特征、各自的优缺点，经综合评价后才能确定。

1. 影响选择组织形式的因素

① 工程项目影响因素的不确定性。

② 技术的难易和复杂程度。

③ 工程的规模和工期。

④ 工程建设的外部条件。

⑤ 工程内部的依赖性等。

2. 项目组织结构形式选择的基本方法

在选择项目的组织结构时，首先根据项目目标，确定需要完成的工作种类，然后确定实现每个目标的主要任务，接着，要把工作分解成一些“工作集合”，最后可以考虑哪些个人和子系统应被包括在项目内，附带外环境是一个应受重视的因素。在了解各个组织结构和它们的优缺点之后，公司就可以选择能实现最有效工作的组织结构形式了。

4.3　工程项目经理

工程项目经理是企业法定代表人在工程项目上的一次性授权代理人，他/她应根据企业法定代表人授权的范围、时间和内容,对工程项目自开工准备至竣工验收,实施全过程、全面管理。

4.3.1 项目经理责任制

项目经理责任制是以项目经理为责任主体的工程公司项目管理目标责任制度,并以此确保项目履约,确立项目经理部与企业、职工三者之间的关系。即项目经理依据项目目标责任书,对工程项目全面负责,以创优质工程为目标,以求得项目成果的最佳经济效益为目的,实行的一次性、全过程的管理。

(1) 项目经理责任制特点

① 全面负责制。它以项目为对象,对建筑产品形成过程实行的一次性、全过程的管理。

② 经理负责制。它实行经理负责、全员管理、指标考核、标价分离、项目核算,强调项目经理个人的主要责任。

③ 目标责任制。它是以保证工程质量、缩短工期、降低成本、保证安全和文明施工等各项目标为内容的全过程的目标责任制。

④ 风险责任制。项目经理责任制充分体现"指标突出、责任明确、利益直接、考核严格"的基本要求,其最终结果与项目经理、成员等个人利益直接挂钩,经济利益与责任风险同在。

(2) 项目经理责任制的作用

① 明确企业、项目经理、职员三者之间的关系。

② 促使项目经理采用经济手段,强化工程项目的法制管理。

③ 促使项目经理对工程项目规范化、科学化管理和提高产品质量。

④ 有利于提高企业项目管理的经济效益和社会效益。

建立项目经理责任制,全面组织生产优化配置的责任、权力、利益和风险机制。更有利于对施工项目、工期、质量、成本、安全等各项目标实施强有力的管理,使项目经理有动力和压力,也有法律依据。

4.3.2 项目经理的地位和作用

项目经理是工程项目实施阶段全面负责的管理者,明确项目经理的地位是搞好项目管理的关键。

① 项目经理是企业法人代表在项目上的全权委托代理人,是项目管理的第一责任人。从企业内部看,项目经理是项目实施过程中所有工作的总负责人;从对外方面看,项目经理是履行合同义务、执行合同条款、承担合同责任、处理合同变更、行使合同权利的最高合法人。项目经理是项目目标的全面实现者,既要对建设单位的成果性目标负责,也要对企业效益性目标负责。

② 项目经理是协调各方关系,使之相互紧密协作配合的桥梁和纽带。他对项目

管理目标的实现承担全部责任，在工程项目实施过程中要组织和协调各方关系，共同承担履行合同的责任。

③ 项目经理对项目实施进行控制，对各种信息进行管理、运用，使项目取得成功。

④ 项目经理是项目实施阶段的责任主体，是项目权力的主体，是项目利益的主体，是项目目标的最高责任者。

4.3.3 项目经理的素质和能力

项目经理的知识结构、素质和能力是有效地行使职责、胜任项目经理工作所应具备的主观条件如下。

1. 知识结构

(1) 专业知识

项目经理应接受过大学以上良好的专业教育，必须具有专业技术知识，且受过项目管理的专门培训或再教育，掌握项目管理的知识，同时具有综合性的、广阔的知识面，能够对所从事的项目迅速设计出解决问题的方法、程序，能抓住问题的关键，把握技术和实施过程逻辑上的联系，具有工程的系统知识。

(2) 实践经验

项目管理过程中存在大量的不确定性因素以及可能遇到的各种实际、复杂问题，要求项目经理必须具有丰富的实践阅历和解决实际问题的技能，既是管理专家又是专业技术上的内行。

2. 素质

(1) 品德素质

项目经理应当遵守国家的法律法规，服从企业的领导和监督；具有高度的事业心和责任感，坚忍不拔、开拓进取；具有良好的道德品质和团队意识，诚实信用、公道正直、以身作则，正确处理各方利益关系等。

(2) 身体素质

繁重的管理任务、艰苦的工作与生活条件，要求项目经理必须具有健康的身体、充沛的精力、宽阔的心胸、坚强的意志。

3. 能力

(1) 创新能力

项目管理是常新的工作，富于挑战性，所以项目经理在项目管理活动中，应具有创新的精神，务实的态度，有强烈的管理信心和愿望，勇于挑战，勇于决策，勇于承担责任和风险，并努力追求工作的完美，追求高的目标，不安于现状。

(2) 决策能力

决策能力是项目经理根据外部经营条件和内部经营实力，构建多种建设管理方案并选择合理方案，确定建设方向的能力；是项目组织生命机制旺盛的主要因素；也是检验其领导水平的一个重要标志。

(3) 组织能力

项目经理为了实现项目目标,运用组织理论指导项目建设活动,有效地、合理地组织各个要素的能力。组织能力主要包括:组织分析能力、组织设计能力和组织变革能力。

(4) 领导能力

项目经理下达命令的单一性和指导的多样性的统一,是项目经理指挥能力的基本内容。

(5) 控制能力

自我控制能力是指项目经理通过检查自己的工作,进行自我调整的能力;差异发现能力是对执行结果与预期目标之间产生的差异能及时测定并与实际结果进行比较的能力。

(6) 协调能力

协调能力是指项目经理解决各方面的矛盾,使各个部门以及全体职工,为实现项目目标密切配合、统一行动的能力。现代大型工程项目的管理,除了需要依靠科学的管理方法、严密的管理制度之外,很大程度上要依靠项目经理的协调能力。协调主要是协调人与人之间的关系。协调能力具体表现在:解决矛盾的能力、沟通的能力、鼓动和说服的能力。

4.3.4 项目经理的职责与任务

1. 项目经理的职责与任务

项目经理的职责因项目管理目标而异。一般应当包括以下各项内容:

① 组建项目经理部,确定项目管理组织机构并配备相应人员;

② 制订岗位责任制等各项规章制度,以有序地组织项目、开展工作;

③ 制订项目管理总目标、阶段性目标以及总体控制计划,并实施控制,保证项目管理目标的全面实现;

④ 及时准确地做出项目管理决策,严格管理,保证合同的顺利实施;

⑤ 协调项目组织内部及外部各方面关系,并代表企业法人在授权范围内进行有关签证;

⑥ 建立完善的内部和外部信息管理系统,确保信息畅通无阻、保障工作高效进行。

2. 项目经理职责

① 贯彻执行国家和地方政府法律、法规和政策,执行企业各项管理制度、维护企业整体利益和经济利益。

② 组织制定项目经理部各类管理人员的职责和权限、各项管理制度,并认真贯彻执行。

③ 签订和组织履行“项目管理目标责任书”，执行企业与业主签订的《工程项目承包合同》中应由项目经理负责履行的各项条款。

④ 对工程项目施工进行有效控制，执行有关技术规范和标准，积极推广应用新技术、新工艺、新材料和项目管理软件集成系统，确保工程质量和工期，实施安全、文明生产，努力提高经济效益。

⑤ 编制施工管理规划及目标实施措施，编制施工组织设计并组织实施。

⑥ 根据项目总工期的要求编制年度进度计划，组织编制施工季(月)度施工计划，包括劳动力、材料、构件及机械设备的使用计划，签订分包及租赁合同并严格执行。

⑦ 严格财务制度，加强成本核算，积极组织工程款回收，正确处理国家、企业和项目及其个人的利益关系。

⑧ 科学地组织施工和加强各项管理。做好建设单位、监理和各分包单位之间的协调工作，及时解决施工中出现的问题。

⑨ 做好内、外层各种关系的协调工作，为施工创造优越的施工条件。搞好与企业各职能部门的业务联系和经济往来，接受公司的宏观控制。

⑩ 做好工程竣工结算、资料整理归档，接受企业审计并做好项目经理部解体与善后工作。

4.3.5 项目经理的权力

授权既是项目经理履行职责的前提，又是项目取得成功的保证。为了确保项目经理完成所担负的任务，必须授予相应的权力。项目经理应当有以下权力。

① 参与企业进行施工项目投标和签订施工合同。

② 用人管理权。项目经理应有权决定项目经理部的设置，选择、聘任成员，对任职情况进行考核监督、奖惩，乃至辞退。

③ 财务管理权。在企业财政制度规定的范围内，根据企业法定代表人的授权和施工项目管理的需要，决定资金的投入和使用，决定项目经理部的计酬办法。

④ 物资采购管理权。按照企业物资分类和分工，对采购方案、目标、到货要求，及对供货单位的选择、项目现场存放等进行决策和管理。

⑤ 进度计划控制权。根据项目进度总目标和阶段性目标的要求，对项目建设的进度进行检查、调整，并在资源上进行调配，从而对进度计划进行有效的控制。

⑥ 技术质量决策权。根据项目管理实施规划或施工组织设计，有权批准重大技术方案和重大技术措施，必要时召开技术方案论证会，把好技术决策关和质量关，防止技术上决策失误，主持处理重大质量事故。

⑦ 现场管理协调权。代表公司协调与施工项目有关的内外部关系，有权处理现场突发事件，事后及时报公司主管部门。

4.4 项目经理部

工程项目经理部是为实现一个具体的工程项目目标而组建的协同工作团队,是具有高度凝聚力和团队精神的群体,也是工程项目组织的核心,更是实现项目目标的基本组织保障。项目经理部需要精心组织建设,在工程项目实施过程中不断发展、完善。

当企业签订工程项目合同,进入工程项目建设实施阶段,企业会依据工程项目的性质和规模聘任项目经理,同时抽调或招聘相应的工程技术人员组成项目经理部。

4.4.1 项目经理部的特征

1. 工程项目经理部具有明确的目的性

项目经理部是为实现具体工程项目目标而设立的专门组织,其任务就是实现项目目标。因此,项目经理部具有明确的目的性。

2. 工程项目经理部是非永久性组织

工程项目是一次性的任务,因而为完成工程项目组建的项目经理部也是一种非永久性的组织。当工程项目完成后,项目经理部的任务随之完成,即可解散。

3. 工程项目经理部具有团队精神

项目经理部成员之间的相互平等、相互信任、相互合作是高效完成项目目标的前提和基础;项目管理任务的多元性要求项目经理部具有高度凝聚力和团队精神。

4. 工程项目经理部是动态的组织

工程项目经理部是动态的组织,是指项目经理部成员的人数和人员结构是动态变化的,随着工程项目的进展和任务的展开,成员的人数及其专业结构也会作出相应地调整。

4.4.2 项目经理部职责

1. 项目经理部领导的职责

(1) 实现项目经理部的目标

项目经理部的领导,应通过以下过程保证项目目标得以实现:选择适当的人选制定计划;召开项目经理部会议,对项目经理部目标进行分解、细化;负担起代表整个项目经理部的责任。

(2) 保证项目经理部的效率

确保所有成员明确各自的职责与任务,并尽职尽责地完成;监督项目经理部工作以确保成员齐心协力、高效率地工作。

2. 项目经理部成员的职责

① 项目经理部成员要明确自己的职责,要有责任感。

② 项目经理部成员做好本职工作，尽可能地完成分配给自己的任务。

③ 为了使项目经理部能共同工作，应将项目经理部职责放在第一位。

4.4.3 工程项目经理部成长过程

一个工程项目经理部从建立到解体，具有一定的发展规律。依据组织行为学理论，项目经理部的成长过程可划分为初期建立阶段、试运作阶段、正常运作阶段、高效运作阶段和末期解散阶段。这五个阶段是项目经理部从建立、发展、壮大到解散的过程。工程项目经理部的各成长阶段具有如下特点。

1. 初期建立阶段

工程项目经理部成员刚组合在一起，处于一种新的工作环境之中，都有一种积极向上的愿望，并急于展示自己的工作才能。但他们对于自己的职责及岗位、对工程项目的目标与自身工作之间的关系的认识还比较模糊，还处于一种茫然和摸索阶段。项目经理应及时为每个项目经理部成员确定其职责和岗位，使每位成员明确项目目标和任务、工程项目的质量标准、预算及进度计划的要求、标准和限制，顺利通过项目经理部的组建阶段。

2. 试运作阶段

项目经理部成立之后，成员对项目的目标有所了解，并明确了自己的职责与岗位，开始按照分工进行初步的合作，并逐步产生一些矛盾与问题，如人际关系不融洽，工作环境、工作待遇等与自己当初的设想不相一致，自己感到工作任务繁重或困难、难以完成等。项目经理部可能出现信心不足、士气下沉、消极地对待工作。

项目经理应针对出现的各种问题和矛盾，尽快地解决。要创造一些聚会的机会来协调项目经理部成员之间的人际关系，加深相互间了解、增进友谊、提高相互间的认知度。使每位成员抛开个人利益与恩怨，全身心地投入到工作中去。

3. 正常运作阶段

通过前期磨合考验后，项目经理部成员之间的关系理顺了，各成员的个人情绪也得到较好的调整，并熟悉和接受了现有的工作环境和条件，项目经理部凝聚力开始形成，成员合作意识增强，并能积极提出各种建议、积极参与项目管理工作。此阶段成员可以自由地、建设性地表达他们的情绪及评论意见，项目经理部进入健康发展阶段。

4. 高效运作阶段

在此阶段，项目经理部成员在工作中相互帮助，在生活中相互扶持；同时每位成员的工作能力得到了长足的锻炼和发展，创造能力得到充分发挥，集体感和荣誉感增强。项目经理部成员已经具有合作互助、开放坦诚的团队精神，项目经理部工作进入高绩效阶段。

5. 末期解散阶段

随着项目目标的实现——工程项目竣工，项目经理部进入解散阶段。此时，项目经理部成员间的认知度、满意度较高,相互间产生浓厚的工作和私人友谊,并且怀念在项目经理部曾经的工作,同时开始考虑自己今后的工作,使项目经理部出现人心涣散的情况。项目经理最好能够帮助项目经理部成员安排好新的工作,必须改变工作方式才能完成最后的各项具体任务。

4.4.4 高效能的工程项目经理部的建设

高效能的项目经理部的标志:项目经理部成员有着共同的价值观和明确的共同目标,具有完成项目目标所需的基本能力和素质,相互尊重、相互信任,人际关系融洽,能够共享知识、经验和信息,愿意采纳外界意见,对项目工作富有激情和信心,齐心协力、默契合作共同完成项目目标。

高效能的项目经理部需要精心建设才能形成,这需要进行大量的工作,其基本工作如下。

1. 员工培训

根据项目经理部成员的情况,制订培训计划,实施培训,提高项目经理部成员的管理能力和素质,同时通过培训来影响和改变经理部成员的思维模式,成为具有挑战精神、敢于面对风险和承担责任的人。

2. 明确目标

项目经理部成员应明确工程项目目标及其各自的工作职责,各司其职,并保证每个环节的目标得到实现;同时,项目经理还要善于授权,因为有责无权,项目经理部成员根本无法开展工作,只有责、权、利统一,才能有效地提高项目经理部成员的积极性,高效率的完成任务。

3. 沟通与激励

创造机会让经理部成员相互了解,只有在此基础上项目经理部成员才能就某些重要的问题或信息进行沟通、处理。因此,沟通是项目经理部中进行合作和控制的前提条件。

同时调动项目经理部成员的积极性和创造精神,应针对不同成员的不同主观需要,采取多元化的激励手段,例如让事业心强的人到一个责任比较重的岗位,充分发挥其聪明才智,努力工作才是他们最大的享受;或者企业组织承诺在项目中表现突出者将有可能获得晋升的机会;或者对工作表现突出者给予通报表扬和树立为榜样等。只有这样才能适应项目经理部成员的多元化需要,激发每位成员的工作热情。

4.5 工程项目的沟通管理

4.5.1 工程项目沟通管理概述

工程项目沟通管理是对工程项目实施过程中的各种形式和各种内容的沟通行为

进行的管理，其目的是保证工程项目的有关信息能够在适当的时间，以适当的方式产生、收集、处理、贮存和交流。沟通管理贯穿于工程项目管理的全过程，以排除障碍、解决矛盾、保证项目目标的顺利实现。

1. 沟通

沟通是双方进行信息与思想的交流与传递，是解决参与者之间的矛盾，达到相互理解的基本方法与手段。它不仅可以解决各种技术、管理程序和方法等方面的问题，而且可以解决参与者心理和行为的障碍和争执。沟通可以达到以下成效：

① 使所有工程项目参与者明确项目目标及各自应完成的任务，并达成共识；

② 增进工程项目参与者彼此理解，建立融洽的人际关系，提高项目团队凝聚力；

③ 减少不和谐情况的发生，增进工程项目参与者间的协作精神，提高工作效率；

④ 提高各项工作的透明性，有效避免工程项目实施过程中可能出现的腐败行为，并且能够群策群力，使问题处理得更加准确和高效。

2. 协调

协调是联合、调和所有工程项目参与者的能力，共同努力解决工作中的矛盾和冲突，并达成共识，使工程项目实施过程顺利进行。所以，协调是项目管理工作的重要内容。

3. 沟通与协调的工作内容

(1) 人际关系沟通

包括工程项目组织内部、外部人际关系的协调，及人与人之间在管理工作中的联系和矛盾。

(2) 组织机构沟通

包括协调项目经理部与企业管理层及劳务作业层之间的关系，以实现合理分工、有效协作。

(3) 供求关系沟通

包括协调项目经理部与本企业后勤保障部门、业主、工程承包商及供应商之间的关系，以保证人力、材料、机械设备、技术、资金等各项生产要素供应的优质、优价、适时、适量。

(4) 协作配合关系沟通

包括近外层关系的配合，以及内部各部门、上下级、管理层与劳务作业层之间关系的协调。

(5) 约束关系沟通

包括法律法规约束关系、合同约束关系，主要通过提示、教育、监督、检查等手段防范矛盾，并及时、有效地解决矛盾。

4. 工程项目协调与沟通的方法

在工程项目实施过程中，项目经理采用较正式的协调与沟通方式如下。

① 会议协调，通过召开工地例会、专题会议与各方进行沟通、协调。

② 书面协调,通过信函、电子邮件等方式进行沟通、协调。

而非正式的协调与沟通方式有面对面会谈、电话交谈、走访、邀请等。

4.5.2 工程项目经理部内部关系的沟通

工程项目协调的范围和层次可以分为项目经理部内部和外部的协调。外部的协调又可分为近外层协调和远外层协调。项目经理部与近外层关联单位一般有合同关系,而与远外层关联单位一般没有合同关系。

1. 项目经理部内部人际关系协调

人是项目组织中最积极的要素,组织要提高效率,取决于人际关系的协调程度。项目经理部应重视以下工作。

(1) 人力资源开发

在项目管理中以人为本、以能力为本,有效利用人力资源,营造一个能发挥创造能力的环境,充分调动人的智慧,为实现项目目标服务。

(2) 加强协调与沟通

协调与沟通使项目各参与者成为一个具有凝聚力的整体。各参与者相互交流意见,统一思想认识,自觉地协调各个体的工作,保证项目目标的完成。只有沟通与协调,才能保证完成项目目标。

(3) 及时处理矛盾

矛盾是由某种差异引起的抵触、争执或争斗的对立状态。由于利益、观点、掌握的信息以及对事件的理解都可能存在差异,就有可能引起矛盾。项目管理者要及时处理好各种矛盾,以减少由于矛盾所造成的损失。

2. 项目经理部内部组织关系的协调

项目经理部与本企业管理层关系的协调,主要依靠严格执行"项目管理目标责任书"、公司的规章制度等方法实现。项目经理部与劳务作业层关系协调,主要依靠履行劳务合同以及执行"施工项目管理实施规划"等方法实现。

工程项目是由若干个参与者共同参加完成任务。每个参与者都有自己的目标和任务,并按规定的和自定的方式运行。项目内部组织关系的协调,就是使各参与者都能从项目组织整体目标出发,理解和履行自己的职责,相互协作和支持,使工程项目处于协调有序的高效运行的状态。

3. 项目经理部内部供求关系的协调

在工程项目实施中,项目经理部内部的各个部门为了完成任务,在不同的阶段,需要各种不同的资源,如对人员的需求、材料的需求、设备的需求、能源动力的需求、配合力量的需求等。工程项目始终是在有限资源的约束条件下实施,因此理顺项目经理部内部需求关系,既可以合理利用各种资源,保证工程项目建设的需要,又可以充分地提高项目经理部内部各部门的积极性,保证组织的运行效率。

4.5.3　工程项目经理部外层关系的沟通

近外层关系属于合同关系，即法人对法人的关系。因此，项目经理部开展近外层关系的组织协调时，必须在企业法定代表人的授权范围内实施。

1. 项目经理部与业主的沟通

项目经理部与业主之间的沟通与协调，应贯穿于工程项目管理的全过程，且协调的最有效方法是严格执行合同。

业主按规定的时间履行合同约定的责任，保证工程顺利进行；项目经理部也应在规定时间内承担合同约定的责任，接受业主的组织、协调和监督。

2. 项目经理部与监理单位的沟通

项目经理部提供的是工程产品，而监理单位则是针对工程项目提供监理服务，两者地位平等，只是分工不同而已。

项目经理部应按《建设工程项目管理规范》《建设工程监理规范》的规定和施工合同的要求，接受项目监理机构的监督和管理，并按照相互信任、相互支持、相互尊重、共同负责的原则，搞好协作配合，确保项目实施质量。

3. 项目经理部与设计单位的沟通

项目经理部与设计单位的工作联系原则上应通过建设单位进行，并须按图施工。项目经理部要领会设计文件的意图，取得设计单位的理解和支持；设计单位要对设计文件进行技术交底。

项目经理部应在设计交底、图纸会审、设计洽商变更、地基处理、隐藏工程验收和交工验收等环节中与设计单位密切配合，同时接受业主和项目监理对于双方进行的协调。

4. 项目经理部与供应商的沟通

项目经理部与供应商应依据供应合同，充分运用市场的价格机制、竞争机制和供求机制搞好协作配合。

5. 项目经理部与公用部门的沟通

公用部门是指与项目施工有直接关系的社会公用性单位，如供水、供电、供气等单位。项目经理部与公用部门有关单位的关系，应通过加强计划性以及通过业主或项目监理机构进行协调。

6. 项目经理部与分包单位的沟通

项目经理部与分包单位关系的协调应严格执行分包合同，正确处理技术关系、经济关系，正确处理项目进度控制、质量控制、成本控制、安全控制、生产要素管理和现场管理中的协作关系。同时，项目经理部还应对分包单位的工作进行监督和支持。

7. 项目经理部与政府有关部门的沟通

项目经理部与政府属于远外层关系，项目经理部接受政府的监督管理，在工作中必须严格遵守法律，遵守公共道德，并充分利用中介组织和社会管理机构的力量。

【案例】 上海世博村项目管理组织(业主方)

1. 工程概况

上海世博村项目是中国2010年上海世博会的重要配套工程,主要功能是在世博会期间为参展工作人员和演出人员提供住宿和其他配套服务。项目位于世博园区浦东G片区,占地约29.4万平方米,总建筑面积约55万平方米,工程范围包括由5条道路划分的10个街区地块。其中,A地块、B地块、D地块、J地块是酒店生活区,包括高级酒店、酒店式公寓、普通公寓、经济型酒店等多种业态,建筑面积约43万平方米;E地块为办公服务区,建筑面积约6万平方米。世博村项目由上海世博土地控股有限公司(以下简称世博土控公司)负责开发建设工作。项目于2007年2月8日正式开工,各地块在世博园开园前陆续竣工并投入使用,为上海世博会的成功举办提供了有力的保障。

2. 业主方工程项目管理难点及重点分析

(1) 建设规模大,参建单位多,组织协调工作难度高

世博村项目的建设规模占到整个世博会工程建设总量的四分之一左右。项目的参建单位众多,包括项目管理方、勘察设计方、工程监理方、施工总承包方、专业分包方、设备材料供应方等,整个项目建设过程中涉及到的参建单位超过100家。2007年8月20日,五大主要地块中的E地块最后一个开工,标志着世博村工程建设进入高峰期,在有限的场地内同时施工的单位达到近50家。这些参建单位之间的组织关系复杂,交叉工作面多,造成业主方的组织协调工作量大且难度高。因此,只有理顺项目实施组织关系,建立高效的管理组织体系,才能为项目的顺利开展创造有利条件。

(2) 建设意义重大,社会关注度高,质量安全目标必须确保

世博村项目是上海世博会开工建设的第一个项目,是上海世博会工程建设正式启动的标志,所以项目建设全过程都受到了社会各界的高度关注。如果在项目建设过程中出现任何偏差,特别是质量问题和安全事故,都会产生非常恶劣的社会影响,因此,必须重视项目风险管理,严格控制项目的质量目标和安全目标。

(3) 建设工期紧,施工难度大,必须建立有效的激励机制

世博村项目的建设工期可谓是“后门关死”,否则将影响上海世博会的顺利举办。在三年时间里,要完成酒店、办公用房、餐饮娱乐设施等各类功能的建筑,其中不但有新建工程,还有许多施工难度极高的旧建筑改造工程,建设任务非常艰巨。作为业主方,必须建立有效的工作激励机制,充分调动参建单位的工作积极性,促进各参建单位主动开展技术攻关、突击活动,在参建单位中形成良好的竞争氛围,确保项目目标的顺利完成。

3. 组织体系创新与实践

项目实施组织结构的合适与否是决定世博村项目建设成败的关键性因素。世博土控公司作为业主方,成立了世博村建设部,全面负责世博村项目的管理和协调工

作。但由于世博村项目管理具有复杂性、专业性和综合性的特点，业主方难以配备所需的所有项目管理资源，因此必须充分利用社会力量，通过采购获得专业项目管理服务，以有限的内部资源调配无限的外部资源。通过公开招标，最终选择并聘请了上海科瑞建设项目管理有限公司负责世博村工程的项目管理咨询服务。业主方遵循“以我为主，咨询为辅”的思路，根据“从实际出发、目标决定组织、效率和效能兼顾”三大原则，通过与项目管理单位反复沟通，最终确定由对方派出近30人的现场管理团队，与世博土控公司世博村建设部联合组成世博村项目管理团队，形成“一体化项目管理”的组织模式。

联合项目管理团队成立后，除积极优选施工企业和监理单位外，最主要的工作就是理顺关系，建立合理的项目实施组织结构，明确工作任务分工和管理职能分工。世博村项目包括多个子项目，必须统一组织、统一协调和统一管理，才能实现项目的总体目标。世博村项目组织体系的建立充分考虑了以下因素。

① 世博村建设部与项目管理单位要有明确的职能分工，不能因为成立了联合项目管理团队而模糊二者的工作界面。因此要注意控制项目管理单位的工作到位而不越位。

② 充分考虑到酒店项目的特点和难点以及其他大型建设项目业主方管理组织的经验和教训，同时顾及随后的设计管理、工程发包与设备材料采购、施工管理的有序性。

③ 坚持“最终用户导向”的指导思想，时刻意识到项目建设是为今后的运营管理服务的，因此要注重运营管理部门和酒店咨询单位同其他部门的沟通，以服务于世博村在世博会中和会后的运营管理。

经过探索实践，世博村项目最终形成了以世博土控公司世博村建设部指挥、项目管理单位组织实施、监理单位监督、施工单位落实的三级管理组织架构(见图4-6)。

世博土控公司作为项目业主方，承担整个项目的总控制和总指挥；项目管理公司则主要作为业主方现场管理团队的支撑，与业主方相关职能部门对接，协调、推进和督促现场施工作业，并及时向业主方汇报情况，协调设计、施工、投资和采购等问题的解决；监理单位直接向业主负责，项目管理单位对其实施总协调，并对其工作进行督促、指导和评价。

该组织架构避免了传统组织架构上现场管理人员庞大的弊端，通过引入专业化、社会化的项目管理公司，既提高了业主方工作的效能和效率，又实现了资源整合。通过建立分层次、系统化的多目标控制体系，最大限度发挥各参建单位的优势，从而达到整体最优，为世博村项目实施建设提供了有力的组织保障。

【本章要点】

本章主要介绍组织的基本理论，工程项目组织形式、管理模式、项目经理、协调与沟通等内容。学生应掌握组织的基本理论、工程项目的组织形式与管理模式；熟悉项

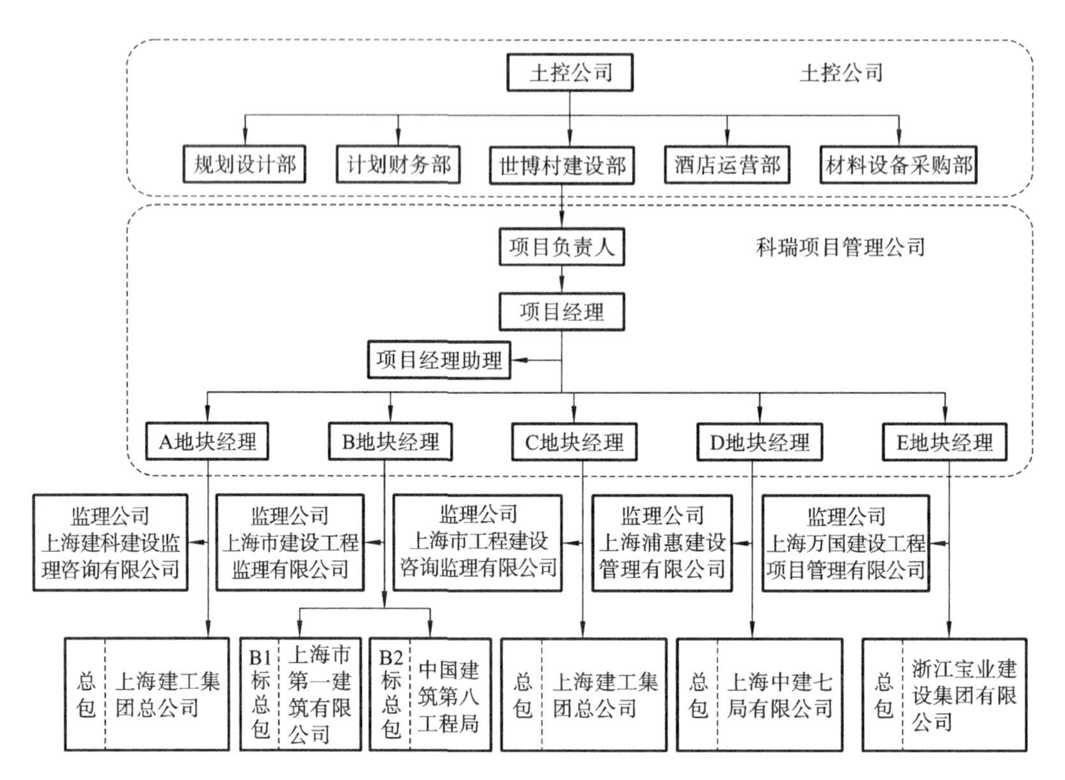

图 4-6　世博村项目组织结构

目管理中协调与沟通的方法，项目经理的职责；了解项目经理部、工程项目组织等知识点。

【思考与练习】

1. 工程项目组织形式有哪些？各有何特点？
2. 工程项目的管理模式有哪几种？
3. 什么是项目经理责任制？
4. 项目经理有哪些职责？
5. 项目经理应具备哪些素质、能力和知识结构？
6. 工程项目管理中基本的沟通种类有哪些？
7. 试论述施工企业项目经理与建造师的关系如何？为了使自己尽快成为一名合格的建造师，应做哪些准备？

第5章　工程项目招投标与合同管理

5.1　工程项目招投标

5.1.1　概述

招标投标是市场经济的一种竞争方式，实质上它是订立合同的一个特殊程序，主要适用于大宗货物的买卖，工程项目的发包与承包，以及服务项目的采购。招标投标是采购合同（如工程承包合同、材料和设备供应合同、项目管理和咨询等合同）的形成过程。通常是由项目（包括货物购买、工程发包和服务采购）的采购方作为招标人，由有意提供采购所需货物、工程或服务项目的供应商、承包人作为投标人，向招标人书面提出自己的报价及其他响应招标要求的条件，参加投标竞争。经招标人对各投标人报价及其他条件进行审查比较后，从中择优选定中标者，并与其签订采购合同。

5.1.2　招标条件

招标条件是指建设工程招标前，招标人必须具备的条件及必须完成的准备工作。

1. 建设单位自行招标应具备的条件

按照《工程建设项目自行招标试行办法》招标人自行办理招标事宜，应当具备编制招标文件和组织评标的能力，具体包括如下几方面：

① 具有项目法人资格（或法人资格）；

② 具有与招标项目规模相适应的工程技术、概预算、财务和工程管理等方面专业技术力量；

③ 有从事同类工程建设项目招标的经验；

④ 拥有3名以上取得招标组织资格的专职招标业务人员；

⑤ 熟悉和掌握招标投标法及有关法规规章。

2. 工程建设项目招标应具备的条件

项目招标范围可以分为三类：第一类，是国有资金占控股或占主导地位的必须招标项目；第二类，非国有资金占控股或占主导地位的必须招标项目；第三类，除前述两类以外自愿招标项目。

根据《工程建设项目施工招标投标办法》（国家发展计划委员会、原建设部、原铁道部、交通部、信息产业部、水利部、民航总局令第30号）第八条，及《关于废止和修改部分招标投标规章和规范性文件的决定》（2013年第23号令）的规定，一份必须招标

的工程建设项目,应当具备下列条件才能进行工程招标:

① 招标人已经依法成立;

② 初步设计及概算应当履行审批手续的,已经获得批准;

③ 有相应的资金或资金来源已经落实;

④ 有招标所需的设计图纸及技术资料;

⑤ 法律、法规、规章规定的其他条件。

3. 可以不进行招标的施工项目

依据《工程建设项目施工招标投标办法》(国家发展计划委员会、原建设部、原铁道部、交通部、信息产业部、水利部、民航总局令第30号)第12条的规定,及《关于废止和修改部分招标投标规章和规范性文件的决定》(2013年第23号令),依法必须进行工程招标的工程建设项目有下列情形之一的,可以不进行施工招标:

① 涉及国家安全、国家秘密、抢险救灾或者属于利用扶贫资金实行以工代赈、需要使用农民工等特殊情况,不适宜进行招标;

② 施工主要技术采用不可替代专利或者专有技术;

③ 已通过招标方式采取的特许经营项目投资人依法能够自行建设;

④ 采购人依法能够自行建设;

⑤ 在建工程追加的附属小型工程或者主体加层工程,原中标人仍具备承包能力,并且其他人承担将影响施工或者功能配套要求。

⑥ 国家规定的其他情形。

5.1.3 常见招标方式

工程建设的招标常见的有四种方式:公开招标、邀请招标、两阶段招标和议标。从世界各国的情况上看,招标主要采用公开招标和邀请招标方式,根据《中华人民共和国招投标法》规定,我国的招投标方式分为公开招标和邀请招标两种方式。

1. 公开招标

(1) 公开招标的含义

公开招标,又称无限竞争型招标,是指招标人以招标公告的方式邀请不特定的法人或者其他组织投标。即招标人在指定的报刊、电子网络或者其他媒体上发布招标公告,吸引符合条件的承包人参加招标竞争,招标人从中择优选择中标者的招标方式。

(2) 公开招标的特点

① 公开招标是最具有竞争性的招标方式。

② 公开招标是最完整、最规范、最典型的招标方式。

③ 公开招标是费用最高、花费时间最长的招标方式。由于竞争激烈、程序复杂,组织招标和参加投标所需准备工作和实际事务比较多,编制、审查有关投标文件的工作量很大。

(3) 公开招标的优缺点

优点：投标的承包人多、竞争范围大，业主有较大的选择余地，有利于降低工程造价，提供工程质量、缩短工期。

缺点：由于投标的承包人多，招标工作量大，组织工作复杂，需投入较多的人力、物力，招标过程所需时间较长，因此这类招标方式主要适用于投资额度大、工艺、结构复杂的较大型工程建设项目。

在我国，公开招标公告方式具有广泛的社会公开性，但公开招标的公平性和公正性受到限制，招标评标时间、操作方法不规范，影响公开招标效果。

2. 邀请招标

(1) 邀请招标的含义

邀请招标，又称有限竞争型招标，是指投标人以投标邀请书的方式邀请特定的法人或者其他组织投标。邀请招标是由接到投标邀请书的法人或者其他组织才能参加投标的一种招标方式，其他潜在的投标人则被排斥在投标竞争之外。邀请的对象不应少于3家。被邀请人同意参加投标后，从招标人处获取招标文件，按照招标程序和须知进行投标报价。

(2) 邀请招标的优缺点

优点：参加竞争的投标商数目可由招商单位控制，目标集中，招标的组织工作较容易，工作量比较小，比公开招标节省时间和费用。

缺点：由于参加的投标单位相对较少，竞争范围较小，使招标单位对投标单位的选择余地较小，如果招标单位在选择被邀请的承包人前所掌握信息资料不足，则会失去发现最合适承担该项目的承包人的机会。

(3) 邀请招标适用范围

鉴于邀请招标存在的明显缺点，国际上和我国都确定了邀请招标的适用范围。对于依法必须进行公开招标的项目，有下列情形之一者，可以进行邀请招标：

① 项目技术负责或有特殊要求，或者受自然地域环境限制，只有少量潜在投标人可供选择；

② 涉及国家安全、国家秘密或者抢险救灾，适宜招标但不宜公开招标；

③ 采用公开招标方式的费用占项目合同金额的比例过大。

(4) 公开招标与邀请招标的区别

① 程序不同：邀请招标的程序比公开招标简化，不包括招标公告、投标人资格审查等环节。

② 竞争程度不同：邀请招标不如公开招标竞争性强。邀请招标参加单位数为3～10个，而公开招标面向社会。由于参加单位数量较少，邀请招标易于控制，竞争程度也明显不如公开招标。

③ 耗费资源不同：邀请招标不需要招标公告发布费用、投标文件审查费用及其他可能发生的费用，在时间和费用上都比公开招标节省。

3. 两阶段招标

(1) 两阶段招标的含义

两阶段招标也称两步法招标，是无限竞争性招标和有限竞争性招标相结合的一种招标方式。两阶段招标先通过公开招标，邀请投标人提交根据概念设计或性能规格编制的不带报价的技术建议书，进行资格预审和技术方案比较，经过开标、评标，淘汰不合格者，然后合格的承包者提交最终的技术建议书和带报价的投标文件，再从中选择业主认为合乎理想的投标人与之签订合同。

(2) 两阶段招标的过程

两阶段招标通常做法：第一阶段，投标人按照招标公告或者投标邀请书的要求提交不带报价的技术建议，招标人根据投标人提交的技术建议确定技术标准和要求，编制招标文件；第二阶段，招标人向在第一阶段提交技术建议的投标人提供招标文件，投标人按照招标文件的要求提交包括最终技术方案和投标报价的投标文件。

招标人要求投标人提交投标保证金的，应当在第二阶段提出。

(3) 两阶段招标特点

第一阶段不涉及报价问题，称为非价格竞争；第二阶段才进入关键性的价格竞争。有些承包者为了获得工程项目，会在投标时千方百计地压低报价，待中标、签订合同后，在工程实施过程中再通过索赔等手段增加自己的利益。因此，有经验的业主懂得最低标不一定是理想的承包者。

(4) 两阶段招标适用范围

两阶段招标适用于内容复杂的大型工程项目或交钥匙工程。

《中华人民共和国招标投标法实施条例》第三十条规定：对技术复杂或者无法精确拟定技术规格的项目，招标人可以分两阶段进行招标。

4. 议标

议标也称非竞争性招标，是指业主邀请一家自己认为理想的承包者直接进行协商谈判，通常不进行资格预审，不需开标。严格说来，这并不是一种招标方式，而是一种合同谈判。但是谈判双方仍受到市场价格及国际惯例的制约。议标常用于总价较低、工期较紧、专业性较强或由于保密不宜招标的项目。有时也用于专业设计、监理、咨询或专用设备的安装和维修等项目。议标的优点是业主比较省事，无须准备大量的招标文件，无须复杂的管理工作，时间短，能大大地缩短项目周期。甚至许多项目可以一边议标，一边开工。但是由于没有竞争，承包商报价较高，工程合同价格自然很高。

5.1.4 招标程序

招标是招标人选择中标人并与其签订合同的过程，而投标是投标人力争获取招标项目参加竞争的过程。在现代工程中，已形成十分完备的招标投标程序和标准化的文件。在我国，有《中华人民共和国招标投标法》，建设部以及许多地方的建设管理部门都颁发了工程建设招标投标管理和合同管理法规，还颁布了招标文件及各种合同文件范本。国际上也有一整套公开招标投标的国际惯例。

对于不同的招标方式，招标程序会有一定的区别。但总的来说，对于公开招标，通常包括以下八项工作。如图 5-1 所示。

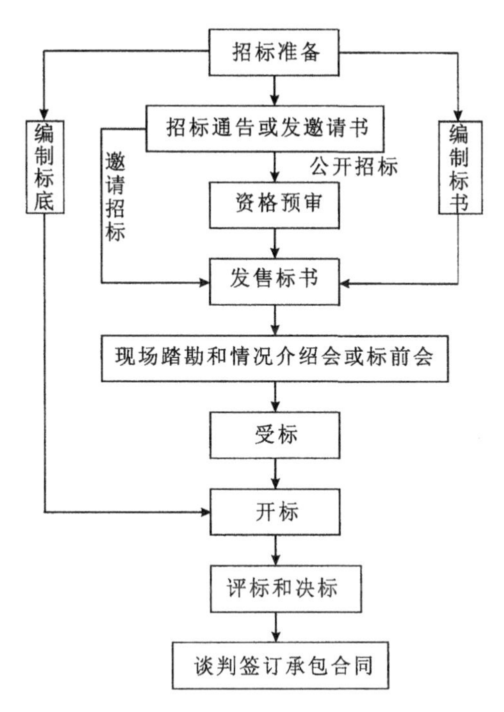

图 5-1　工程项目招标程序

1. 招标前的准备工作

① 建立招标的组织机构。

② 完成工程招标的各种审批手续，如规划、用地许可、项目的审批等。

③ 向政府的招标投标管理机构提出招标申请等。

2. 编写招标文件及标底

通常公开招标，由业主委托咨询工程师编写招标文件。在整个工程的招标投标和施工过程中，招标文件是一份最重要的文件。一方面，招标文件是提供给投标人的投标依据，投标人根据招标文件介绍的项目情况、合同条款、技术、质量和工期的要求等投标报价。另一方面，招标文件是签订工程合同的基础，是业主方拟定的合同草案。几乎所有的招标文件内容都将成为合同文件的组成部分。

1）一般招标文件的主要内容

（1）投标邀请书

投标邀请书一般应说明：业主单位和招标的性质；资金来源；工程概况，包括主要工程量和工期要求等；承包人为完成本工程所需提供的服务内容，如施工、设备和材料采购等;发售招标文件的时间、地点、售价;投标书送交的地点、份数和截止时间;提交投标保证金的规定额度和时间;开标的时间和地点;现场考察和召开标前会议的时间和地点。

(2) 投标人须知

投标人须知是指导投标者正确进行投标的文件,它告诉投标者应遵守的各项规定,以及编制标书和投标时所应注意、考虑的问题。有的业主将投标者须知作为正式合同的一部分,有的不作为正式的合同内容,这一点在编制招标文件和签订合同时应注意说明。投标人须知所列条目应清晰,内容明确。一般应包括下列内容。

① 工程项目简介。包括工程的名称、地理位置,主要建筑物名称、尺寸、工程量、工程分标情况、本合同的范围及与总体工程的关系、资金来源、工期要求等。

② 承发包方式。要说明是属于总价承包,还是单价承包或其他方式承包。

③ 组织投标者到工程现场勘察和召开标前会议的时间、地点及有关事项。

④ 填写投标书的注意事项。

⑤ 投标保证。为了对业主进行必要的保护,招标文件中一般规定“投标必须提供投标保证金”的条款。投标保证金一般不支付现金,而采用保函的形式。应说明投标保函的金额和有效期、业主可以接受的开出保函的银行等。还应说明未按规定在开标之前随同投标书一并递交投标保函的标,将是无效的,保函金额不足者也将被认为是废标。还应注明未中标者的投标保证书将在对中标者发出接受其标书的通知后多少天(例如 28 天)内或开标后多少天(例如 90 天)内退还给投标人。

⑥ 投标文件的递送方式。

⑦ 投标有效期。从截止投标日到公布中标日为止的一段时间均为投标有效期,按照国际惯例,一般为 90~120 天。有效期长短根据招标工程的具体情况而定,要保证有足够的时间供招标单位评标。如为世界银行贷款项目,还需有报世界银行审查批准的时间。投标有效期内,投标人不得变动报价,投标保函的有效期也必须与投标有效期一致。

⑧ 招标人拒绝投标书的权利。业主可以拒绝任何不符合投标人须知要求的投标书。在上述原则不受限制的条件下,业主不承担接受最低报价的标书或任何其他标书的义务。在签订合同前,有权接受或拒绝任何投标,宣布投标程序无效或拒绝所有投标。对因此而受到影响的投标人不负任何责任,也没有义务向投标人说明原因。

⑨ 评标时依据的原则和评审方法。如怎样进行价格评审,价格以外的其他合同条件的评审标准等。

⑩ 授予合同。规定授予合同的标准、授予合同的通知方法、签订合同和提交履约担保等事项。

(3) 合同条件

合同条件,也称合同条款。它主要是规定在合同执行过程中,合同双方当事人的职责范围、权利和义务,监理工程师的职责和授权范围,遇到各类问题,如工程进度、工程质量、工程计量、款项支付、索赔、争议和仲裁等问题时，各方应遵循的原则及采取的措施等。

(4) 技术规范

技术规范规定了工程项目的技术要求，也是施工过程中承包人控制质量和监理工程师进行监督验收的主要依据。在拟定或选择技术规范时，既要满足设计要求，保证工程的施工质量，又不能过于苛刻，太苛刻的技术要求必然导致投标者提高投标价格。招标文件中使用的规范一般选用国家部委正式颁布的，但往往也需要由监理工程师主持编制一些适用于本工程的技术要求和规定。规范一般包括工程所用材料的要求，施工质量要求，工程计量方法，验收标准和规定等。

(5) 设计图纸

设计图纸是投标者拟定施工方案、确定施工方法、提出替代方案、计算投标报价时必不可少的资料。图纸的详细程度取决于设计的深度与合同的类型，详细的设计图纸能使投标者比较准确地计算报价。图纸中所提供的各种资料，业主和监理工程师应对其负责，而承包人根据这些资料做出自己的分析与判断，据之拟定施工方案，确定施工方法。但业主和监理工程师对这类分析和判断不负责任。

(6) 工程量报价表

工程量报价表是将合同规定要实施的工程的全部项目和内容按工程部位、性质等列在一系列表内，每个表中既有工程需实施的各个子项目，又有每个子项目的工程量和计价要求，以及每个项目报价和总报价等。后两个栏目留给投标者去填写。工程量报价表为投标者提供了一个共同竞争投标的基础，投标者根据招标要求、工程具体情况和自身的经验，对表中各子项目填报单价或价款，并逐项计算汇总得到投标报价。承包人填报的工程量表中的单价或价格是支付工程月进度款项的依据，也是计算新增项目或索赔项目单价或价格的主要参考数据。

(7) 投标书格式和投标保证书格式

投标书是由投标单位充分授权的代表签署的一份投标文件。投标书是对业主和承包人双方均有约束力的合同文件的一个重要组成部分。投标书包含投标书及其附件，一般都是业主或监理工程师拟定好固定的格式，由投标者填写。投标保证书可分为银行提供的投标保函和担保公司、证券公司或保险公司提供的担保书两种格式。

(8) 补充资料表

补充资料表是招标文件的一个组成部分，其目的是要求投标者按招标文件中的这些补充资料表填写有关信息，以便招标人可得到所需要的相当完整的信息。通过这些信息既可以了解投标者的各种安排和要求，便于在评标时进行比较，又可以在工程实施过程中便于业主安排资金计划，计算价格调整等。

(9) 合同协议书

合同协议书常由业主在招标文件中拟好具体的格式和内容，然后在中标者与业主谈判达成一致协议后签署，投标时不需填写。

(10)履约保证和动员预付款保函

履约保证一般有两种形式,即银行保函或称履约保函,以及履约担保。我国向世界银行贷款的项目一般规定,履约保函金额为合同总价的10%,履约担保金额则为合同总价的30%。银行保函又分为两种形式,一种是无条件银行保函;另一种是有条件银行保函。无条件银行保函有点类似不可撤销的信用证,银行见票即付,不需业主提供任何证据。业主在任何时候提出声明,认为承包人违约,而且提出的索赔日期和金额在保函有效期和保证金额的限额之内,银行即无条件履行担保,进行支付。当然业主也要承担由此行动而引起的争端、仲裁或法律程序裁决的法律后果。对银行而言,愿意承担这种保函,因这样既不承担风险,又不致卷入合同双方的争端。有条件银行保函即是银行在支付之前,业主必须提出理由,指出承包人执行合同失败,不能履行其义务或违约,并由业主和监理工程师出示证据,提供所受损失的计算数值等。一般而言,银行和业主均不喜欢这种保函。动员预付款是在工程开工以前,业主按合同规定向承包人支付的费用,以供承包人调遣人员、施工机械和购买建筑材料及设备等。动员预付款保函是在招标文件中规定了业主向承包人提出先进的施工方案基础上,能够反映预计参与竞争的承包人目前较为先进的施工水平,这样才可以作为评标的依据,否则就失去了编制标底的意义。只有所依据的施工方法、施工管理水平、技术规范都比较先进,编出的标底才切合实际。如果是国际招标,更应注意研究和调查国际上目前先进的施工方法、施工技术和设备能力。标底的另一个作用是衡量招标效果,如果中标的合同价低于标底,说明投标竞争的激烈程度较为理想。

2)招标文件的要求

按照工程惯例和诚实信用原则,业主必须对招标文件的正确性、完备性负责,即如果招标文件中出现错误、矛盾、二义性,则由业主承担责任,这最终会导致索赔。所以,对招标文件的要求如下。

① 完备、正确,没有矛盾和二义性。

② 符合工程惯例,尽可能采用标准格式的文本。

③ 使承包商十分简单而又清楚地理解招标文件,明确自己的工程范围、技术要求和合同责任,方便且精确地作出实施方案、计划和报价,且能够正确地执行。尽可能详细地、如实地、具体地说明拟建工程、供应或服务的情况和合同条件,出具准确的、全面的规范、图纸、工程地质和水文资料。

3)标底

标底通常由业主委托造价咨询单位编制,是业主对拟建工程的预期价格。

3. 发布招标通告或发出招标邀请

对公开招标项目一般在公共媒体上发布招标通告,介绍招标工程的基本情况、资金来源、工程范围、招标投标工作的总体安排和资格预审工作安排。如果采用邀请招标方式,则要在相关领域中广泛调查,以确定拟邀请的对象。

4. 资格预审

1）资格预审的内容

资格预审的内容应考虑到评标的标准，凡评标时考虑的因素，一般在资格预审时不予考虑。资格预审是对投标申请人整体资格的综合评定，因此应包括以下五个方面内容。

① 法人地位。审查其企业的资质等级、批准的营业范围、机构及组织等是否与招标项目相适应。若为联合体投标，对联合体各方均要审查。

② 商业信誉。主要审查企业在建设工程承包活动中已完成项目的情况、资信程度、严重违约行为、业主对施工质量状况的满意程度、施工荣誉等。

③ 财务能力。财务能力审查除了要关注投标人的注册资本、总资产外，重点应放在近3年经过审计的报表中所反映出的实有资金、流动资产、总负债和流动负债，以及正在实施而尚未完成工程的总投资额、年均完成投资额等。此外，还要评价其可能获得银行贷款的能力，或要求其提供银行出具的信贷证明文件。总之，财务能力审查着重看投标人可用于本项目的纯流动资金能否满足要求，或施工期间资金不足时的解决办法。

④ 技术能力。主要是评价投标人实施工程项目的潜在技术水平，包括人员能力和设备能力两方面。在人员能力方面，又可以进一步划分为管理人员和技术人员的能力评价两个方面。

⑤ 施工经验。不仅要看投标人最近几年已完成工程的数量、规模，更要审查与招标项目相类似的工程施工经验，因此在资格预审须知中往往规定有强制性合格标准。必须注意，施工经验的强制性标准应定得合理、分寸适当。由于资格预审是要选取一批有资格的投标人参与竞争，同时还要考虑被批准的投标人不一定都来投标这一因素，所以标准不应定得过高；但强制性标准也不能定得过低，尤其是对一些专业性较强的工程，标准定得过低，就有可能使缺乏专业施工能力或经验的承包人中标。

2）资格预审的方法

对投标人的资格一般采取评分的方法进行综合评审。

① 首先淘汰报送资料极不完整的投标申请人。因为资料不全，难以在机会均等的条件下进行评分。

② 根据招标项目的特点，将资格预审所要考虑的各种因素进行分类，并确定各项内容在评定中所占的比例，即确定权重系数。每一大项下还可进一步划分若干小项，对各资格预审申请人分别给予打分，进而得出综合评分。

③ 淘汰总分低于预定及格线的投标申请人。

④ 对及格线以上的投标人进行分项审查。为了能将施工任务交给可靠的承包人完成，不仅要看其综合能力评分，还要审查其各分项得分是否满足最低要求。

评审结果要报请业主批准，如为使用国际金融组织贷款的工程项目，还需报请该组织批准。经资格预审后，招标人应当向资格预审合格的投标申请人发出资格预审合格通知书,告知获取招标文件的时间、地点和方法,并同时向资格预审不合格的投标申请人告知资格预审结果。

5. 现场考察和标前会议

1)组织现场考察

招标人负责组织各投标人在招标文件中规定的时间到施工现场进行考察。组织现场考察的目的一方面是让投标人了解招标现场的自然条件、施工条件、周围环境和调查当地的市场价格等,以便于编标报价;另一方面是要求投标人通过自己的实地考察,以决定投标策略和确定投标原则,避免实施过程中承包人以不了解现场情况为理由,推卸应承担的合同责任。为此,招标人在组织现场考察过程中,除了对现场情况进行简要介绍以外,不对投标人提出的有关问题做进一步的说明,以免干扰投标人的决策。这些问题一般都留待标前会议上去解答。

2)标前会议

标前会议是指招标人在招标文件规定的日期(投标截止日期前),为解答投标人研究招标文件和现场考察中所提出的有关质疑问题而举行的会议,又称交底会。在正式会议上,除了向投标人介绍工程概况外,还可对招标文件中的某些内容加以修改或补充说明,有针对性地解答投标人提出的各种问题。会议结束后,招标人应按其解答的内容以书面补充通知的形式发给每个投标人,作为招标文件的组成部分,与招标文件具有同等的效力。书面补充通知应在投标截止日期前一段时间发出,以便让投标人有时间作出反应。时间长短应视工程规模大小和复杂程度而定,若发出时间太短且对招标文件有重大改动而使投标人没有足够合理的时间编标报价时,投标截止日期应相应顺延。

标前会议上,招标人对每个单位的解答都必须慎重、认真,因为其所说的任何一句话都可能影响投标人的报价决策。为此,在召开标前会议之前,招标人应组织人员对投标人的书面质疑所提的全部问题归类研究,列出解答提纲,由主答人解答。

在有些项目的招标过程中,业主对既不参加现场考察,又不参加标前会议的投标人,往往认为其对此次投标不够重视而取消其投标资格。如有此项要求,应在投标人须知中予以说明。

6. 开标

1)开标程序

开标应当在招标文件确定的投标截止时间的同一时间公开进行。开标地点应当为招标文件中预先确定的地点。

开标由招标人主持或者招标代理人主持,邀请所有投标人参加,评标委员会委员和其他有关单位的代表也应当应邀出席开标。投标人或者他们的代表则不论是否被邀请,都有权参加开标。开标时,首先由投标人或者其推选的代表检查投标文件的密封情况,也可以由招标人委托的公证机构进行检查并公证。经确认无误后,由有关工作人员当众拆封,宣读投标人名称、投标价格和投标文件的其他主要内容,并由记录人在预先准备好的表册上逐一登记。登记表册由读标人、记录人和公证人签名后作为开标的正式记录，由招标人存档备查。在宣读各投标书时，对投标致函中的有关内容，如临时降价声明、替代方案、优惠条件，以及其他“可议”条件等均应予以宣读，因为这些内容都直接关系到招标人和投标单位的切身利益。

招标人在招标文件要求提交投标文件的截止时间前收到的所有有效投标文件，开标时都应该当众予以拆封、宣读。

在开标时，投标文件出现下列情形之一的，应当作为无效投标文件，不得进入评标。

① 投标文件未按照招标文件的要求予以密封的。

② 投标文件中的投标函未加盖投标人的企业及企业法定代表人印章的，或者企业法定代表人委托代理人没有合法、有效的委托书（原件）及委托代理人印章的。

③ 投标文件的关键内容字迹模糊、无法辨认的。

④ 投标人未按照招标文件的要求提供投标保函或者投标保证金的。

⑤ 组成联合体投标的，投标文件未附联合体各方共同投标协议的。

2）公布标底

开标时是否公布标底，要根据招标文件中说明的评标原则而定。对于单位工程量价格或单位平方米造价较为固定的中小型工程，经常采用评标价（而非投标报价）最接近标底者中标，同时，规定超过标底一定范围的投标均为废标，则开标时必须公布标底，以使每个投标人都知道自己标价所处的位置。但对于大型复杂的建设项目，标底仅为评标的一个尺度，一般以最优评标价者中标，此时没有必要公布标底。因为对于大型复杂的工程，采用先进技术、合理的施工组织和施工方法、科学的管理措施等，完全可以突破常规而达到优质价廉的目的。先进与落后反映在标价上会有很大出入，而且投标人所采用的施工组织和方法可能与编制标底时所依据的原则完全不同，因此不能完全以标底价格判别报价的优劣。

7. 评标

评标的目的是根据招标文件中确定的标准和方法，对每个投标人的标书进行评审，以选出最低评标价的中标人。根据《中华人民共和国招投标法》规定，评标委员会应由招标人代表和有关技术、经济等方面的专家组成，成员人数为 5 人以上单数，其中技术、经济等方面的专家不得少于成员总数的 2/3。评标委员会的专家成员，应当由招标人从建设行政主管部门及其他有关政府部门确定的专家名册或者工程招标代理机构的专家库内相关专业的专家名单中确定。确定专家成员一般应当采取随机抽取的方式。与投标人有利害关系的人不得进入相关项目的评标委员会。评标委员会成员的名单在中标结果确定前应当保密。

评标委员会可以要求投标人对投标文件中含意不明确的内容作必要的澄清或者说明，但是澄清或者说明不得超出投标文件的范围或者改变投标文件的实质性内容。对招标文件的相关内容作出澄清和说明，其目的是有利于评标委员会对投标文件的审查、评审和比较。

评标委员会应当按照招标文件确定的评标步骤和方法，对投标文件进行评审和比较；设有标底的，应当参考标底。评标委员会完成评标后，应当向招标人提出书面评标报告，并推荐合格的中标候选人。招标人根据评标委员会提出的书面评标报告和推荐的中标候选人确定中标人；招标人也可以授权评标委员会直接确定中标人。评标只对有效投标进行评审。

评标工作可分为初评和详评两个阶段。

1）初评

初评也称审标，是为了从所有标书内筛选出符合最低要求标准的合格标书，淘汰不合格的标书，以免在详评阶段浪费时间和精力。评审合格标书的主要条件如下。

(1）投标书的有效性

审查投标单位是否通过资格预审；递交的投标保函在金额和有效期方面是否符合招标文件的规定；如果以标底衡量有效标时，投标报价是否在规定的标底上下百分比幅度范围内。

(2）投标书的完整性

投标书是否包括了招标文件中规定应递交的全部文件，如果缺少一项内容，则无法进行客观、公正的评价，只能按无效标处理。

(3）投标书与招标文件的一致性

如果招标文件指明是“响应标”，则投标书必须严格地按招标文件的每一空白栏作出回答，不得有任何修改或附带条件。如果投标人对任何栏目的规定有说明要求时，只能在完全应答原标书的基础上，以投标致函的方式另行提出自己的建议。对原标书私自作出任何修改或用括号注明条件，都与业主的招标要求不相一致，也按无效标对待。

(4）报价计算的正确性

由于只是初评，不过细地研究各项目报价金额是否合理、准确，仅审核是否有计算统计错误。若出现的错误在允许范围之内，由评标委员会予以改正，并请投标人签字确认。若其拒绝改正，按无效标处理。当错误值超过允许范围时，按无效标对待。

经过初评，对合格的标书再按报价由低到高的顺序重新排列名次。由于排除了一些无效标和对报价错误进行了某些修正，此时的排列顺序可能和开标时的排列顺序不一致。在一般情况下，评标委员会会将新名单中的前几名作为初步备选的潜在中标人，在详评阶段作为重点评审对象。

2）详评

评标不只是考虑投标价的组成，还要对技术条件、财务能力等进行全面评审和综合分析，最后选出中标单位。详评的内容包括以下四个方面。

(1）技术评审

主要是对投标人的实施方案进行评定，包括其施工方法和技术措施是否可靠、合理、科学和先进，能否保证施工的顺利进行，确保施工质量和安全；是否充分考虑了气候、水文、地质等各种因素的影响，并对施工中可能遇到的问题进行了充分的估计，设计了妥善的预处理方案；施工进度计划是否科学、可行；材料、设备、劳动力的供应是否有保障；施工场地平面图设计是否科学、合理等。

（2）价格分析

不仅要对各标书进行报价数额的比较，还要对主要工作内容及主要工程量的单价进行分析，并对价格组成中各部分比例的合理性进行评价。分析投标价的目的在于鉴定各投标价的合理性，并找出报价高与低的主要原因。

（3）管理和技术能力评审

主要审查承包人实施本项目的具体组织机构是否合适，所配备的管理人员的能力和数量是否满足施工需要；是否建立起满足项目管理需要的质量、工期、安全、成本等保证体系。

（4）商务法律评审

即对投标书进行响应性检查，主要审查投标书与招标文件是否有重大偏离。当承包人采用多方案报价时，要充分审查评价对招标文件中双方某些权利义务条款修改后，其方案的可行性及可能产生的经济效益与随之而来的风险。

3）评标方法

评标的方法很多，方式有繁有简，究竟采用哪种方法要根据招标项目的复杂程度、专业特点等来决定。评标可以采用下列三种方法。

（1）专家评议法

由评标委员会根据预先确定拟评定的内容，如工程报价、工期计划、主要材料消耗、施工方案、工程质量和安全保证措施等项目，经过认真分析、横向比较和调查后进行综合评议。最终通过协商和投票，选择各项都较优良的投标人作为中标候选人推荐给业主。这种方法实际上是一种定性的优选法。它虽然能深入地听取各方面的意见，但容易发生众说纷纭、意见难以统一的情况。而且由于没有进行量化评定和比较，评标的科学性较差。其优点是评标过程简单，在较短时间内即可完成，一般仅适用于小型工程或规模较小的改扩建项目。

（2）综合评分法

评标委员会事先根据招标项目特点将准备评审的内容进行分类，各类内容再细分成小项，并确定各类及小项的评分标准。

（3）最低评标价法

以评审价格（或称评标价）作为衡量标准，选取最低评标价者作为推荐中标人。评标价并非投标价，它是将一些因素折算为价格，然后再评定标书次序。由于很多因素不能折算为价格，如施工组织机构、管理体系、人员素质等，因此采用这种方法必须建立在严格的资格预审基础上。只要投标人通过了资格预审，就被认为已具备可靠承包人的条件，投标竞争只是一个价格的比较。投标人的报价，虽然是评标价的基本构成要素,但如果发现有明显漏项时,可相应地补项而增加其报价值。如某项税费在报价单内漏项,可将合同期内按规定税率计算的应缴纳税费加入其报价内。尽管从理论上讲,承包人报价过低的后果由其自负,但承包人在实施过程中如果发生严重亏损,必然会将部分风险转移给业主,使业主实际支出的费用超过原合同价。

评标价的其他构成要素还包括工期的提前量、标书中的优惠条件、技术建议产生的经济效益等,这些条件都折算成价格作为评标价内的扣减因素。如标书中工期提前较多,可以月为单位将业主所得收益按一定比例折合为优惠价格计入评标价内。技术建议的实际经济效益也按一定的比例折算。以工程报价为基础,对可以折合成价格的因素经换算后加以增减,就组成了该标书的评标价。

但应注意,评标价仅是评标过程中以货币为单位的评定比较方法,而不是与中标人签订合同的价格。业主接受了最低评标价的投标人后,合同价格仍为该投标人的报价值。采用经评审的最低评定标价法的,应当在投标文件能够满足招标文件实质性要求的投标人中,评审出投标价格最低的投标人,但投标价格低于其企业成本的除外。评标委员会根据对各投标文件的评审和比较,并按照招标文件中规定的评标方法,推荐不超过3名有排序的合格的中标候选人。招标人根据评标委员会提出的书面评标报告和推荐的中标候选人确定中标人。

8. 决标前谈判

招标人在确定中标人前不得与投标人就投标价格、投标方案等实质性内容进行谈判。但为了最终确定中标人,可以分别与评标委员会所推荐的候选中标人,就投标书中提及而又未明确说明的某些内容进行商谈,以便定标。会谈内容可能涉及落实施工方案中的某些细节;评标报告中提到的质量保证体系需加以落实或完善的内容;招标人准备接受的投标书提出的合理化建议落实细节等。

9. 发出中标通知书

中标人选确定后,由招标投标监管机构核准,获批后在招标文件中规定的投标有效期内,招标人以书面形式向中标人发出“中标通知书”,同时将中标结果通知所有未中标的投标人。

10. 签约

中标人接到中标通知书后,应在30天内,按照招标文件签订书面工程承包合同。招标人和中标人不得再另行订立背离合同实质性内容的其他协议。同时,双方要按照招标文件的约定提交履约保证金或履约保函,招标人最迟应当在与中标人签订合同5日内,向中标人和未中标的投标人退还投标保证金及银行同期存款利息。如果中标人拒签合同,业主有权没收其投标保证金,再与其他人签订合同。

5.1.5 投标程序及报价技巧

1. 投标程序

投标与招标是工程承发包活动两个方面的工作,投标程序与招标程序是相互对应的，只是在程序中各有其工作内容。投标程序中的内容是从投标者角度考虑，下面对程序中的主要内容予以介绍。

1）参加资格预审

投标人资格预审是投标工作的第一关。投标人应按资格预审文件的要求和内容认真填写各种表格，在规定有效期限内递送到规定的地点，请予审查。投标人申报资格预审时应作好以下工作。

① 做好以往完成的工程资料的积累工作。基础资料的积累不但是对以往工作的考察、总结，也是投标工作不失良机的基本保证。

② 在填写资格预审调查表前对调查表加以分析，针对招标工程的特点，着重填好重点部位，特别是要反映出本公司的施工经验、施工水平、施工组织能力、技术设备力量及业绩等，这些都是招标人考虑的重点。

③ 做好递交资格预审调查表后的跟踪工作。如果是国外工程可通过当地分公司或代理人了解情况，以便及时发现问题，补充招标人需要调查的资料。

2）熟悉招标文件

招标文件是投标人投标报价的主要依据，研究招标文件重点放在投标者须知、专用条款、设计图纸、工程范围及工程量清单上。

（1）通读招标文件

其目的是“吃”透招标文件，搞清楚报价范围和承包者的责任，弄清各项技术要求，了解工程中使用哪些特殊的材料和设备，理出招标文件中含糊不清的问题，并及时提请招标人予以澄清。

（2）关于合同条件

投标人在通读招标文件的基础上，首先一定要明确：合同条件采用的是什么合同文本，按支付方式不同，此合同是总价合同还是单价合同。其次要深入了解：工期及工期奖惩，维修期限和维修期间的担保，各种保函的要求，税收与保险，付款的条件；是否有预付款，何时扣回；中期付款方法，保留金的比例及扣回的方法与时间；延期付款利息的支付等。

（3）关于材料、设备和施工技术要求

投标人要了解：工程项目采用哪国技术标准和施工验收规范，特殊的施工要求，材料的技术要求，合同争议的解决方式等。

（4）关于工程范围

① 应当明确工程量表的编制方法和体系。工程量清单中是否列入工程的全部工作内。

② 对与承包工程有关联的项目有何报价要求。例如，对旧建筑物的拆迁，工程监理现场办公室及生活住处等怎样列入工程总价中。

③ 关于分包有何规定，承包商对分包商提供何种条件，承担什么责任。

④ 合同中有无调价条款。

3）校核工程量

多数工程招标由业主提供工程量清单，但也有的工程招标业主没有提供该清单，仅提供图纸，这就要求投标人按照自己的习惯列出工程细目并计算其工程量。业主提供的工程量清单，投标人应对此进行核对。如果是总价合同，按图纸校核工程量和细目是否有漏项就更为重要。如果是单价合同，工程量清单有漏项或发现数量计算错误，投标人不要在招标文件上修改，仍按招标文件要求填报自己的报价，一般的情况下在投标策略和技巧中考虑。

4）编制施工规划

投标人编制施工规划很重要。一方面，招标人根据投标人拟定的工程进度计划和施工方案，考察投标人是否采取了充分而又合理的措施，保证按期、按质完成工程施工任务。另一方面，工程进度计划安排是否合理，施工方案选择是否妥当，对工程成本有着直接的影响。

施工规划的深度和范围要比中标后所编制的施工组织设计粗略些。施工规划的内容，一般包括施工方案和施工方法的拟定，施工进度计划，施工机械、材料、设备和劳务计划，以及临时生产、生活设施的安排。

5）计算投标报价

投标报价计算工作内容一般包括定额分析、单价分析、工程成本计算、确定间接费率和利润率，最后确定报价。

6）编制投标文件

投标文件应完全按照招标文件的要求编制，一般不带任何附加条件，有附加条件的投标文件(书)一般视为废标处理。投标文件的内容包括如下几项。

① 投标书。

② 投标保证书。

③ 报价表。报价表格形式依合同类型而定，单价合同一般将各项单价开列在工程量表(清单)上。有时业主要求报单价分析表，则需按招标文件规定，将主要的或全部的单价均附上单价分析表。

④ 施工组织设计或施工规划。各种施工方案(包括建议的新方案)及其施工进度计划表。

⑤ 施工组织机构图表及主要工程施工管理人员名单和简历。

⑥ 若将部分子项工程分包给其他承包人，则需将分包商的情况写入投标文件。

⑦ 其他必要的附件及资料。如投标保函、承包人营业执照、企业资质等级证书、承包人投标全权代表的委托书及其姓名和地址、能确认投标者财产及经济状况的银行或金融机构的名称和地址等。

2. 投标报价技巧

投标报价技巧是指在投标报价中采用某些手法既可使业主接受，中标后又能获更多的利润。

1）不平衡报价法

不平衡报价法，也称前重后轻法。它是指一个工程项目的投标报价在总价基本确定后，如何调整内部各个子项目的报价，以期既不影响总报价，又在中标后可以获得较好的经济效益。下列几种情况可考虑采用不平衡报价法。

① 能够早日完工的项目，如基础工程、土方工程等，可以报较高的单价，以利于及早收回工程款，加速资金周转；而后期工程项目，如机电设备安装、装饰等工程，可适当降低单价。

② 对于单价合同，经工程量核算，估计今后工程量会增加的项目，其单价可适当提高；而工程量可能减少的项目，其单价可适当低些。

③ 设计图纸内容不明确，估计修改后工程量要增加的项目，其单价可高些；而工程内容不明确的，其单价不宜提高。

④ 没有工程量只填报单价的项目，如疏浚工程中的淤泥开挖，其单价高些，并不影响到总价。

⑤ 暂定项目或选择项目，若经分析肯定要做，则单价不宜低；而不一定做，则单价不宜高。

不平衡报价法的应用一定要建立在对工程量表中工程量仔细核对分析的基础上。同时提高或降低单价也应有个范围或幅度，一般可在10%左右，以免引起业主反感，甚至导致废标。

2）多方案报价法

对于某些招标文件，若要求过于苛刻，则可采用多方案报价法应对，即按原招标文件报一个价，然后再提出，若对某些条件做部分修改，可降低报价，报另一个较低的价，以此来吸引业主。

投标者有时在研究招标文件时发现，原招标文件的设计和施工方案不尽合理，则投标者可提出更合理的方案吸引业主，同时提出一个和该方案相适应的报价，以供业主比较。当然一般这种新的设计和施工方案的总报价要比原方案的报价低。

应用多方案报价法时要注意的是，对原招标方案一定要报价，否则是废标。

3）突然降价法

报价是一项保密的工作，但由于竞争激烈，其对手往往通过各种渠道或手段来刺探情况，因此在报价时可采用一些迷惑对方的手法。如制造不打算参加投标，或准备报高价，表现出无利可图不想干等表象，并有意泄露一些情报，而到投标截止前几小时，突然前去投标，并压低报价，使对手措手不及。

采用突然降价法时，一定要考虑好降价的幅度，在临近投标截止日期前，根据情报分析判断，作出正确决策。

4）优惠条件法

当招标文件中明确的评标方法可考虑某些优惠条件时在投标中能给业主一些优惠条件，如贷款、垫资、提供材料、设备等，解决业主的某些困难，是投标取胜的重要因素。

5）先亏后盈法

有的承包人为了占领某一地区的建筑市场，对一些大型工程中的第一期工程，不计利润，只求中标。这样在后续工程或第二期工程招标时，凭借经验、临时设施及创立的信誉等因素，比较容易拿到工程，并争取获利。

5.1.6 工程项目备案与登记

按照国家有关规定，招标项目需要履行审批、核准手续：依法必须进行招标的项目，其招标范围、招标方式、招标组织形式应当报项目审批、核准部门申报核准。项目审批、核准部门应当及时将审批、核准确定的招标范围、招标方式、招标组织形式同步报给有关行政监督部门。招标的工程建设项目必须到当地招标投标监管机构登记备案核准。

5.2 工程项目的合同管理

工程项目合同各参与方的目的是在与业主商定的时间内，以最低的费用令人满意地完成任务，同时确保总承包者及其他专业承包者能够获得合理利润。无论合同文件编制得多好，从工程开工直到竣工期间，也会经常出现分歧、争议，以及延误等问题，这些往往会破坏各参与方最初的良好愿望。分歧和类似的事件往往可以通过讨论和谈判的方式得以解决。而这一切都离不开合同，离不开对合同的有效管理。

5.2.1 概述

1. 合同管理的概念

合同管理是指对合同的订立、履行、变更、终止、违约、索赔、争议处理等进行的管理。合同管理是项目管理的重要内容，也是项目管理中其他活动的基础和前提。从广义讲，工程建设合同有两个层次，第一层次是政府对工程合同的宏观管理，第二层次是合同当事人各方对合同实施的具体管理。

政府对工程合同的宏观管理，又称合同监督处理，是指国家行政机关对利用合同危害国家利益、社会公共利益的违法行为，进行监督并依法进行处理或者移交司法机关追究刑事责任的活动。政府对工程合同的管理主要包括制定法规、编制或认定标准合同条件和监督合同执行等几个方面。

合同当事人各方对合同实施的具体管理，是各方在合同的订立和履行过程中自身所进行的计划、组织、指挥、监督和协调等活动，使内部各部门、各环节互相衔接，密切配合，以顺利实现预期的管理目标的过程。本节所谈的主要是指这一层次上的合同管理。

2. 合同在工程项目中的作用

(1) 分配任务

合同分配着工程任务，项目目标和计划的落实是通过合同来实现的。它详细、具体地定义工程任务相关的各种问题。例如：

① 责任人，即由谁来完成任务并对最终成果负责；

② 工程任务的规模、范围、质量、工作量及各种功能要求；

③ 工期，即时间的要求；

④ 价格，包括工程总价格，各分项工程的单价和总价及付款方式等；

⑤ 完不成合同任务的责任等。

(2) 确定组织关系

合同确定了项目的组织关系，它规定着项目参加者各方面的经济责权利关系和工作的分配情况，确定工程项目的各种管理职能和程序，所以它直接影响着项目组织和管理系统的形态和运作。

(3) 法律约束

合同作为工程项目任务委托和承接的法律依据，是工程建议过程中双方的最高行为准则。工程过程中的一切活动都是为了履行合同，都必须按合同办事，双方的行为主要靠合同来约束。所以，合同是工程管理的核心。

(4) 协调关系

合同将工程所涉及的生产、材料和设备供应、运输、各专业设计和施工的分工协作关系联系起来，协调并统一工程各参加者的行为。

所以，合同和它的法律约束力是工程施工和管理的要求和保证，同时又是强有力的项目控制手段。

(5) 解决争执

合同是工程过程中双方解决争执的依据。合同对争执的解决有两个决定性作用：

① 争执的判定以合同作为法律依据，即以合同条文判定争执的性质、谁对争执负责、应负什么样的责任等；

② 争执的解决方法和解决程序由合同规定。

由此可见，工程项目是通过合同运作的。

3. 合同管理的特点

(1) 合同生命周期长

建筑工程项目是一个循序渐进的过程，工程持续时间长，这使得相关的合同，特别是工程承包合同生命周期长。它不仅包括施工期，而且包括招标投标和合同谈判以及保修期，所以一般至少两年，长的可达 5 年或更长的时间。合同管理必须在这么长时间内连续不间断地进行，从领取标书直到合同完成并失效。

(2) 合同管理对工程经济效益影响大

工程项目价值量大,合同价格高,使得合同管理对工程经济效益影响很大,合同管理得好,可使承包商避免亏本,获得利润;否则,承包商要蒙受较大的经济损失,这已为许多工程实践所证明。在现代工程中,由于竞争激烈,合同价格中包括的利润减少,合同管理中稍有失误即会导致工程亏本。

(3) 合同变更频繁

由于工程实施过程中内外的干扰事件多,合同变更频繁。通常一个稍大的工程,合同实施中的变更能有几百项。合同实施必须按变化了的情况不断地调整,这要求合同管理必须是动态的,必须加强合同控制和合同变更管理工作。

(4) 合同管理受外界环境的影响大,风险大

在一个工程项目中,项目施工周期一般都有几个月,有的工程周期甚至几年或者几十年,在这一段时间内,社会的经济、政策可能发生了很大变化,这些变化可能会对合同中已经约定的条款产生矛盾或者影响工程的造价,而这些因素承包商难以预测,不能控制,但都会妨碍合同的正常实施,造成经济损失。而签订的施工合同除应遵守《中华人民共和国合同法》《中华人民共和国民法通则》《中华人民共和国招标投标法》外,还可能涉及《中华人民共和国公证暂行条例》《中华人民共和国仲裁法》《中华人民共和国民事诉讼法》《中华人民共和国标准化法》《中华人民共和国土地管理法》《中华人民共和国文物保护法》《中华人民共和国担保法》《中华人民共和国保险法》《中华人民共和国环境噪声污染防治法》《中华人民共和国道路交通管理条例》和《中华人民共和国反不正当竞争法》等法律法规,这样可能导致某些条款出现争端。

(5) 合同管理有其职责和任务

合同管理有特殊性、全局性和协作性。合同中包括了项目的整体目标,所以合同管理对项目的进度控制、质量管理、成本管理有总控制和总协调作用,它是工程项目管理的核心和灵魂。所以它又是综合性的、全面的、高层次的管理工作;合同管理要处理与业主,与其它方面的经济关系,则必须服从企业经营管理,服从企业战略,特别在投标报价、合同谈判、制定合同执行战略和处理索赔问题时,更要注意这个问题。合同本身常常隐藏着许多难以预测的风险。由于建筑市场竞争激烈,不仅报价降低,而且业主常常提出一些苛刻的合同条款,如单方面约束性条款和责、权、利不平衡条款,甚至有的发包商包藏祸心,在合同中用不正当手段坑害他人,这在国际工程中并不少见。承包商对此必须有高度的重视,并采取对策,否则必然会导致工程失败。

4. 合同管理在工程项目管理中的地位

合同确定工程的价格(成本)、工期(时间)和质量(功能)等目标,规定着合同双方责、权、利关系,合同管理必然是工程项目管理的核心,工程的全部工作都可以纳入合同管理的范围。合同管理贯穿于工程实施的全过程,对整个工程的实施起到控制和保证的作用。在现代工程中,没有合同意识,则项目整体目标不明确;没有合同管理,则项目管理难以形成系统,难以有高效率,项目目标也就难以实现。

合同管理是项目管理中的一个较新的管理职能。国际上，从 20 世纪 70 年代开始，随着工程项目管理理论研究和实践的发展，人们越来越重视合同管理。在发达国家，20 世纪 80 年代以前人们较多地从法律方面研究合同；进入 20 世纪 80 年代，人们较多地研究合同事务管理；20 世纪 80 年代中期以后人们开始从项目管理的角度研究合同管理。近十几年来，合同管理已成为工程项目管理的一个重要的分支领域和研究热点。对其的研究与实践，也将项目管理的理论研究和应用推向了新阶段。

合同管理作为项目管理的一个重要组成部分，必须融入整个项目管理中。要实现项目的目标，必须对全部项目实施的全过程和各个环节、项目的所有工程活动实施有效的合同管理。合同管理与其他管理职能密切结合，共同构成了工程项目管理系统。

5.2.2　合同总体策划

合同形成阶段的合同管理工作主要是合同总体策划。

1. 合同策划的依据

合同双方虽有不同的立场和角度，但有相同或相似的合同策划的内容。

合同策划的依据主要有如下几项。

1）项目要求

管理者或承包者的资信、管理水平和能力，项目的界限、目标，企业经营战略，工程的类型、规模、特点，技术复杂程度，工程质量要求，招标时间和工期的限制，项目的盈利性，风险程度等。

2）资源情况

人力资源，工程资源（如资金、材料、设备等供应及限制条件），环境资源（如法律环境，物价的稳定性，地质、气候、自然、现场条件及其不确定性），获得额外资源的可能性等。

3）市场状况

采购策划过程必须考虑在多大市场范围内采购、采购的条款和条件、市场竞争程度等市场因素。承包者同样要考虑市场情况。

以上诸方面是考虑和确定合同策划的基本点。合同总体策划过程如下。

① 研究企业战略和项目战略，确定企业和项目对合同的要求。

② 确定合同的总体原则和目标。

③ 分层次、分对象对合同的一些重大问题进行研究，列出可能的各种选择，按照上述策划的依据，综合分析各种选择的利弊得失。

④ 对合同的各个重大问题做出决策和安排，提出合理措施。在合同策划中有时要采用各种预测、决策方法，风险分析方法，技术经济分析方法。

2. 业主的合同总体策划

业主是通过合同分解项目目标，落实负责人，并实施对项目的控制权力的。由于业主处于主导地位,他的合同总体策划对整个工程有很大的影响,同时直接影响承包者的合同策划。

1）与业主签约的承包者的数量

业主在招标前首先必须决定一个完整的项目分为几个标段。

项目的采购可以采用分散平行(分阶段或分专业工程)承包的形式,可以采用全包的形式,也可以采用介于上述两者之间的中间形式。

(1) 分散平行承包方式

分散平行承包,业主可以分阶段进行招标,可以通过协调和项目管理加强对工程的干预,业主管理工作量大。项目前期需要比较充裕的时间。承包者之间存在着一定的制衡,如各专业设计、设备供应、专业工程施工之间存在制约关系。另外,业主要对各承包者之间因互相干扰而造成的问题承担责任。

业主通常不能将工程项目分得太细,否则直接管理承包者的数量太多,管理跨度太大,容易造成混乱,协调困难,管理费用增加,最终导致总投资的增加和工期的延长。分散平行承包时,业主对项目的管理和控制比较细,必须具备较强的项目管理能力。当然业主可以委托监理进行工程管理。

(2) 全包承包方式

通过全包可以减少业主面对的承包者的数量,这给业主带来很大的方便。业主事务性管理工作较少,主要提出总体要求,宏观控制,验收结果。一般不干涉承包者的工程实施过程和项目管理工作,在工程中业主责任较小,所以合同争执和索赔很少。但全包对承包者的要求很高,对业主来说,承包者资信风险很大。

另一方面,承包者能将整个项目管理形成一个统一的系统,避免多头领导,降低管理费用,方便协调和控制,减少大量的重复的管理工作,减少花费,使得信息沟通方便、快捷、不失真。它有利于施工现场的管理,减少中间检查、交接的环节和手续,避免由此引起的工程拖延,从而使工期(招标投标和建设期)大大缩短。

所以全包工程对双方都有利,项目整体效益高。

项目分标工作应在确认工作内容的完整性的基础上完成:全部合同确定的工作范围应能涵盖项目的所有工作,即只要完成各个合同,就可实现项目总目标。分标不应在工作内容上造成缺陷或遗漏。为了防止缺陷和遗漏,应做好如下工作。

① 在招标前认真地进行项目的系统分析,确定项目的系统范围。

② 系统地进行项目的结构分解,在详尽的项目结构分解的基础上列出各个独立合同的工作量表。

③ 进行项目任务(各个合同或各个承包单位或项目单元)之间的界面分析。确定各个界面上的工作责任、成本、工期、质量的要求。实践证明,许多遗漏和缺陷常常都发生在界面上。

2）招标方式的确定

除了强制招标项目业主必须选择公开招标方式外,其他项目可以选择公开招标、邀请招标、甚至不招标的直接发包(议标)等方式。各种招标方式有其特点及适用范围。一般要根据承包形式、合同类型、业主所拥有的招标时间(工程紧迫程度)、业主的项目管理能力和期望控制工程建设的程度等决定。

3) 合同种类的选择

在实际工程中,合同计价方式丰富多样。不同种类的合同有不同的应用条件,有不同的权力与责任的分配,对合同双方有不同的风险。因此应按具体情况选择合同类型。有时在一个承包合同中,不同的分项采用不同的计价方式。以下介绍三种最典型的合同的特点。

① 固定单价合同的特点是单价优先,承包者仅按合同规定承担报价的风险,即对报价(主要为单价)的正确性和适宜性承担责任,而工程量变化(按实际量结算)的风险由业主承担。

② 固定总价合同以一次包死的总价格委托,价格不因环境的变化和工程量增减而变化。在这类合同中承包者承担了全部的工作量和价格风险,因此报价中不可预见风险费用较高。固定总价合同是总价优先,承包者报总价,最终按总价结算。通常只有设计变更或合同中规定的调价条件才允许调整合同价格,例如法律变化。这种合同,业主较省事,合同双方价格结算简单。由于业主没有风险,所以干预工程的权力较小,只负责总的目标和要求。

③ 成本加酬金合同是工程最终合同价格按承包者的实际成本加一定比例的酬金计算。而在合同签订时不能确定一个具体的合同价格,只能确定酬金的比例。承包者不承担任何风险,而业主承担了全部工作量和价格风险。承包者常常期望提高成本以提高自己的经济效益。这样会损害项目的整体效益。在这种合同中,合同条款应十分严格。由于业主承担全部风险,所以应加强对工程的控制,参与工程方案的选择和决策,否则容易造成不应有的损失。同时,合同中应明确规定成本的开支范围,规定业主有权对成本开支作决策、监督和审查。这类合同的使用应受到严格限制。

4) 合同条件的选择

合同协议书和合同条件是合同文件中最重要的部分。在实际工作中,业主可以按照需要自己起草合同协议书(包括各合同条款),也可以选择标准的合同条件(合同范本)。

对一个项目,有时会有几个同类型的合同条件供选择。在国际工程中,合同条件的选择应注意如下问题。

① 合同双方从主观上都十分希望使用严密的、完备的、科学的合同条件,但合同条件应该与双方的管理水平相配套。在双方的管理水平很低的情况下使用十分完备、周密,同时规定又十分严格的合同条件,则这种合同条件没有可执行性。

② 选用的合同条件最好双方都熟悉,这样能较好地执行。由于承包者是合同的具体实施者,要保证项目顺利实施,选用合同条件时应更多地考虑使用承包者熟悉的

合同条件,而不能仅从业主自身的角度考虑这个问题。

③ 合同条件的使用应注意到其他方面的制约。

5)重要合同条款的确定

由于业主在起草招标文件时居于合同的主导地位,所以其应确定一些重要的合同条款,包括以下几项。

① 适用于合同关系的法律,合同争执仲裁的地点、程序等。

② 付款方式。如采用进度付款、分期付款、预付款,或由承包商垫资承包。

③ 合同价格的调整条件、调整范围、调整方法,特别应列出由于物价上涨、汇率变化、法律变动、关税变化等对合同价格调整的规定。

④ 合同双方风险的分担。即将项目风险在业主和承包者之间合理分配。基本原则是:通过风险分配激励承包者努力控制三大目标、控制风险,达到最好的经济效益。

⑤ 对承包者的激励措施。恰当地采用奖励措施可以鼓励承包者缩短工期、提高质量、降低成本,激发承包者的工程管理积极性。

⑥ 通过合同保证对项目的控制权力。业主在工程施工中对工程的控制是通过合同实现的,在合同中必须设计完备的控制措施。

6)资格预审的标准与评标标准

(1)确定资格预审的标准和允许参加投标的单位数量

业主要保证在招标中有比较激烈的竞争,必须保证有一定量的投标单位。但如果投标单位太多,则管理工作量大,招标期较长。在预审期要对投标人有基本的了解和分析。

一般从资格预审到开标,投标人会逐渐减少。必须保证最终有一定量的投标人参加竞争,否则在开标时会很被动。

(2)定标的标准

确定定标的指标对整个合同的签订(承包者选择)和执行影响很大。人们越来越趋向采用综合评标,从技术方案、报价、工期、资信、管理组织等各方面综合评价,以选择中标者,为此要确定各个要素的权重。

3. 承包者的合同总体策划

对于业主的合同决策,承包者常常必须执行或服从。如招标文件、合同条件常常规定,承包者必须按照招标文件的要求准备投标文件,不允许修改合同条件,甚至不允许使用保留条件。但承包者也有自己的合同策划问题,它服从于承包者的基本目标(取得利润)和企业经营战略。

1)投标方向的选择

投标方向的确定要能最大限度地发挥自己的优势,符合承包者的经营总战略。若正准备发展,力图打开局面,则应积极投标。承包者不要企图承包超越自己技术水平、管理水平和财务能力以及自己没有竞争力的项目。

承包者通过市场调查获得许多项目招标信息，必须就投标方向作出战略决策，其决策依据是：

① 承包市场情况，竞争的形势，如市场处于发展阶段还是处于不景气阶段；

② 承包者自身的情况，该项目竞争者的数量及竞争对手情况，确定自己投标的竞争力和中标的可能性；

③ 项目情况，如技术难度，时间紧迫程度，是否为重大的有影响的项目，承包方式、合同种类、招标方式、合同的主要条款；

④ 业主状况包括业主的资信，业主过去有没有不守信用、不付款的历史，业主的建设资金准备情况和企业运行状况。

2）合同风险的总评价

承包者在合同策划时必须对本项目的合同风险有一个总体的评价。

对工程合同来说，如果存在以下问题，则风险很大。

① 工程规模较大，工期较长，而业主采用固定总价合同形式。

② 业主要求采用固定总价合同，但工程招标文件中的图纸不详细、不完备，工程量不准确、范围不清楚等。

③ 业主将做标期压缩得很短，承包商没有时间详细分析招标文件，而且招标文件为外文，或采用承包商不熟悉的合同条件。在国际工程中，人们在分析大量的工程案例后发现，做标期与工程争执、索赔额、工期拖延成反比。做标期长则争执少、索赔少、工期延长少。有许多业主为了加快项目进度，采用缩短做标期的方法，这不仅对承包商风险太大，而且会对整个工程总目标造成损害，常常欲速则不达。

④ 工程环境的不确定性因素多。如物价和汇率大幅度波动、水文地质条件不清楚，而业主要求采用固定总价合同。

大量的工程实践证明，如果存在上述问题，特别当一个工程中同时出现上述问题，则这个工程可能彻底失败，甚至有可能将整个承包企业拖垮。

3）合作方式的选择

总承包合同投标前，承包者必须就如何完成合同范围的工程作出决定。因为任何承包者都不可能自己独立完成全部工程（即使是最大的公司），一方面没有这个能力，另一方面也不经济。投标者必须与其他承包者合作，就合作方式作出选择。无论是分包，还是联营，或成立联合公司，都是为了合作，为了充分发挥各自的技术、管理、财力的优势，以共同承担风险。但不同的合作形式，其风险分担程度不一样。

（1）分包

通过分包的形式可以弥补总承包者技术、人力、设备、资金等方面的不足。同时总承包者又可通过这种形式扩大经营范围，承接自己不能独立承担的项目。通过分包，可以将总包合同的风险部分地转嫁给分包商。这样，大家共同承担总承包合同风险，提高经济效益。当然过多的分包，如专业分包过细、多级分包，会造成管理层次增加，导致协调的困难，业主会怀疑承包者本身的承包能力。这对合同双方来说都是极为不利的。

承包者的各个分包合同与拟由自己完成的工程(或工作)一起应能涵盖总承包合同责任。

(2) 联合承包

联合承包是指两家或两家以上的承包者(最常见的为设计承包商、设备供应商、工程施工承包商)联合投标,共同承接工程。承包者通过联合,承接工程量大、技术复杂、风险大、难以独家承揽的项目,使经营范围扩大。在国际工程中,国外的承包者如果与当地的承包者联合投标,可以获得价格上的优惠,这样更能增加报价的竞争力。联合体作为一个整体,全面承担与业主之间的合同责任。联合成员之间的关系是平等的,按各自完成的工程量进行工程款结算,按各自投入资金的比例分配利润。

4) 合同执行战略

合同执行战略是承包者按企业和项目具体情况确定的执行合同的基本方针。

① 企业必须考虑该项目在企业同期许多项目中的地位、重要性,确定优先等级。对重要的有重大影响的项目必须全力保证,在人力、物力、财力上优先考虑。

② 承包者必须以积极合作的态度热情圆满地履行合同。特别在遇到重大问题时积极与业主合作,以赢得业主的信赖,赢得信誉。

③ 对明显导致亏损的项目,特别是企业难以承受的亏损,或业主资信不好,难以继续合作,有时不惜以撕毁合同来解决问题。有时承包者主动地终止合同比继续执行合同的损失要小。

5.2.3 合同管理的主要工作

工程项目合同就是业主为了完成自己特定工程内容的需要,与工程总承包商或顾问公司签订的有彼此明确权利义务关系的协议,它有很强的时间界定性。作为工程总承包商,合同管理的主要工作将有以下几方面:①掌握和理解工程项目合同中的特殊条款;②建立合同实施保证体系;③履行合同过程中,合同相关主体的管理协调;④合同变更管理,包括:提出变更理由,落实变更措施,完善变更资料,检查变更结果;⑤项目的合同索赔。合同利益相关者中的承包商与业主、总(分)包商、材料供应商、政府部门等都可能会有索赔或反索赔。

1. 掌握和理解工程项目合同中的特殊条款

合同签订后,为使项目在效益最大化的动态执行过程中更顺利、有效,必须对总包合同的特殊条款逐条研读、深层理解。除了执行原来投标阶段使用的各种不平衡报价策略外,要高度重视合同实施过程中的变更和索赔,这就需要特别关注以下特殊条款。

1) 工程的工期条款、延期条款及违约赔偿条款

合同中通常会明确工程的总工期,并规定开工条件和相关确认办法,规定工期未完成的罚金及罚金的计算方法,同时也规定承包商完成工程延期的权力,这些规定的

实际应用就是承包商的变更索赔机会。

2）工程指令的授权签字人的确认

合同中，业主通常会指定项目工程师或建筑师为授权签字人，可能还会规定专业工程的授权签字人，如机电、太阳能、勘察、电梯等专业工程，只有指定的授权签字人才能发布工程变更指令或设计图的修改。在合同管理中，只有该授权签字人发布指令，承包商在施工中增加的费用才能得到补偿，也只有由他指定的现场签证人的工作量签证才能得到业主估价师的认可。另外，索赔增加的额外费用和工期、工程的中期付款和结算付款、项目的竣工验收及每季度的绩效报告评分都需要得到他的认可和签字。

3）工程项目工料估价师（QS）的确认

在投标过程中，工程量清单已成为合同文件的组成部分，工程量清单是构成整个工程费用最重要的文件，一般业主会指定专门的项目工料估价师跟进工程量清单文件，超出合同外的项目支出费用均要得到项目工料估价师的评判和认可。对于合同实施过程中由于变更或索赔所产生的费用变化，项目工料估价师有不同的计算方式，要尽可能早地与业主委任的项目估价师见面，讨论工程量清单中相关事项的中期付款比率、估价依据和索赔细节，尽可能地适应该估价师对变更索赔的格式、方法、时间等方面的要求，以便后期沟通工作顺畅。

4）场地交付和开工时间的界定条款

项目写字楼建设用地、堆存物料的仓库用地、施工现场的交通改道、封路、地下设施的探测等，都在合同里有相关的程序说明。合同中规定了相关的开工条件，如：测量坐标点和水准点的确认及移交，交通改道封路的申请及批准，施工图和技术资料的确认及批准等。只有在具备开工条件的情况下才能确定开工时间，对工程承包商来说，延期开工时间比索赔工期要容易很多。

2. 建立合同实施保证体系

工程项目在签订正式合同之前大概一个星期，会有一封授标信函发出，中标的承建商在收到授标信函后，必须在签订合同之前购买工程保险，保险单的承保时间起点必须与签订合同日期一致，如果时间滞后，那么业主工作人员在面对内部审计时会有很大麻烦。现阶段，由于工程项目招标中的不可预见费用（固定标价）很高，保险公司的竞争也很激烈，保险费用一般为合同价的1%～2%。为了有计划有秩序地履行合同，有以下几方面工作要做实。

1）项目核心人员配备

除了项目经理以外，工程项目合同明文规定要有以下专业人员。

① 现场经理。他需要全日制地工作于项目组，代表承包商履行工程实施的责任。一般要由具有5年以上工作经验的专业工程人员担任。

② 安全主任。他是通过政府机构专业资格培训，考试合格，有两年以上工程实践经验，由业主工程师推荐，并须相关机构专项书面认可的专业人士。在投标的工程

清单(BQ)中一般会有专项的安全费用(固定标价),标书中采取专职专责、专款专用的形式体现对工程安全的重视。

③ 工程项目工料估价师。这是合同管理的主要责任人,负责工程内部的各项费用支出、控制、统计,并与业主沟通,寻求合适的工程计量方法,特别要对工程的变更索赔计量提出合适可行的方案。

上述三人是项目运行的最核心成员,除此以外还需配备工程项目工程师、工长、劳工主任、环保主任等。从事工程项目承包,最核心也很难避免的成本支出就是人工成本,如果工期拖延,又找不到合适的费用索赔理由,那么承包商将面临很大的困境。

2) 工程任务包的分解与落实

根据合同文本的要求,把大的工程内容分成若干个可执行的、容易控制的任务包,逐项达到合同目标,形成有计划有秩序的日常事务性工作内容。每个任务包都对应一项合同责任,构成一项合同责任的资料依据主要有:总包合同、分项任务清单、分包合同、施工安装图、详细的施工技术说明等。总承包商要合理分配项目资源,明确与各供应商、分包商的责权利,为各分包商顺利实施工程内容创造好的条件。对于一些非程序化的重大议题和决议,要站在分包商伙伴关系的角度与业主工程师沟通谈判,力争可执行而又有经济效益的解决方案。另外,要对各项合同责任实行目标化管理,组织项目成员进行合同文件的学习交流,使项目团队树立全局观念,工作协调一致,避免执行中的违约行为。

3) 会议制度及日常工作程序

工程合同中有明确的会议制度安排,主要有以下各项。

① 每月的工程进度会议和安全环保会议,这两次会议由业主工程师出书面会议纪要,由承包商的现场经理签字认可。

② 每月承包商组织的工程分包安全大会,该会由安全主任主持,业主代表参加见证,安全主任出书面会议纪要并报业主工程师存档。

③ 每周的安全环保巡视(现场会议),一般要求业主工程师和现场经理共同出席。

④ 每天下班后的夜巡,由双方委任代表参加。上述都是履行合同的日常会议事项。当然,为了保证工程顺利实施,承包商与业主工程师、分包商、材料供应商、第三方顾问公司等也有一些不定期的协商会议。每次会议都需要有彼此认可的会议纪要,以此来界定双方的行为和责任。

合同管理人员应收集整理会议纪要中涉及的工程内容变更、价格调整、工期延误等事项,并进行合同法律方面的检查与反馈。在日常工作中,工程项目工料估价师需积极参加工程的检查验收工作,做好工程计量,对涉及工程变更施工的人员、设备、材料进行原始的记录与统计。

4) 建立行文制度和文档系统

在工程项目实施过程中,一般由现场经理负责项目组与外界的书信往来,他是整个项目运作的信息节点。承包商在同业主工程师、分包商、供应商及所有合同相关主体的沟通过程中尽量以书面记载的形式进行，这些书面纪录是解决合同纠纷和各项法律事件的依据。项目日常往来的书信有必要在团队成员间互相传阅，只要不涉及项目秘密事项或数据，这些往来书信与合同文件要以信息面的形式让所有相关成员知晓。项目团队应设置一名现场文员专职负责项目所有文件的收集、整理、存档。对涉及工程计量、变更和索赔的相关原始资料，在收集整理过程中要落实到人，保证资料的及时性、全面性、准确性。合同管理人员要积极主动地了解施工流程中可能出现的变更、索赔，同工长及时沟通，全面认知实际的工程环境，为工程计量提供依据。

3. 履行合同过程中，合同相关主体的管理协调

合同相关主体是指在整个工程实施过程中涉及的所有公司、组织、团体、个人等，他们都是在履行合同过程中应面临的利益相关者。从总承包商的角度来看，要协调好与业主(主要是项目工程师和工料估价师)、分包商、材料供应商的关系。

4. 合同变更管理

合同内容的变更是工程承包合同的特点之一，一般有如下原因导致合同变更：对工程内容的新要求，业主工程师发出变更指令；设计人员对工程环境的认知不足或自身的疏忽而导致设计图的修改；未知的人为隐蔽工程导致预定的工程条件发生变化；出现新的技术变革，导致业主和承包商认为有必要改变原来的设计和施工方案；政府部门、组织协会或特殊个体对工程提出合同之外的新要求等。

合同变更在工程项目管理中的实际应用，有以下几方面值得注意。

① 承包商在收到并执行业主工程师的口头变更指令时，应在7天之内以书面形式索取其书面的变更确认。而业主工程师如果在7天内未给予书面否决，则承包商的书面要求信转化为该分项工程的书面变更指令。而仅口头指令是不算数的。

② 合同中如果对于工程材料、施工验收标准规定的比较含糊，承包商的经济利益同业主的工程质量满意度将会形成矛盾体，双方会彼此争执、博弈。而业主工程师为满足对材料或验收标准的认可权常常会做出超越合同要求的指令，承包商应争取拿到相关指令的书面确认，以便获得额外费用和工期的补偿。

③ 承包商不能因为工程变更而免除其合同责任。如果该项工程变更超出了合同界定的工程范围，承包商可以先商定变更价格再实施具体工程，而如果价格悬殊太大，也有权利不执行变更事项。

④ 承包商有时为了项目全局，会在价格没有完全确定的情况下实施工程变更，这时要积极主动地同业主工程师沟通，尽量得到其认可和支持。另外需注意以下对策：控制施工进度，等待变更谈判结果；争取以代工或按承包商的实际费用支出计算变更费用补偿；对变更工程内容，要有完整的人、材、机相关照片和用工纪录，力争获得业主工程人员的签字认可。

⑤ 承包商要履行合同精神，在与业主工程师充分沟通、得到允许的情况下才能进行工程变更，千万不要自作主张。否则，可能不但得不到补偿，而且会带来麻烦。

⑥ 合同变更所涉及业主工程师、总(分)包商和材料供应商之间的所有书面信件、指令报告,要得到合同管理人员的审查,在合同文件的约束下不要出现法律或技术方面的冲突。

5. 项目的合同索赔

合同索赔是指项目合同在履行过程中,合同主体的某一方因另一方不履行或没有全面适当履行合同所设定的义务而遭受损失时,向对方提出的经济赔偿要求或时间补偿要求。索赔在国际工程承包中是经常发生的,在承包合同、分包合同中都有索赔方面的条款,是签订合同的双方各自应有的权利。合同索赔贯穿整个合同履行保证体系,在承揽工程竞争激烈的市场条件下,为了有效地控制项目成本,就必须做好科学的索赔工作。

1) 合同索赔内容

承包商进行索赔的目的一般是要求延长工期和增加经济补偿。在工程项目中,常见的索赔内容有以下几项。

(1) 合同文件引起的索赔

由于业主违反合同条款,或合同条款与合同分析资料之间存在矛盾,致使承包商在经济上受到损失,可提出索赔。

(2) 施工中发生的索赔

施工中发生的索赔主要包括以下一些情况:工程地质条件的变化,图样上没说明的人为地下障碍,工程量的增加或删减,非合同技术规定的额外试验和检查费用,业主指定分包商违约和延误造成的损失,业主拖延提供或审批图样,业主不能及时审批材料和检验已完工程,对承包商不合理的干预等。

(3) 材料涨价引起的索赔

在国际工程项目承包中,如果材料价格的涨幅超过一定限值,承包商可向业主提出补偿,但合同有特殊规定的除外。

(4) 货币贬值和严重的经济失调引起的索赔

如货币汇率变化时,承包商可及时根据合同规定提出支付补偿。严重的经济失调造成物价波动、强制性提高工人工资或降低工作时间等,依据合同条款,承包商可向业主索赔。

(5) 延期付款的补偿

如业主未能按合同规定的期限支付工程款,承包商可提出利息索赔,若拖欠严重,造成承包商内部资金周转困难、项目资源不能按时到位、延迟履行甚至不能履行合同,则属业主违约,承包商应提出索赔。

(6) 有关工期和延误的索赔

由于延误而要求延长工期的索赔有:①业主拖延交付合格的,可直接进行施工的现场;②业主工程师拖延对材料、图样和施工工序的质量认可,影响关键路径上的工序施工的;③恶劣的天气气候影响;④工程变更次数较多而引起施工工序被打乱;

⑤由于战争和其他意外风险造成海运停运，港口卸货积压，使材料设备不能及时运至施工现场；⑥工程因自然灾害引起的损坏；⑦业主工程师因特殊理由要求临时中止工程；⑧其他不可预见的干扰。实际工作中，上述原因造成工期索赔较容易得到业主工程师的同意。由于以上原因造成工期延长，给承包商带来了额外的经济损失，承包商可经工程项目 QS 核实，提出费用索赔。

(7) 特殊风险和人力不可抗拒而造成的损失索赔

合同中有特殊风险的定义，如：核装置的污染和冲击波破坏、政治叛乱事件、军事政变、战争等，承包商不能承担由此造成的任何责任，并有权获得上述损失的赔偿。

(8) 非承包商原因，业主工程师下令工程暂停或合同中止的索赔

对这种情况，承包商可以要求延长工期，并得到因停工而造成损失的补偿。但承包商必须在工程师发出命令的 28 天内提出索赔要求的书面通知。

(9) 财务费用补偿的索赔

由于各种索赔发生引起承包商财务开支增大，导致贷款利息、还贷风险等财务费用增加，承包商可提出财务费用索赔。

2) 合同索赔的注意事项

合同索赔是一项比较烦琐而又艰巨的工作，对工程项目实施的成败影响很大。作为承包商，主要应做好以下几点。

① 承包商应具有把握、创造索赔机会的能力和意识。这种能力和意识是建立在对合同文本，特别是合同中的特殊条款充分了解和掌握的基础上的。另外，所有的索赔要求必须符合工程所属地的法律、法规。根据工程内容的特点，不同的业主工程师、估价师对索赔的要求不同。一种索赔方法在甲工程上成功，不一定能在乙工程上成功。需要承包商去主动了解业主工程师、估价师甚至业主本人的性格特征、工作特点，最好提出不让对方难堪的索赔要求。

② 合同索赔是个时间性非常强的工作，必须做到及时。对于建筑师签发图样或指令太迟而造成工程延期，根据相关条款，承包商要在 28 天内通知业主工程师并出具工期索赔细节。如果工程进行到中后期，业主工程师下达新的工程指令，即使会有该指令的费用补偿，但经过核对，该指令会增加工程整体进度关键路径上的时间，造成总的工程延期，这就需要承包商及时反馈信息，提出工期索赔。在工程进行中及时提出工期索赔，业主工程师和估价师比较愿意受理，阻力小，成功率高。

③ 索赔的依据是建立在真实可靠的原始资料之上的。这些为索赔而整理收集的原始资料必须得到业主工程师和估价师两者都认可才有效，这些文件资料主要包括：每月的进度会议纪要；以前的价格会议纪要；业主工程师的书面指令；用工统计记录资料；授权人签字的材料统计；额外费用支出的证明资料；变更图样资料；材料报价单和订货单等。项目执行过程中要注意及时收集、整理、保存并提交这些证据和资料。

④ 搞好合同索赔要有较强的公关能力。有时即使有理有据，但由于公共关系不

好,或者公关不足,也会导致索赔失败。

⑤ 工程施工中如果出现大的工程内容变更而导致双方价格差距很大时,工程完成以后,双方对工期索赔容易达成一致,但费用的索赔对承包商来说是比较大的挑战,要有坚强的毅力和打持久战的心理准备。

【本章要点】

通过本章的学习,掌握工程项目常见的招标方式,熟悉招标与投标程序,熟悉投标报价技巧;了解合同管理在项目管理中的地位;掌握业主及承包商的合同总体策划。

【思考与练习】

1. 简述工程建设招标的几种形式。
2. 简述一般招标文件所包含的内容。
3. 开标时,哪些投标文件应当作为无效投标文件不得进入评标?
4. 简述工程项目合同的种类及其特点。

第 6 章　工程项目进度管理

6.1　工程项目进度计划

6.1.1　工程项目进度计划系统的内涵

建设工程项目进度计划系统是由多个相互关联的进度计划组成的系统，它是项目进度控制的依据。由于各种进度计划编制所需要的必要资料是在项目进展过程中逐步形成的，因此项目进度计划系统的建立和完善也有一个过程，它是逐步形成的。图 6-1 是一个建设工程项目进度计划系统的示例，这个计划系统有 4 个计划层次。

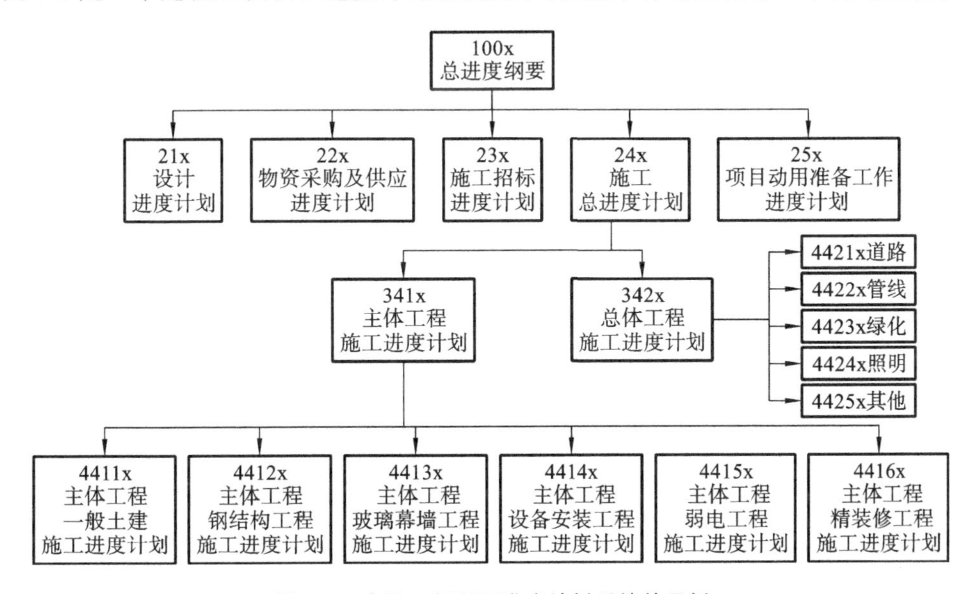

图 6-1　建设工程项目进度计划系统的示例

6.1.2　工程项目进度计划的表示方法

编制工程项目进度计划通常需借助两种方式，即文字说明与各种进度计划图表。前者是用文字形式说明各时间阶段内应完成的工程建设任务及所需达到的工程形象进度要求。后者是用图表形式来表达工程建设各项工作任务的具体时间顺序安排。根据图表形式的不同，工程进度计划的表达形式有横道图、斜线图、线型图、网络图等。其中，横道图又称甘特(gantt)图，即水平指示图；斜线图即垂直指示图。

1. 用线型图表示工程进度计划

线型图是利用二维直角坐标系中的直线、折线或曲线来表示完成一定工作量所需时间或在一定的时间内所能完成的工作量的一种进度计划表达方式。线型图可以用时间-距离图和时间-速度图等不同表现形式。其中时间-距离图一般用于长距离管道安装、线路敷设、隧道施工及道路建设工程的进度计划表达;而时间-速度图则一般用于表达计划完成任务量(或金额)与时间之间的相互关系,如在进度计划执行情况检查中使用的“S”形曲线图和“香蕉”曲线图即为两种典型的时间-速度图。线型图的优点在于对进度计划进行表达的概括性强,且效果直观;不足之处是线型图针对总体工程任务所含多项工作一一画线,其实际绘图操作较为困难,特别是其绘图结果也往往不易阅读清楚。

2. 用网络图表示工程进度计划

网络图是利用由箭线和节点所组成的网状图形来表示总体工程任务和各项工作系统安排的一种进度计划表达方式。与横道图相比,网络图具有如下优点:网络图能全面而明确地表达出各项工作的逻辑关系;能进行各种时间参数的计算;能找出决定工程进度的关键工作;能从许多可行方案中找出最优方案;某项工作推迟或者提前完成时,可以预见到它对整个计划的影响程度,而且能够迅速进行调整;利用各项工作反映出的时差,可以更好地调配人力、物力,达到降低成本的目的;更重要的是,它的出现与发展使电子计算机在进度计划管理中得以应用。网络图的缺点是,其与横道图相比,在计算劳动力消耗量、资源消耗量时较为困难。

6.1.3 工程项目进度计划的编制程序

当应用网络计划技术编制工程项目进度计划时,其编制程序一般包括 4 个阶段 10 个步骤(见表 6-1)。

表 6-1 工程项目进度计划编制程序

编制阶段	编制步骤	编制阶段	编制步骤
Ⅰ.计划准备阶段	① 调查研究	Ⅲ.计算时间参数及确定关键线路阶段	⑥ 计算工作持续时间
	② 确定网络计划目标		⑦ 计算网络计划时间参数
Ⅱ.绘制网络图阶段	③ 进行项目分解		⑧ 确定关键线路和关键工作
	④ 分析逻辑关系	Ⅳ.编制正式网络计划阶段	⑨ 优化网络计划
	⑤ 绘制网络图		⑩ 编制正式网络计划

1. 计划准备阶段

(1) 调查研究

调查研究的方法有:实际观察、测算、询问;会议调查;资料检索;分析预测等。

（2）确定网络计划目标

网络计划的目标由工程项目的目标所决定，一般可分为时间目标、时间-资源目标和时间-成本目标三类。时间目标即工期目标，是指规定工期或要求工期。时间-资源目标分为资源有限、工期最短和工期固定、资源均衡两类。时间-成本目标是指以限定的工期寻求最低成本或寻求最低成本时的工期安排。

2. 绘制网络图阶段

（1）进行项目分解

将工程项目由粗到细进行分解，是编制网络计划的前提。对于控制性网络计划，其工作应划分得粗一些，而对于实施性网络计划，工作应划分得细一些。工作划分的粗细程度，应根据实际需要来确定。

（2）分析逻辑关系

分析逻辑关系的主要依据是施工方案、有关资源供应情况和施工经验等。

（3）绘制网络图

根据已确定的逻辑关系，即可按绘图规则绘制网络图。

3. 计算时间参数及确定关键线路阶段

（1）计算工作持续时间

其计算方法是根据流水节拍计算的。对于搭接网络计划，还需要确定出各项工作之间的搭接时间。如果有些工作有时限要求，则应确定其时限。

（2）计算网络计划时间参数

其计算方法包括图上计算法、表上计算法、公式法等。

（3）确定关键线路和关键工作

在计算出网络计划时间参数的基础上，便可根据有关时间参数及其特征确定网络计划中的关键线路和关键工作。

4. 编制正式网络计划阶段

（1）优化网络计划

根据所追求的目标不同，网络计划的优化包括工期优化、费用优化和资源优化三种。

（2）编制正式网络计划

根据网络计划的优化结果，便可绘制正式的网络计划，同时编制网络计划说明书。网络计划说明书的内容应包括编制原则和依据，主要计划指标一览表，执行计划的关键问题，需要解决的主要问题及其主要措施，其他需要说明的问题。

6.2 横道图进度计划

横道图是一种最简单、运用最广泛的传统的进度计划方法，尽管有许多新的计划技术，但横道图在建设领域中的应用仍非常普遍。

通常横道图的表头为工作及其简要说明，项目进展表示在时间表格上，如图 6-2 所示。按照所表示工作的详细程度，时间单位可以为小时、天、周、月等。这些时间单位经常用日历表示，此时可表示非工作时间，如：停工时间、公众假日、假期等。根据此横道图使用者的要求，工作可按照时间先后、责任、项目对象、同类资源等进行排序。

	工作名称	持续时间	开始时间	完成时间	紧前工作
1	基础	0 d	1993—12—28	1993—12—28	
2	预制柱	35 d	1993—12—28	1994—2—14	1
3	预制屋架	20 d	1993—12—28	1994—1—24	1
4	预制楼梯	15 d	1993—12—28	1994—1—17	1
5	吊装	30 d	1994—2—15	1994—3—28	2,3,4
6	砌砖墙	20 d	1994—3—29	1994—4—25	5
7	屋面找平	5 d	1994—3—29	1994—4—4	5
8	钢窗安装	4 d	1994—4—19	1994—4—22	6SS+15 d
9	二毡三油一砂	5 d	1994—4—5	1994—4—11	7
10	外粉刷	20 d	1994—4—25	1994—5—20	8
11	内粉刷	30 d	1994—4—25	1994—6—3	8,9
12	油漆、玻璃	5 d	1994—6—6	1994—6—10	10,11
13	竣工	0 d	1994—6—10	1994—6—10	12

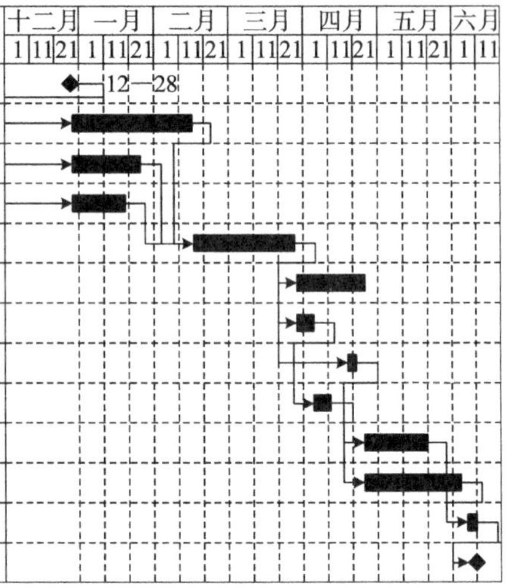

图 6-2 横道图

横道图也可将工作简要说明直接放在横道上。横道图可将最重要的逻辑关系标注在内，但是，如果将所有逻辑关系均标注在图上，则横道图简洁性的最大优点将丧失。

横道图用于小型项目或大型项目的子项目上，或用于计算资源需要量和概要预示进度，也可用于其他计划技术的表示结果。

横道图计划表中的进度线(横道)与时间坐标相对应，这种表达方式较直观，易看懂计划编制的意图。但是，横道图进度计划法也存在一些问题，如：

① 工序(工作)之间的逻辑关系可以设法表达，但不易表达清楚；

② 适用于手工编制计划；

③ 没有通过严谨的进度计划时间参数计算，不能确定计划的关键工作、关键路线与时差；

④ 计划调整只能用手工方式进行，其工作量较大；

⑤ 难以适应大的进度计划系统。

6.3 双代号网络计划

编制进度计划可以使用文字说明、里程碑表、工作量表、横道计划、网络计划等方法，但对于编制作业性计划，按照《建设工程项目管理规范》的规定必须采用网络计划方法或横道计划。网络计划是在网络图上加注工作时间参数而编制的进度计划。网络计划技术的基本原理是：首先应用网络图形来表示一项计划中各项工作的开展顺序及其相互之间的关系；通过对网络图进行时间参数计算，找出计划中的关键工作和关键线路；通过不断改进网络计划，寻求最优方案，以求在设计计划执行过程中对计划进行有效的控制和监督，保证合理地使用人力、物力和财力，以最小的消耗取得最大的经济效益。网络计划技术的基本模型是网络图，网络图是由箭线和节点组成的用来表示工作流程的有向、有序的网状图形。一般的网络图有双代号网络图和单代号网络图两种。

6.3.1　双代号网络图

双代号网络图由若干表示工作的箭线和节点组成，其中每一项工作都用一根箭线和箭线两端的两个节点来表示。每个节点都编以号码，箭线两端节点的号码代表该箭线所表示的工作，“双代号”的名称由此而来。双代号网络图通常被使用在工程项目施工阶段的进度计划中。如图 6-3 所示的就是双代号网络图。

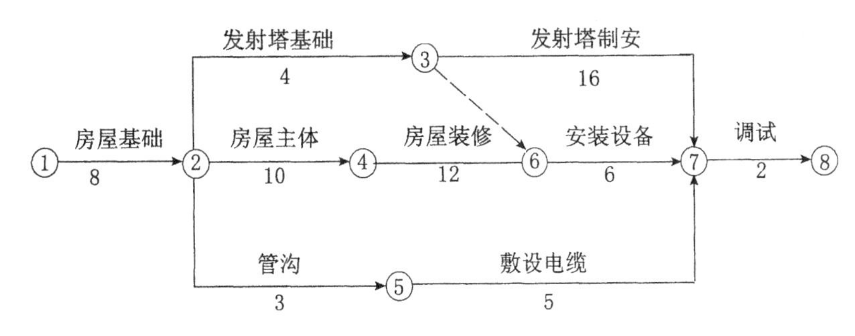

图 6-3　某项目双代号网络图

6.3.2　双代号网络图的构成要素

双代号网络图由工作（工序）、节点（事件）和线路等基本要素组成。

1. 工作（工序）

（1）基本单元

在一个工程项目的施工过程中，可划分许多工作项目，这些工作项目被称为工序，在网络图中称为“工作”。工作是指计划任务按需要的粗细程度划分的既消耗时间又消耗资源的子项目或子任务，是双代号网络图的组成要素之一。工作用一根箭线和两个节点表示，是网络计划的基本单元。箭线的箭尾节点表示该工作的开始，箭头节点表示该工程的结束，工作名称或代号写在箭线的上方，完成该工作的持续时间写在箭线的下方，如图 6-4 所示。

工作通常可以分为三种：第一种是既消耗时间又耗费资源的工作，如框架结构施工中的浇筑混凝土梁或柱;第二种是只消耗时间而不消耗资源的工作,如混凝土的养护;第三种是既不占用时间又不耗费资源的虚工作,虚工作在双代号网络图中,只表示相邻前后工作之间的逻辑关系,虚工作的表示方法如图 6-3 中③→⑥所示。

(2) 虚工作(虚箭线)

虚工作在双代号网络图绘制中非常重要,如果应用不当就不能正确反映各工作间的逻辑关系。逻辑关系是指工作间的先后顺序关系。逻辑关系又划分为由生产工艺技术决定的工艺关系和由于组织安排需要或资源调配需要而规定的组织关系两种。

虚工作在双代号网络图中,一般起着联系、区分和断路三个作用。联系作用是指应用虚工作正确表达工作之间的工艺联系和组织联系的作用;区分作用是指双代号网络图中应用两个代号表示一项工作,若两项工作用同一代号就应用虚工作加以区分,如图 6-5 所示;断路作用则是指当网络图中中间节点有逻辑错误时,应用虚工作断路,从而能正确表达工作间的逻辑关系。

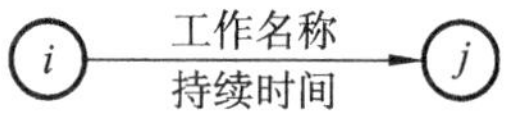

图 6-4 双代号网络图工作的表示方法

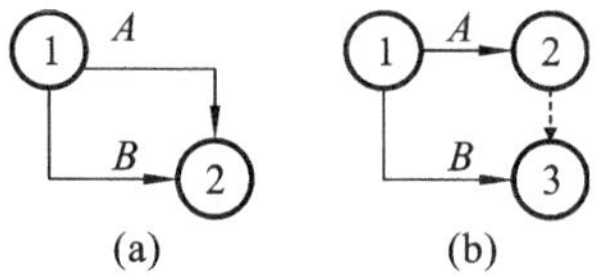

图 6-5 虚工作的区分作用

(3) 工作间的关系

双代号网络图中,诸工作之间的关系,通常用工作表示被研究的对象,并称为本工作。紧排在本工作之前的工作称为紧前工作,紧排在本工作之后的工作称为紧后工作,与之平行的工作称为平行工作。在网络图中,自起点节点至本工作之间各条线路上的所有工作称为本工作的先行工作。本工作之后至终点节点各条线路上的所有工作称为本工作的后续工作。没有紧前工作的工作称为起始工作,没有紧后工作的工作称为结束工作。

2. 节点(事件)

节点是双代号网络图中工作之间的交接之点,用圆圈表示。节点一般表示该节点前一项或若干项工作的结束,同时也表示该节点后一项或若干项工作的开始。

在双代号网络图中,节点与工作概念不同,它只表示工作的开始和完成的瞬时时刻,具有承上启下的衔接作用。它既不占用时间又不耗用资源。如图 6-3 中的节点②,它既表示房屋基础工作的结束时刻,也表示发射塔基础、房屋主体和管沟工作的开始时刻。

代表工作的箭线,其箭尾节点表示该工作的开始,称为开始节点;其箭头节点表示该工作结束,称为结束节点。双代号网络图中的第一个节点称为起点节点,它表示一项工程或任务的开始,最后一个节点称为终点节点,它表示一项工程或任务的完成。除此以外的节点都称为中间节点。

3. 网络图的编号

为了便于计算网络图的时间参数和检查调整网络图，在图中每一个节点都有自己的编号，网络图的编号要在绘制好正确的网络图后方可进行，不要一边绘制网络图一边编号，否则当发现需要增加某些工作(箭线)后又需重新编号。网络图节点编号应遵循以下两条规则。

① 从起点节点到终点节点，编号由小到大，一根箭线的箭头节点的编号必须大于箭尾节点的编号，节点编号的方法可根据节点编号的方向不同分为沿水平方向编号和沿垂直方向编号。

② 同一个网络图中所有的节点不能出现重复的编号。

为了便于在网络图中增减一个或几个工作，同一个网络图中的节点编号无须连续，可每隔一个网络区段留出若干空号，为调整或变动所用。

4. 线路

网络图中从起点节点开始，沿箭线方向连续通过一系列箭线和节点，最后到达终点节点的通路称为线路。线路上所有工作持续时间之总和称为该线路的计算工期。网络图中有多条线路，其中时间最长的线路称为关键线路，位于关键线路上所有工作持续时间之总和称为该工程的总工期，位于关键线路上的工作称为关键工作。网络图中除了关键线路外都称为非关键线路。如图6-3中则有①→②→③→⑦→⑧、①→②→③→⑥→⑦→⑧、①→②→④→⑥→⑦→⑧和①→②→⑤→⑦→⑧四条线路。

关键线路在网络图中并不唯一，可能同时存在几条，但持续时间是相同的。一般用粗实线或双箭线表示。关键工作无时差，自由时差和总时差均为零。当项目在实施过程中采用与计划不同的技术或组织措施，缩短了关键线路上某些工作的持续时间时，关键线路就变成了非关键线路了，所以关键线路在网络图中不是一成不变的。

5. 逻辑关系

在网络图中，工作之间相互制约或相互依赖的关系称为逻辑关系，它包括工艺关系和组织关系，在网络图中均应表现为工作之间的先后顺序。

(1) 工艺关系

生产性工作之间由工艺过程决定的，非生产性工作之间由工作程序决定的先后顺序称为工艺关系。

(2) 组织关系

工作之间由于组织安排需要或资源(人力、材料、机械设备和资金等)调配需要而确定的先后顺序关系称为组织关系。

6.3.3 双代号网络图的绘制

1. 双代号网络图的绘制规则

网络图必须正确地表达整个工程或任务的工艺流程，各工作开展的先后顺序及它们之间的相互制约、相互依存的逻辑关系。要使网络图达到图面布置合理、条理清楚、突出重点的目的，绘制网络图的过程中必须遵守一定的规则：

① 网络图必须根据施工工艺或组织关系正确表达已定的逻辑关系；

② 在网络图中不允许出现循环回路；

③ 在网络图中，节点之间禁止出现双向箭头或无向箭头的连线；

④ 网络图中严禁出现没有箭头或箭尾节点的箭线；

⑤ 在双代号网络图中，同一项工作只能有唯一的一条箭线和相应的一对节点编号；

⑥ 双代号网络图的某些节点有多条外向箭线或多条内向箭线时，为使图面清楚，工作布置合理，允许使用多条箭线经一条共用母线段引入或引出节点；

⑦ 绘制网络图时，应尽可能避免箭线交叉，当交叉不可避免时应采用过桥法或指向法；

⑧ 肯定型的关键线路法双代号网络图中只允许有一个起始节点和一个终点节点；

⑨ 在网络图中，为了表达分段流水作业的情况，每个工作只能反映每一施工段的工作。

2. 双代号网络图的绘制方法

绘制正确的网络图必须遵守上述基本规则，并且根据施工对象的生产工艺和施工组织的顺序，在网络图中正确反映出各个工作之间相互联系和制约的关系。

① 正确反映各工作之间的逻辑关系。由计划人员根据工程要求编制逻辑关系表，要求明确提供各工作名称和各工作的紧前工作；根据已知的紧前工作，确定出紧后工作，对于逻辑关系比较复杂的网络图，可绘出关系矩阵图，以确定紧后工作。

表 6-2 列举了七种各工作之间逻辑关系在网络图中的表示方法。只有熟悉各工作之间的逻辑关系才能够正确而熟练地编制工程项目网络计划，从而指导项目的进度管理。

② 对于网络图中无逻辑关系的各工作，必须切断对于在工艺与组织上不发生逻辑关系的工作，并在网络图中运用虚箭线将其断开。

③ 网络图的布置应该条理清楚。确定出各工作的开始节点位置号和结束节点位置号。

表 6-2　各工作之间逻辑关系在网络图中的表示方法

序号	各工作之间的逻辑关系	用双代号网络图的表达方式
①	A 完成后，进行 B 和 C	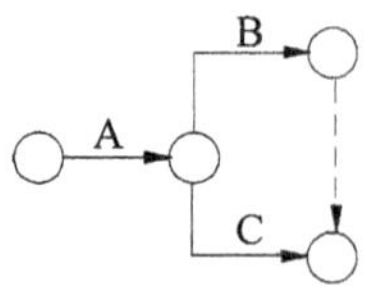 A B C

续表

序号	各工作之间的逻辑关系	用双代号网络图的表达方式
②	A、B 完成后，进行 C 和 D	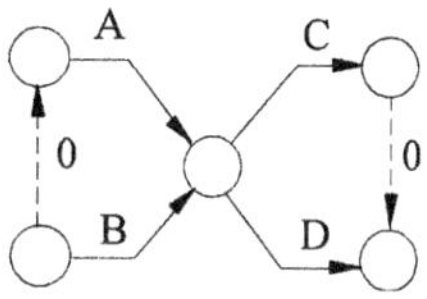 A C 0 0 B D
③	A、B 完成后，进行 C	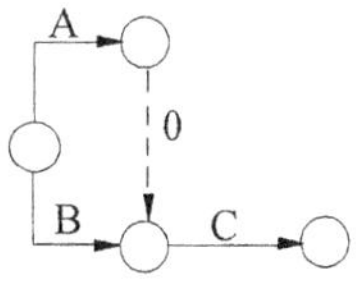 A 0 B C
④	A 完成后，进行 C A、B 完成后，进行 D	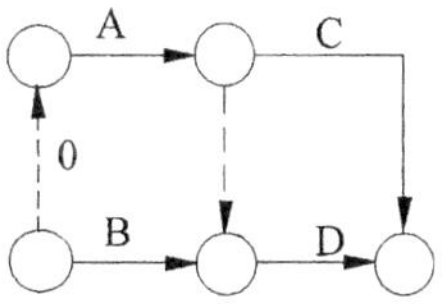 A C 0 B D
⑤	A、B 完成后，进行 D A、B、C 完成后，进行 E D、E 完成后，进行 F	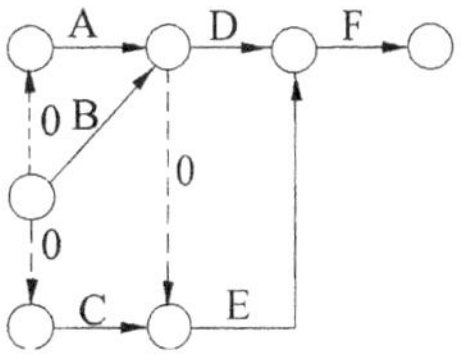 A D F 0 B 0 0 C E
⑥	A、B 工作分成三个施工段 A_1 完成后，进行 A_2、B_1 A_2 完成后，进行 A_3 A_2 及 B_1 完成后，进行 B_2 A_3 及 B_2 完成后，进行 B_3	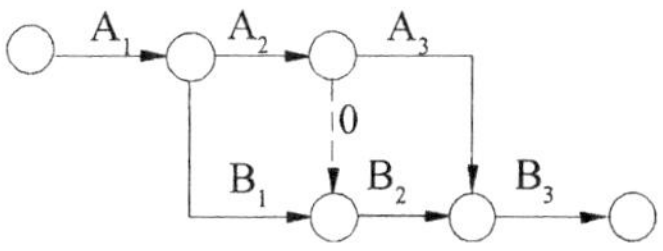 A_1 A_2 A_3 0 B_1 B_2 B_3
⑦	A 完成后，进行 B B、C 完成后，进行 D	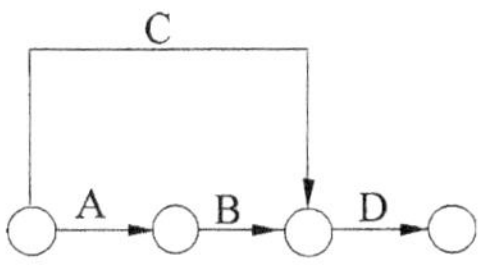 C A B D

④ 当双代号网络图的某些节点有多条外向箭线或多条内向箭线时，为使图形简洁，可使用母线法绘制(但应满足一项工作用一条箭线和相应的一对节点表示)，如图6-6所示。

⑤ 绘制网络图时，箭线不宜交叉。当交叉不可避免时，可用过桥法或指向法，如图6-7所示。

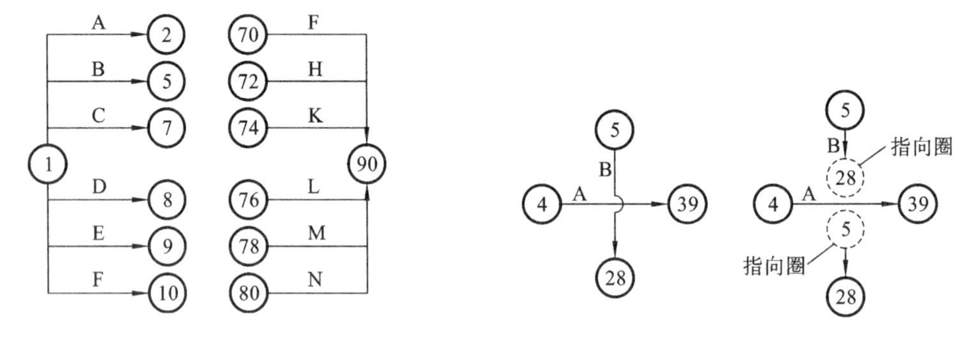

图6-6 母线法绘图

图6-7 箭线交叉的表示方法

6.3.4 双代号网络图的绘制示例

【例6-1】 某工程项目工作及逻辑关系见表6-3，绘制双代号网络图。

表6-3 某工程项目工作及逻辑关系

工程活动	A	B	C	D	E	F	G	H	I	J
持续时间/d	5	4	10	2	4	6	8	4	3	3
紧后活动	B、C	E、D	F、G	F、G	H、I	H、I	I	J	J	/

【解】 刚开始绘图时很难布置得整齐，当活动之间逻辑关系不好表示时，常常要加上虚箭线，它能防止错误。初次布置的网络图如图6-8所示。经过整理，同时划去不必要的零杆，并给节点编号，则可得图6-9所示的网络图。

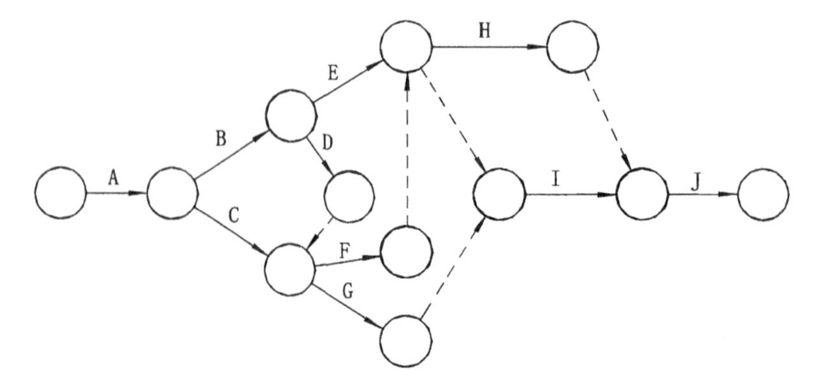

图6-8 初次布置的网络图

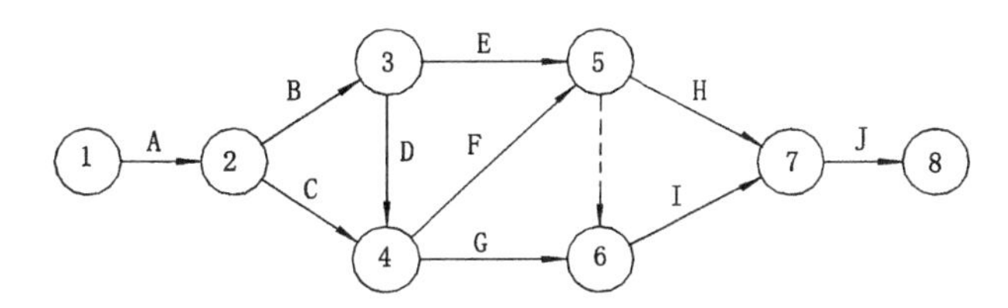

图 6-9　整理后的网络图

6.3.5　网络计划的时间参数

1. 基本概念

① 时限。时限是网络计划或其中的工作因外界因素影响而在时间安排上所受到的某种限制。

② 工作持续时间。对一项工作规定的从开始到完成的时间，以符号 D_{i-j} 表示。

③ 工作的最早开始时间。在紧前工作和有关时限约束下，工作开始的最早时刻，以符号 ES_{i-j}，ES_i 表示。

④ 工作的最早完成时间。在紧前工作和有关时限约束下，工作完成的最早时刻，以符号 EF_{i-j}，EF_i 表示。

⑤ 工作的最迟开始时间。在不影响任务按期完成和有关时限约束的条件下，工作最迟必须开始的时刻，以符号 LS_{i-j}，LS_i 表示。

⑥ 工作的最迟完成时间。在不影响任务按期完成和有关时限约束的条件下，工作最迟必须完成的时刻，以符号 LF_{i-j}，LF_i 表示。

⑦ 事件。在双代号网络图中，工作开始或完成的时间点（节点）。

⑧ 节点时间。亦称事件时间，在双代号网络计划中，用来表明事件开始或完成时刻的时间参数。

⑨ 节点最早时间。在双代号网络计划中，该节点后各工作的最早开始时刻，以符号 ET_i 表示。

⑩ 节点最迟时间。在双代号网络计划中，该节点前各工作的最迟完成时刻，以符号 LT_i 表示。

⑪ 时间间隔。在单代号网络计划中，一项工作的最早完成时间与其紧后工作最早开始时间可能存在的差值，以符号 LAG_{i-j} 表示。

⑫ 工作的总时差。在不影响工期和有关时限的前提下，一项工作可以利用的机动时间，以符号 TF_{i-j}，TF_i 表示。

⑬ 工作的自由时差。在不影响其紧后工作最早开始时间和有关时限的前提下，一项工作可以利用的机动时间，以符号 FF_{i-j}，FF_i 表示。

⑭ 相关时差。与紧后工作共同利用的机动时间，以符号 DF_{i-j}，DF_i 表示。

⑮ 计算工期。根据网络计划时间参数计算出来的工期，以符号 T_c 表示。

⑯ 要求工期。任务委托人所要求的工期，以符号 T_r 表示。

⑰ 计划工期。在要求工期和计算工期的基础上综合考虑而确定的工期,以符号T_p表示。

2. 双代号网络计划时间参数的标注形式

双代号网络计划中的时间参数基本内容和形式可按以下两种方式标注。

① 按工作计算法的时间参数的标注形式(见图 6-10、图 6-11)。

② 按节点计算法的时间参数的标注形式(见图 6-12)。

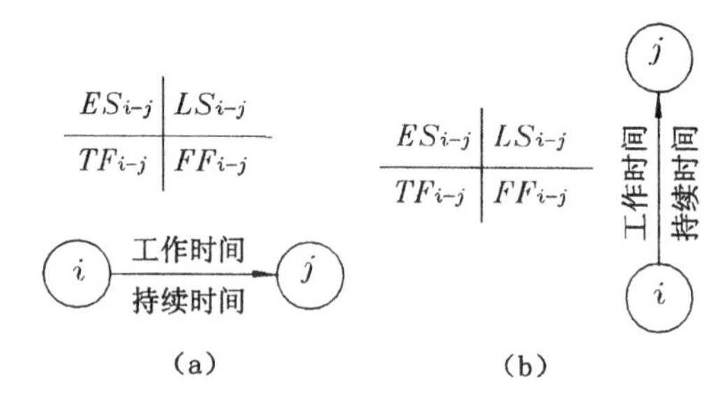

图 6-10　双代号网络计划时间参数标注形式之一

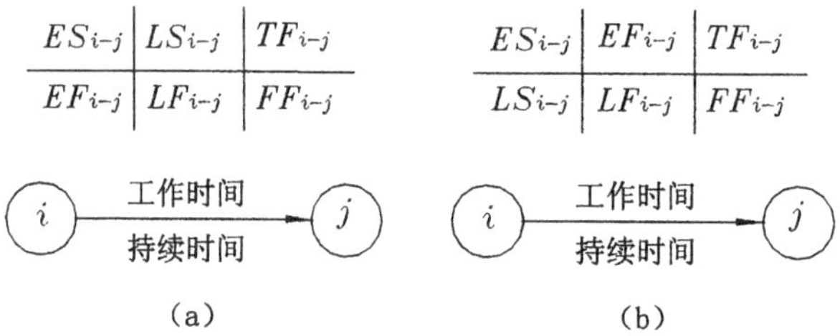

ESi-j　LSi-j　TFi-j
EFi-j　LFi-j　FFi-j
i　工作时间　持续时间　j
(a)

ESi-j　EFi-j　TFi-j
LSi-j　LFi-j　FFi-j
i　工作时间　持续时间　j
(b)

图 6-11　双代号网络计划时间参数标注形式之二

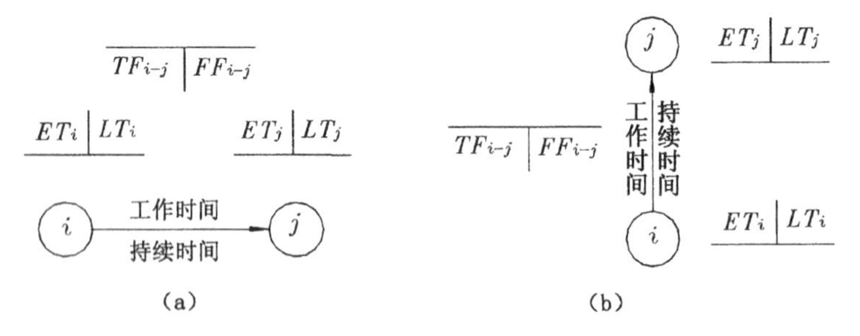

图 6-12　双代号网络计划时间参数标注形式之三

6.3.6　双代号网络计划时间参数的计算

在网络计划时间参数的计算中,首先应根据有关理论确定各项工作的持续时间,然后根据各参数的计算方法计算参数。

1. 双代号网络计划时间参数的计算步骤

按工作计算法的时间参数计算顺序如下:① 计算ES_{i-j},和EF_{i-j};②确定T_c和

T_p；③计算 LF_{i-j} 和 LS_{i-j}；④计算 TF_{i-j}；⑤计算 FF_{i-j}。

2. 双代号网络计划按工作计算法计算时间参数的方法

（1）工作的最早开始时间的计算

① 工作 $i-j$ 的最早开始时间 ES_{i-j} 应从网络图的起点节点开始，顺着箭线方向依次逐项计算。

② 以起点节点 i 为箭尾节点的工作 $i-j$，如未规定其最早开始时间 ES_{i-j} 时，其值等于零，即

$$ES_{i-j}=0 \tag{6-1}$$

③ 其他工作 $i-j$ 的最早开始时间 ES_{i-j} 应为其所有紧前工作最早开始时间与该紧前工作的持续时间之和中的最大值，其计算表达式为

$$ES_{i-j}=\max\{ES_{h-i}+D_{h-i}\} \tag{6-2}$$

式中，ES_{h-i}——工作 $i-j$ 的紧前工作 $h-i$ 的最早开始时间；

D_{h-i}——工作 $i-j$ 的紧前工作 $h-i$ 的持续时间。

（2）工作 $i-j$ 的最早完成时间 EF_{i-j} 的计算

$$EF_{i-j}=ES_{i-j}+D_{i-j} \tag{6-3}$$

（3）网络计划计算工期 T_c 的计算

$$T_c=\max\{EF_{i-n}\} \tag{6-4}$$

式中，EF_{i-n}——以终点节点（$j=n$）为箭头节点的工作 $i-n$ 的最早完成时间。

（4）网络计划的计划工期 T_p 的计算

① 当已规定了要求工期 T_r 时

$$T_p\leqslant T_r \tag{6-5}$$

② 当未规定要求工期 T_r 时

$$T_p=T_c \tag{6-6}$$

（5）工作的最迟完成时间 LF_{i-j} 的计算

① 工作 $i-j$ 的最迟完成时间 LF_{i-j} 应从网络图的终点节点开始，逆着箭线方向依次逐项计算。当部分工作分期完成时，有关工作必须从分期完成的节点开始逆向逐项计算。

② 以终点节点（$j=n$）为箭头节点的工作的最迟完成时间 LF_{i-j} 应按网络计划的计划工期 T_p 计算，即

$$LF_{i-j}=T_p \tag{6-7}$$

以分期完成的节点为箭头节点的工作的最迟完成时间应等于分期完成的时刻。

③ 其他工作 $i-j$ 的最迟完成时间 LF_{i-j} 应为其所有紧后工作最迟完成时间与该紧后工作的持续时间之差中的最小值，其计算表达式为

$$LF_{i-j}=\min\{LF_{j-k}-D_{j-k}\} \tag{6-8}$$

式中，LF_{j-k}——工作 $i-j$ 的紧后工作 $j-k$ 的最迟完成时间；

D_{j-k}——工作 $i-j$ 的紧后工作 $j-k$ 的持续时间。

(6) 工作的最迟开始时间 LS_{i-j} 的计算

工作的最迟开始时间 LS_{i-j} 的计算应符合式(6-9)的规定

$$LS_{i-j} = LF_{i-j} - D_{i-j} \tag{6-9}$$

(7) 工作 $i-j$ 的总时差 TF_{i-j} 的计算

总时差 TF_{i-j} 是在不影响工期的前提下,工作所具有的机动时间,其计算应符合式(6-10)或式(6-11)的规定

$$TF_{i-j} = LS_{i-j} - ES_{i-j} \tag{6-10}$$

$$TF_{i-j} = LF_{i-j} - EF_{i-j} \tag{6-11}$$

(8) 工作 $i-j$ 的自由时差 FF_{i-j} 的计算

自由时差 FF_{i-j} 是在不影响其紧后工作最早开始的前提下,工作所具有的机动时间,其计算应符合式(6-12)或式(6-13)的规定

$$FF_{i-j} = ES_{j-k} - ES_{i-j} - D_{i-j} \tag{6-12}$$

$$FF_{i-j} = ES_{i-k} - EF_{i-j} \tag{6-13}$$

式中,ES_{i-k}——工作 $i-j$ 的紧后工作 $j-k$ 的最早开始时间。

3. 双代号网络计划按工作计算法计算时间参数举例

【例 6-2】 计算图 6-13 所示双代号网络计划各工作的时间参数。

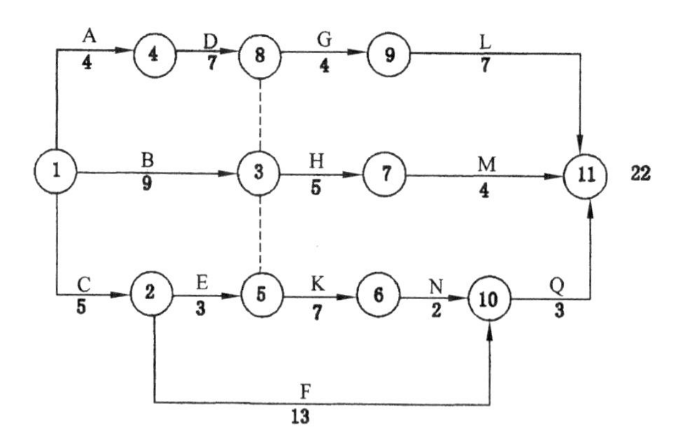

图 6-13 双代号网络计划

【解】 (1) 自①节点开始顺着箭线方向算到最后节点,计算最早时间参数

$ES_{1-4} = ES_{1-2} = ES_{1-3} = 0$　　$EF_{1-4} = 0 + 4 = 4$

$EF_{1-2} = 0 + 5 = 5$　　$EF_{1-3} = 0 + 9 = 9$

$ES_{4-8} = 0 + 4 = 4$　　$EF_{4-8} = 4 + 7 = 11$

$ES_{2-5} = 0 + 5 = 5$　　$EF_{2-5} = 5 + 3 = 8$

$ES_{8-9} = \max\{11, 9\} = 11$　　$EF_{8-9} = 11 + 4 = 15$

$ES_{3-7} = 0 + 9 = 9$　　$EF_{3-7} = 9 + 5 = 14$

$ES_{5-6} = \max\{9, 8\} = 9$　　$EF_{5-6} = 9 + 7 = 16$

$ES_{6-10} = 9 + 7 = 16$　　$EF_{6-10} = 16 + 2 = 18$

$ES_{7-11}=9+5=14$　　　　$EF_{7-11}=14+4=18$

$ES_{9-11}=11+4=15$　　　　$EF_{9-11}=15+7=22$

$ES_{10-11}=16+2=18$　　　　$EF_{10-11}=18+3=21$

以此类推，计算各工作的最早时间参数(见图 6-14)。

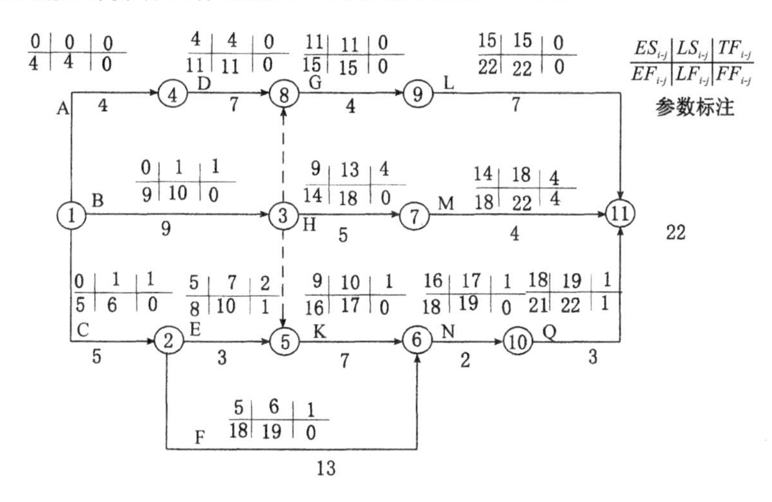

图 6-14　双代号网络计划按工作计算法计算时间参数的结果

(2) 确定计算工期

$$T_c=\max\{EF_{10-11},EF_{7-11},EF_{9-11}\}=22$$

(3) 计算最迟时间参数，逆着箭线方向计算

$LF_{10-11}=LF_{9-11}=LF_{7-11}=22$　　　　$LS_{10-11}=22-3=19$

$LS_{9-11}=22-7=15$　　　　$LS_{7-11}=22-4=18$

$LF_{6-10}=19$　　　　$LS_{6-10}=19-2=17$

$LF_{5-6}=17$　　　　$LS_{5-6}=17-7=10$

$LF_{1-3}=\min\{11,13,10\}=10$　　　　$LS_{1-3}=10-9=1$

以此类推，计算各工作的最迟时间参数(见图 6-14)。

(4) 计算总时差 TF

按式(6-11)、式(6-12)计算，计算结果标注在图 6-14 中。

其中关键线路为：1→4→8→9→11。

(5) 计算自由时差 FF

按式(6-12)计算，计算结果标注在图 6-14 中。

6.4　单代号网络计划

6.4.1　单代号网络计划的特点

单代号网络图是以节点及其编号表示工作，以箭线表示工作之间的逻辑关系的

网络图。在单代号网络图中加注工作的持续时间就形成单代号网络计划。单代号网络计划与双代号网络计划相比,特点如下:

① 单代号网络图是以节点及其编号表示工作,以箭线表示工作之间的逻辑关系,故逻辑关系容易表达;

② 单代号网络图中无虚箭线,故编制单代号网络计划产生逻辑错误的概率较小,绘图较简单;

③ 由于工作的持续时间表示在节点之中,没有长度,故不够形象,也不便于绘制时标网络计划,更不能据图优化;

④ 便于网络图的检查和修改;

⑤ 表示工作之间逻辑关系的箭线可能产生较多的纵横交叉现象。

6.4.2 单代号网络图的绘制

单代号网络图的逻辑关系用箭线表示,工作之间的逻辑关系包括工艺关系和组织关系,在网络图中表现为工作之间的先后顺序。其基本元素有节点、箭线和线路。每个节点表示一项工作,用圆圈或方框表示;一项工作必须有唯一的一个节点及相应的一个编号;箭线应划成水平直线、折线或斜线。具体规则如下。

1. 绘图符号

单代号网络计划的表达形式很多、符号也是各种各样。一般是用一个圆圈或方框代表一项工作或活动工序,至于圆圈或方框内的内容(项目)可以根据实际需要来填写和列出。一般将工作的名称、编号填写在圆圈或方框的上半部分,完成工作所需要的时间写在圆圈或方框的下半部分(也有的写在箭线下面),如图 6-15(a)、(b)所示,而连接两个节点圆圈或方框间的箭线用来表示两项工作间的直接前导(紧前)和后继(紧后)关系。这种只用一个节点(圆圈或方框)代表一项工作的表示方法称为单代号表示法。

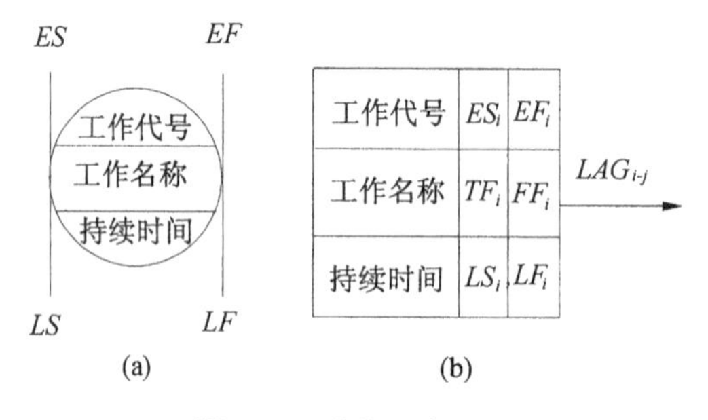

图 6-15 单代号表示法

2. 绘图规则

同双代号网络图的绘制一样,绘制单代号网络图也必须遵循一定的逻辑规则。这些基本规则主要如下。

① 为了保证单代号网络计划有唯一起点和终点,在网络图的开始和结束增加虚

拟的起点节点和终点节点，这是单代号网络图所特有的。

② 在单代号网络图中不允许出现循环回路。

③ 单代号网络图中不允许出现有重复编号的工作，一个编号只能代表一项工作。

④ 在网络图中除起点节点和终点节点外，不允许出现其他没有内向箭线的工作节点和没有外向箭线的工作节点，严禁出现双向箭头或无箭头的连线。

⑤ 节点编号为了计算方便，网络图的编号应是后继节点编号大于前导节点编号。

以上都是以单目标单代号网络图的情况来说明其基本规则的。

3. 单代号网络的绘制

单代号网络图的绘制步骤与双代网络图的绘制步骤基本相同，主要包括两部分。

① 首先计算各工作的持续时间，列出工作一览表及各工作的直接紧前、紧后工作名称，根据工程计划中各工作在工艺上、组织上的逻辑关系来确定其直接紧前、紧后工作名称。

② 根据上述关系绘制网络图。首先根据逻辑关系绘制草图，接着对一些不必要的交叉进行整理，绘出简化网络图，然后进行编号。在绘制之前，要首先给出一个虚设的起点节点，网络图绘制最后要有一个虚设的终点节点。下面举例说明。

【例 6-3】 某工程项目各工作名称及其紧前工作见表 6-4，试绘制单代号网络图。

【解】 根据表 6-4 各工作逻辑关系首先设一个起点节点 ST，然后根据所列紧前、紧后关系，从左向右进行绘制，最后设一个终点节点 FI，绘制的单代号网络图如图 6-16 所示。

表 6-4　工作逻辑关系表

工作	A	B	C	D	E	F	G	I
紧前工作	—	—	A,B	C	C	E	E	D,G

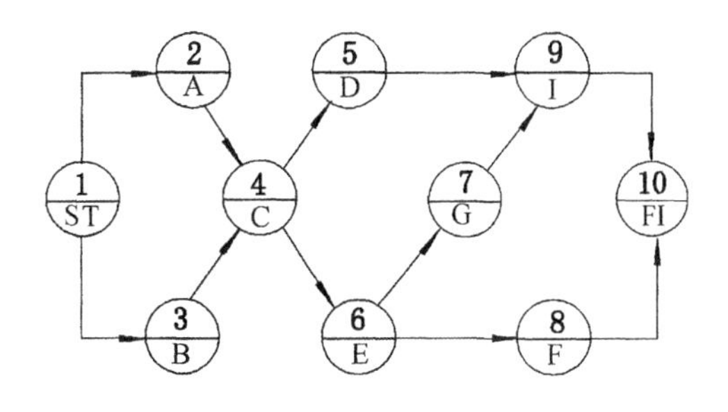

图 6-16　单代号网络图

6.5 双代号时标网络计划

双代号时标网络计划是以时间坐标为尺度编制的双代号网络计划。在时标网络图中,以实箭线表示工作,实箭线的水平投影长度表示该工作的持续时间;以虚箭线表示虚工作,由于虚工作持续时间为零,所以虚箭线垂直画;以波型线表示工作与其紧后工作的自由时差。

6.5.1 双代号时标网络计划的特点

时标网络计划是网络计划的另一种表示形式,被称为是带时间坐标的网络计划。在前述网络计划中,箭线长短并不表明工作持续时间的长短;而在时标网络计划中,箭线长短和所在位置即表示工作的时间进程即持续时间,这是时标网络计划与一般网络计划的主要区别。

时标网络计划形同水平进度计划,它是网络图与横道图的结合,表达清晰醒目,编制方便,前后各工作的逻辑关系清晰。双代号时标网络计划是以水平时间坐标为尺度编制的双代号网络计划,它有以下特点。

① 时标网络计划既是一个网络计划,又是一个水平进度计划,它能表明计划的时间进程,便于网络计划的使用,兼有网络计划与横道计划的优点。

② 时标网络计划能在图上直观显示各项工作的开始与完成时间、自由时差和关键线路。

③ 时标网络计划便于在图上计算劳动力、材料等资源需用量,并能在图上调整时差,进行网络计划的时间和资源的优化与调整。

④ 调整时标网络计划的工作较繁杂。对一般的网络计划,若改变某一工作的持续时间,只需变动箭线上所标注的时间数字就可以,十分简便。但是,时标网络计划是用箭线或线段的长短来表示每一工作的持续时间的,若改变时间就需改变箭线的长度和位置,这样往往会引起整个网络图的变动。

6.5.2 双代号时标网络计划的应用范围

实践经验表明,时标网络图比较接近习惯使用的横道图,比较直观,易于理解,在工程项目的施工中比较受欢迎。目前时标网络计划对以下几种情况比较适用。

① 编制工作项目(工序)较少并且工艺过程较简单的建筑施工计划。

它能迅速地边绘、边算、边调整。对于工作项目较多,并且工艺复杂的工程仍以采用常用的网络计划为宜。

② 将已编制并计算好的网络计划再复制成时标网络计划,以便在图上直接表示各工作(工序)的进程。

目前在我国已编出相应的程序,可应用电子计算机来完成这项工作,并已经用于生产实际。

③ 使用实际进度前锋线进行进度控制的网络计划。

在工程项目的进度控制过程中，针对进度进行检查与调整时，通过在时标网络图上绘制实际进度前锋线来检查工程项目的进度情况，针对进度的提前和延后对进度做出调整。

④ 局部网络计划和作业性网络计划。

对于大型复杂的工程项目，可先绘制总网络计划图，然后根据各分部分项工程的特点绘制各分部分项工程的时标网络图，便于对各分部分项工程进行管理。

6.5.3　编制双代号时标网络计划的一般规定

① 时标网络计划必须以时间坐标为尺度表示工作时间，时标的时间单位应根据需要在编制网络计划之前确定，可为时、天、周、旬、月或季。

② 时标网络计划应以实箭线表示工作，以虚箭线表示虚工作，以波形线表示工作的自由时差。

③ 时标网络计划中所有符号在时间坐标上的水平位置及其水平投影，都必须与其所代表的时间值相对应。

④ 节点的中心必须对准时标的刻度线，虚工作必须以垂直虚箭线表示，有自由时差时加波形线表示。

⑤ 时标网络计划宜按最早时间编制。编制时标网络计划之前，应先按已确定的时间单位绘出时标表。时标可标注在时标表的顶部或底部，并须注明时标的长度单位，必要时还可在顶部时标之上或底部时标之下加注日历的对应时间。为使图面清晰，时标表中部的刻度线宜为细线。

⑥ 时标网络计划的编制应先绘制无时标网络计划草图，并可按以下两种方法之一进行。

a. 间接法绘制。先计算网络计划的时间参数，再根据时间参数按草图在时标表上进行绘制。

b. 直接法绘制。不计算网络计划的时间参数，直接按草图在时标表上编绘。

⑦ 用间接法绘制时，应先按每项工作的最早开始时间将其箭尾节点定位在时标表上，再用规定线型绘出工作及其自由时差，形成时标网络计划图。

⑧ 用直接法绘制时标网络计划时，应按下列方法逐步进行：

a. 将起点节点定位在时标表的起始刻度线上；

b. 按工作持续时间在时标表上绘制起点节点的外向箭线；

c. 工作的箭头节点必须在其所有内向箭线绘出以后，定位在这些内向箭线中最晚完成的实箭线箭头处，某些内向实箭线长度不足以到达该箭头节点时，可用波形线补足；

d. 用上述方法自左至右依次确定其他节点位置，直至终点节点定位绘完。

6.5.4 双代号时标网络计划的绘制

双代号时标网络计划,是在时间坐标上绘制的双代号网络计划,每项工作的时间长度(箭线长度)和每个节点的位置,都按时间坐标绘制。它既有网络计划的优点,又有横道计划的时间直观的优点,所以受到普遍重视和欢迎。但因为其箭线受时标约束,故绘图比较麻烦。对于工作项目少、工艺过程比较简单的进度计划,可以边绘、边算、边调整。对于大型的、复杂的工程计划可以先用时标网络计划的形式绘制各分部工程的网络计划,然后再综合起来绘制时标总网络计划;也可以先编制一个简明的时标总网络计划,再分别绘制分部工程的执行时标网络计划。

现以图 6-17 为例说明双代号时标网络计划的绘图方法。绘成的时标网络计划如图 6-18 所示。

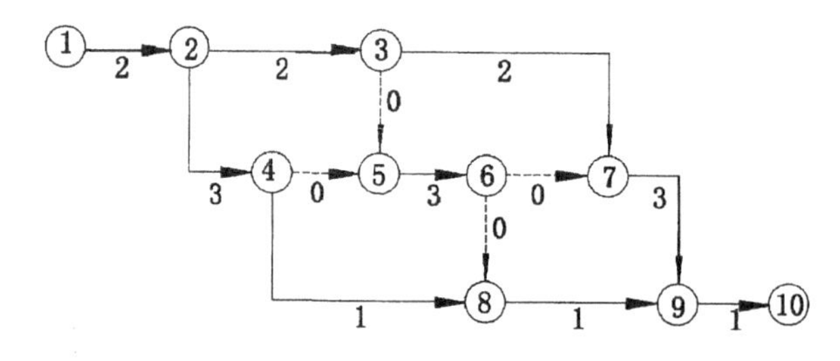

图 6-17 某项目网络图

1. 间接法绘制

用这种方法只需先计算网络计划的节点最早时间即可。因为节点的最早时间是其所有紧后工作的最早开始时间,故可按计算的节点最早时间先在时标表上固定每个节点的位置。

节点定位应参照网络计划的形状,其中心对准时间刻度线。节点全部定位后,再根据工作的持续时间绘制工作箭线,长度受时标限制。当某项工作的长度不能到达其结束节点时,补以波形线,便可形成完整的时标网络计划图。

2. 直接法绘制

这种方法比较便捷。绘制的要点如下。

① 将起点节点定位在时标表的起始刻度线上(即第一天开始点)。

② 按工作持续时间在时标表上绘制起点节点的外向箭线,如图 6-18 中的 1—2 箭线。

③ 工作的箭头节点必须在其所有内向箭线绘出以后,定位在这些箭线中最晚完成的实箭线箭头处。如图 6-18 中的 3—5 和 4—5 的结束节点 5 定位在 4—5 的最晚完成时间,工作 4—8 和 6—8 的结束节点 8 定位在 6—8 的最晚完成时间等。

④ 某些内向箭线长度不足以到达该节点时,用波形线补足,这就是自由时差。图 6-18 中节点 7、8、9 之前都用波形线补足。

⑤ 用上述方法自左至右依次确定其他节点的位置,直至终点节点定位绘完。

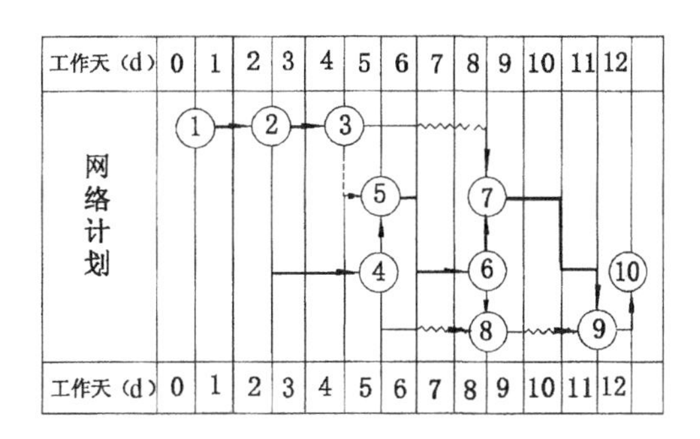

图 6-18 某项目双代号时标网络图

需要注意的是，使用这一方法的关键是要把虚箭线处理好。首先要把它等同于实箭线看待，而其持续时间是零；其次，虽然它本身没有时间，但可能存在时差，故要按规定画好波形线，在画波形线时，其垂直部分仍应画虚线，箭头在波形线之末端或其后，存在有垂直虚箭线时在虚箭线的末端。

3. 时标网络计划关键线路和时间参数的判定

（1）时标网络计划关键线路的判定

时标网络计划的关键线路，应自终点节点逆箭头方向朝起点节点观察，凡自终至始不出现波形线的通路，就是关键线路。

判别是否关键线路，要看这条线路上的各项工作是否有总时差。这里是用有没有自由时差判断有没有总时差的。因为有自由时差的线路即有总时差，而自由时差集中在线路段的末端，既然末端不出现自由时差，那么这条线路段便不存在总时差，自终至始没有自由时差的线路，自然就不存在总时差，这条线路就必然是关键线路。图 6-18 的关键线路是：1→2→4→5→6→7→9→10。

（2）时标网络计划计算工期的判定

时标网络计划的计算工期，应是其终点节点与起点节点所在位置的时标值之差。

（3）时标网络计划最早时间的判定

时标网络计划每条箭线的左端节点中心所对应的时标值代表工作的最早开始时间，箭线实线部分右端或当工作无自由时差时箭线右端节点中心所对应的时标值代表工作的最早完成时间。

（4）时标网络计划自由时差的判定

时标网络计划中的工作自由时差值等于其波形线在坐标轴上的水平投影长度。

理由：每条波形线的末端，就是这条波形线所在工作的紧后工作的最早开始时间；波形线的起点，就是它所在工作的最早完成时间；波形线的水平投影就是这两个时间之差，也就是自由时差值。

（5）时标网络计划中工作总时差的判定

在时标网络计划中，不能直接观察到工作总时差，但利用可观察到的工作自由时差进行判定也是比较简便的。

应自右向左，在其诸紧后工作的总时差被判定后，本工作的总时差才能判定。工作总时差之值，等于诸紧后工作总时差的最小值与本工作的自由时差值之和，例如：图 6-18 中，关键工作 9—10 的总时差为 0，8—9 的自由时差是 2，故 8—9 的总时差就是 2，工作 4—8 的总时差就是其紧后工作 8—9 的总时差 2 与本工作的自由时差 2 之和，即总时差为 4。计算工作 2—3 的总时差，要在 3—7 与 3—5 的工作总时差 2 与 1 中挑选。

6.6 工程项目进度计划实施中的检查与调整

6.6.1 工程项目进度计划的工作与内容

在工程项目的实施过程中，进度管理人员应经常定期地对进度计划的执行情况进行跟踪检查，采取有效的监测手段进行进度计划监控，以便及时发现问题，并运用行之有效的进度调整方法和措施，确保进度总目标的实现。

1. 实施进度计划的过程

(1) 跟踪检查，收集实际进度数据

在进度计划的实施过程中，必须建立相应的检查制度，定期定时地对计划的实际执行情况进行跟踪检查，收集反映工程实际进度的有关数据。跟踪检查的主要工作是定期收集反映工程实际进度的有关数据，收集的进度报表资料数据应当全面、真实、可靠。经常派管理人员常驻现场进行工程进展情况的现场实地检查，定期召开现场会议，了解工程实际进度状况，协调有关进度方面的问题。

(2) 将实际数据与进度计划进行对比

要想进行实际进度与计划进度的比较，必须将收集到的实际进度数据进行加工处理、统计和分析，形成与计划进度具有可比性的数据。根据记录的结果可以分析判断进度的实际状况，及时发现进度偏差，为计划的调整提供信息。将实际进度数据与计划进度数据比较，可以确定进度实际执行状况与计划目标间的差距。为了直观反映实际进度偏差，常采用表格或图形进行实际进度与计划进度的对比分析，从而得出实际进度比计划进度超前、滞后还是一致的结论。

(3) 分析计划执行的情况

分析计划执行的情况主要是指偏差分析，当发现进度偏差时，为了采取有效措施调整进度计划，必须深入现场进行调查，认真分析产生进度偏差的原因。而且当查明进度偏差产生的原因之后，要分析进度偏差对后续工作和总工期的影响程度，以确定是否应采取措施调整进度计划。

(4) 对产生的进度变化采取措施予以纠正或调整计划

采取进度调整措施，应以后续工作和总工期的限制条件为依据，从而确保要求的进度目标得以实现。一般采取的调整措施是改变某些后续工作间的逻辑关系和缩短或延长某些后续工作的持续时间等。

(5) 检查措施的落实情况

进度计划调整之后，应采取相应的组织、经济、技术等措施执行，并继续监测其执行情况。

(6) 及时沟通

进度计划的变更必须与有关单位和部门及时沟通。

2. 进度计划的内容

进度计划应包括下列内容：

① 各工作工程量的完成情况；

② 关键工作的工作时间的执行情况及时差利用情况；

③ 资源使用及与进度的匹配情况；

④ 上次检查提出问题的整改情况；

⑤ 进度计划检查后应按下列内容编制进度报告：

a. 进度执行情况的综合描述；

b. 实际进度与计划进度的对比资料；

c. 进度计划的实施问题及原因分析；

d. 进度执行情况对质量、安全和成本等的影响情况；

e. 采取的措施和对未来计划进度的预测。

6.6.2 工程项目进度计划的检查方法

进度的检查与进度计划的执行是融汇在一起的。进度计划的检查方法主要是采用对比法，即实际进度与计划进度进行对比。一般最好是在图表上进行对比，不同的计划图形产生了多种检查方法。常用的进度比较方法有横道图、S曲线、香蕉曲线、前锋线、列表比较法和网络计划比较法等几种。

1. 横道图比较法

横道图比较法是指将项目实施过程中检查实际进度收集到的数据，经加工整理后直接用横道线平行绘于原计划的横道线处，进行实际进度与计划进度的比较方法。采用横道图比较法，可以形象、直观地反映实际进度与计划进度的比较情况。

另外，横道图比较法还可以用双比例单侧横道图比较法和双比例双侧横道图比较法两种形式，如图6-19和图6-20所示。两种方法的相同之处是在工作计划横道线上下两侧作两条时间坐标线，并在两坐标线内侧逐日(或每隔一个单位时间)分别书写与记载相应工作的计划与实际累计完成比例即形成所谓的“双比例”；其不同之处是前一方法用单侧附着于计划横道线的涂黑粗线表示相应工作的实际起止时间与持续天数，后一方法则是以计划横道线总长表示计划工作量的100%，再将每日(或每单位时间)实际完成的工作量占计划工作总量的百分比逐一用相应比例长度的涂黑粗线交替画在计划横道线的上下两侧，借以直观反映计划执行过程中每日(或每单位时间)实际完成工作量的数量比例。

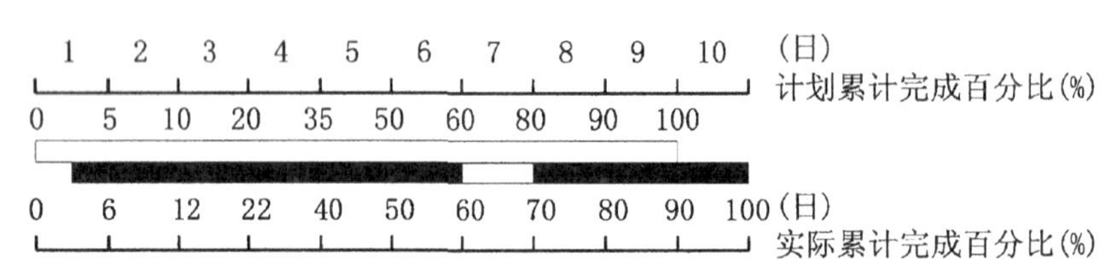

图 6-19 双比例单侧横道图比较法

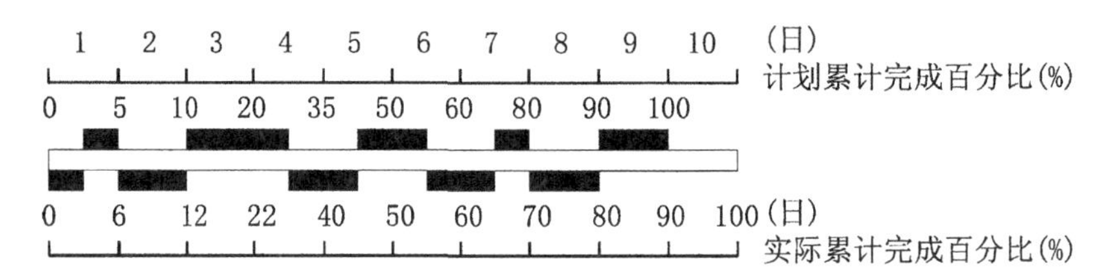

图 6-20 双比例双侧横道图比较法

由图 6-19 可知,原计划用 9 天完成的一项工作其实际完成时间为 10 天,实际与计划相比拖延一天,工作实际开始时间比计划推迟半天,且在第 7 天停工一天。而图 6-20 则表示计划用 9 天完成的一项工作其实际完成时间为 10 天,实际与计划相比拖延一天(计划横道线延长部分表示实际完成这项工作尚需的作业天数),同时通过该图计划横道线两侧涂黑粗线长度的相互比较还可一目了然地观察每天实际完成工作量的多少。最后,通过以上两图中两条时间坐标线上计划与实际累计完成百分比数的比较,还可直观反映计划执行中的每一天实际进度较计划进度的超前或滞后幅度。

2. S 形曲线比较法

从工程项目建设进展的全过程看,单位时间内完成的工作任务量一般都随着时间的递进而呈现出两头少、中间多的分布规律,即工程的开工和收尾阶段完成的工作任务量少而中间阶段完成的工作任务量多。这样以横坐标表示进度时间,以纵坐标表示累计完成工作任务量而绘制出来的曲线将是一条 S 形曲线,如图 6-21 所示。S 形曲线比较法就是将进度计划确定的计划累计完成工作任务量和实际累计完成工作任务量分别绘制成 S 形曲线,并通过两者的比较借以判断实际进度与计划进度相比是超前还是滞后,并可得出其他各种有关进度信息的进度计划执行情况的检查方法。应用 S 形曲线比较法比较实际和计划两条 S 形曲线可以得出以下分析与判断结果。

(1) 实际进度与计划进度比较情况

对应于任意检查日期,与相应的实际进展 S 形曲线上的一点,若位于计划 S 形曲线左侧表示此时实际进度比计划进度超前,位于右侧则表示实际进度比计划进度滞后。在图 6-21 中,ΔT_a 表示此时刻实际进度超前的时间,ΔT_b 表示 b 时刻实际进度滞后的时间。ΔQ_a 表示 a 时刻超额完成的工作任务量,ΔQ_b 表示在 b 时刻拖欠的工作任务量。

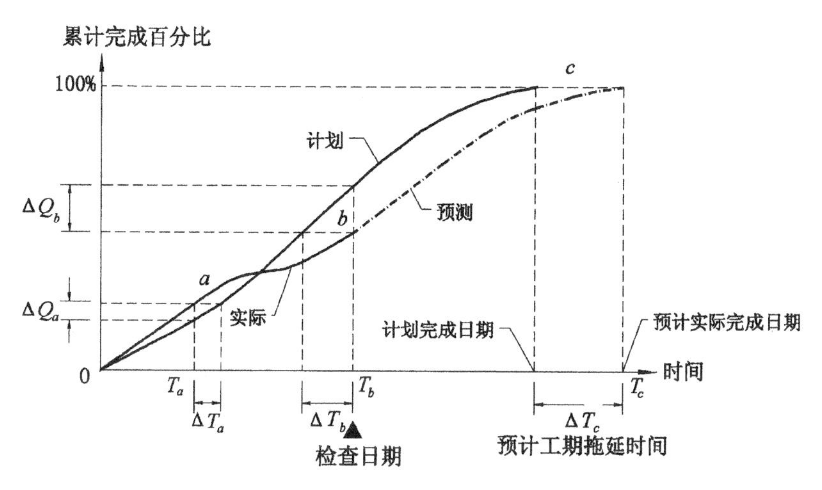

图 6-21 S 形曲线比较法

(2) 预测工作进度。若后期工程按原计划速度进行，则可做出后期工程计划 S 形曲线如图 6-21 中虚线部分，从而可以确定此项工程总计拖延时间的预测值为 ΔT_c。

3. 香蕉形曲线比较法

根据网络计划的原理，网络计划中的任何一项工作均可具有最早开始和最迟开始两种不同的开始时间，而一项计划工作任务随着时间的推移其逐日累计完成的工作任务量可以用 S 形曲线表示。于是，对工程网络计划而言，其逐日累计完成的工作任务量就必然都可借助于两条 S 形曲线概括表示：一是按工作的最早开始时间安排计划进度而绘制的 S 形曲线称为 *ES* 曲线；二是按工作的最迟开始时间安排计划进度而绘制的 S 形曲线称为 *LS* 曲线。两条曲线除在开始点和结束点相重合外，*ES* 曲线的其余各点均落在 *LS* 曲线的左侧，使得两条曲线围合成一个形如香蕉的闭合曲线圈，故称为香蕉形曲线，如图 6-22 所示。

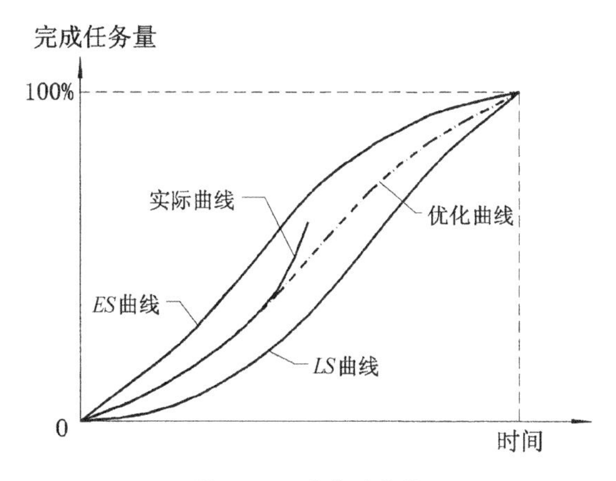

图 6-22 香蕉形曲线

在项目实施过程中进度管理的理想状况是在任一时刻按实际进度描出的点均落在香蕉形曲线区域内,呈正常状态。而一旦按实际进度描出的点落在 ES 曲线的上方(左侧)或 LS 曲线的下方(右侧),则说明与计划要求相比实际进度超前或滞后,已产生进度偏差。进度超前或滞后的时间与超额或拖欠的工作任务量均可直接从图中量测或计算得到。香蕉形曲线还可用于对工程实际进度进行合理的调整与安排,或确定在计划执行情况检查状态下后期工程的 ES 曲线和 LS 曲线的变化趋势。

4. 前锋线比较法

前锋线是指在原时标网络计划上,从检查时刻的时标点出发,用点划线依此将各项工作实际进展位置点连接而成的折线。前锋线比较法就是在时标网络计划中通过绘制某检查时刻工程项目实际进度前锋线,并与原进度计划中各工作箭线交点的位置来判断工作实际进度与计划进度的偏差,进而判定该偏差对后续工作及总工期影响程度的一种方法。采用前锋线比较法进行实际进度与计划进度的比较,其步骤如下。

(1) 绘制时标网络计划图

实际进度前锋线是在时标网络计划图上标示,为清楚起见,可在时标网络计划图的上方和下方各设一时间坐标。

(2) 绘制实际进度前锋线

实际进度前锋线是在原时标网络计划上,自上而下地从计划检查时刻的时标点出发,用点划线依次将各项工作实际进度达到的前锋点连接而成的折线。一般从时标网络计划图上方时间坐标的检查日期开始绘制,依次连接相邻工作的实际进展位置点,最后与时标网络计划图下方坐标的检查日期相连接。工作实际进展位置点的标定方法有按该工作已完任务量比例进行标定和按尚需作业时间进行标定两种。

① 按已完成的实物工程(工作)量比例进行标定。假设项目中各项工作均按匀速进行,且时标网络图上箭线的长短与相应工作的持续时间对应,也与其实物工程量的多少成正比。检查时刻某工作的实物工程量完成了几分之几,其前锋点就从表示该工作的箭线起点由左至右标在箭线长度几分之几的位置。

② 按尚需时间进行标定。有些工作的持续时间难以按实物工程量来计算,只能凭经验估算,估算出从检查时刻起到该工作全部完成尚需要的时间,从该工作的箭线末端反过来标出实际进度前锋点的位置。

通过实际进度前锋线与原进度计划中各工作箭线交点的位置可以判断实际进度与计划进度的偏差。

(3) 进行实际进度与计划进度的比较

前锋线可以直观地反映出检查日期有关工作实际进度与计划进度之间的关系。对某项工作来说,其实际进度与计划进度之间的关系可能存在以下三种情况。

① 工作实际进展位置点落在检查日期的左侧,表明该工作实际进度拖后,拖后时间为两者之差。

② 工作实际进展位置点与检查日期重合，表明该工作实际进度与计划进度一致。

③ 工作实际进展位置点落在检查日期的右侧，表明该工作实际进度超前，超前时间为两者之差。

(4) 预测进度偏差对后续工作及总工期的影响

通过实际进度与计划进度的比较确定进度偏差后，还可根据工作的自由时差和总时差预测该进度偏差对后续工作及项目总工期的影响。

【例 6-4】 某工程项目时标网络计划如图 6-23 所示。该计划执行到第 6 周末检查实际进度时，发现工作 A 和 B 已经全部完成，工作 D、E 分别完成计划任务量的 1/5和 1/3，工作 C 尚需 3 周完成，试用前锋线法进行实际进度与计划进度的比较。

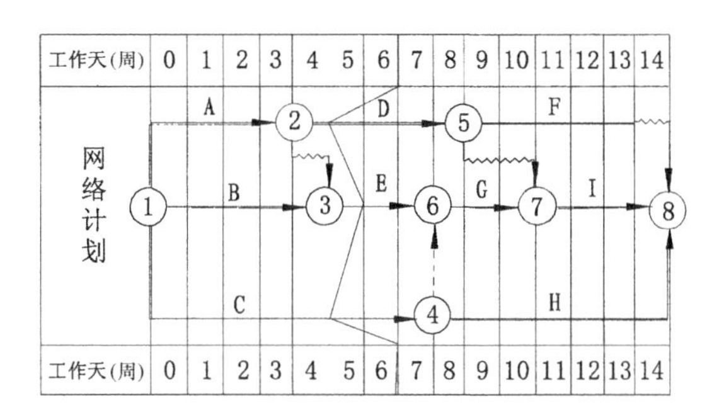

图 6-23　某工程前锋线比较图

【解】 根据第 6 周末实际进度的检查结果绘制前锋线，如图 6-23 中点划线所示。通过比较可以看出：①工作 D 实际进度拖后 2 周，将使其后续工作 F 的最早开始时间推迟 2 周，使总工期延长 1 周；②工作 E 实际进度拖后 1 周，既不影响总工期，也不影响其后续工作的正常进行；③工作 C 实际进度拖后 2 周，将使其后续工作 G、H、I 的最早开始时间推迟 2 周。由于工作 G、I 开始时间的推迟，从而使总工期延长 2 周；④如果不采取措施加快进度，该工程项目的总工期将延长 2 周。

6.6.3　工程项目进度计划实施中的调整

进度计划的调整应包括工程量、起止时间、工作关系、资源提供、必要的目标调整以及进度计划调整后应编制新的进度计划，并及时与相关单位和部门沟通。进度控制与投资控制、质量控制一样，是开发项目在施工中的重点控制目标之一。它是保证开发项目按期完成，合理安排资源供应，节约工程成本的重要措施之一。网络计划在进度控制中的作用主要是指在既定的工期内，编制出最优的施工进度计划，确定开发项目总进度控制目标和分进度控制目标。在项目实施的全过程中，要进行施工实际进度与计划进度的比较，如出现偏差应及时采取措施调整，以保证开发项目按期完成。

1. 网络计划工期调整方法

网络计划工期调整方法可以改变某些工作逻辑关系,也可以缩短某些工作的持续时间。在一般情况下,承包商提交的施工进度计划一经审定就视为合同工期,但是在执行过程中往往会出现偏差,这样就必须对原计划进行调整,否则就无法按原计划期完成任务。

网络计划的工期调整可按下列步骤进行。

第一,确定初始网络计划的计算工期和关键线路。

第二,按要求工期计算应缩短的时间 ΔT:

$$\Delta T = T_c - T_r$$

式中,T_c——网络计划的计算工期;

T_r——要求工期。

第三,选择应该缩短持续时间的关键工作。选择压缩对象时须符合以下条件:①缩短持续时间对质量和安全影响不大;②有充足备用资源;③缩短持续时间所需增加的费用最少。

第四,将选定工作的持续时间压缩至最短,并重新确定关键线路、计算工期。若被压缩的工作变成非关键工作,则应延长其持续时间,使之仍为关键工作。

第五,当计算工期仍超过要求工期时,则重复上述第二至第四步,直至计算工期满足要求工期或计算工期已不能再缩短为止。

第六,当所有关键工作的持续时间都已达到其所能缩短的极限而寻求不到继续缩短工期的方案,而网络计划的计算工期仍不能满足要求工期时,应对网络计划的原技术方案、组织方案进行调整,或对要求工期重新审定。

2. 网络计划在进度计划中的应用

【例 6-5】 已知开发项目双代号网络计划如图 6-24 所示,图中箭线下方括号外的数字为工作的正常持续时间,括号内数字为最短持续时间;箭线上方括号内数字为优选系数,该系数是综合考虑了质量、安全和费用等情况而确定的。在选择关键工作压缩其持续时间时,应选择优选系数最小的关键工作。若需要同时压缩多个关键工作的持续时间时,则它们的优选系数之和(组合优选系数)最小者应优先作为压缩对象。现假设要求工期为 16,试对其进行工期优化。

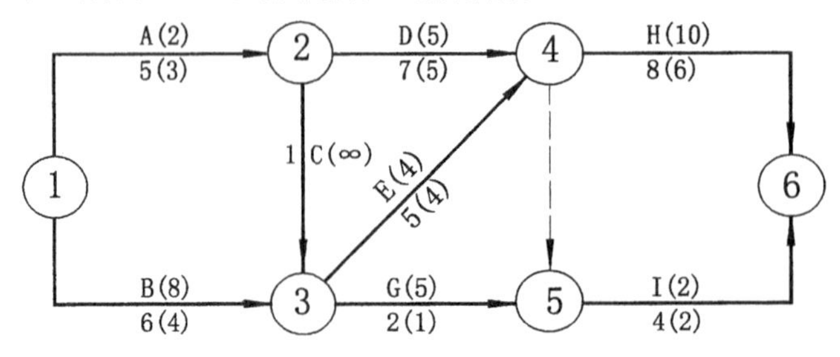

图 6-24 初始网络计划

【解】 该网络计划的工期优化可按以下步骤进行。

(1) 根据各项工作的正常持续时间，用标号法确定网络计划的计算工期和关键线路，如图6-25所示。此时关键线路为①—②—④—⑥。

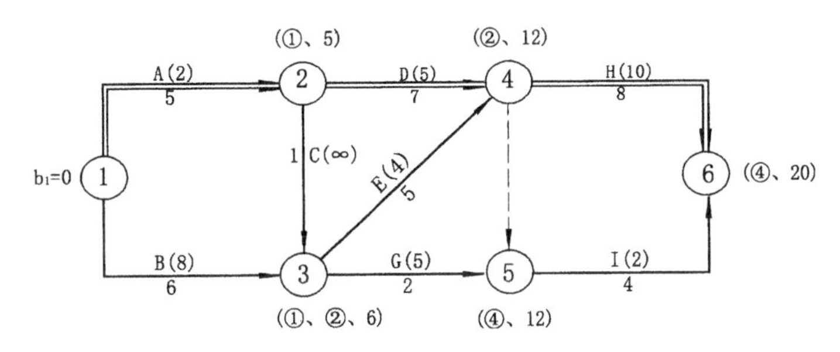

图6-25 初始网络计划中的关键线路

(2) 计算应缩短的时间：

$$\Delta T = T_c - T_r = 20 - 16 = 4$$

(3) 由于此时关键工作为工作A、工作D和工作H，而其中工作A的优选系数最小，故应将工作A作为优先压缩对象。

(4) 将关键工作A的持续时间压缩至最短持续时间3，利用标号法确定新的计算工期和关键线路，如图6-26所示。此时，关键工作A被压缩成非关键工作，故将其持续时间3延长为4，使之成为关键工作。工作A恢复为关键工作之后，网络计划中出现两条关键线路，即：①—②—④—⑥和①—③—④—⑥，如图6-27所示。

(5) 由于此时计算工期为19，仍大于要求工期，故需继续压缩。需要缩短的时间：

$$\Delta T_1 = 19 - 16 = 3$$

在图6-27所示网络计划中，有以下五个压缩方案：

① 同时压缩工作A和工作B，组合优选系数为：2+8=10；

② 同时压缩工作A和工作E，组合优选系数为：2+4=6；

③ 同时压缩工作B和工作D，组合优选系数为：8+5=13；

④ 同时压缩工作D和工作E，组合优选系数为：5+4=9；

⑤ 压缩工作H，优选系数为10。

在上述压缩方案中，由于工作A和工作E的组合优选系数最小，故应选择同时压缩工作A和工作E的方案。将这两项工作的持续时间各压缩1(压缩至最短)，再用标号法确定计算工期和关键线路，如图6-28所示。此时，关键线路仍为两条，即①—②—④—⑥和①—③—④—⑥。

在图6-28中，工作A和E持续时间已达最短，不能再压缩，其优选系数变为无穷大。

(6) 由于此时计算工期为18，仍大于要求工期，故需继续压缩。需要缩短的时间：

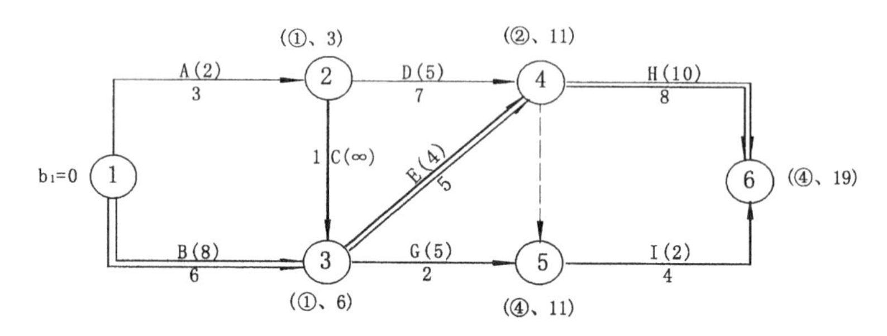

图 6-26 工作压缩最短时的关键线路

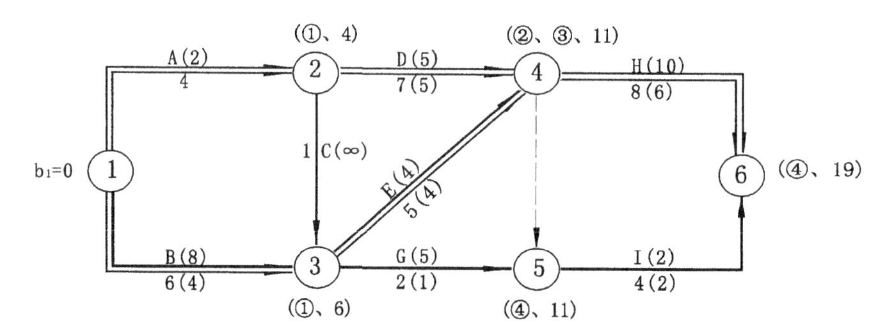

图 6-27 第一次压缩后的网络计划

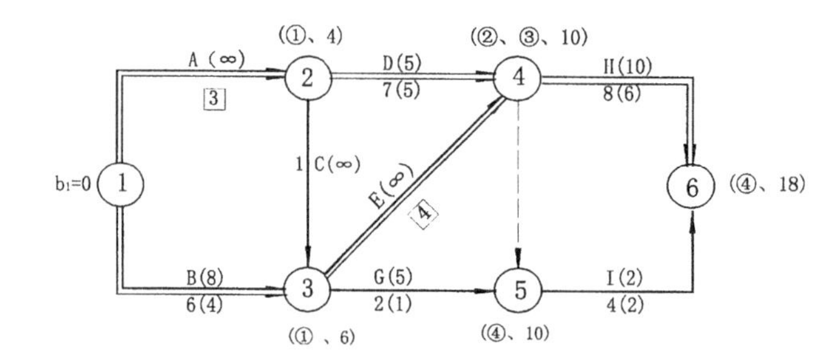

图 6-28 第二次压缩后的网络计划

$$\Delta T_2 = 18 - 16 = 2$$

在图 6-29 所示网络计划中，由于关键工作 A 和 E 已不能再压缩，故此时只有两个压缩方案：

① 同时压缩工作 B 和工作 D，组合优选系数为 8+5=13；

② 压缩工作 H，优选系数为 10。

在上述压缩方案中，由于工作 H 的优选系数最小，故应选择压缩工作 H 的方案。将工作 H 的持续时间缩短 2，再用标号法确定计算工期和关键线路，如图 6-29 所示。此时，计算工期为 16，已等于要求工期，故图 6-29 所示网络计划即为优化方案。

【例 6-6】 某项目如图 6-30 所示，进度按计划正在进行中，箭线上方数字为工作

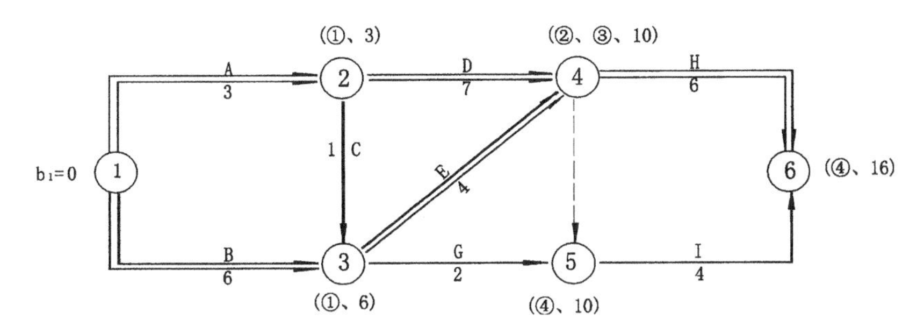

图 6-29　工期优化后的网络图

缩短一天需增加的费用(元/天)，箭线下括弧外的数字为正常施工工作时间，箭线下括弧内数字为工作最快施工时间。原计划工期是 220 天，在第 110 天检查时，工作 2—3(构件安装)已全部完成，工作 3—5(专业工程)刚刚开始施工，3—4 已按计划完成。由于 3—5 是关键工作，所以它拖后 10 天，将导致工期延长 10 天。为使计划按原工期(220 天)完成，则必须赶工，调整原计划。

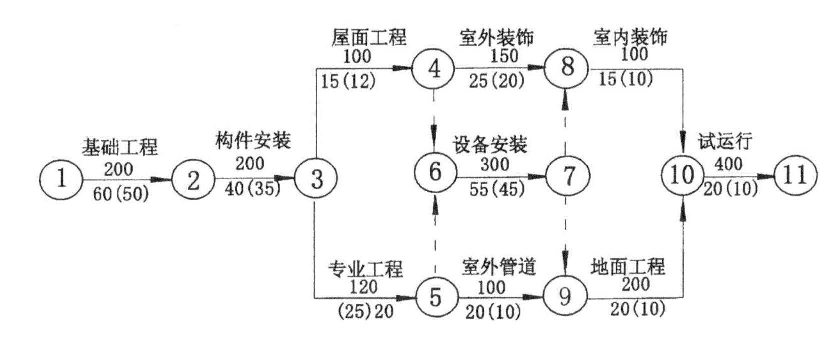

图 6-30　某开发项目网络进度计划图

【解】 (1) 绘制前锋线图(见图 6-31)。

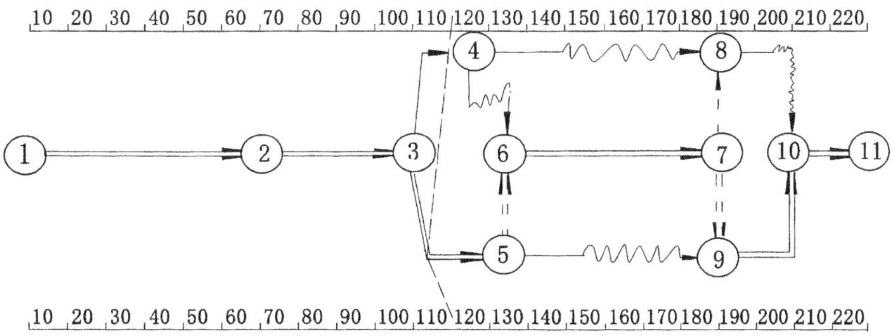

图 6-31　前锋线图

4—8 工作总时差 45 天，自由时差为 40 天。

(2) 工作 3—5 赶工费最低(余下工作中)故可压缩工作 3—5，可压缩时间为

25—20=5 天,因此增加费用为 5×120 元=600 元;其次 9—10 工作赶工费用较低,但必须考虑与 9—10 平行工作 8—10,故只能压缩 5 天,增加费用 5×200 元=1000 元。

此时总工期为(220−10)天=210 天。

此时关键工作增加 8—10,调整后的网络计划如图 6-32 所示。

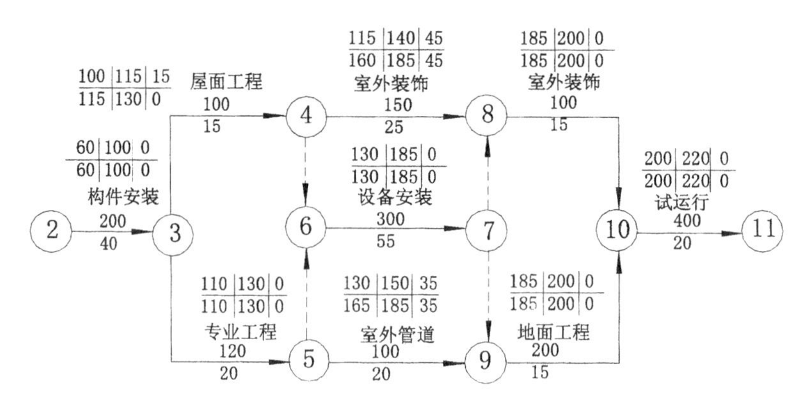

图 6-32 调整后的网络图

6.7 工程项目进度控制

6.7.1 工程项目进度控制概述

1. 工程项目进度控制的概念

工程项目进度控制是指项目管理者围绕目标工期的要求编制计划,付诸实施,并在实施过程中不断检查计划的实际执行情况、分析进度偏差原因、进行相应调整和修改。通过对进度影响因素实施控制及各种关系协调,综合运用各种可行方法、措施,将项目的计划工期控制在事先确定的目标工期范围之内,在兼顾费用、安全、质量控制目标的同时,努力缩短建设工期。工程项目进度管理的对象是项目建设工期。

由于在工程项目建设过程中存在着许多影响进度的因素,因此,进度管理人员必须事先对这些影响因素进行调查分析,预测其影响程度,确定合理的进度管理目标,编制可行的进度计划,使工程建设工作始终按计划进行。但不管进度计划的周密程度如何,有时很难照原定的进度计划执行。为此,进度管理人员必须掌握动态控制原理,在分析进度偏差及其产生原因的基础上,通过采取组织、技术、合同、经济等措施,尽量维持原进度计划。如果采取措施后仍不能维持原计划,则需要对原进度计划进行调整或修正,再按新的进度计划实施。只有这样不断地检查和调整,才能保证工程项目进度得到有效控制与管理。

2. 工程项目进度的影响因素

由于工程项目具有规模庞大、工程结构与工艺技术复杂、建设周期长及相关单位多等特点，决定了工程项目进度将受到许多因素的影响。要想对工程项目进度进行有效地管理，就必须对影响进度的有利因素和不利因素进行全面、细致的分析和预测，以实现对工程项目进度的主动控制和动态控制。

影响工程项目进度的不利因素有很多，大体可包括人员因素、技术因素、组织因素、材料、设备与构配件因素、资金因素、水文、地质与气象因素、环境、社会因素及其他事先难以预料的因素等等。若按产生根源的不同，可归结为来自于业主单位、设计单位、施工单位、建筑材料和构配件等生产供应单位、政府及建设主管部门、质量监督与检测机构、建设监理单位、工程建设有关配合协作单位及项目建设所在地区周边邻近单位与社区人群等的各种影响因素。若按引起缘由的不同，可归因为：①错误地估计了项目的实际具体情况及项目的实现条件，缺乏周密的项目风险分析过程；②发生了项目决策、筹备或实施过程中某些方面工作的失误；③发生了不可预见事件，若根据 FIDIC 合同条件下对造成工程进度拖延进行的责任区分及处理办法，又可归结为工程延误和工程延期。若工程项目为国际工程项目，在国外常见的法律及制度变化，经济制裁，战争、骚乱、罢工、企业倒闭，汇率浮动和通货膨胀等，都会对工程项目的进度产生不利影响。

6.7.2 工程项目进度控制的基本原理

工程项目进度控制始于进度计划的编制，是一个不断编制、执行、检查、分析和调整计划的动态循环过程。工程项目进度控制过程中必须遵循以下原理。

1. 动态控制原理

当实际进度按照计划进度进行时，若存在偏差，要分析偏差的原因，采取相应的措施，调整原计划，使两者在新的起点上重合，继续按计划进行工程建设活动。但在新的干扰因素作用下，又需要进行控制，如此反复。工程项目进度管理就是采用这种动态循环的控制方法。

2. 系统原理

将系统原理运用于进度管理的主要含义如下：

① 应按工程项目建设阶段分别编制计划，从而形成严密的进度计划系统；

② 建立由各个不同管理主体及其不同管理层次组成的进度管理组织实施系统；

③ 进度管理自计划编制开始，经过计划实施过程中的跟踪检查、发现进度偏差、分析偏差原因、制定调整或修正措施等一系列环节再回到对原进度计划的执行或调整，从而构成一个封闭的循环系统；

④ 采用工程网络计划技术编制进度计划并对其执行情况实施严格的量化管理。

3. 信息反馈原理

信息反馈是工程项目进度管理的主要环节。工程的实际进度通过信息反馈给项目进度管理的工作人员，在分工的职责范围内，经过对其加工，再将信息逐级向上反馈，直到项目经理部，项目经理部整理统计各方面的信息，经比较分析做出决策，调整进度计划,仍使其符合预定工期目标。

4. 弹性原理

进度计划编制者应充分掌握影响进度的原因,并根据统计经验估计出其影响的程度和出现的可能性,并在确定进度目标时,进行实现目标的风险分析,这样编制工程项目进度计划时就会留有余地,使工程进度计划具有弹性。在进行工程项目进度管理时,便可以利用这些弹性,缩短有关工作的时间,或者改变它们之间的搭接关系,使拖延了的工期通过缩短剩余计划工期的方法,仍然达到预期的计划目标。

5. 封闭循环原理

工程项目进度计划管理的全过程是计划、实施、检查、比较分析、确定调整措施、再计划。从编制项目进度计划开始,经过实施过程中的跟踪检查,收集有关实际进度的信息,比较和分析实际进度与计划进度之间的偏差,找出产生原因和解决办法,确定调整措施,再修改原进度计划,形成一个封闭的循环系统。

6. 网络计划技术原理

在工程项目进度管理中利用网络计划技术原理编制进度计划,根据收集的实际进度信息,比较和分析进度计划,又利用网络计划的工期优化、费用优化和资源优化的理论调整计划。网络计划技术原理是工程项目进度管理完整的计划管理和分析计算的理论基础。

6.7.3 工程项目进度控制的措施

为了实施进度控制,进度控制人员必须根据工程项目的具体情况,认真制定进度管理措施,以确保进度管理目标的实现。进度控制的措施应包括组织措施、技术措施、经济措施及合同措施。

1. 组织措施

组织措施主要包括:建立进度管理目标体系,明确工程项目现场组织机构中进度管理人员及其职责分工;建立工程进度报告制度及进度信息沟通网络;建立进度计划审核制度和进度计划实施中的检查分析制度;建立进度协调会议制度;建立施工图审查、工程变更和设计变更管理制度。

2. 技术措施

技术措施主要包括:审查进度计划,以便能在合理的状态下施工;编制进度管理工作细则,指导进度管理人员实施进度控制;采用网络计划技术及其他科学适用的计划方法,并结合电子计算机的应用,对工程项目进度实施动态控制。

3. 经济措施

经济措施主要包括:及时办理工程预付款及工程进度款支付手续;对应急赶工给予优厚的赶工费用;对工期提前给予奖励;对工程延误收取误期损失赔偿金;加强索赔管理,公正地处理索赔。

4. 合同措施

合同措施主要包括:推行 CM 承发包模式,对工程项目实行分段设计、分段发包和分段施工;加强合同管理,协调合同工期与进度计划之间的关系,保证合同中进度目标的实现;严格控制合同变更,对各方提出的工程变更和设计变更,应严格审查后再补入合同文件之中;加强风险管理,在合同中应充分考虑风险因素及其对进度的影响,以及相应的处理方法。

6.7.4 工程项目进度控制的主要任务

1. 设计准备阶段进度控制的任务

此阶段的主要任务是:收集有关工期的信息,进行工期目标和进度管理决策;编制工程项目建设总进度计划;编制设计准备阶段详细工作计划,并控制其执行;进行环境及施工现场条件的调查和分析。

2. 设计阶段进度控制的任务

此阶段的主要任务是:编制设计阶段工作计划,并控制其执行;编制详细的出图计划,并控制其执行。

3. 施工阶段进度控制的任务

此阶段的主要任务是:编制施工总进度计划,并控制其执行;编制单位工程施工进度计划,并控制其执行;编制工程年、季、月实施计划,并控制其执行。

6.7.5 工程项目设计阶段进度控制的主要任务

1. 工程项目设计进度控制的主要任务

工程项目设计进度控制的主要任务是出图控制,也就是通过采取有效措施使工程设计者如期完成初步设计、技术设计、施工图设计等各阶段的设计工作,并提交相应的设计文件。为此,设计单位要制订科学的设计进度计划和各专业的出图计划,并在设计实施过程中,跟踪检查这些计划的执行情况,定期将实际进度与计划进度进行比较,进而纠正或修订进度计划,若发现进度拖后,设计单位应采取有效措施加快进度。

2. 设计进度控制的目标体系

工程项目设计进度控制的最终目标是按质、按量、按时间要求提供施工图设计文件。为了对设计进度进行有效地管理需要将进度控制总目标按设计进展阶段和专业进行分解,从而形成设计阶段进度控制目标体系。

(1) 设计进度控制分阶段目标

工程项目设计主要包括设计准备、初步设计、技术设计、施工图设计等阶段的工作,为了确保设计进度控制总目标的实现,应明确每一阶段的进度控制目标。

① 设计准备工作时间目标。

设计准备工作阶段主要包括规划设计条件的确定、设计基础资料的提供以及委托设计等工作,它们都应有明确的时间目标。

② 初步设计、技术设计工作时间目标。

初步设计应根据建设单位所提供的设计基础资料进行编制,技术设计应根据初步设计文件进行编制。为了确保工程项目设计进度总目标的实现,并保证工程设计质量,应根据工程项目的具体情况,确定出合理的初步设计和技术设计周期目标。该时间目标中,除了要考虑设计工作本身及进行设计分析和评审所花的时间外,还应考虑设计文件的报批时间。

③ 施工图设计工作时间目标。

施工图设计应根据批准的初步设计文件(或技术设计文件)和主要设备订货情况进行编制。施工图设计是工程设计的最后一个阶段,其工作进度将直接影响工程项目的施工进度,进而影响工程项目设计进度总目标的实现。因此,必须确定合理的施工图设计交付时间,确保工程项目设计进度总目标的实现,从而为工程施工的正常进行创造良好的条件。

(2) 设计进度控制分专业目标

为了有效地控制工程项目设计进度,还应将各阶段设计进度目标具体化,进行进一步分解。例如,可以将初步设计工作时间目标分解为方案设计时间目标和初步设计时间目标;将施工图设计时间目标分解为基础设计时间目标、结构设计时间目标、装饰设计时间目标及安装图设计时间目标,或分解为总图或工艺设计时间目标、建筑设计时间目标、结构设计时间目标和水暖电等设备设计时间目标等。这样,设计进度控制目标便构成了一个从总目标到分目标的完整的目标体系。

3. 设计进度控制措施

工程项目设计工作属于多专业协作配合的智力劳动。在工程设计过程中,影响其进度的因素有很多,如建设意图及要求改变的影响、设计审批时间的影响、设计各专业之间不协调配合等的影响。这些影响因素发生时,都会改变工程项目的设计进度,并产生进度偏差。为了履行设计合同,按期提交施工图设计文件,要求设计单位必须事先充分考虑这些影响因素,对设计进度进行有效管理。其控制措施主要有如下几点。

① 建立进度计划部门。负责设计单位年度计划的编制和工程项目设计进度各目标计划的编制。

② 建立健全设计技术经济定额。设计要经济合理,避免返工,并按定额要求进行计划的编制与考核。

③ 实行设计工作技术经济责任制。将职工的经济利益与其完成任务的质量和设计进度挂钩。

④ 编制切实可行的设计总进度计划、阶段性设计进度计划和设计进度作业计划。在编制计划时,加强与业主、监理单位、科研单位及承包商的协作与配合,使设计进度计划积极可靠。

⑤ 精心实施设计进度计划,力争设计工作有节奏、有秩序、合理搭接地进行。在

执行计划时，要经常检查计划的执行情况，发现有偏差应及时对设计进度进行调整，使设计工作始终处于可控状态，保证将各设计阶段的每一张图(包括其相应的设计文件)的进度都纳入监控之中。

⑥ 坚持按基本建设程序办事。尽量避免“边设计、边准备、边施工”的“三边”设计。

⑦ 不断分析总结设计进度控制工作经验，逐步提高设计进度控制工作水平。

⑧ 推广和应用标准设计。在设计工作中，尽量推广和应用标准设计，以加快设计进度。并能不断总结和自行编制本设计单位使用或本专业使用的通用图和复用图。

⑨ 与业主、监理单位密切配合。要严格管理设计变更，消除业主对设计进度的不利影响。当业主委托监理单位进行工程设计监理时，应积极配合监理人员对设计进度的监控，以加快设计进度。

⑩ 处理好CM(Construction Management)方法的应用。对周期长、工期要求紧迫的大型复杂工程项目，当采用CM承发包模式时，由于采取分阶段发包，使设计与施工充分地搭接，这就对设计方案的施工可行性和合理性、设计文件的质量和设计进度提出了更高、更严的要求。进度管理人员必须采取有效措施，使工程设计与施工能协调进行，避免出现因设计进度拖延而导致施工进度受影响等不正常情况的出现，最终确保工程项目进度总目标的实现。

6.7.6 工程项目施工阶段进度控制的主要任务

1. 施工进度控制目标体系

工程项目实体的形成阶段是施工阶段，对其进度实施控制是工程项目进度控制的重点。工程项目施工阶段进度控制的最终目的是保证工程项目按期建成交付使用。为了有效地控制施工进度，首先要将施工进度总目标从不同角度进行层层分解，形成施工进度控制目标体系，从而作为实施进度控制的依据。工程项目不但要有项目建成交付使用的确切日期这个总目标，还要有各单位工程交工动用的分目标以及按承包单位、施工阶段和不同计划期划分的分目标。各目标之间相互联系，共同构成工程项目施工进度控制目标体系。

在确定施工进度分解目标时，主要考虑工程项目总进度目标对施工工期的要求、工期定额、类似工程项目的实际进度、工程难易程度和工程条件的落实情况等，还要合理安排好土建与设备的综合施工；要做好资金供应能力、施工力量配备、物资供应能力与施工进度的平衡工作；要考虑外部协作条件的配合情况和工程项目所在地区地形、地质、水文、气象等方面的限制条件。具体施工进度目标分解和要求如下所述。

(1) 按项目组成分解，确定各单位工程开工及动用日期

将建设工程项目分解成多个单位工程，各单位工程的进度目标在工程项目总进度计划及工程项目年度计划中都有体现。在施工阶段应进一步明确各单位工程的开

工和交工动用日期,以确保施工总进度目标的实现。

(2) 按承包单位分解,明确分工条件和承包责任

在一个单位工程中有多个承包单位参加施工时,应按承包单位将单位工程的进度目标分解,明确不同承包单位工作面交接的条件和时间。

(3) 按施工阶段分解,划定进度控制分界点

根据工程项目的特点,应将其施工分成几个阶段,如土建工程可分为基础、结构和内外装修等阶段。每一阶段的起止时间都要有明确的标志。

(4) 按计划期分解,组织综合施工

将工程项目的施工进度控制目标按年度、季度、月(或旬)进行分解,并用实物工程量、货币工作量及形象进度表示,这样会更有利于明确对各承包单位的进度要求。同时,还可以据此督促其实施,检查其完成情况。计划期愈短,进度目标愈细,进度跟踪就愈及时,发生进度偏差时也就更能有效地采取措施予以纠正。

2. 施工进度控制的工作内容

工程项目施工进度控制工作从事先分析工程项目施工进度的影响因素开始,直至工程项目保修期满为止,其工作内容如下。

(1) 认真分析工程项目施工进度的影响因素

进度控制人员必须对影响工程项目施工进度的因素进行认真分析,进而提出保证施工进度计划实施成功的措施,以实现对工程项目施工进度的主动控制。

(2) 编制施工进度控制工作细则

施工进度控制工作细则的主要内容包括:施工进度控制目标分解图,施工进度控制的主要工作内容和深度,进度控制人员的职责分工,与进度控制有关各项工作的时间安排及工作流程,进度控制的方法(包括进度检查周期、数据采集方式、进度报表格式、统计分析方法等),进度控制的具体措施(包括组织、技术、经济及合同措施等),施工进度控制目标实现的风险分析,尚待解决的有关问题等。

(3) 审核施工进度计划

施工进度计划审核的内容主要包括:进度安排是否符合工程项目总进度计划中总目标和分目标的要求;施工总进度计划中的项目是否有遗漏,分期施工是否满足分批动用的需要和配套动用的要求;施工顺序的安排是否符合施工工艺的要求;劳动力、材料、构配件、设备及施工机具、水、电等生产要素的供应计划是否能保证施工进度计划的实现,供应是否均衡,需求高峰期是否有足够能力实现计划供应;总包、分包单位分别编制的各单位工程施工进度计划之间是否相协调,专业分工与计划衔接是否明确合理等。

(4) 工程开工令

根据承包单位和业主双方关于工程开工的准备情况,选择合适的时机发布工程开工令。工程开工令的发布,要尽可能及时,因为从发布工程开工令之日算起,加上合同工期后即为工程竣工日期。如果开工令发布拖延,就等于推迟了竣工时间,甚至

可能引起索赔。

（5）施工进度计划的实施

这是工程项目施工进度控制的经常性工作。进度控制人员要经常进行现场实地进度检查，在对工程实际进度资料进行整理的基础上，应将其与计划进度相比较，以判定实际进度是否出现偏差。如果出现进度偏差，应进一步分析此偏差对进度控制目标的影响程度及其产生的原因，以便研究对策、提出纠偏措施。必要时还应对后期工程进度计划作适当的调整。

（6）组织现场协调会

进度控制人员应每月、每周定期组织召开不同层级的现场协调会议，以解决工程施工过程中的相互协调配合问题。在平行、交叉施工的单位数量多以及工序交接频繁且工期紧迫的情况下，现场协调会甚至需要每日召开。在会上通报和检查当天的工程进度，确定薄弱环节，部署当天的赶工任务，以便次日正常施工。

（7）整理和提交工程进度资料

进度控制人员应随时整理进度资料，并做好工程记录，定期向业主、监理工程师提交工程进度报告。工程完工后，应将工程进度资料收集起来，进行归类、编目和建档，以便为以后其他类似工程项目的进度控制提供参考。

（8）处理好工程延期与工程延误

由承包商自身原因引起的工程进度拖延称为工程延误，由承包商以外的原因引起的进度拖延称为工程延期。当出现工程延误时，承包商应采取有效措施加快施工进度。若经过赶工后，很明显出现不能按期竣工迹象时，应修改进度计划，获得进度管理人员和监理工程师的重新确认。当出现工程延期时，应根据合同规定合理地批准工程延期，承包商应按延期修改后的施工进度计划来有效控制施工进度。

6.8 工程项目进度优化

工期优化也称为时间优化，其目的是当网络计划计算工期不能满足要求工期时，通过不断压缩关键线路上关键工作的持续时间等措施，达到缩短工期、满足要求工期的目的。缩短工期的方法主要有强制缩短法，调整工作关系，利用时差缩短工期。强制缩短法即采取措施使网络计划中的某些关键工作的持续时间尽可能缩短。强制缩短法的一个重要问题就是选择哪些工作压缩其持续时间，达到缩短工期的目的。常用的方法有工期优化，费用-工期优化，工期-资源优化。

6.8.1 工期优化

工期优化也称时间优化，以缩短工期为目标，一般通过压缩关键工作持续时间来实现。

1. 工期优化的步骤

① 计算初始网络计划时间参数，找出关键工作和关键线路。

② 按照工期计算应缩短的时间。

③ 确定关键工作能压缩多少时间。

④ 选择应优先压缩工期的关键活动,压缩其持续时间,并重新计算网络计划的工期。

⑤ 如已经达到工期要求,则优化完成,否则重复以上步骤。

2. 工期优化在网络计划中的应用

【例 6-7】 网络计划如图 6-33,如计划工期为 120 天,试进行工期优化。

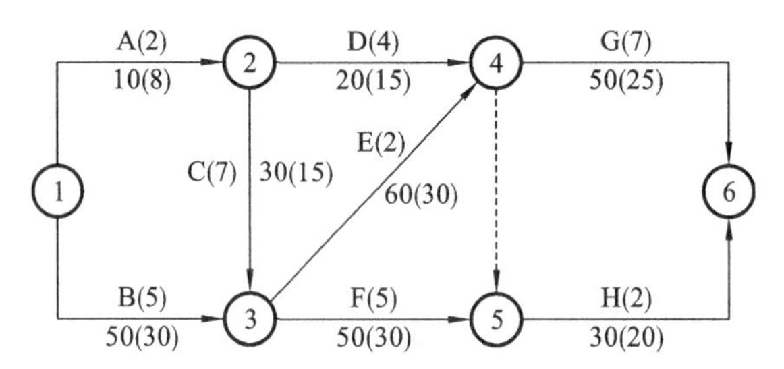

图 6-33 初始网络计划

【解】 工期优化的计划步骤如下。

(1) 计算时间参数,确定关键路线

如图 6-34 所示,初始网络计划中的关键线路为 B-E-G,计算工期为 160 天。

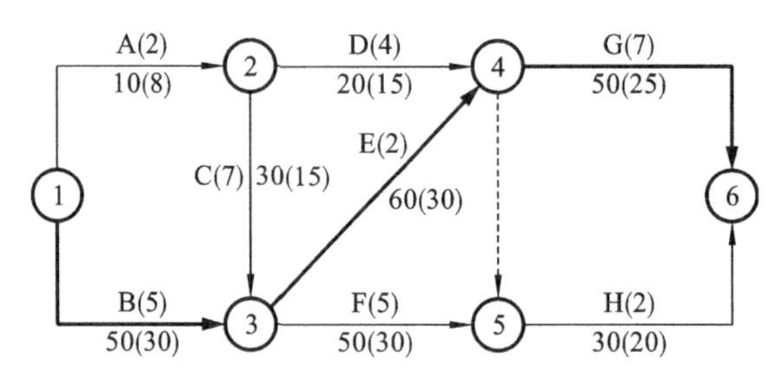

图 6-34 初始网络计划中的关键线路

(2) 缩短工期计算

需缩短的工期 $\Delta T=160-120=40$ 天。

(3) 选择关键工作进行优化

E 的优选系数最小,选择 E,压缩 30 天。

(4) 重新绘制网络图,计算时间参数

工期优化后的网络计划如图 6-35。

6.8.2 费用-工期优化

1. 目标

寻求最低成本时的最短工期,或按要求工期条件下寻求最低成本。

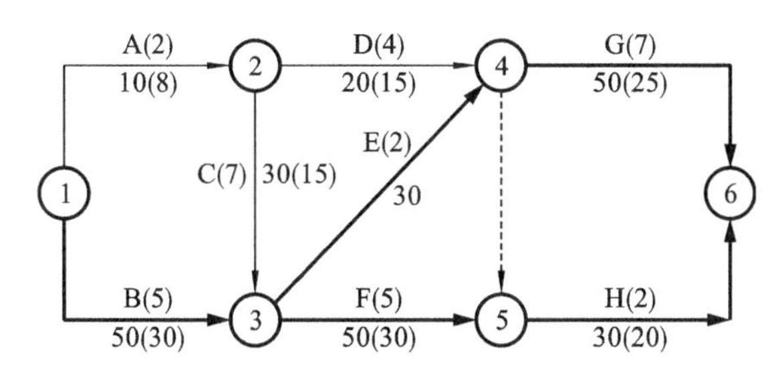

图 6-35　优化后的网络计划

2. 方法

① 考察工作持续时间和费用的关系。

② 一次找出既能使计划工期缩短，又能使费用增加最少的工作。

③ 不断缩短其持续时间，求出最低成本时的最短工期或工期指定时相应的最低成本。

3. 费用-工期优化方式的应用

【例 6-8】 某工程网络计划如图 6-36 所示，各工作的正常工作时间、极限工作时间及相应的费用如表所示。2—5 工作费用与持续时间为非连续型变化关系。要求对此计划进行工期成本优化。

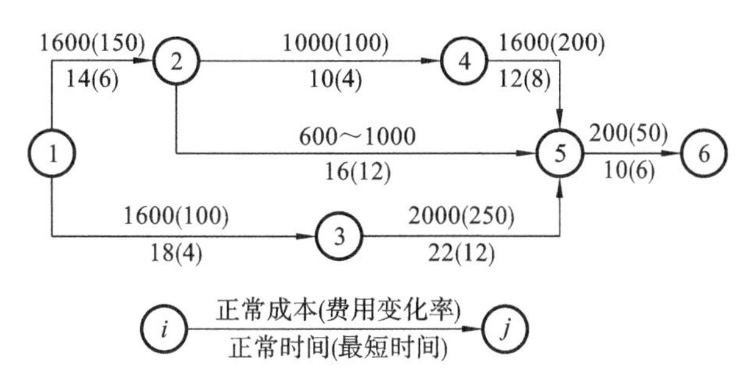

图 6-36　初始网络计划

注：工作 2—5，正常时间为 16 天，费用为 600 元，最短时间为 12 天，费用为 1000 元。

【解】 该网络计划的费用-工期优化可按以下步骤进行。

(1) 计算费用变化率，计算网络计划总直接费用

直接费用 CD＝9800 元。

(2) 计算初始网络图(见图 6-37)的时间参数，确定关键线路和计算工期

关键线路：1—3—5—6。

计算工期：T_c＝50 天。

(3) 压缩工期-多次循环的过程

压缩工期-多次循环的过程包括：找出上次循环的关键线路和关键工作；从关键工作中找出缩短单位时间增加费用最少的方案；确定可能的压缩时间；计算增加的费

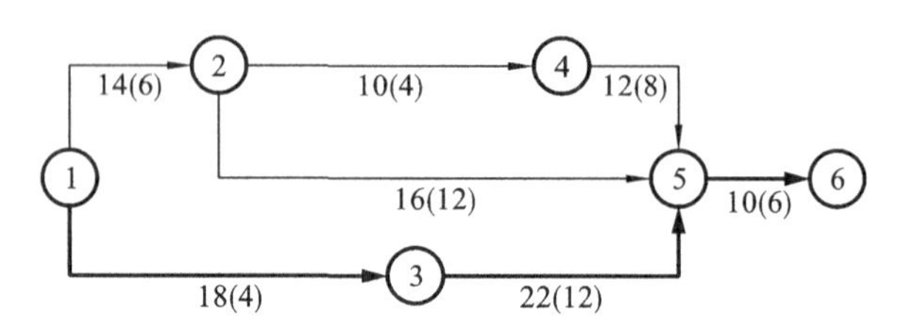

图 6-37 初始网络计划

用。

① 第一次压缩(见图 6-38)。

关键线路为 1—3—5—6;可能压缩的关键工作为 1—3,3—5,5—6。

其中 5—6 的直接费用变化率最小,则选择压缩工作 5—6,压缩时间为 4 天。

压缩后网络计划的工期:$T_1=50-4=46$ 天;

压缩后的费用:$C_1=9800+4\times50=10000$ 元。

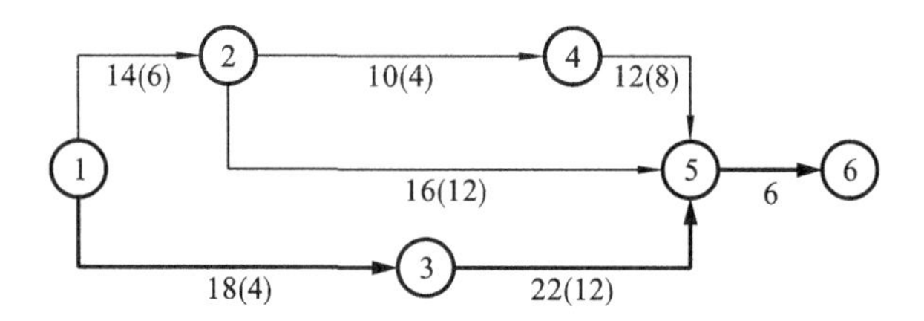

图 6-38 第一次压缩后的网络计划图

② 第二次压缩(见图 6-39)。

由于关键线路无变化,可能的压缩工作为 1—3,3—5;其中 1—3 的费用变化率为 100 元/天较小,则选择压缩 1—3。

1—3 可压缩 18－4＝14 天,试绘网络图,发现关键线路改变了,且工期只缩短了 4 天。故选择将 1—3 压缩 4 天。

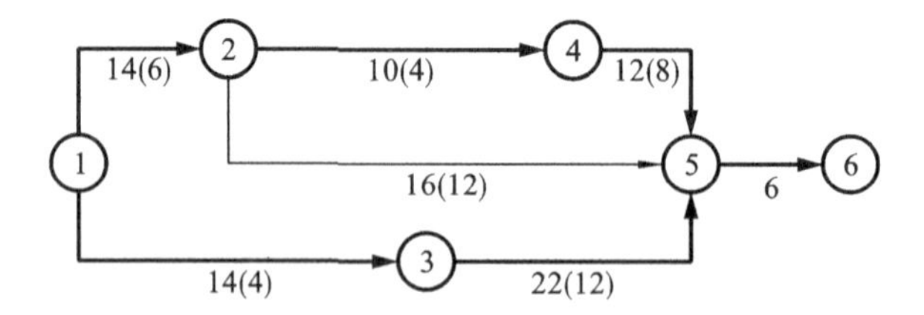

图 6-39 第二次压缩后的网络计划图

关键线路为 2 条:1—2—4—5—6;1—3—5—6。

压缩后网络计划的工期:$T_2=46-4=42$ 天;

压缩后的费用:$C_2=10\ 000+4\times100=10\ 400$ 元。

③ 第三次压缩(见图 6-40)。

两条关键线路同时压缩,可能的压缩方案如下:

a. 缩短 1—3、1—2，每天增加费用 250；
b. 缩短 1—3、2—4，每天增加费用 200；
c. 缩短 1—3、4—5，每天增加费用 300；
d. 缩短 3—5、1—2，每天增加费用 400；
e. 缩短 3—5、2—4，每天增加费用 350；
f. 缩短 3—5、4—5，每天增加费用 450。

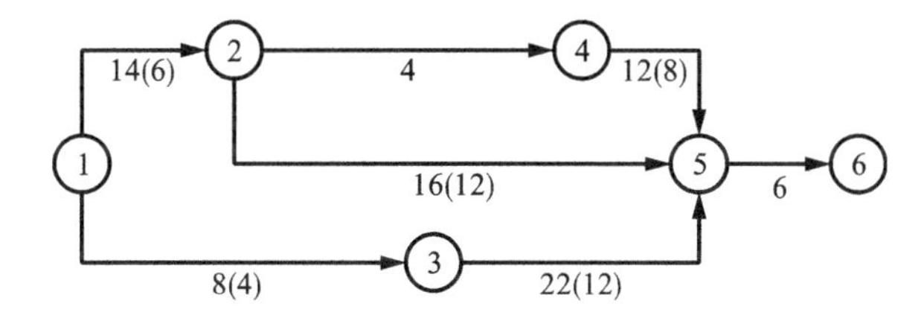

图 6-40　第三次压缩后的网络计划图

关键线路为 3 条：1—2—4—5—6；1—3—5—6；1—2—5—6。
压缩后网络计划的工期：$T_3=42-6=36$ 天；
压缩后的费用：$C_3=10400+6\times200=11600$ 元。
④ 第四次压缩（见图 6-41）。
需要三条线路同时压缩，可能的方案如下：
a. 缩短 1—3、1—2，每天增加费用 250；
b. 缩短 1—3、4—5、2—5，每天增加费用 400；
c. 缩短 3—5、1—2，每天增加费用 400；
d. 缩短 3—5、3—5、2—5，每天增加费用 550。

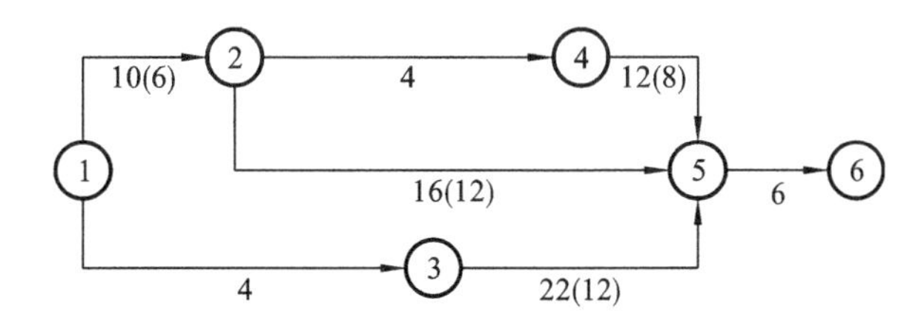

图 6-41　第四次压缩后的网络计划图

压缩后网络计划的工期：$T_4=36-4=32$ 天；
压缩后的费用：$C_4=11600+4\times250=12600$ 元。
⑤ 第五次压缩（见图 6-42）。
需要三条线路同时压缩，可能的方案如下：
a. 缩短 3—5、1—2，每天增加费用 400；
b. 缩短 3—5、4—5、2—5，每天增加费用 550。
压缩后网络计划的工期：$T_5=32-4=28$ 天；
压缩后的费用：$C_5=12600+4\times400=14\,200$ 元。

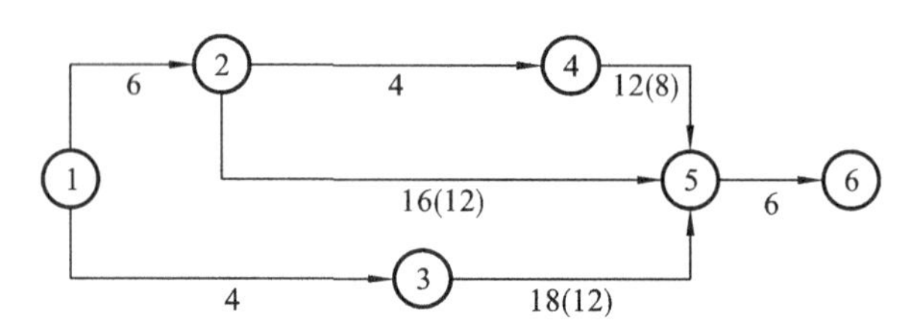

图 6-42 第五次压缩后的网络计划图

⑥ 第六次压缩(见图 6-43)。

需要三条线路同时压缩,可能的方案只有一个,即缩短 3—5、4—5、2—5,每天增加费用 550 元,各 4 条。

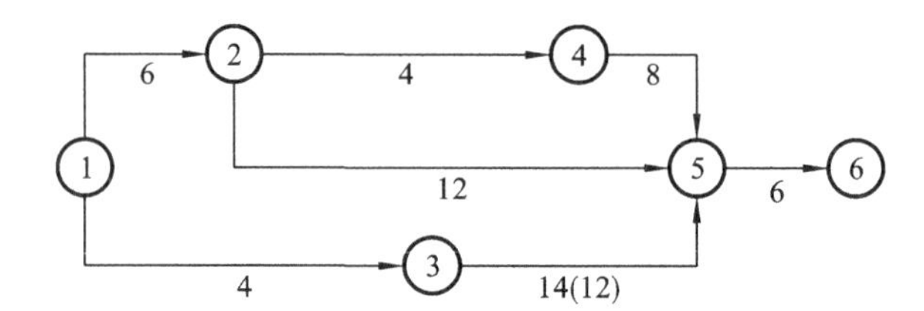

图 6-43 第六次压缩后的网络计划图

压缩后网络计划的工期:$T_6=28-4=24$ 天;压缩后的费用:$C_6=14\ 200+4\times 550=16\ 400$ 元。

6.8.3 工期-资源优化

资源:完成项目所需的人力、材料、机械设备和资金等的统称。

资源优化的方法:①资源有限,工期最短的优化;②工期固定,资源均衡的优化。

1. "资源有限,工期最短"的优化

通过优化,使单位时间的资源的最大需求量小于资源限量,而为此需延长的工期最少。

优化步骤如下:

① 计算网络计划中每个时间单位的资源需用量;

② 逐个检查单位资源需用量是否超出范围;

③ 计算和调整:单个工作调整工作持续时间;多个工作后移某些工作。

2. "工期固定,资源均衡"的优化

"工期固定,资源均衡"的优化是指在工期不变的条件下使资源需要量尽可能平衡的过程,如果资源消耗不均衡将会影响项目目标的实现。优化方法包括削高填谷法和最小方差法。

【本章要点】

本章内容包括项目进度计划的编制、进度计划实施中的检查与调整以及项目进度控制的主要内容。系统介绍了单代号、双代号、时标网络计划的编制；着重阐述了在项目进度计划实施过程中的对进度计划的检查与调整；简要概述了项目进度控制的主要内容。

鉴于工程项目进度控制是工程项目管理的关键环节，是项目管理控制的目标之一，通过本章的学习，要求学生掌握项目进度计划的表示方法、应用双代号网络原理编制进度计划，通过参数计算能够对项目进度进行检查与调整，熟悉项目进度计划的编制程序及时标网络计划的应用，了解项目进度控制的过程、项目进度控制的基本措施，分别对设计、施工阶段的项目进度进行控制，以实现项目管理目标。

【思考与练习】

1. 项目进度计划的表示方法有哪些？
2. 项目进度计划的编制程序是什么？
3. 双代号网络计划绘制规则是什么？
4. 双代号网络计划时间参数的计算步骤是什么？
5. 单代号网络计划的特点、绘制规则有哪些？
6. 双代号时标网络计划的特点有哪些？
7. 编制双代号时标网络计划的规定有哪些？
8. 双代号时标网络计划参数判定规则有哪些？
9. 项目进度控制的过程是什么？
10. 项目进度计划的检查方法有哪些？
11. 项目进度计划工期调整步骤？
12. 项目进度控制的基本原理有哪些？
13. 项目进度控制的措施有哪些？
14. 项目进度控制设计阶段、施工阶段的主要任务有哪些？

第7章 工程项目成本管理

7.1 工程项目成本管理概述

7.1.1 工程项目成本概念及构成

1. 工程项目成本概念

工程项目成本即工程建设项目总投资，一般是指进行某项工程建设花费的全部费用，由固定资产投资和流动资产投资两大部分组成。其中形成的固定资产投资费用部分习惯上称为工程造价，包括设备及工器具购置费用、建筑安装工程费用、工程建设其他费用、预备费、建设期贷款利息、固定资产投资方向调节税等几项。其中建筑安装工程费用是工程项目在施工过程中所发生的全部生产费用的总和，简称施工成本，包括所消耗的原材料、辅助材料、构配件的费用，周转材料的摊销费或租赁费用，施工机械的使用费和租赁费用，支付给生产工人的工资、奖金、工资性质的津贴等，以及进行施工组织与管理所发生的全部费用支出。施工成本是建筑业企业的产品成本，亦称工程成本，一般以项目的单位工程作为成本核算对象，通过各单位工程成本核算的综合来反映施工项目成本。施工成本是工程项目成本管理的核心，是工程项目管理的重点。以下主要以施工项目成本为研究对象探讨成本管理，见图7-1。

2. 建筑工程造价的构成

建筑工程造价即建筑安装工程费用，是建设项目费用的重要组成部分，是确定单项工程造价的重要依据。

建筑安装工程费用，是建筑安装工程价值的货币表现，是指在建筑安装工程施工过程中直接发生的费用和施工企业在组织管理施工中间接为工程支出的费用，以及按国家规定施工企业应获得的利润和应缴纳的税金的总和。

1）建筑安装工程费用的内容

建筑安装工程费用的内容包括建筑工程费用和安装工程费用两部分。

（1）建筑工程费用

建筑工程费用包括如下几项。

① 各类房屋建筑工程及其装饰、油饰工程的费用，列入房屋建筑工程预算的供水、供暖、卫生、通风、煤气等设备费用以及各种管道、电力、电信、和敷设工程的费用。

② 设备基础、工作台、烟囱、水塔、水池等建筑工程以及各种炉窑的砌筑工程和金属结构工程的费用。

③ 为施工而进行的场地平整、工程和水文地质勘察以及原有建筑物和障碍物的拆除费用，施工临时用水、电、气、路以及完工后的场地清理、环境绿化、美化等费用。

④ 矿井开凿、井巷延伸、露天矿剥离，石油和天然气钻井，修建铁路、公路、桥梁、水库、堤坝、渠灌及防洪等工程的费用。

(2) 安装工程费用

安装工程费用包括如下几项。

① 生产、动力、起重、运输、传动和医疗、实验等各种需要安装的机械设备的装配费用，与设备相连的工作台、梯子、栏杆等装设工程费用，附属的管线敷设工程费用，以及绝缘、防腐、保温、油漆等工作的材料费和安装费。

② 为测定安装工程质量，对单台设备进行单机试运转、对系统设备进行系统联动无负荷试运转的调试费。

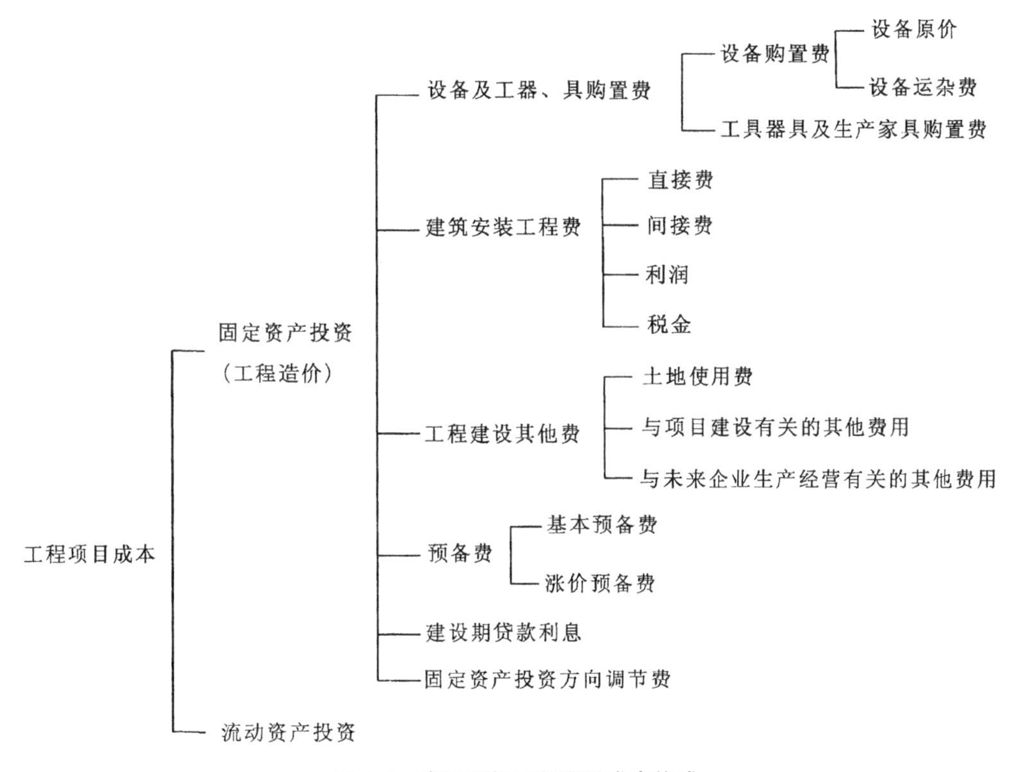

图7-1 我国现行工程项目成本构成

2) 建筑安装工程费用的构成

根据建设部颁布的《建筑安装工程费用项目组成》(建标[2013]44号)文件规定，我国现行的建筑安装工程费用包括直接费、间接费、利润和税金四大部分。

(1) 直接费

建筑安装工程直接费由直接工程费和措施费构成。

直接工程费是指施工过程中耗费的构成工程实体的各项费用,包括人工费、材料费、施工机械使用费。

措施费是指为完成工程项目施工,发生于该工程施工前和施工过程中的非工程实体项目的费用,措施费可根据专业和地区的情况自行补充。各专业工程的专用措施费项目的计算方法由各地区或国务院有关专业主管部门的工程造价管理机构自选制定。

(2) 间接费

建筑安装工程间接费是指与工程的总体条件有关的建筑安装企业为组织施工和进行经营管理以及间接为建筑安装生产服务的各项费用。建筑安装工程间接费由规费和企业管理费组成。

规费是指政府规定的建筑施工企业应缴纳的相关费用。企业管理费是指建筑安装企业组织施工生产和经营管理所需要的费用。

(3) 利润

利润是指施工企业完成承包工程后获得的盈利,是建筑安装企业职工所创造的价值在建筑安装工程造价中的体现,是建筑安装工程费用扣除成本后的余额。

(4) 税金

税金是指国家按照法律向建筑安装工程生产经营者(单位和个人)收取的部分财政收入,包括建筑营业税、城市维护建设税及教育费附加。

3. 设备及工器具购置费用的构成

1) 设备购置费

设备购置费是指为建设项目而购置或自制的达到固定资产标准的各种设备的购置费用。它由设备原价和设备运杂费构成。

$$设备购置费=设备原价+设备运杂费$$

上式中的运杂费是指除设备原价之外的有关设备采购、运输、途中包装及仓库保管等方面费用的总和。

(1) 国产设备原价的构成及计算

国产设备原价一般是指设备制造厂的交货价,即出厂价或订货合同价。它一般根据生产厂或供应商的询价、报价、合同价确定,或采用一定的方法计算确定。国产设备原价分为国产标准设备原价和国产非标准设备原价。

① 国产标准设备原价。国产标准设备原价有两种,即带有备件的原价和不带有备件的原价。在计算时,一般采用带有备件的出厂价确定原价。

② 国产非标准设备原价。国产非标准设备原价有多种不同的计算方法,如成本计算估价法、系列设备插入估价法、分部组合估价法、定额估价法等。但无论采用哪种方法都应该使非标准设备计价接近实际出厂价。按成本计算估价法,非标准设备的原价由以下各项组成:材料费、加工费、辅助材料费、专用工具费、废品损失费、外购配套件费以及包装费、利润、税金、非标准设备设计费。综上所述,单台非标准设备原

价可用下式表达

$$单台非标准设备原价=\{[(材料费+加工费+辅助材料费)\times(1+专用工具费率)\times(1+废品损失率)+外购配套件费]\times(1+包装费率)-外购配套件费)\}\times(1+利润率)+增值税+非标准设备设计费+外购配套件费。$$

(2) 进口设备原价的构成及计算

进口设备的原价是指进口设备的抵岸价,即抵达买方边境港口或边境车站,且交完关税为止形成的价格。

通常,进口设备采用最多的是装运港交货方式,即卖方在出口国装运港交货,主要有以下几种价格:装运港船上交货价(FOB),习惯称离岸价格;运费在内价(CFR)以及运费、保险费在内价(CIF),习惯称到岸价格。装运港船上交货价(FOB)是我国进口设备采用最多的一种货价。进口设备抵岸价的构成可概括如下。

$$进口设备抵岸价=货价+国外运费+运输保险费+银行财务费+外贸手续费+关税+增值税+消费税+海关监管手续费+车辆购置税$$

(3) 设备运杂费的构成及计算

设备运杂费通常由下列各项构成。

① 运费和装卸费。国产设备是由设备制造厂交货地点起至工地仓库(或施工组织设计指定的需要安装设备的堆放地点)止所发生的运费和装卸费;进口设备是由我国到岸港或边境车站起至工地仓库(或施工组织设计指定的需要安装设备的堆放地点)止所发生的运费和装卸费。

② 包装费。在设备原价中没有包含的、为运输而进行的包装所支出的各种费用。

③ 设备供销部门手续费。按有关部门规定的统一费率计算。

④ 采购与仓库保管费。指采购、验收、保管和收发设备所发生的各种费用,包括设备采购人员、保管人员和管理人员的工资,工资附加费,办公费,差旅交通费,仓库和设备供应部门的固定资产使用费,工具用具使用费,劳动保护费,检验试验费等。这些费用应按有关部门规定的采购与保管费费率计算。

设备运杂费按设备原价乘以设备运杂费率计算,其公式为:

$$设备运杂费=设备原价\times设备运杂费率$$

其中,设备运杂费率按有关部门的规定计取。

2) 工具、器具及生产家具购置费

工具、器具及生产家具购置费,是指新建或扩建项目初步设计规定的,为保证初期正常生产所必须购置的,没有达到固定资产标准的设备、仪器、工卡模具、器具、生产家具和备品备件的购置费用。一般以设备购置费为计算基数，按照部门或行业规定的工具、器具及生产家具费率计算。计算公式为：

工具、器具及生产家具购置费=设备购置费×定额费率

4. 工程建设其他费用的构成

1）土地使用费

土地使用费是指建设项目通过划拨或出让方式取得土地使用权所需的土地征用及迁移补偿费或土地使用权出让金。

(1) 土地征用及迁移补偿费

土地征用及迁移补偿费是指建设项目通过划拨方式取得无限期的土地使用权，依照《中华人民共和国土地管理法》等规定所支付的费用，包括征用集体土地的费用和对城市土地实施拆迁补偿所需的费用。具体内容包括：土地补偿费、青苗补偿费及被征用土地上的房屋、水井、树木等附着物补偿费，安置补助费，耕地占用税或城镇土地使用税，土地登记费及征地管理费，征地动迁费，水利水电工程、水库淹没处理补偿费等。

(2) 土地使用权出让金

土地使用权出让金是指建设项目通过土地使用权出让方式，取得有限期的土地使用权，依照《中华人民共和国城镇国有土地使用权出让和转让暂行条例》规定支付的土地使用权出让金。

2）与项目建设有关的其他费用

(1) 建设单位管理费

建设单位管理费是指建设项目从立项、筹建、建设、联合试运转到竣工验收交付使用全过程管理所需费用。其内容包括如下各项。

① 建设单位开办费。建设单位开办费是指新建项目为保证筹建和建设工作的正常进行所需要的办公设备、生活家具、用具、交通工具等的购置费用。

② 建设单位经费。建设单位经费包括工作人员的基本工资、工资性津贴、职工福利费、劳动保护费、劳动保险费、办公费、差旅交通费、工会经费、职工教育经费、固定资产使用费、工具用具使用费、技术图书资料费、生产人员招募费、工程招标费、合同契约公证费、工程质量监督检测费、工程咨询费、法律顾问费、审计费、业务招待费、排污费、竣工交付使用清理及竣工验收费、后评价等费用。不包括应计入设备和材料预算价格的、建设单位采购及保管设备材料所需的费用。

(2) 研究试验费

研究试验费是指为本建设项目提供或验证设计参数、数据资料等进行必要的研究以及设计规定在施工中必须进行的试验、验证所需的费用，包括自行或委托其他部门研究试验所需要的人工费、材料费、实验设备及仪器使用费，支付的科技成果和先进技术的一次性技术转让费。

(3) 勘察设计费

勘察设计费是指为本建设项目提供项目建议书、可行性研究报告及设计文件等

所需要的费用，内容包括：

① 编制项目建议书、可行性研究报告及投资估算、工程咨询、评价以及为编制上述文件所进行的勘察、设计、研究试验等所需要的费用；

② 委托勘察和设计单位进行初步设计、施工图设计及概预算编制等所需要的费用；

③ 在规定范围内由建设单位自行完成的勘察、设计工作所需要的费用。

(4) 工程监理费

工程监理费是指委托工程监理单位对工程实施监理工作所需支出的费用。

(5) 工程保险费

工程保险费是指建设项目在建设期间根据需要实施工程保险所支出的费用，包括以各种建筑工程及其在施工过程中的物料、机器设备为保险标的的建筑工程一切险，以安装工程中的各种机器、机械设备为保险标的的安装工程一切险，以及机器损坏保险等。

(6) 建设单位临时设施费

建设单位临时设施费是指建设期间建设单位所需临时设施的搭设、维修、摊销费用或租赁费用。临时设施包括：临时宿舍、文化福利及公用事业房屋与构筑物、仓库、办公室、加工厂以及规定范围内的道路、水、电、管线等临时设施和小型临时设施。

(7) 供电贴费

供电贴费是指按照国家规定，建设项目应交付的供电工程贴费、施工临时用电贴费，是解决电力建设资金不足的临时对策。供电贴费是用户申请用电时，由供电部门统一规划并负责建设的110 kV以下各级电压外部供电工程的建设、扩充、改建等费用的总和。

(8) 施工机构迁移费

施工机构迁移费是指施工机构根据建设任务的需要，经有关部门决定成建制地(指公司或公司所属工程处、工区)由原驻地迁移到另一个地区的一次性搬迁费用。

(9) 引进技术和设备进口项目的其他费用

此项费用主要包括：

① 为了引进技术和进口设备，派出人员进行设计、联络、设备材料监检、培训等所发生的差旅费、置装费、生活费用等；

② 国外工程技术人员来华差旅费、生活费和接待费用等；

③ 国外设计及技术资料费、专利和专用技术费、延期或分期付款利息；

④ 引进设备检验及商检费。

3) 与未来生产经营有关的其他费用

(1) 联合试运转费

联合试运转费是指新建企业或新增加生产工艺过程的扩建企业在竣工验收前，按照设计规定的工程质量标准，进行整个车间的负荷或无负荷联合试运转发生的费用支出超出试运转收入的亏损部分。其内容包括:试运转所需的原料、燃料、油料和动力的费用,机械使用费用,低值易耗品及其他物品的购置费用及施工单位参加联合试运转人员的工资等。试运转收入包括试运转产品销售和其他收入,不包括应在设备安装工程费项目下列支的单台设备调试费和试车费用。联合试运转费一般根据不同性质的项目,按需要试运转车间的工艺设备购置费的百分比计算。

(2) 生产准备费

生产准备费是指新建企业或新增生产能力的企业,为保证竣工交付使用进行必要的生产准备所发生的费用。内容包括:

① 生产人员培训费,包括自行培训、委托其他单位培训的人员的工资、工资性补贴、职工福利费、差旅交通费、学习资料费、学习费、劳动保护费等;

② 生产单位提前进厂参加施工、设备安装、调试以及熟悉工艺流程和设备性能等人员的工资、工资性补贴、职工福利费、差旅交通费、劳动保护费等。

(3) 办公和生活家具购置费

办公和生活家具购置费是指为保证新建、改建、扩建项目初期的正常生产、使用和管理所必须购置的办公和生活家具、用具的费用。改、扩建项目所需的办公和生活用具的购置费应低于新建项目。

5. 预备费、建设期贷款利息、固定资产投资方向调节税

1) 预备费

预备费包括基本预备费和涨价预备费。

(1) 基本预备费

基本预备费是指在初步设计及概算范围内难以预料的工程费用。内容包括:

① 在批准的初步设计范围内,技术设计、施工图设计及施工过程中所增加的工程费用,设计变更、局部地基处理等增加的费用;

② 一般自然灾害造成的损失和预防自然灾害所采取的措施费用,实行工程保险的工程项目费用应适当降低;

③ 竣工验收时为鉴定工程质量,对隐蔽工程进行必要的挖掘修复费用。

(2) 涨价预备费

涨价预备费是指建设项目在建设期间内由于价格变化引起工程造价变化的预测预留费用。内容包括人工费、设备费、材料费,施工机械的价差费,建筑安装工程费及工程建设其他费用调整、利率和汇率调整等增加的费用。

2) 建设期贷款利息

建设期贷款利息是指为筹措建设项目资金而发生的各项费用,包括:建设期间投资贷款利息、企业债券发行费、国外借款招待费和承诺费、汇兑净损失及调整外汇手续费、金融机构手续费以及为筹措建设资金发生的其他财务费用等。

3) 固定资产投资方向调节税

按国家有关部门规定,自 2000 年 1 月起新发生的投资额暂停征收固定资产投资方向调节税。

7.1.2 工程项目成本的分类

由于工程项目本身具有建设周期长、投资巨大，风险性高、技术条件复杂等特点，工程项目成本可以从以下不同的角度进行分类。

1. 按照工程项目实施阶段进行分类

(1) 投资估算成本

投资估算成本是指在项目投资决策阶段，依据有关资料和一定的方法，对工程项目未来可能发生的全部费用进行的预测和估算，其估算的准确性要考虑的因素很多，如历史资料的全面性、估价人员的水平、项目所在地的自然条件和经济状况、工程标准以及项目实施的管理水平等等，他们直接影响估算的精度。

(2) 设计概算成本

设计概算成本是指在投资估算的控制下，在项目设计阶段由设计单位根据初步设计或技术设计的图纸或说明、概算定额、各项费用定额或取费标准(指标)、设备、材料预算价格等资料，编制和确定的项目从筹建至竣工交付使用所需的全部费用。

(3) 施工图预算成本

施工图预算成本是在施工图设计完成后，由施工企业根据施工图设计及施工组织设计按照现行的预算定额分部分项地计算出工程量，在此基础上套用相应的预算单价，计算出工程直接费用，再根据规定的各种规费及定额计算出建筑安装工程预算造价。施工图预算成本是企业根据施工图纸对建筑安装工程成本的估算。

(4) 竣工结算成本

竣工结算成本是指施工企业或承包商在工程实施过程中，依据承包合同中关于付款条件的规定和已经完成的工程量，并按照规定的程序向建设单位(业主、开发商)收取的工程价款，是反映工程进度和考核经济效益的主要指标，它反映工程项目在施工阶段的实际消耗成本。此阶段是成本控制的关键阶段。

(5) 竣工决算成本

竣工决算成本是指由建设单位编制的反映工程项目实际造价和投资效果的文件，办理交付动用验收的依据，是竣工验收报告的重要组成部分。它包括从筹划到竣工投产的全部实际费用，即建设工程费用、安装工程费用、设备工器具购置费用和工程建设其他费用以及预备费用和投资方向调节支出费用等。它反映出工程项目在整个建设期内的所有实际消耗的费用总和，是工程项目的实际成本。

2. 事前成本和事后成本

根据成本控制要求，工程项目成本可分为事前成本和事后成本。

(1) 事前成本

工程成本的计算和管理活动是与工程实施过程紧密联系的，在实际成本发生和工程决算之前所计算和确定的成本都是事前成本，带有计划性和预测性。根据实施阶段常用的概念有投资估算、概算成本、预算成本(包括施工图预算、标书合同预算)和计划成本(包括责任目标成本、项目计划成本)之分。

(2) 事后成本

事后成本即实际成本。实际成本是工程项目在报告期内实际发生的各项费用的总和。将实际成本与计划成本比较,可揭示成本的节约和超支,考核施工企业技术水平及技术组织措施的贯彻执行情况和企业的经营效果。实际成本与预算成本比较,可以反映工程项目盈亏情况。因此,计划成本和实际成本都反映开发企业的管理水平和施工企业的成本水平,它与开发企业本身的经营水平、施工企业本身的生产技术水平、施工条件及生产管理水平相对应。

7.1.3 工程项目成本管理的内容

工程项目成本管理是要在保证工期和质量满足要求的情况下,采取相关管理措施把成本控制在计划范围内,并进一步寻求最大程度的成本节约。工程项目成本管理的任务和环节主要包括:工程项目成本预测、工程项目成本计划、工程项目成本控制、工程项目成本核算、工程项目成本分析、工程项目成本考核。

1. 工程项目成本预测

工程项目成本预测是通过成本信息和工程项目的具体情况,并运用一定的专门方法,对未来的成本水平及其可能发展趋势作出科学的估计,其实质就是在项目实施以前对成本进行估算。

通过成本预测,可以在满足项目业主和本企业要求的前提下,选择成本低、效益好的最佳成本方案,并能够在工程项目成本形成过程中,针对薄弱环节,加强成本控制,克服盲目性,提高预见性。因此,工程项目成本预测是施工项目成本决策与计划的依据。工程项目成本预测,通常是对工程项目计划工期内影响其成本变化的各个因素进行分析,比照近期已完工工程项目或将完工工程项目的成本(单位成本),预测这些因素对工程成本中有关项目(成本项目)的影响程度,预测出工程的单位成本或总成本。

2. 工程项目成本计划

成本计划是项目经理对项目施工成本进行计划管理的工具,是以货币形式编制施工项目在计划期内的生产费用、成本水平、成本降低率以及为降低成本所采取的主要措施和规划的书面方案。它是建立工程项目成本管理责任制、开展成本控制和核算的基础。一般来说,一个工程项目成本计划应包括从项目立项到竣工所必需的工程项目成本,它是该施工项目降低成本的指导文件,是设立目标成本上升的依据。可以说,成本计划是目标成本的另一种形式。

3. 工程项目成本控制

工程项目成本控制是指在项目实施过程中,对影响工程项目成本的各种因素加强管理,采取各种有效措施(组织、技术、经济、合同),将施工中实际发生的各种消耗和支出严格控制在成本计划范围内。随时揭示并及时反馈，严格审查各项费用是否符合标准，计算实际成本和计划成本之间的差异并进行分析，进而采取多种形式消除施工中的损失浪费现象，发现和总结先进经验。

工程项目成本控制应贯穿在工程项目从项目立项开始直到项目竣工验收的全过程，它是企业全面成本管理的重要环节。工程项目成本控制可分为事先控制、事中控制（过程控制）和事后控制。因此，必须明确各级管理组织和各级人员的责任和权限，这是成本控制的基础之一，必须给以足够的重视。

4. 工程项目成本核算

它包括两个基本环节：一是按照规定的成本开支范围对施工费用进行归集，计算出工程项目费用的实际发生额；二是根据成本核算对象，采用适当的方法，计算出该工程项目的总成本和单位成本。项目成本核算所提供的各种成本信息，是成本预测、成本计划、成本控制、成本分析和成本考核等各个环节的依据。

工程项目成本核算一般以施工阶段的成本核算为主要研究对象，施工阶段项目成本一般以单位工程为成本核算对象。施工阶段成本核算的基本内容包括人工费核算、材料费核算、周转材料费核算、构件费核算、机械使用费核算、其他措施费核算、分包工程成本核算、间接费核算、项目月度施工成本报告编制。

5. 工程项目成本分析

工程项目成本分析是利用工程项目的成本核算资料，与目标成本、预算成本以及类似的工程项目的实际成本等进行比较，并通过成本分析，深入揭示成本变动的规律，寻找降低施工项目成本的途径。工程项目成本分析贯穿于工程成本管理的全过程，通过成本分析，便于有效地进行成本控制，纠正成本偏差。因此，成本分析是关键，纠偏是核心，要针对分析得出的偏差发生原因，采取切实措施加以纠正。通常施工阶段的成本分析是整个工程项目成本管理的关键环节，本书把施工阶段的成本分析作为重点来研究。

6. 工程项目成本考核

工程项目成本考核是项目完成后，对成本形成中和各责任者，按工程项目成本目标责任制的有关规定，将成本的实际指标与计划、定额、预算进行对比和考核，有效地调动企业的每一个职工在各自的施工岗位上努力完成目标成本的积极性。

当前，建筑企业面临着激烈的市场竞争，企业能否在市场竞争中立于不败之地，关键在于企业能否为社会提供质量高、工期短、造价低的工程产品；而企业能否获得较大的经济效益，关键在于有无低廉的成本。因此，建筑企业在项目实施过程中，要研究降低成本的策略，研究企业质量效益改进计划，争创名牌，提高市场的占有率，不断开拓经营领域，使企业走上良性循环的发展道路。

成本预测是成本决策的前提，成本计划是成本决策所确定目标的具体化，成本控制则是对成本计划的实施进行监督，保证决策的成本目标实现，成本核算又是成本计划是否实现的最后检验。成本上升考核是实现成本目标责任制的保证和实现决策的目标的重要手段。目前施工阶段的成本超支问题尤其严重,所以本书主要重点放在研究施工阶段的成本控制内容上。

7.2 施工阶段项目成本预测

施工阶段项目成本预测简称施工成本预测,是通过取得的历史数字资料,采用经验总结、统计分析及数字模型的方法对成本进行判断与推测。通过对施工阶段的成本进行预测,可以为建筑企业和施工企业经营决策和项目部编制成本计划等提供数据。它是实施项目科学管理的一种很重要的工具,越来越被人们所重视,并日益发挥其作用。

7.2.1 量本利分析法在成本预测中的应用

项目成本预测方法很多,有线性回归法、市场比较法、估算法及量本利分析法,本节只介绍量本利分析法。

所谓量本利分析就是产量成本利润分析,用于研究价格、单位变动成本和固定成本总额等因素之间的关系。这是比较简单而适用的管理技术,用于施工项目成本管理中,可以分析项目的合同价格、工程量、单位成本及总成本之间的相互关系,为工程决策阶段提供依据。

1. 量本利分析的基本原理

量本利分析法传统上是研究企业在经营中一定时期的成本、业务量(生产量或销售量)和利润之间的变化规律,从而对利润进行规划的一种技术方法。它是在成本划分为固定成本和变动成本的基础上发展起来的。以下举例来说明这个方法的原理。

2. 量本利分析的基本数学模型

设某企业生产甲产品,本期固定成本总额为 C_1,单位售价为 P,单位变动成本为 C_2。并设销售量为 Q,销售收入为 Y,总成本为 C,利润为 TP。

则成本、收入、利润之间存在如下关系:

$$C = C_1 + C_2 \times Q$$

$$Y = P \times Q$$

$$\mathrm{TP} = Y - C = (P - C_2) \times Q - C_1$$

(1) 盈亏分析图和盈亏平衡点

以纵轴表示收入与成本,以横轴表示销售量,建立坐标图,并分别在图上画出成本线和收入线,称之为盈亏分析图。如图 7-2 所示。

从图上看出,收入线与成本线的交点称之为盈亏平衡点。在该点上,企业该产品收入与成本正好相等,即处于不亏不盈状态,也称为保本状态。

(2) 保本销售量和保本销售收入

保本销售量和保本销售收入,就是对应盈亏平衡点销售量 Q 和销售收入 Y 的

值，分别以 Q_0 和 Y_0 表示。由于在保本状态下，销售收入与生产成本相等，即

$$Y_0 = C_1 + C_2 \times Q_0$$

因此 $$P \times Q_0 = C_1 + C_2 \times Q_0$$

$$Y_0 = P \times C_1/(P - C_2) = \frac{C_1}{(P - C_2)/P}$$

式中，$(P-C_2)$ 亦称边际利润，$(P-C_2)/P$ 亦称边际利润率，则

保本销售量＝固定成本/(单位成本销售价－单位产品变动成本)

保本销售收入＝单位产品销售价×固定成本/(单位产品销售价－单位产品变动成本)

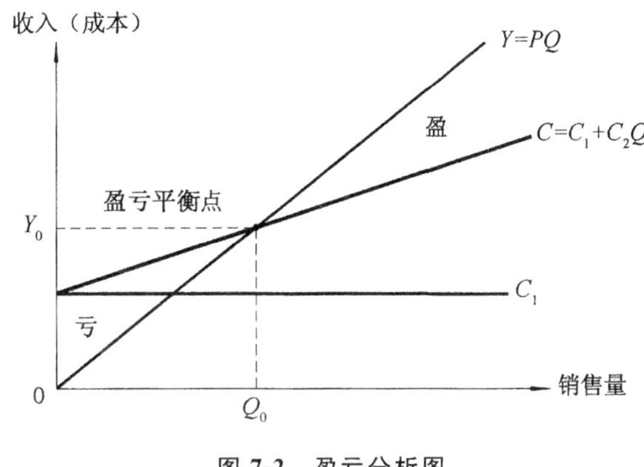

图 7-2　盈亏分析图

【例 7-1】 设 C_1＝50 000 元，C_2＝10 元/件，P＝15 元/件，求保本销售量和保本销售收入。

【解】 保本销售量 Q_0＝50 000/(15－10)件＝10 000 件

保本销售收入 Y_0＝10 000×15 元＝150 000 元

3. 量本利分析在施工阶段项目成本管理中应用的模型和方法

(1) 量本利分析的因素特征

① 量。在施工成本管理中，量本利分析的量不是一般意义上单件工业产品的生产数量或销售数量，而是指一个施工项目的建筑面积或建筑体积(以 S 表示)。对于特定的施工项目，由于建筑产品具有“期货交易”特征，所以其生产量即是销售量，且固定不变。

② 成本。量本利分析是在成本划分为固定成本和变动成本的基础上发展起来的，所以进行量本利分析首先应从成本形态入手，即把成本按其与产销量的关系分解为固定成本和变动成本。在施工项目管理中，就是把成本随工程规模大小而变化划分为固定成本(以 C_1 表示)和变动成本(以 C_2 表示，这里指单位建筑面积变动成本)。

③ 价格。不同的工程项目其单位平方价格是不相同的，但在相同的施工期间内，同结构类型项目的单位平方价格则是基本接近的。因此，施工项目成本管理量本利分析中可以按工程结构类型建立相应的盈亏分析图和量本利分析模型。

(2) 盈亏分析图

假设项目的建筑面积(或体积)为 S,合同单位平方造价为 P,施工项目的固定成本为 C_1,单位平方变动成本为 C_2,项目合同总价为 Y 元,则盈亏分析图如图 7-3 所示。

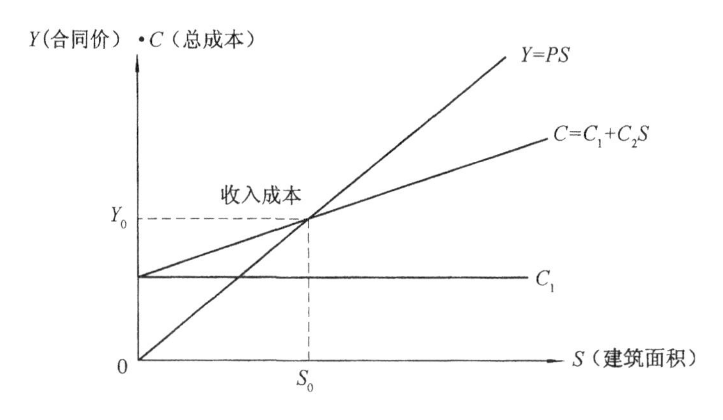

图 7-3 盈亏分析图

项目保本规模 $S_0 = C_1/(P - C_2)$

项目保本合同价 $Y_0 = P \times C_1/(P - C_2)$

【例 7-2】 某工程 1998 年框架结构合同价为 850 元/平方米,固定成本为 48 万元,单位平方变动成本为 550 元/平方米,据此建立该工程盈亏平衡分析图 7-4。

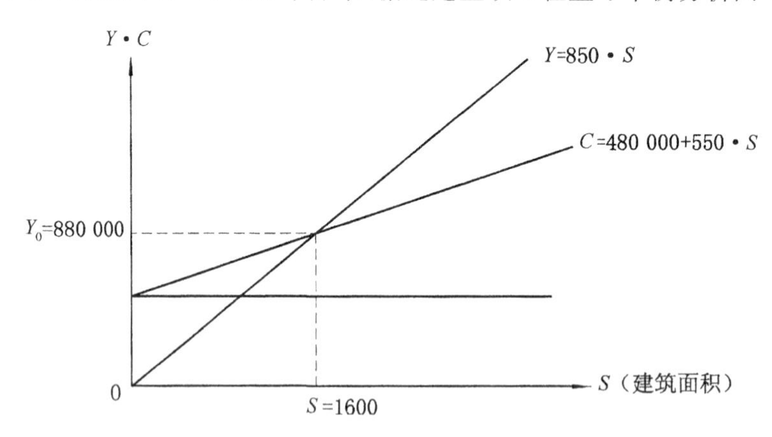

图 7-4 框架工程盈亏分析图

【解】 项目保本规模 $S_0 = C_1/(P - C_2) = 480\ 000/(850 - 550)\text{m}^2 = 1600\ \text{m}^2$

项目保本合同价 $Y_0 = P \times C_1/(P - C_2) = 550 \times 480\ 000/(850 - 550)$元

$= 880\ 000$ 元

在盈亏分析图中看出,该框架结构工程项目的建筑面积不能低于 1600 m^2,或者其合同价不能低于 880 000 元,否则不宜承建施工。如果承担施工,则会亏本。

对于现承建 A 施工项目(面积 2000 m^2),通过量本利分析模型,可估算出总成本。

总成本 C＝(480 000＋550×2000)元＝1 580 000 元

可达到投标总价 Y＝850×2000 元＝1 700 000 元

可达到的利润 TP＝(1 700 000－1 580 000)元＝120 000 元

7.2.2　施工阶段目标成本的编制与分解

1. 目标成本预测

所谓目标成本即是项目(或企业)对未来期产品成本所规定的奋斗目标，它比已经达到的实际成本要低，但又是经过努力可以达到的。目标成本管理是现代化企业经营管理的重要组成部分，它是市场竞争的需要，是企业挖掘内部潜力，不断降低产品成本，提高企业整体工作质量的需要，是衡量企业实际成本节约或超支，考核企业在一定时期内成本管理水平高低的依据。施工阶段项目的成本管理实质就是一种目标管理。项目管理的最终目标是低成本、高质量、短工期，而低成本是质量目标和成本目标的价格反映。目标成本有很多形式，在制定目标成本作为编制施工项目成本计划和预算的依据时，可能以计划成本、定额成本或标准成本作为目标成本，这将随成本计划编制方法的变化而变化。

一般而言，目标成本的计算公式如下：

项目目标成本＝预计结算收入－税金－项目目标利润

而预计结算收入又与我国现行投资构成和工程造价有密切关系。

2. 施工阶段目标成本的组成

施工阶段目标成本一般由施工项目直接目标成本和间接目标成本组成。

(1) 施工直接目标成本

施工直接目标成本主要反映工程成本的目标价值，具体来说，要对材料、人工、机械费、运费等主要支出项目加以分解并各自制定目标。以材料费为例，应说明钢材、木材、水泥、砂石、加工订货制品等主要材料和加工制品的目标用量、价格，模板摊销列入成本的幅度，脚手架等租赁用品计划应付款项，材料采购发生的成本差异的处理等，以便在实际施工中加以控制与考核。

(2) 间接目标成本

间接目标成本主要反映施工现场管理费用的目标支出数。间接目标成本应根据工程项目的核算期，以项目总收入费的管理费用为基础，制定各部门的目标成本收支，汇总后作为工程项目的目标管理费用。在间接目标成本制定中，各部门费用的口径应该一致，支出应与会计核算中管理费用的各级科目一致。间接目标成本的金额，应与项目目标成本中管理费一栏的数额相符。各部门应按照节约开支、压缩费用的原则，制定“管理费用归口包干指标落实办法”，以保证该目标的实现。

(3) 施工项目目标成本表格

在编制了目标成本以后还需要通过各种目标成本表格的形式将成本降低任务落

实到整个项目的施工全过程,以便于在项目实施过程中实现对成本的控制。目标成本表格通常通过直接目标成本总表的形式反映;间接目标成本表格可用施工目标管理费用表格来控制。

① 直接目标成本总表。它主要是工程项目的目标成本分解为各个组成部分,通过在目标成本栏中加入实际成本栏的方式,并且要对存在的较大原因进行解释,达到对实际施工中发生的费用进行有利控制的目的(见表7-1)。

表7-1 直接目标成本总表

工程名称: 项目经理: 日期: 单位:

项 目	目标成本	实际发生成本	差 异	差异说明
(1) 直接成本				
人工费				
材料费				
机械使用费				
措施费				
(2) 间接成本				
规费				
企业管理费				

② 施工目标管理费用表格(见表7-2)。

表7-2 目标管理费用表

工程名称: 项目经理: 日期: 单位:

项 目	目标成本	实际发生成本	差 异	差异说明
① 工作人员工资				
② 办公费				
③ 差旅交通费				
④ 固定资产使用费				
⑤ 工具用具使用费				
⑥ 劳动保险费				
⑦ 工会经费				
⑧ 教育经费				
⑨ 财务费				
⑩ 税金				
⑪ 其他				

3. 施工项目目标成本的编制

1）目标成本的编制

凡承建的施工项目，在开工前项目经理必须组织项目部各部门人员编制好工程目标成本，提出各部门在实施目标成本过程中的管理措施和岗位责任制，保证目标成本的实施，并取得实效。目标成本的编制可以按单位工程或分部工程为对象进行编制。当建设单位施工图纸不能全数提供时，可按已提供的图纸，通过分析合同有利及不利因素，结合施工组织设计及各项成本节超因素，按分部甚至分项编制目标成本，但在图纸到齐后仍须编制好全部目标成本。

2）目标成本编制依据

设计预算或合同报价书、施工预算；施工组织设计或施工方案；本省市颁布的材料指导价、机械台班价、劳动力价；周转设备租赁价格；已签订的工程合同，分包合同（或估价书）；结构件外加工计划和合同；有关财务成本核算制度和财务历史资料；项目部与公司签订的内部承包合同。

3）目标成本的编制要求

（1）编制设计预算

当仅需编制工程基础地下室、结构部分时，要剔除非工程结构范围的预算收入，如各分项中综合预算定额包含粉刷工程的费用，并使用计算机预算软件上机操作，提供设计预算各预算成本项目和工料分析汇总，分包项目应单独编制设计预算，以便同目标成本比较。高层工程项目，标准层部门要单独编制一层的设计预算，作为成本过程控制的预算收入标准。

（2）编制施工预算

包括进行"两算"审核，实物量对比，纠正差错。施工预算实际上是计报产值的依据，同时起到指导生产，控制成本的作用，也是编制项目目标成本的主要依据。

（3）人工费目标成本的编制

根据施工图预算人工费为收入依据，按施工预算计划工日数，对照包清工人工挂牌价，列出实物量定额用工内的人工费支出，并根据本工程实际情况可能发生的各种无收入的人工费支出，不可预计用工的比例，参照以往同类型项目对估点工的处理及公司对估点工控制的要求而确定。对处行加工构件、周转材料整理、修理、临时设施及机械辅助用工，提供资料列入相应的成本费用项目。

（4）材料费、构件费目标成本的编制

由施工图预算提供各种材料、构件的预算用量、预算单价，施工预算提供计划用量，在此基础上，根据对实物量消耗控制的要求，以及技术节约措施等，计算目标成本的计划用量。单价根据指导价，无指导价的参照定额站提供的中准价，并根据合同约定的下浮率计算出单价。根据施工图预算、目标成本所列的数量、单价，计算出量差、价差，构成节超额。材料费、构件费目标成本的确定：目标成本＝预算成本－节超额。

(5) 周转材料目标成本的编制

以施工图预算周转材料费为收入依据。按施工方案和模板排列图,作为周转材料需求量的依据,以施工部门提供的该阶段计划施工工期作为使用天数(租赁天数),再根据施工的具体情况,分期分批量进行量的配备。单价的核定,钢模板、扣件管及材料的修理费、赔偿费(报废)依据租赁分公司的租赁单价。在编制目标成本时,同时要考虑钢模、扣件修理费、赔偿费,一般是根据以前历史资料进行测算。项目部使用自行采购的周转材料,同样按施工方案和模板排列图,作为周转材料需求量的依据,预计使用天数和周转次数,并预计周转材料的摊销和报废。

(6) 机械费用目标成本的编制

以施工图预算机械费为收入依据。按施工方案计算所需机械类型,使用台班数、机械进出场费、机操工人工费、修理用工和用工费用,计算小型机械、机具使用费。

(7) 措施费目标成本的编制

以措施费为收入依据。按施工方案和施工现场条件计算环境保护、文明施工、安全施工、临时设施、夜间施工、二次搬运、大型机械设备进出场和安拆、混凝土、钢筋混凝土模板及支架、脚手架、已完工程及设备保护、施工排水、降水费。

(8) 施工间接费用目标成本的编制

以施工图预算管理费为收入依据。按实际项目管理人员数和费用标准计算施工间接费的开支。

(9) 分包成本目标成本的编制

以预算部门提供的分包项目施工图预算为收入依据。按施工预算编制的分包项目施工预算的工程量,单价按市场价,计算分包项目的目标成本。

4) 目标成本的编制程序

① 编制施工方案并进行优化,制定技术降本措施。

② 编制“两算”。

③ 进行“两算”审核,实物量对比,纠正差错。

④ 对施工图预算进行定额费用拆分。

⑤ 计算材料、结构件、机械、劳动力计划消耗量和费用。

⑥ 制定大临设施搭建计划和计算费用。

⑦ 根据施工方案指定模板、脚手架使用设备和计算费用。

⑧ 根据现场管理人员的开支标准和项目承包上交基数及其他财务历史资料,计算施工间接费用。

⑨ 根据分包合同或分包部位估价书计算分建成本。

⑩ 各部门拟定编制说明资料。

⑪ 审定各部门提供的计算资料和编制说明,纠正差错。

⑫ 汇总所有资料,形成目标成本初稿,要各部门会审、签字。

⑬ 项目经理审定、签发、实施。

5）编制目标成本各相关部门需提供的资料

（1）预算部门

① 使用计算机预算软件编制设计预算，提供施工图预算成本项目和工料分析汇总，并提供单独编制的分包项目设计预算，以便同目标成本比较。

② 高层项目，标准层部门要提供单独编制一层的预算，作为成本过程控制的预算收入标准。

（2）技术部门

① 以技术和经济相结合的原则，经多方案比较后，提供最佳施工方案。

② 提供出实际可行的，有经济效益的技术节约措施，并附计算公式和书面说明。

（3）生产部门

① 提供按合同要求和资源配置情况获取最大的经济效益为前提而编制的施工计划。

② 提供成型钢筋、预埋件加工计划，明确数量和费用。

③ 提供模板需要类型和数量（按翻样排列图）。

④ 提供分建工程合同或估价书。

⑤ 提供大临设施搭建数量和费用（不包括永久性道路）。

⑥ 对提供的各类资料附书面说明。

（4）材料部门

① 以分部分项列表，提供工程所需各类主要材料和辅助料的计划用量和费用（商品混凝土拆分泵送费、硬管费列入机械费）。

② 提供以施工方案和模板排列图为依据计算的周转材料所需数量、实用天数、损耗量和费用总量（包括整理、运输、修理赔偿费用）。

③ 提供施工用水费。

④ 对提供的各类资料附书面说明。

（5）劳动部门

① 提供外包劳务单价（定额内用工、估点工）。

② 以分部分项列表，提供工程所需用工数量和费用（点工需要有项目分析）。

③ 对自加工构件、周转材料整理、修理、临设及机械辅助用工，提供资料列入相应的成本费用项目。

④ 提供因使用商品混凝土而按规定扣除的后台用工数量和含钢量调整而相应增加的用工数量。

⑤ 对提供的各类资料附书面说明。

（6）机械部门

① 提供以施工方案为依据计算的所需机械类型，使用台班数、机械进出场费、塔基加固费、机械升降费及机械总费用（按机械类别列表）。

② 提供小型机械使用费（自有机械有偿使用、租借计费）。

③ 提供借用机械操作、修理用工和用工费用。

④ 提供施工用电费。

⑤ 对提供的各类资料附说明书。

(7) 财务部门

① 提供按实际项目管理人员数和费用标准计算的施工间接费开支。

② 提供按项目承包合同规定的上缴率而计算的承包基数上缴数。

③ 提供按公司规定而计算的开办食堂的费用。

④ 提供按历史财务资料而计算的其他施工间接费用。

⑤ 提供经汇总计算的其他直接费的开支。

7.3 施工成本计划

7.3.1 施工成本计划的编制依据

施工成本计划是工程项目成本管理的一个重要环节,是实现降低施工阶段成本任务的指导性文件。如果针对承包项目所编制的成本计划达不到目标成本要求时,就必须组织工程项目管理班子的有关人员重新研究寻找降低成本的途径,重新编制;同时,编制计划成本的过程也是动员施工项目经理部全体人员挖掘潜力降低成本的过程;也是检验施工技术质量管理、进度管理、物资消耗和劳动力消耗管理等效果的过程。

编制施工成本计划,需要广泛收集相关资料并进行整理,以作为施工成本计划编制的依据。施工成本计划的编制依据包括:

① 合同报价书;

② 企业定额、施工预算;

③ 施工组织设计及施工方案;

④ 人工、材料、机械台班的市场价;

⑤ 企业颁布的材料指导价、企业内部机械台班价、劳动力内部挂牌价;

⑥ 周转设备内部租赁价、摊销损耗标准;

⑦ 已签订的工程合同、分包合同;

⑧ 结构件内加工计划和合同;

⑨ 结构件外加工计划和合同;

⑩ 有关财务成本核算资料;

⑪ 施工成本预测资料;

⑫ 拟采取的施工成本措施;

⑬ 其他相关资料。

在此基础上,按照施工阶段应投入的生产要素,结合各种因素的变化和拟采取的各种措施，估算施工阶段生产费用支出的总水平，进而提出施工成本计划控制指标，确定目标总成本。目标成本确定后，应将总目标分解落实到各个机构、班组、便于进行控制的子项目或工序。最后，通过综合平衡，编制完成施工成本计划。

7.3.2 施工成本计划的编制方法

1. 施工成本计划的编制方式

施工阶段成本计划的编制以成本预测为重要基础，关键前提是确定目标成本。计划的制订需结合施工组织设计的编制过程，通过不断地优化施工技术方案和合理配置生产要素，进行工料机消耗的分析，制订一系列节约成本和挖潜措施，确定施工成本计划。一般情况下，计划施工成本总额应控制在目标成本的范围内，并使成本计划建立在切实可行的基础上。

施工总成本目标确定之后，还需通过施工成本计划把目标成本层层分解，落实到施工过程的每个环节，有效地进行成本控制。施工成本计划的编制方式如下。

(1) 按施工成本组成编制施工成本计划

施工成本可以按成本构成分解为人工费、材料费、施工机械使用费、措施费和间接费(见图7-5)。

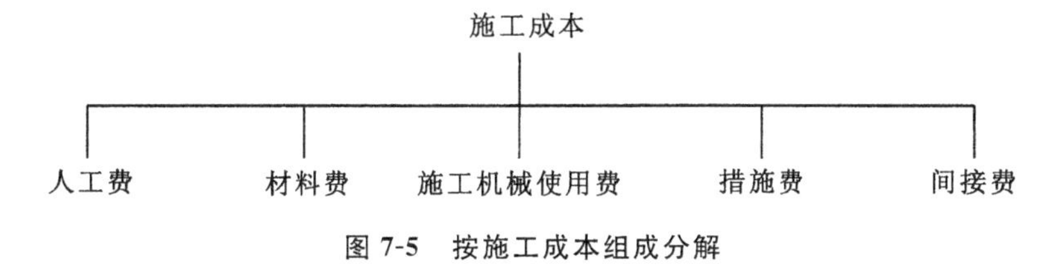

图7-5　按施工成本组成分解

(2) 按子项目组成编制施工成本计划

大中型的工程项目通常是由若干单项工程构成的，而每个单项工程包括了多个单位工程，多个单位工程又是由若干个分部分项工程构成的。因此，首先要把项目总施工成本分解到单项工程和单位工程中，再进一步分解到分部工程和分项工程中，如图7-6所示。

一般来说，由于概算和预算大都是按照单项工程和单位工程来编制的，所以将项目总投资分解到各单项工程和单位工程是比较容易的。需要注意的是，按这种方法分解项目总投资，不能只是分解建筑工程投资、安装工程投资和设备工器具购置投资，还应该分解项目的其他投资。但项目的其他投资所包含的内容既与具体单项工程或单位工程直接有关，也与整个项目建设有关，因此必须采取适当的方法将项目其他投资合理地分解到各个单项工程和单位工程中。最常用的也是最简单的方法，就是按照单项工程的建筑安装工程投资和设备工器具购置投资之和的比例分摊。但其结果可能与实际支出的投资相差甚远。因此实践中一般应对工程项目的其他投资和具体内容进行分析，将其中确实与各单项工程和单位工程有关的投资分离出来，按照一定的比例分解到相应的工程内容上。

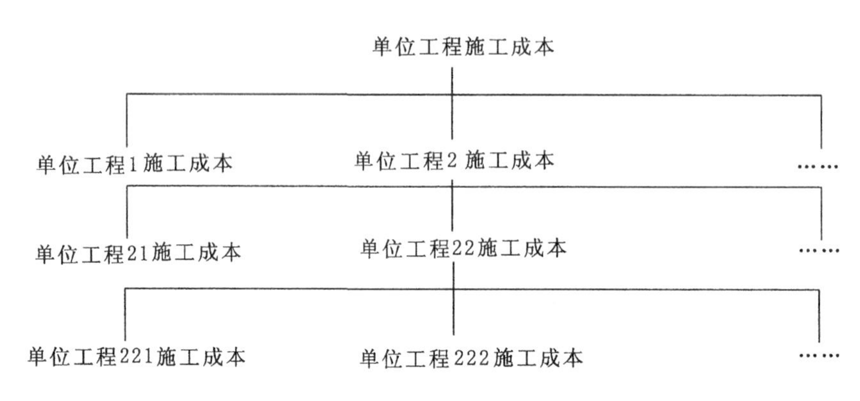

图7-6　按子项目组成分解

(3) 按工程进度编制施工成本计划

工程项目的投资总是分阶段、分期支出的,资金应用是否合理与资金的时间安排有密切关系。为了编制项目奖金使用计划,并据此筹措资金,尽可能减少资金占用和利息支出,有必要将项目总投资按其使用时间进行分解。

编制按工程进度的施工成本计划,通常可利用控制项目进度的网络图扩充而得。即在建立网络图时,一方面确定完成各项工作所需花费的时间,另一方面同时确定完成这一工作的合适的施工成本支出计划。在实践中,将工程项目分解为既能方便表示时间又能方便表示施工成本支出计划的工作是不容易的,通常如果项目分解程度对时间控制合适的话,则施工成本支出计划可能分解详细;反之亦然。因此在编制网络计划时,应在充分考虑进度控制对项目划分要求的同时,还要考虑确定施工成本支出计划对项目划分的要求,做到二者兼顾。

三种编制施工成本计划的方法并不是相互独立的。在实践中往往是将几种结合起来使用,从而达到扬长避短的效果。例如:将按子项目分解项目总成本与按施工成本构成分解项目总施工成本两种方法相结合,横向按施工成本构成分解,纵向按子项目分解,或相反。这种分解方法有助于检查各分部分项工程施工成本构成是否完整,有无重复计算或漏算;同时还有助于检查各项具体的施工成本支出的对象是否明确或落实,并且可以从数字上校核分解的结果有无错误。或者还可以将按子项目分解的项目总施工成本计划与按时间分解的项目总施工成本计划结合起来,一般纵向按子项目分解,横向按时间分解。

2. 施工成本资金使用计划的形式

(1) 按子项目分解得到的施工成本资金使用计划表

在完成工程项目施工成本目标分解之后,接下来就要具体地分配投资,编制分项工程的投资支出计划,从而得到详细的施工成本资金使用计划表。其内容一般包括:工程分项编码、工程内容、计量单位、工程数量、计划综合单价、本分项总计。

在编制施工成本资金使用计划时,要在项目总的方面考虑总预备费,也要在主要的工程分项中安排适当的不可预见费,避免在具体编制施工成本奖金使用计划时,可能发现个别单位工程工程量表中某项内容的工程量计算有较大出入，使原来的预算失实，并在项目实施过程中对其尽可能地采取一些措施。

(2) 时间-投资累计曲线

通过对项目施工成本目标按时间进行分解，在网络计划的基础上，可获得项目进度计划的横道图。并在此基础上编制施工成本资金使用计划。其表示方法有两种：一种是在总体控制时标网络图中表示(见图 7-7)；另一种是利用时间-投资曲线(S 形曲线)表示(见图 7-8)。

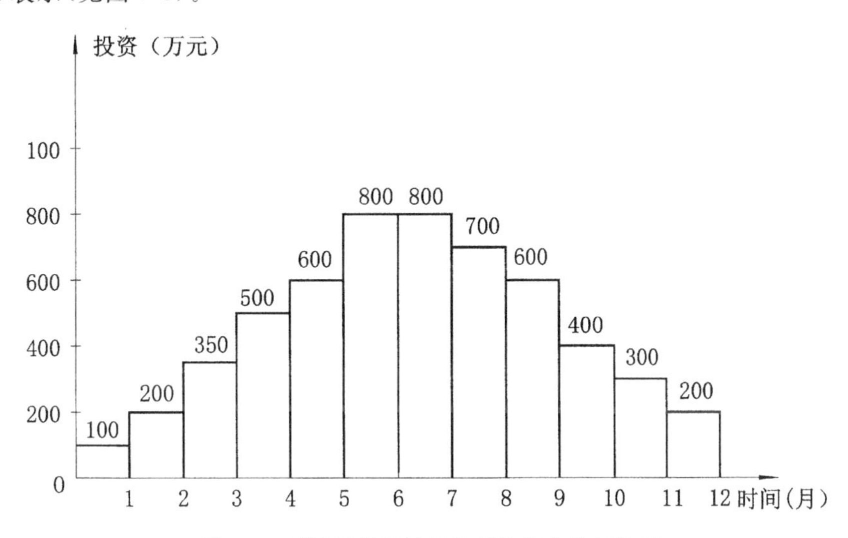

图 7-7　时标网络图按月编制的资金使用计划

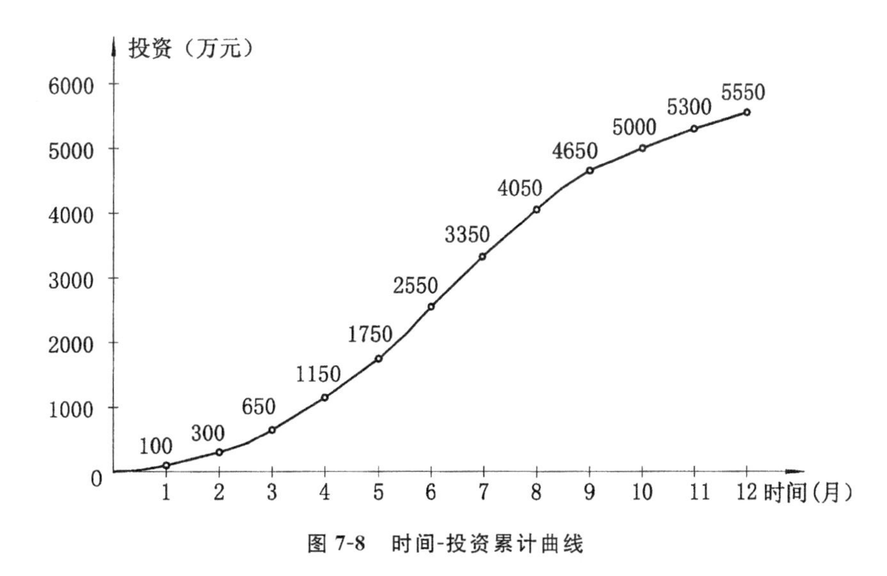

图 7-8　时间-投资累计曲线

时间-投资累计曲线的绘制步骤如下。

① 确定工程项目进度计划，编制进度计划的横道图。

② 根据每单位时间内完成的实物工程量或投入的人力、物力和财力，计算单位时间(月或旬)的投资，在时标网络图上按时间编制投资支出计划，如图 7-7 所示。

③ 计算规定时间 t 计划累计完成投资额，其计算方法为：各单位时间计划完成的投资额累加求和。

④ 按各规定时间的累计完成投资额 Q_t 值，绘制 S 形曲线，如图 7-8 所示。每一条 S 形曲线都对应某一特定的工程进度计划。因为在进度计划的非关键线路中存在许多有时差的工序或工作，因而 S 形曲线(投资计划值曲线)必然包括在由全部工作都按最早开始时间开始和最迟必须开始时间开始的曲线所组成的"香蕉图"内。建设单位可根据编制的投资支出预算来合理安排资金，同时建设单位也可以根据筹措的建设资金来调整 S 形曲线，即通过调整非关键线路上工作的最早或最迟开工时间，力争将实际的投资支出控制在计划的范围内。

一般而言，所有工作都按最迟开始时间开始，对节约建设单位的建设资金贷款利息是有利的，但同时，也降低了项目按期竣工的保证率。因此，成本控制部门必须合理地确定施工成本的资金支出计划，达到节约投资支出，又能控制项目工期的目的。

(3) 综合分解施工成本资金使用计划表

将投资目标的不同分解方法相结合，会得到比前者更详尽、有效的综合分解施工成本资金使用计划表。综合分解施工成本资金使用计划表，一方面有助于检查各单项工程和单位工程的投资构成是否合理，有无缺陷或重复计算；另一方面也可以检查各项具体的投资支出的对象是否明确和落实，并可校核分解的结果是否正确。

7.3.3 项目经理部的责任目标成本

在施工合同签订后，由企业根据合同造价、施工图和招标文件中的工程量清单，确定正常情况下的企业管理费、财务费用和制造成本。将正常情况下的制造成本确定为项目经理的可控成本，形成项目经理的责任目标成本。

每个工程项目，在实施项目管理之前，首先由公司主管部门与项目经理协商，将合同预算的全部造价收入分为现场施工费用(制造成本)和企业管理费用两部分。其中，现场施工费用核定的总额，作为项目成本核算的界定范围和确定项目经理部责任成本目标的依据。

在正常情况下的制造成本确定为项目经理的可控成本，形成项目经理的责任目标成本。由于按制造成本法计算出来的施工成本，实际上是项目的施工现场成本，反映了项目经理部的成本水平，既便于对项目经理部成本管理责任的考核，也为项目经理部节约开支、降低成本提供可靠的基础。

1. 责任目标成本的确定过程和方法

① 按投标报价时所编制的工程量清单计价将各项单价换成总价格，就构成直接费用中的材料费、人工费的目标成本。

② 以施工组织设计为依据，确定机械台班和周转设备材料的使用量。

③ 其他直接费用中的各子项目均按具体情况或内部价格来确定。

④ 现场施工管理费，也按各子项目视项目的具体情况来加以确定。

⑤ 投标中压价让利的部分也要加以考虑。

以上确定的过程，应在仔细研究投标报价时的各项目清单、计价的基础上，由公司主管部门主持，有关部门共同参与，分析、研究确定。

2. 项目经理部的责任目标成本

项目经理在接受企业法定代表人委托之后，应通过主持项目管理实施规划寻求降低成本的途径，组织编制施工预算，确定项目的计划目标成本。

施工预算是项目经理部根据企业下达的责任成本目标，在详细编制施工组织设计过程、不断优化施工技术方案和合理配置生产要素的基础上，通过工料消耗分析和制定节约措施之后，制定的计划成本。一般情况下，施工预算总额应控制在责任成本目标的范围内，并留有一定余地。在特殊的情况下，项目经理部通过反复挖潜，不能把施工预算总额控制在责任成本目标的范围内时，应与公司主管部门协商修正责任成本目标或共同探讨进一步的降低成本措施，使施工预算建立在切实可行的基础上，作为控制施工过程生产成本的依据。

7.4 施工阶段成本控制

7.4.1 施工阶段成本控制概述

1. 施工阶段成本控制的概念

施工成本控制，通常是指在项目成本的形成过程中，对生产经营所消耗的人力资源、物质资源和费用开支，进行指导、监督、调节和限制，及时纠正将要发生和已经发生的偏差，把各项生产费用控制在计划成本的范围之内，以保证成本目标的实现。

施工成本目标有企业下达或目标责任书规定的，也有项目经理自行制定的。但这些成本目标，一般只有一个成本降低率或降低额，即使加以分解，也不过是相对明细的降低指标而已，难以具体落实，以致目标管理往往流于形式，无法发挥控制成本的作用。因此，项目经理部必须以成本目标为依据，联系项目的具体情况，制订明细而又具体的成本计划，使之成为“看得见、摸得着、能操作”的实施性文件。这种成本计划，应该包括每一个分部分项工程的资源消耗水平，以及每一项技术组织措施的具体内容和节约数量(金额)，既可指导项目管理人员有效地进行成本控制，又可作为企业对项目成本检查考核的依据。

由于项目管理是一次性行为，它的管理对象只有一个工程项目，且将随着项目建设的完成而结束其历史使命。因而，在施工期间，项目成本能否降低，有无经济效益有很大的风险性。为了确保项目成本必盈不亏，成本控制不仅必要，而且必须做好。

从上述观点来看，施工成本控制的目的在于降低项目成本，提高经济效益。然而项目成本的降低，除了控制成本支出以外，还必须增加收入。因为，只有在增加收入的同时节约支出，才能提高施工项目成本的降低水平。

2. 施工阶段成本控制的作用

施工成本控制有以下四个方面的作用。

(1) 监督工程收支、实现计划利润

在投标阶段分析的利润仅仅是理论计算而已，只有在实施过程中采取各种措施监督工程的收支，才能保证计划利润变为现实的利润。

(2) 做好盈亏预测，指导工程实施

根据单位成本增高和降低的情况，对各分部项目的成本增减情况进行计算，不断对工程的最终盈亏做出预测，指导工程实施。

(3) 分析收支情况，调整资金流动

根据工程实施中情况和成本增减的预测，对于流动资金需要的数量和时间进行调整，使流动资金更符合实际，从而可供筹集资金和偿还借贷资金参考。

(4) 积累资料，指导今后投标

对实施过程中的成本统计资料进行积累并分析单项工程的实际成本，用来验证原来投标计算的正确性。所有这些资料均是十分宝贵的，特别是对该地区继续投标承包新的工程，有着十分重要的参考价值。

7.4.2 施工阶段成本控制程序

施工阶段的成本控制，不仅仅是专业成本人员的责任，所有的项目管理人员，特别是项目经理，都要按照自己的业务分工各负其责。之所以要如此强调成本控制，一方面，是因为成本指标是诸多经济指标中很必要的指标之一；另一方面，还在于成本指标的综合性和群众性，既要依靠各部门、各单位的共同努力，又要由各部门、各单位共享降低成本的成果。为了保证项目成本控制工作的顺利进行，需要把所有参加项目建设的人员组织起来，并按照各自的分工开展工作。

1. 建立以项目经理为核心的项目成本控制体系

项目经理责任制，是工程项目管理的特征之一。实行项目经理责任制，就是要求项目经理对项目建设的进度、质量、成本、安全和现场管理标准化等全面负责，特别要把成本控制放在首位，因为成本失控，必然影响项目的经济效益，难以完成预期的成本目标，更无法向职工交代。

2. 建立工程项目成本管理责任制体系

工程项目成本管理责任不同于工作责任，它是指各项目管理人员在处理日常业务中对成本管理应尽的责任。有时项目管理人员的工作责任已经完成，甚至还完成得相当出色，但成本责任却没有完成。例如，项目工程师认真贯彻工程技术规范，对保证工程质量起了积极作用，但往往强调了质量，忽视了节约成本。又如，材料员采购及时,供应到位,配合施工得力,值得赞扬,但在材料采购时就远不就近,就次不就好,就高不就低,既增加了采购成本,又不利于工程质量。因此,应该在原有职责分工的基础上,还要进一步明确成本管理责任,使每一个项目管理人员都有这样的认识:在完成工作责任的同时还要为降低成本精打细算,为节约成本开支严格把关。基于以上原因,要求管理人员将具体责任联系实际整理成文,并作为一种制度加以贯彻。具体说明如下。

(1) 合同预算员的成本管理责任

① 根据合同内容、预算定额和有关规定,充分利用有利因素,编好施工图预算,为增收节支把好第一关。

② 深入研究合同规定的"开口"项目,在有关项目管理人员(如项目工程师、材料员等)的配合下,努力增加工程收入。

③ 收集工程变更资料(包括工程变更通知单、技术核定单和按实结算的资料等),及时办理增加账,保证工程收入,及时收回垫付的资金。

④ 参与对外经济合同的谈判和决策,以施工图预算和增加账为依据,严格控制经济合同的数量、单价和金额,切实做到"以收定支"。

(2) 工程技术人员的成本管理责任

① 根据施工现场的实际情况,合理规划施工现场平面布置(包括机械布局,材料、构件的堆放场地、车辆进出现场的运输道路,临时设施的搭建数量和标准等),为文明施工、减少浪费创造条件。

② 严格执行工程技术规范和以预防为主的方针,确保工程质量,减少零星修补,消灭质量事故,不断降低质量成本。

③ 根据工程特点和设计要求,运用自身的技术优势,采取实用、有效的技术组织措施和合同化建议,走技术和经济相结合的道路,为提高项目经济效益开拓新的途径。

④ 严格执行安全操作规程,减少一般安全事故,消灭重大人身伤亡事故和设备事故,确保安全生产,将事故减少到最低限度。

(3) 材料人员的成本管理责任

① 材料采购和构件加工,要选择质高、价低、运距短的供应(加工)单位。对到场的材料、构件要正确计量、认真验收,如遇质量差、量不足的情况,要进行索赔。切实做到:一要降低材料、构件的采购(加工)成本;二要减少采购(加工)过程中的管理消耗,为降低材料成本走好每一步。

② 根据项目施工的计划进度,及时组织材料、构件的供应,保证项目施工的顺利进行,防止因停工待料造成的损失。在构件加工的过程中,要按照施工顺序组织配套供应,以免因规格不齐造成施工间隙,浪费时间,浪费人力。

③ 在施工过程中,严格执行限额领料制度,控制材料消耗;同时,还要做好余料的回收和利用,为考核材料的实际消耗水平提供正确的依据。

④ 钢管脚手架和钢模板等周转材料，进出现场都要认真清点，正确核实并减少赔偿数量；使用后，要及时回收、整理、堆放，并及时退场，既可节省租赁费用，又有利于场地整洁；还可加速周转，提高利用效率。

⑤ 根据施工生产的需要，合理安排材料储备，减少资金的占用，提高资金利用的效率。

(4) 机械管理人员的成本管理责任

① 根据工程特点和施工方案，合理选择机械的型号规格，充分发挥机械的效能，节约机械费用。

② 施工需要，合理安排机械施工，提高机械利用率，减少机械费成本。

③ 严格执行机械维修保养制度，加强平时的机械维修保养，保证机械完好，随时都能保持良好的状态为提高机械作业、减轻劳动强度、加快施工进度发挥作用。

(5) 行政管理人员的成本管理责任

① 根据施工生产的需要和项目经理的意图，合理安排项目管理人员和后勤服务人员，节约工资性支出。

② 具体执行费用开支标准和有关财务制度，控制非生产性开支。

③ 管好行政办公用的财产物资，防止损坏和流失。

④ 安排好生活后勤服务，在勤俭节约的前提下，满足职工群众的生活需要。

(6) 财务成本人员的成本管理责任

① 按照成本开支范围、费用开支标准和有关财务制度，严格审核各项成本费用，控制成本支出。

② 建立月度财务收支计划制度，根据施工生产的需要，平衡调度资金，通过控制资金使用，达到控制成本的目的。

③ 建立辅助记录，及时向项目经理和有关项目管理人员反馈信息，以便对资源消耗进行有效的控制。

④ 开展成本分析，特别是分部分项工程成本分析、月度成本综合分析和针对特定问题的专题分析，要做到及时向项目经理和有关项目管理人员反映情况，提出问题和解决问题的建议，以便采取针对性的措施来纠正项目成本的偏差。

⑤ 在项目经理的领导下，协助项目经理检查、考核各部门、各单位乃至班组责任成本的执行情况，落实责、权、利相结合的有关规定。

3. 实行对作业队分包成本的控制

1) 对作业队分包成本的控制

在管理层与劳务层两层分离的条件下，项目经理部与作业队之间需要通过劳务合同建立发包与承包关系。在合同履行过程中，项目经理部有权对作业队的进度、质量、安全和现场管理标准进行监理，同时按合同规定支付劳务费用。至于作业队成本的节约或超支以及作业队自身的管理，项目经理部无权过问。这里所说的对作业队分包成本的控制，是指以下三种情况。

（1）工程量和劳动定额的控制

项目经理部与作业队的发包和承包，是以实物工程量和劳动定额为依据的。在实际施工中，由于用户需要等原因，往往会发生工程设计和施工工艺的变更，使工程数量和劳动定额与劳务合同互有出入，需要按实调整承包金额。对于上述变更事项，一定要强调事先的技术签证，严格控制合同金额的增加；同时，还要根据劳务费用增加的内容，及时办理增减账，以便通过工程款结算，从甲方那里取得补偿。

（2）估工和点工的控制

由于建筑施工的特点，施工现场经常会有一些零星任务出现，需要作业队去完成。而这些零星任务，都是事先无法预见的，只能在劳务合同规定的定额用工以外另行估工和点工，这属于相应增加的劳务费用支出。为了控制估点工的数量和费用，可以采取以下方法：一是对工作量比较大的任务工作，通过领导、技术人员和生产骨干"三结合"讨论确定估点定额，使估工和点工的数量控制在估工定额的范围以内；二是按定额用工的一定比例（5%～10%）由作业队包干，并在劳务权责中明确规定。一般情况下，应以第二种方法为主。

（3）坚持奖罚分明的原则

实践证明，项目建设的速度、质量、效益，在很大程度上将取决作业队的素质和在施工中的具体表现。因此，项目经理部除要对作业队加强管理以外，还要根据作业队完成施工任务的业绩，对照劳务合同规定的标准，认真考核，分清优劣，有奖有罚。在掌握奖罚尺度时，首先要以奖励为主，以激励作业队的生产积极性；但对达不到工期、质量等要求的情况也要照章罚款并赔偿损失。这是一件事情的两个方面，必须以事实为依据，才能收到相辅相成的效果。

2）落实生产班组的责任成本

生产班组的责任成本就是分部分项工程成本。其中实耗人工属于作业队分包成本的组成部分，实耗材料则是项目材料费的构成内容。因此，分部分项工程成本既与作业队的效益有关，又与项目成本不可分割。

生产班组的责任成本，应由作业队以施工任务单和限额领料单的形式落实给生产班组，并由作业队负责回收和结算。

签发施工任务单和限额领料单的依据为施工预算工程量、劳动定额和材料消耗定额。在下达施工任务的同时，还要向生产班组提出进度、质量安全和文明施工的具体要求，以及施工中应该注意的事项。以上这些，也是生产班组完成责任成本的制约条件。在任务完成后的施工任务单结算中，需要联系责任成本的实际完成情况进行综合考评。

由此可见，施工任务单和限额领料单是项目管理中最基本、最扎实的基础管理，它不仅能控制生产班组的责任成本，还能使项目建设的快速、优质、高效建筑在坚实的基础之上。

7.4.3 施工阶段的成本控制

1. 施工阶段成本控制的种类和依据

1）施工成本控制的种类

施工成本控制可分为事先控制、事中控制和事后控制。

(1) 事先控制

事先控制是通过成本预测和决策，落实降低成本的措施，编制目标成本计划而层层展开的。事先控制要求认真做好承包合同分析，在施工图预算和施工预算对比的基础上，进行各项成本拆分，确定目标成本计划。项目成本控制是一个系统，施工组织设计的任何一环，无论是工期、质量或技术方案的一个变动都足以影响控制的目标成本。所以，要做的第一件事就是在对合同内容全面分析的基础之上，通过开展合同造价分析，建立控制目标。第一步，由经营部门召开合同交底会，对合同主要条款的含义以及在招投标过程中双方作出的承诺进行合同交底，加深项目核算人员对合同内容的理解。第二步，提出实施合同及控制造价的对策措施，由项目管理人员分类列出诸如钢材、水泥、木材等三大材的交料方式、部分定额内容的按实结算、材料价格的闭口包干、特殊施工项目的单价合同、标价的上下浮率和隐性让利、对施工工期、场容等的特殊要求等内容对工程总造价的影响程度，提出技术节约措施和目标成本控制措施，以编制目标成本计划。第三步，根据目标成本计划建立相关控制台账。控制台账务求实效，由相关性最强的业务部门建立，如商品混凝土台账由预算部门建立，便于进行施工图预算和施工预算对比，作为控制实际成本的依据，台账所记录的级配、价格、数量等数据也是预算部门向业主办理结算的重要依据；外包费用台账由成本核算部门建立，便于进行工程总合同有关条款与分包合同对比，控制分包成本支出和分包付款。统计、劳务、材料、动力、构件等各业务部门都有各自的控制台账，形成了成本控制网络的基石。事先控制要求认真做好承包合同分析，在施工图预算和施工预算对比的基础上，进行各项成本拆分，确定目标成本计划。

(2) 事中控制

事中控制要以工程合同造价为依据，从预算成本和实际成本两方面控制项目成本。实际成本控制应包括对主要工料的数量和单价、分包成本和各项费用等影响成本主要因素的控制。实际控制成本的方法通常要求严格按照成本、费用计划和各项消耗定额，对一切生产费用进行随时随地审核，及时制止不合理开支，建立严格的限额领料制度和费用开支审批制度。同时建立反映出现成本差异的信息反馈体系，随时把成本形成过程中出现的偏离目标的差异，反馈给责任部门和个人，及时采取纠正的具体措施。

(3) 事后控制

事后控制主要是对照合同结算价的变化，将实际成本与目标成本之间的差距加以分析，进一步挖掘降本潜力，落实成本责任制。首先掌握成本的实际情况，将实际成本与计划成本进行比较，计算成本差异，明确是节约还是浪费。其次分析成本节约或超支的原因和责任归属。采取有效措施改进工作，使实际成本支出符合计划标准的要求。对于计划标准脱离实际的部分，要在下一期计划制定前加以修正。同时，要根据计划成本的实际完成情况，对成本责任部门的成绩进行评价和考核，对于降低成本效果较大者给予奖励，对于造成损失浪费的责任者给予一定的经济制裁。

2）施工成本控制的依据

施工成本控制的依据包括如下内容。

(1）工程承包合同

施工成本控制要以工程承包合同为依据，围绕降低工程成本这个目标，从预算收入和实际成本两方面，努力挖掘增收节支潜力，以求获得最大的经济效益。

(2）施工成本计划

施工成本计划是根据施工项目的具体情况制定的施工成本控制方案，既包括预定的具体成本控制目标，又包括实现控制目标的措施和规划，是施工成本控制的指导文件。

(3）进度报告

进度报告提供每一时刻工程的实际完成量，工程施工成本实际支付情况等重要信息。施工成本控制工作正是通过实际情况与施工成本计划相比较，找出二者之间的差别，分析偏差产生的原因，从而采取措施改进以后的工作。此外，进度报告还有助于管理者及时发现工程实施中存在的隐患，并在事态还未造成重大损失之前采取有效措施，尽量避免损失。

(4）工程变更

在项目的实施过程中，由于各方面的原因，工程变更是很难避免的。工程变更一般包括设计变更、进度计划变更、施工条件变更、技术规范与标准变更、施工次序变更、工程数量变更等。一旦出现变更，工程量、工期、成本都必将发生变化，从而使得施工成本控制工作变得更加复杂和困难。因此，施工成本管理人员就应当通过对变更要求当中种类数据的计算、分析，随时掌握变更情况，包括已发生工程量、将要发生工程量、工期是否拖延、支付情况等重要信息，判断变更以及变更可能带来的索赔额度等。

除了上述几种施工成本控制的主要依据以外，有关施工组织设计、分包合同文本等也都是施工成本控制的依据。

2. 施工成本控制的步骤

在确定了施工成本计划之后，必须定期地进行施工成本计划值与实际值的比较，当实际值偏离计划值时，分析产生偏差的原因，采取适当的纠偏措施，以确保施工成本控制目标的实现。其步骤如下。

① 比较。按照某种确定的方式将施工成本计划值逐项进行比较，以判断施工成本是否已超支。

② 分析。在比较的基础上,对比较的结果进行分析,以确定偏差的严重性及偏差产生的原因。这一步是施工成本控制工作的核心,其主要目的在于找出产生偏差的原因,从而采取有针对性的措施,减少或避免相同原因的事故再次发生或减少由此造成的损失。

③ 预测。根据项目实施情况估算整个项目完成时的施工成本。预测的目的在于为决策提供支持。

④ 纠偏。当工程项目的实际施工成本出现了偏差,应当根据工程的具体情况、偏差分析和预测的结果,采取适当的措施,以期达到使施工成本偏差尽可能小的目的。纠偏是施工成本控制中最具实质性的一步。只有通过纠偏,才能最终达到有效控制施工成本的目的。

⑤ 检查。它是指对工程的进展进行跟踪和检查,及时了解工程进展状况以及纠偏措施的执行情况和效果,为今后的工作积累经验。

3. 施工成本控制的方法

成本控制的方法很多,而且有一定的随机性,应结合实际情况,采取与之相适应的控制手段和控制方法。下面着重介绍偏差分析法。

(1) 偏差的概念

在施工成本控制中,把施工成本的实际值与计划值的差异称为施工成本偏差,即

施工成本偏差=已完工程实际施工成本-已完工程计划施工成本

式中,已完工程实际施工成本=已完工程量×实际单位成本;

已完工程计划施工成本=已完工程量×计划单位成本。

结果为正表示施工成本超支,结果为负表示施工成本节约。但是,必须特别指出,进度偏差对施工成本偏差分析的结果有重要影响,如果不加考虑就不能正确反映施工成本偏差的实际情况。因为当某一阶段的施工成本超支,可能是由于进度超前导致的,也可能是由于物价上涨导致的。所以,必须引入进度偏差的概念。

进度偏差(Ⅰ)=已完工程实际时间-已完工程计划时间

为了与施工成本偏差联系起来,进度偏差也可表示为

进度偏差(Ⅱ)=拟完工程计划施工成本-已完工程计划施工成本

所谓拟完工程计划施工成本,是指根据进度计划安排在某一确定时间内所应完成的工程内容的计划施工成本。即

拟完工程计划施工成本=拟完工程量(计划工程量)×计划单位成本

进度偏差为正值,表示工期拖延;结果为负值,表示工期提前。

(2) 偏差分析的方法

偏差分析可采用不同的方法,常用的有横道图法、表格法和曲线法。

① 横道图法。

用横道图法进行施工成本偏差分析,是用不同的横道标识已完工程计划施工成

本、拟完工程计划施工成本和已完工程实际施工成本，横道的长度与其金额成正比例，如图 7-9 所示。

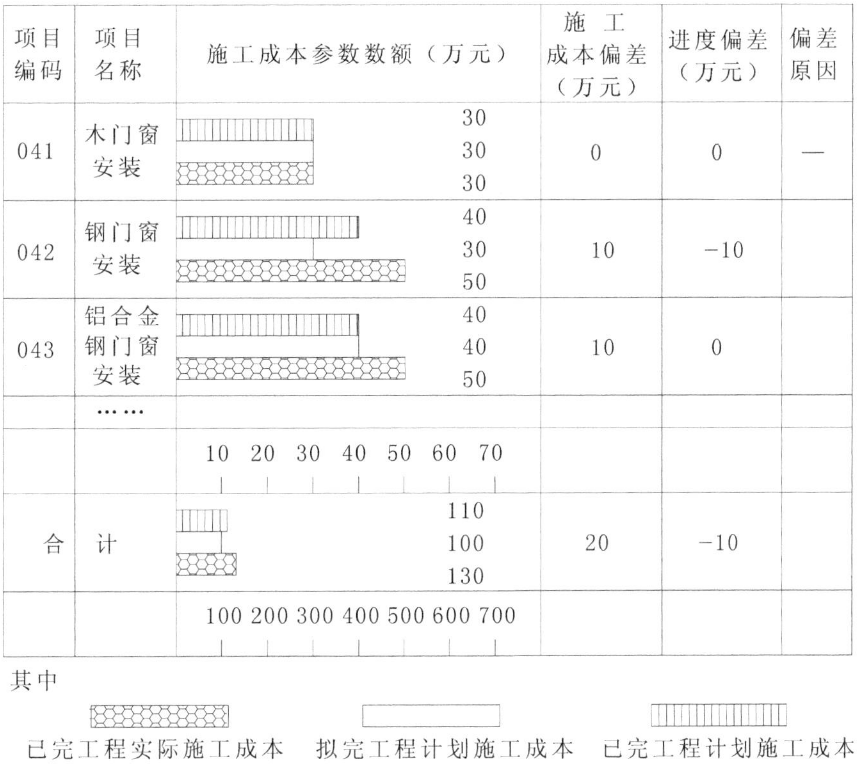

项目编码	项目名称	施工成本参数数额（万元）	施工成本偏差（万元）	进度偏差（万元）	偏差原因
041	木门窗安装	30 30 30	0	0	—
042	钢门窗安装	40 30 50	10	−10	
043	铝合金钢门窗安装	40 40 50	10	0	
	……				
		10　20　30　40　50　60　70			
合	计	110 100 130	20	−10	
		100 200 300 400 500 600 700			

其中

已完工程实际施工成本　拟完工程计划施工成本　已完工程计划施工成本

图 7-9　横道图法的施工成本偏差分析

横道图法具有形象、直观、一目了然等优点，它能够准确表达出施工成本的绝对偏差，而且能让人直观感受到偏差的严重性。但这种方法反映的信息量少，一般在项目的较高管理层应用。

② 表格法。

表格法是进行偏差分析最常用的一种方法。它将项目编号、名称、各施工成本参数以及施工成本偏差数综合归纳入一张表格中，并且直接在表格中进行比较。由于各偏差参数都在表中列出，使得施工成本管理者能够综合地了解并处理这些数据。用表格法进行偏差分析具有如下优点。

a. 灵活、适用性强，可根据实际需要设计表格，进行增减项。

b. 信息量大，可以反映偏差分析所需的资料，从而有利于施工成本控制人员及时采取针对性措施，加强控制。

c. 表格处理可借助于计算机，从而节约大量数据处理所需的人力，并大大提高速度。偏差分析见表 7-3。

表 7-3 施工成本偏差表

1	项目编码	计算方法	041	042	043
2	项目名称		木门窗安装	钢门窗安装	铝合金门窗安装
3	单位				
4	计划单位成本				
5	拟完工程量				
6	拟完工程计划施工成本	5×4	30	30	40
7	已完工程量				
8	已完工程计划施工成本	7×4	30	40	40
9	实际单位成本				
10	其他款项				
11	已完工程实际施工成本	7×9+10	30	50	50
12	施工成本局部偏差	11−8	0	10	10
13	施工成本累计偏差	∑12			
14	进度局部偏差	6−8	0	−10	0
15	进度累计偏差	∑14			

③ 曲线法。

曲线法是利用施工成本累计曲线(S形曲线)进行施工成本偏差分析的一种方法,如图7-10所示。其中a表示施工成本实际值曲线,p表示施工成本计划值曲线,两条曲线之间的竖向距离表示施工成本偏差。

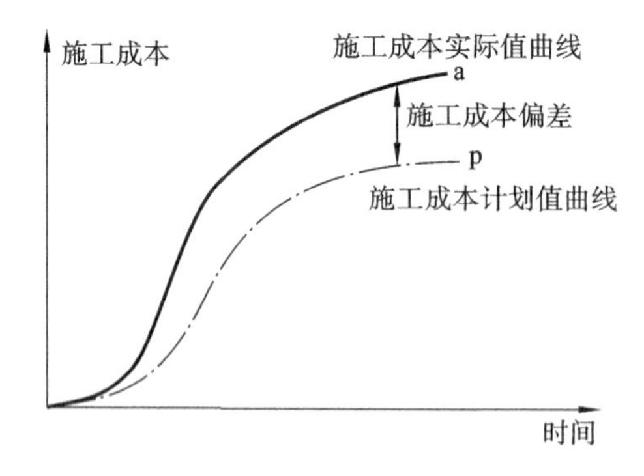

图 7-10 施工成本计划值与实际值曲线

在用曲线法进行施工成本偏差分析时,首先要确定施工成本计划值曲线。施工成本计划值曲线是与确定的进度计划联系在一起的。同时,也应考虑实际进度的影响,应当引入三条施工成本参数曲线,即已完工程实际施工成本曲线a,已完工程计划施工成本曲线b和拟完工程计划施工成本曲线p(见图7-11)。图中曲线a与曲线

b 的竖向距离表示施工成本偏差，曲线 b 与曲线 p 的水平距离表示进度偏差，图中反映的偏差为累计偏差。用曲线法进行偏差分析同样具有形象、直观的特点，但这种方法很难直接用于定量分析，只能对定量分析起一定的指导作用。

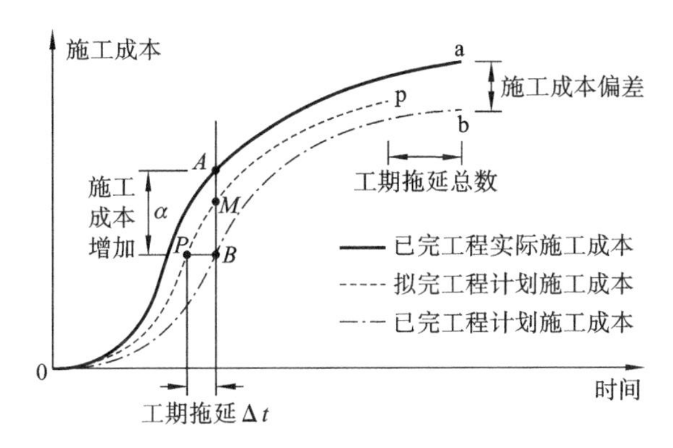

图 7-11　三种施工成本参数曲线

7.4.4　降低施工成本的措施

降低施工成本的途径，应该是既开源又节流，或者说既增收又节支。只开源不节流，或者只节流不开源，都不可能达到降低成本的目的，至少是不会有理想的降低成本效果。

1. 认真会审图纸，积极提出修改意见

在项目实施过程中，施工单位必须按图施工。但是，图纸是由设计单位按照用户要求和项目所在地的自然地理条件（如水文地质情况等）设计的，其中起决定作用的是设计人员的主观意图，很少考虑为施工单位提供方便，有时还可能给施工单位出些难题。因此，施工单位应该在满足用户要求和保证工程质量的前提下，结合项目施工的主客观条件，对设计图纸进行认真的会审，并提出积极的修改意见，在取得用户和设计单位的同意后，修改设计图纸，同时办理增减账。

在会审图纸的时候，对于结构复杂、施工难度高的项目，更要加倍认真，并且要从方便施工，有利于加快工程进度和保证工程质量，又能降低资源消耗、增加工程收入等方面综合考虑，提出有科学根据的合理化建议，保证工程顺利进行。

2. 加强合同预算管理，降低工程成本

深入研究合同内容，正确编制施工图预算，根据工程变更资料，及时办理增减账。

在编制施工图预算的时候，要充分考虑可能发生的成本费用，包括合同规定的属于包干（闭口）性质的各项定额外补贴，并将其全部列入施工图预算，作为成本控制的依据。由于设计、施工和建设单位使用要求等各种原因，工程变更是项目施工过程中经常发生的事情，是不以人们的意志为转移的。随着工程的变更，必然会带来工程内容的增减和施工工序的改变，从而也必然会影响成本费用的支出。因此，应就工程变更对既定施工方法、机械设备使用、材料供应、劳动力调配和工期目标等的影响程度，以及为实施变更内容所需要的各种资源进行合理估价,并及时办理增减账手续,核定成本。

3. 制订先进的、经济合理的施工方案

施工方案主要包括四项内容:施工方法的确定、施工机具的选择、施工顺序的安排和流水施工的组织。施工方案不同,工期就会不同,所需机具也不同,因而发生的费用也会不同。因此,正确选择施工方案是降低成本的关键所在。

制订施工方案要以合同工期和上级要求为依据,联系项目的规模、性质、复杂程度、现场条件、装备情况、人员素质等因素综合考虑。可以同时制订几个施工方案,倾听现场施工人员的意见,以便从中优选最合理、最经济的一个。必须强调,施工方案应该同时具有先进性和可行性。如果只先进不可行,不能在施工中发挥有效的指导作用,那就不是最佳施工方案。

4. 落实技术组织措施

落实技术组织措施,走技术与经济相结合的道路,以技术优势来取得经济效益,是降低项目成本的又一个关键。一般情况下,项目应在开工以前根据工程情况制订技术组织措施计划,作为降低成本计划的内容之一列入施工组织设计,在编制月底施工作业计划的同时,也可以按照作业计划的内容编制月度技术组织措施计划。

为了保证技术组织措施计划的落实,并取得预期的效果,应在项目经理的领导下明确分工:由工程技术人员制定措施,材料人员提供材料,现场管理人员和班组负责执行,财务成本人员结算节约效果,最后由项目经理根据措施执行情况和节约效果对有关人员进行奖励,形成落实技术组织措施的一条龙。必须强调,在结算技术组织措施执行效果时,除要按照定额数据等进行理论计划外,还要做好节约实物的验收,防止"理论上节约,实际上超支"的情况发生。

5. 组织均衡施工,加快施工进度

凡是按时间计划的成本费用,如项目管理人员的工资和办公费,现场临时设施费和水电费,以及施工机械和周转设备的租赁等,在加快施工进度、缩短施工周期的情况下,都会有明显的节约。因此,加快施工进度也是降低项目成本的有效途径之一。

为了加快施工进度,将会增加一定的成本支出。例如:在组织两班制施工的时候,需要增加夜间施工的照明费、夜点费和工效损失费;同时,还将增加模板的使用量和租赁费。因此,在签订合同时,应根据用户和赶工要求,将赶工费列入施工图预算。如果事先并未明确,而由用户在施工中临时提出的赶工要求,则应请用户办理签证单,费用按实结算。

由于加快施工进度,资源的使用相对集中,往往会出现作业面太小,工作效率难以提高,以及物资供应脱节,造成施工间隙等现象。因此,在加快施工进度的同时,必须根据实际情况,组织均衡施工,切实做到快而不乱,以免发生不必要的损失。

6. 降低材料成本

材料成本在整个项目成本中的比重最大,一般可达 70%,而且有较大的节约潜力，往往在其他成本项目（如人工费、机械费等）出现亏损时，要靠材料成本的节约来弥补。因此，材料成本的节约，也是降低项目成本的关键。

节约材料费用的途径十分广阔，大体有：

① 节约采购成本——选择运费少、质量好、价格低的供应单位；

② 认真计量验收——如遇数量不足、质量差的情况，要进行索赔；

③ 严格执行材料消耗定额——通过限额领料落实；

④ 正确核算材料消耗水平——坚持余料回收；

⑤ 改进施工技术——推广新技术、新工艺、新材料；

⑥ 利用工业废渣——扩大材料代用；

⑦ 减少资金占用——根据施工需要合理储备；

⑧ 加强现场管理——合理堆放，减少搬运，减少仓储和堆积损耗。

7. 提高机械利用率

机械使用费占项目预算成本的比重并不大，一般在5%左右。但是，预算成本中的机械使用费，是按机械购买时的历史成本计算的，而且折旧率也偏低，以致实际支出超过预算收入的亏损现象相当普遍。为了改变这种情况，现行的财会制度已对机械折旧率和折旧方法作了适当的调整，工程预算定额也将对机械费的取定作相应的修改。对项目管理来说，则应联系实际，从合理组织机械施工、提高机械利用率着手，努力节约机械使用费。

节约机械使用费要做好以下三方面的工作。

① 结合施工方案的制订，从机械的性能、操作运行和台班成本等因素综合考虑，选择最适合项目施工特点的施工机械，要求做到既实用又经济。

② 做好工序、工种机械施工的组织工作，最大限度地发挥机械效能；同时，对机械操作人员的技能也要有一定的要求，防止因不规范操作或操作不熟练影响正常施工，降低机械利用率。

③ 做好平时的机械维修保养工作，使机械始终保持完好状态，随时都能正常运转。严禁在机械维修时将零部件拆东补西，人为损坏机械。

8. 运用激励机制，调动职工增产节约的积极性

激励机制，应从项目施工的实际情况出发，有一定的随机性。在实际管理过程中应从以下角度考虑。

（1）对关键工序施工的关键班组要实行重奖

如高层建筑的第一层结构施工结束后，应对在进度和质量上起主要保证作用的班组实行重奖，而且要说到做到，立即兑现。这对激励职工的生产积极性，促进项目建设的高速、优质、低耗有明显的效果。

（2）对材料操作损耗特别大的工序，可由生产班组直接承包

例如：玻璃易碎，陶瓷锦砖容易脱胶，在采购、保管和施工等过程中，往往会超过定额规定的损耗系数，甚至超过很多。如果将采购来的玻璃、陶瓷锦砖直接交生产班

组验收、保管和使用，并按规定的损耗率由班组承包，所发奖金有限，节约效果相当可观。

(3) 实行钢模零件和脚手螺丝有偿回收

项目施工需要大量的钢模零件和脚手螺丝，有时多达几万只，甚至几十万只。如果任意丢弃，回收率很低，由此而造成的经济损失也很大。假如对这些零件实行有偿回收，班组就会在拆除钢模和钢管脚手架时，自觉地将这些零件收集起来，也就会减少浪费。

(4) 实行班组落手清承包

施工现场的落手清工作不到位，一直是现场管理存在的问题。它不仅带来材料的浪费，还影响场容的整洁。如果把落手清工作交给班组承包，落手清问题就会有很大的改观。具体方法可以采用：经验收做到了落手清，按定额用工增加10%；如果没有做到落手清，按定额用工倒扣10%。如此奖罚，必然引起班组对落手清的重视，从而可使建筑垃圾减少到最低限度。

7.4.5 施工成本控制的主要途径

1. 合同造价的过程控制

为了在各个项目中能合理使用人力、物力、财力，取得比较好的投资效益和社会效益，合理确定和有效控制合同造价尤为重要。合同造价控制是指在投资决策阶段、设计阶段、建设实施阶段，把合同造价的发生控制在批准的造价限额之内，不得突破，并随时纠正发生的偏差，保证合同造价控制和投资目标的实现。因此，合同造价控制是工程造价管理的重要工作。

合同造价控制包括项目决策阶段的投资控制数的控制、初步设计(技术设计)中的设计概算额的控制、施工阶段施工图预算额的控制、对施工企业内部资源消耗数量的控制、竣工结算控制和竣工决算控制。

1) 项目决策阶段的合同造价控制

工程项目的决策阶段包括建设项目建议书、可行性研究报告的确定，并提出建设项目投资控制数。一经批准就作为合同造价的最高限额，不得任意突破。

为了编好投资控制数，首先必须按照有关文件的规定，对投资估算的编制依据进行审查，保证投资估算具有一定的科学性、可靠性，保证各种资料和数据的时效性、准确性和实用性；其次应该对投资估算的费用划分、费用项目、费用系数进行分析审查，使之符合规定的要求及具体情况。投资估算应该留有余地，既要防止漏项少算，又要防止多估冒算，使整个项目的宏观控制得以实现。

2) 设计阶段的合同造价控制

在这个阶段，各有关部门或造价工程师应对设计概算产品计划价格和施工图预算、建筑安装工程产品计划价格等进行控制，使之符合工程造价控制方案的目标要求。设计阶段是合同造价控制的关键环节，也是节约工程造价可能性最大的一个阶段，此阶段的造价控制包括设计概算控制、招标标底控制、技术与经济相结合控制、推行限额设计控制，还可采用工程设计招标投标、方案竞赛来选择优秀设计和优秀方案。勘察设计单位不仅应对设计人员落实技术，而且还应落实经济，使设计人员随时都具有控制工程造价的意识。

3）施工阶段的合同造价控制

这一阶段的合同造价控制主要体现在施工图预算控制、承包合同价的控制、施工预算额的控制、资金使用的控制，还体现在施工组织设计、施工方案的优选、施工企业的资质、施工人员的作业水平等方面，这对于提高工程质量、缩短工期、杜绝不正当费用支出等都是必要的，而且是控制工程造价目标实现的基础。

对建设项目的投资进行跟踪控制，加强对投资支出的管理，及时采取措施预防工程造价的上扬也是十分重要的。

4）竣工结(决)算的合同造价控制

竣工结(决)算的控制应注意按合同条款执行，若需要进行合同价款的调整，必须有充足的理由和根据。竣工结(决)算额，可以与施工图预算和设计概算对比，检查工程造价控制的目标和投资效果是否达到。

5）其他方面的合同造价控制

(1) 工程变更控制

工程变更是指由于多方面的情况变化，而出现的工程量的变化、施工进度变化和施工条件变化。工程变更的出现往往会造成工期拖延、工程造价增加。因此，工程变更的控制对工程造价控制有重要作用。

工程变更控制，首先应控制工程变更的次数，明确工程变更指令来源，应由设计、建设、施工三方相互制约以减少工程变更。其次是在工程变更价款计算上应按合同规定执行或按照工程造价管理部门规定执行。

(2) 建设单位工程索赔合同造价控制

建设单位工程索赔是指承建企业不履行或不完全履行约定的义务，或者由于承建企业的行为使建设单位受到损失时，建设单位向承建企业提出的工程索赔。

通过建设单位工程索赔可以减少建设项目投资费用，为建设单位挽回部分经济损失，提高投资效益。

(3) 承建方工程索赔合同造价控制

承建方工程索赔是指由于建设单位或其他有关方面的过失或责任，使承建企业在工程施工中增加了额外的费用，承建方根据合同条款的有关规定，以合法的程序要求建设单位或其他方赔偿承建方在施工中遭受的损失。

承建方工程索赔增加了工程费用，对工程造价控制十分不利。因此，建设单位及造价工程师、监理工程师应及时处理施工现场所发生的不可预见的事情、事故、事件等，减少发生承建方工程索赔的可能性。

2. 成本构成的分类控制

针对工程项目施工过程复杂，技术程度要求较高等特点，应集中对施工成本进行分类控制。施工成本大体由以下几种成本构成:人工费、材料费、周转材料费、机械使用费、其他直接费、施工间接费和分包工程成本。对于人工费和材料费,可直接计入成本;对于周转材料费、机械使用费、其他直接费和施工间接费,可将分得清受益对象的直接计入成本,分不清受益对象的可按人工费、直接费或产值比例分摊进成本;对于分包工程成本,可采取归集计入的办法。

分类控制的重点应首推材料费,材料费所占成本的比重大,最有潜力。在材料费中,占比例最大的是A类材料,故重点要节约A类材料费用。节约的主要环节首推采购和运输,其次才是现场的保管与使用。为节约材料费,应充分发挥施工任务书和限额领料单的作用。

人工费的控制要抓住合同环节,因为现在项目经理部没有固定作业人员,是通过合同雇用劳务分包公司的劳动力,在签订合同时要就劳务费用达成协议。

机械费用的控制要分几种情况:如果使用本企业的机械设备,则应提高利用率和完好率。利用率的提高造就完善的管理制度和合理使用;完好率的提高靠搞好维修与保养。如果是租赁的机械设备,则应抓合同环节,确定有利于节约机械费的合同价格。

其他直接费的控制应在施工方案的设计上下功夫。

现场管理费的控制应抓两个环节:一是搞好施工平面图设计;二是制定责任制,实行费用包干。

临时设施费的节约途径包括两种:一是尽量减少投入,使用已有建筑物和临时设施;二是搞好施工平面图设计并合理调整,节约开支。

各种费用的节约,都应抓好业务核算。通过核算获得动态的成本实际数据,不断与承包成本及目标成本进行对比,找出差距,反馈给可控成本责任者,然后有针对性地制定节约措施,纠正成本偏差,实现计划目标成本。

3. 分包项目成本控制

以工程承包合同约束外分包、外协作、外加工合同。完善对外合同付款前的审批流程,衔接总分包合同,防止"跑冒滴漏",健全会计内部控制制度。如项目采购材料首先由施工员提出采购申请,生产人员核准数量,材料员报价,项目经济师审价,报项目经理审批后交财务部门付款。所有对外合同都是送交项目核算员一份,项目核算员设置对外合同台账记录,并据此控制付款。

7.5 施工成本的核算

7.5.1 施工成本核算概述

施工成本核算是对施工中各项费用支出和成本的形成进行核算,项目经理部作为施工项目的成本中心,项目经理部应根据财务制度和会计制度的有关规定,在企业职能部门的指导下，建立项目成本核算制，明确项目成本核算的原则、范围、程序、方法内容、责任及要求，并设置核算台账，记录原始数据。

1. 施工成本核算的特点

由于建筑产品具有多样性、固定性、形体庞大、价值巨大等不同于其他工业产品的特点，所以在建筑产品的生产过程中，施工成本核算不同于一般产品成本核算的特点。主要有以下五个方面。

(1) 项目成本核算内容繁杂、周期长

由于施工生产的周期长，项目组成的内容多，多个施工过程同时进行，项目成本核算又是定期地、不停地在进行，所以成本核算是一项内容繁杂、伴随项目施工全过程的重要工作。

(2) 成本核算需要全体人员的分工与协作、共同完成

成本核算不是一个人或一个岗位所能完成的，准确及时的成本核算需要全员配合，按照分工与职责，做到全员管理。

(3) 成本核算满足"三同步"要求难度大

项目成本核算应坚持施工形象进度、施工产值统计、实际成本归集"三同步"的原则，生产建筑产品是一个相当复杂的过程，包括众多的施工过程，各施工过程又相互联系、相互制约。一个施工过程发生改变，会影响相关的其他工序，在施工过程中的某一个时点上，确切的成本资料很难掌握。

(4) 在项目总承包制条件下，对分包商的实际成本很难把握

由于各分包商的各项成本支出的原始记录，未进入总承包商的管理控制之中，所以在项目成本核算时，不能以各分包商的实际支出成本进行核算，只能以分包价格作为成本核算的成本支出。

(5) 在成本核算过程中，数据处理工作量巨大

在成本核算过程中，需对各种成本数据进行收集、加工、整理，特别是将实际成本、施工预算成本与合同预算成本进行比较，这样数据处理的工作量巨大，为了更好地做好成本核算工作，应充分利用计算机，使成本核算工作程序化和标准化。

2. 施工成本核算的任务

施工成本核算是在施工阶段进行成本分析和成本考核的基本依据。因而，施工成本核算应完成以下基本任务。

① 执行国家有关成本开支范围、费用开支标准、工程预算定额、企业施工预算和成本计划的有关规定，控制费用，促使项目合理节约使用人力、物力和财力。这是施工成本核算的前提和首要任务。

② 正确及时地核算施工过程中发生的各项费用，计算施工项目的实际成本。这是项目成本核算的主体和中心任务。

③ 反映和监督施工成本计划的完成情况，为项目成本预测，为参与项目施工生产、技术和经营决策提供可靠的成本报告和有关资料，促使项目改善经营管理，降低

成本,提高经济效益,这是施工成本核算的根本目的。

3. 施工成本核算的原则

为了发挥施工项目成本管理职能,提高施工项目管理水平,施工项目成本核算就必须讲求质量,如此才能提供对决策有用的成本信息。要提高成本核算质量,必须遵循以下成本核算原则。

(1) 确认原则

这是指对各项经济业务中发生的成本,都必须按一定的标准和范围加以认定和记录。只要是为了经营目的所发生的或预期要发生的,并要求得以补偿的一切支出都应作为成本加以确认。

(2) 分期核算原则

施工生产是不间断进行的,项目为了取得一定时期的施工项目成本,就必须将施工生产活动划分为若干时期,并分期计算各期项目成本。《企业会计通则》指出:"成本计算一般按月进行。"这就明确了成本核算的基本原则。

(3) 相关性原则

施工项目成本核算要为项目成本管理目的服务,成本核算不只是简单的计算问题,要与管理融为一体,"算为管用"。

(4) 连贯性原则

这是指项目成本核算所采用的方法应前后一致。《企业会计通则》指出:"企业可以根据生产经营特点、生产经营组织类型和成本管理要求自行确定成本计算方法。但一经确定,不得随意变动。"只有这样,才能使企业各时期成本核算资料口径统一,前后连贯,相互可比。

(5) 实际成本核算原则

这是指施工项目成本核算要采用实际成本计价。

(6) 及时性原则

指项目成本的核算、结转和成本信息的提供应当在要求时间内完成。

(7) 配比原则

此原则是指营业收入与其应结的成本、费用应当匹配。为取得本期收入而发生的成本和费用,应与本期实际的收入在同一属期内入账,不得脱节,也不得提前或拖后,以便正确计算和考核项目经营成果。

(8) 权责发生制原则

此原则是指,凡是在当期已经实现的收入和已经发生或应负担的费用,不论款项是否收付,也不应作为当期的收入和费用。

4. 施工成本核算的要求

① 每一个月为一个核算期,在月末进行。

② 核算对象按单位工程划分,并与责任目标成本的界定范围相一致。

③ 坚持形象进度、施工产值统计、实际成本归集"三同步"。

④ 采取会计核算、统计核算、业务核算"三算结合"的方法。

⑤ 在核算中做好实际成本与责任目标成本的对比分析、实际成本与计划目标成本的对比分析。

⑥ 编制月度项目成本报告上报企业，以接受指导、检查和考核。

⑦ 每月末预测后期成本的变化趋势和状况，制定改善成本控制的措施。

⑧ 搞好施工产值和实际成本的归集。包括月工程结算收入、人工成本、材料成本、机械使用成本、其他直接费和现场管理费。

7.5.2 工程项目成本核算的基础工作

1. 健全企业和项目两个层次的核算组织体制

项目管理和企业生产经营管理是相互联系但又有不同责任目标的，因此必须从核算组织体制上打好基础。为了科学有序地开展施工项目成本核算，分清责任，合理考核，应做好如下基础工作：

① 建立健全原始记录制度；

② 建立健全各种财产物资的管理制度；

③ 制定先进合理的成本核算标准(定额)；

④ 对成本核算人员进行培训，使其具备熟练的必要核算技能。

2. 规范以项目核算为基点的成本会计账表

主要包括工程账、施工间接费账、其他直接费账、项目企业间接费表、项目工程成本表(含利润、税金和附加)等。

3. 建立项目成本核算的辅助记录台账

项目应根据"必须、适用、简便"的原则，建立有关辅助记录台账。主要有以下四类：

① 为项目成本核算积累资料的台账，如产值构成台账、预算成本构成台账、增减账台账等；

② 对项目资源消耗进行控制的台账，如人工耗用台账、材料耗用台账、结构件耗用台账、周转材料耗用台账、机械使用台账、临时设施台账等；

③ 为项目成本分析积累资料的台账，如技术组织措施执行情况台账、质量成本台账等；

④ 为项目管理服务和"备忘"性质的台账，如甲方供应材料台账、分包合同台账及其他必须设立的台账等。

7.6 施工成本分析与考核

7.6.1 施工成本分析的依据

施工成本分析，就是根据会计核算、业务核算和统计核算提供的资料，一方面对施工成本的形成过程、影响成本升降的因素进行分析，以寻求逐步降低成本的途径；另一方面，通过成本分析，可从账簿、报表反映的成本现象看清成本的实质，从而增强项目成本的透明度和可控性，加强成本控制，为实现项目成本目标创造条件。项目经理部应将成本分析的结果形成文件，为成本偏差的纠正和预防、成本控制方法的改进、制定降低成本措施、改进成本控制体系等提供依据。

1. 会计核算

会计核算主要是价值核算。会计是对一定单位的经济业务进行计量、记录、分析和检查，做出预测，参与决策，实行监督，旨在实现最优经济效益的一种管理活动。它通过设置账户、复式记账、填制和审核凭证、登记账簿、成本计算、财产清查和编制会计报表等一系列有组织有系统的方法，来记录企业的一切生产经营活动，然后据以提出一些用货币来反映的有关各种综合性的数据。资产、负债、所有者权益、营业收入、成本、利润是施工成本分析的重要依据。

2. 业务核算

业务核算是各业务部门根据业务工作的需要而建立的核算制度，它包括原始记录和计算登记表，如单位工程及分部分项工程进度登记、质量登记、工效、定额计算登记、物资消耗定额记录、测试记录，等等。业务核算的范围比会计、统计核算广，会计和统计核算一般是对已经发生的经济活动进行核算，而业务核算，不但可以对已经发生的，而且还可以对尚未发生的经济活动进行核算，看是否可以做，是否有经济效果。它的特点是，对个别的经济业务进行单项核算。例如各种技术措施、新工艺等项目，可以核算已经完成的项目是否达到原定的目标，取得预期的效果，也可以对准备采取措施的项目进行核算和审查，看是否有效果，值不值得采纳。业务核算的目的，在于迅速取得资料，在经济活动中及时采取措施进行调整。

3. 统计核算

统计核算是利用会计核算资料和业务核算资料，把企业生产经营活动客观现状的大量数据，按统计方法加以系统整理，表明其规律性。它的计量尺度比会计核算宽，可以用货币计算，也可以用实物或劳动量计算。它通过全面调查和抽样调查等特有的方法，不仅能提供绝对数指标，还能提供相对数和平均数指标，可以计算当前的实际水平，确定变动速度，预测发展的趋势。

7.6.2 施工成本分析方法和分析内容

由于施工成本涉及的范围很广，需要分析的内容也很多，应该在不同的情况下采取不同的分析方法和分析内容。这里我们按成本分析的基本方法、综合成本的分析内容和成本项目的分析内容进行分述。

1. 成本分析的基本方法

(1) 对比分析法

该法贯彻量价分离原则，分析影响成本节超的主要因素，包括实际成本与两种目标成本对比分析、实际工程量和工程量清单对比分析、实际消耗量与计划消耗量以对比分析、实际采用价格与计划价格对比分析、各种费用实际发生额与计划支出额的对比分析。

对比分析法通常有下列形式。

① 将实际指标与目标指标对比。以此检查目标完成情况，分析影响目标完成的积极因素和消极因素，以便及时采取措施，保证成本目标的实现。在进行实际指标与目标指标对比时，还应注意目标本身有无问题，如果目标本身出现问题，则应调整目标，重新正确评价实际工作的成绩。

② 本期实际指标和上期实际指标相对比。通过这种对比，可以看出各项技术经济指标的变动情况，反映施工管理水平的提高程度。

③ 与本行业平均水平、先进水平对比。通过这种对比，可以反映本项目的技术管理和经济管理水平与行业的平均和先进水平的差距，进而采取措施赶超先进水平。

（2）因素分析法

因素分析法又称连环替代法。该法可以对影响成本节超的各种因素的影响程度进行数量分析。例如，影响人工成本的因素是工程量、人工量（工日）和日工资单价。如果实际人工成本与计划人工成本发生差异，则可用此法分析三个因素各有多少影响。计算时先列式计算计划数，再用实际的工程量代替计划工程量计算，得数与前者相减，即得出工程量对人工成本偏差的影响。利用此法的关键是要排好替代的顺序，规则是：先替代绝对数，后替代相对数；先替代工程量，后替代价值量。连环替代法的计算步骤如下：

① 确定分析对象，并计算出实际与目标数的差异；

② 确定该指标是由哪几个因素组成的，并按其相互关系进行排序；

③ 以目标数为基础，将各因素的目标数相乘，作为分析替代的基数；

④ 将各个因素的实际数按照上面的排列顺序进行替换计算，并将替换后的实际数保留下来；

⑤ 将每次替换计算所得的结果，与前一次的计算结果相比较，两者的差异即为该因素对成本的影响程度；

⑥ 各个因素的影响程度之和，应与分析对象的总差异相等。

【例 7-3】 商品混凝土目标成本为 395 200 元，实际成本 421 668 元，比目标成本增加 26 468 元，资料如表 7-3 所示。

表 7-3　商品混凝土目标成本与实际成本对比表

项目	单位	目标	实际	差额
产量	m^3	500	530	30
单价	元	760	780	20
损耗率	%	4	2	−2

续表

项目	单位	目标	实际	差额
成本	元	395 200	421 668	26 468

【解】 分析成本增加的原因

① 分析对象是商品混凝土的成本,实际成本与目标成本差额为 30 000 元,该指标是由产量、单价、损耗率三个因素组成的,其排序见表 7-4。

② 以目标数 395 200 元(500×760×1.04)为分析替代的基础

第一次替代产量因素,以 530 替代 500

530×760×1.04 元=418 912 元

第二次替代单价因素,以 780 替代 760 并保留上次替代后的值

530×780×1.04 元=429 936 元

第三次替代损耗率因素,以 1.02 替代 1.04,并保留上两次替代后的值

530×780×1.02 元=421 668 元

③ 计算差额

第一次替代与目标数的差额=(418 912-395 200)元=23 712 元

第二次替代与第一次替代的差额=(429 936-418 912)元=11 024 元

第三次替代与第二次替代的差额=(421 668-429 936)元=-8268 元

④ 产量增加使成本增加 23 712 元,单价提高使成本增加 11024 元,损耗率降低使成本减少了 8268 元。

⑤ 各因素的影响程度之和=(23 712+11 024-8268)元=26 468 元,正好与实际成本和目标成本的总差额相等。

为了使用方便,企业也可以通过运用因素分析表来求出各因素变动对实际成本的影响程度,具体见表 7-4。

表 7-4 商品混凝土成本变动因素分析表

顺 序	连环替代计算	差异/元	因 素 分 析
目标数	500×760×1.04		
第一次替代	530×760×1.04	23 712	由于产量增加 30 m^3,成本增加 23 712 元
第二次替代	530×780×1.04	11 024	由于单价提高 20 元,成本增加 11 024 元
第三次替代	530×780×1.02	-8268	由于损耗率下降 2%,成本减少 8268 元
合计	23 712+11 024-8268	26 468	

(3) 差额计算法

此法与连环替代法本质相同,也可以说是连环替代法的简化计算法,是直接用影响因素的实际数与计划数相减的差额计算对成本的影响量分析的方法。

(4) 挣值法

此法又称费用偏差分析法或盈利值法，可用来分析项目在成本支出和时间方面是否符合原计划要求。它要求计算三个关键数值，即计划工作成本(B_{CWS})、已完工作实际成本(A_{CWP})和已完工作计划成本(B_{CWP})(即“挣值”)，然后用这三个数进行如下计算：

成本偏差 $C_V = B_{CWP} - A_{CWP}$。该项差值大于零时，表示项目未超支；

进度偏差 $S_V = B_{CWP} - B_{CWS}$。该项差值大于零时，表示项目进度提前；

成本实话指数 $C_{PI} = B_{CWP}/A_{CWP}$。该项指数大于1时，表示项目成本示超支；

进度实施指数 $S_{PI} = B_{CWP}/B_{CWS}$。该项指数大于1时，表示项目进度正常。

2. 综合成本的分析内容

所谓综合成本，是指涉及多种生产要素，并受多种因素影响的成本费用，如分部分项工程成本，月(季)度成本、年度成本等。由于这些成本都是随着项目施工的进展而逐步形成的，与生产经营有着密切的关系。因此，做好上述成本的分析工作，无疑将促进项目的生产经营管理，提高项目的经济效益。

(1) 分部分项工程成本分析

分部分项工程成本分析是施工项目成本分析的基础。分部分项工程成本分析的对象为已完成分部分项工程。分析方法是进行预算成本、目标成本和实际成本的“三算”对比，分别计算实际偏差，分析偏差产生的原因，为今后的分部分项工程成本寻求节约途径。

分部分项工程成本分析的资料来源是：预算成本来自投标报价成本，目标成本来自施工预算，实际成本来自施工任务单的实际工程量、实耗人工和限额领料单的实耗材料。

由于施工工程包括很多分部分项工程，不可能也没有必要对每一个分部分项工程都进行成本分析，特别是一些工程量小、成本费用微不足道的零星工程。但是，对于那些主要分部分项工程则必须进行成本分析，而且做到从开工到竣工都要进行系统的成本分析，这是一项很有意义的工作。因为通过主要分部分项工程成本的系统分析，可以基本上了解项目成本形成的全过程，为竣工成本分析和今后的项目成本管理提供一份宝贵的参考资料。

(2) 月(季)度成本分析

月(季)度成本分析，是施工阶段定期的、经常性的中间成本分析。对于具有一次性特点的施工项目来说，有着特别重要的意义。因为通过月(季)成本分析，可以及时发现问题，以便按照成本目标指定的方向进行监督和控制，保证项目成本目标的实现。

月(季)度成本分析的依据是当月(季)的成本报表。通常从以下六个方面进行分析。

① 通过实际成本与预算成本的对比，分析当月(季)的成本降低水平；通过累计

实际成本与累计预算成本对比,分析累计的成本降低水平,预测实际项目成本目标的前景。

② 通过实际成本与目标成本的对比,分析目标成本的落实情况,以及目标管理中的问题和不足,进而采取措施,加强成本管理,保证成本目标的落实。

③ 通过主要技术经济指标的实际与目标对比,分析产量、工期、质量、"三材"(水泥、钢材、木材)节约率、机械利用率等对成本的影响。

④ 通过对技术组织措施执行效果分析,寻求更加有效的节约途径。

⑤ 分析其他有利条件和不利条件对成本的影响。

(3) 年度成本分析

企业成本要求一年结算一次,不得将本年成本转入下一年度。而项目成本则以项目的寿命周期为结算期,要求从开工到竣工到保修结束连续计算,最后结算出成本总量及其盈亏。由于项目的施工周期一般较长,还要进行年度成本的核算和分析。这不仅仅是为了满足企业汇编年度成本报表的需要,同时更是项目成本管理的需要。因为通过年度成本的综合分析,可以总结一年来成本管理的成本和不足,为今后的成本管理提供经验和教训,从而可对项目成本进行更有效的管理。

年度成本分析的依据是年度成本报表。年度成本分析的内容,除了月(季)度成本分析的六个方面以外,重点是针对下一年度的施工进展情况规划切实可行的成本管理措施,以保证施工项目成本目标的实现。

(4) 竣工成本的综合分析

凡是有几个单位工程而且是单独进行成本核算(即成本核算对象)的施工项目,其竣工成本分析应以各单位竣工成本分析资料为基础,再加上项目经理部的经营效益(如资金调度、对外分包等所产生的效益)进行综合分析。如果只有一个成本核算对象(单位工程),就以该成本核算对象的竣工成本资料作为成本分析的依据。

单位工程竣工成本分析,应包括以下三个方面的内容:

① 竣工成本分析;

② 主要资源节超对比分析;

③ 主要技术节约措施及经济效果分析。

3. 成本项目的分析内容

(1) 人工费分析

在实行管理层和作业层分离的情况下,项目施工所需要的人工和人工费,由项目经理部与劳务分包企业签订劳务承包合同,明确承包范围、承包金额和双方的权利、义务。对项目经理部来说,除了按合同规定支付劳务费以外,还可能出现一些其他人工费支出,如因工程量增减而调整的人工和人工费,定额以外的估点工工资,对班组或个人的奖励费用等。项目经理部应根据具体情况,结合劳务合同的管理进行分析。

(2) 材料费分析

材料费包括主要材料、周转材料使用费的分析以及材料储备的分析。

① 主要材料费用的高低，主要受价格的影响。而材料价格的变动，又要受采购价格、运输费用、路途损耗等因素的影响。材料消耗数量的变动，也要受操作损耗、管理损耗和返工损失等因素的影响，可在价格变动较大和数量超用异常的时候再做深入分析。为了分析材料价格和消耗数量的变化对材料费用的影响程度，可按下列公式计算：

因材料价格变动对材料费的影响＝(预算单价－实际单价)×消耗数量

因消耗数量变动对材料费的影响＝(预算用量－实际用量)×预算价格

② 对于周转材料使用费主要是分析其利用率和损耗率。实际计算中可采用“差额分析法”来计算周转率对周转材料使用费的影响程度。

③ 材料储备分析主要是对材料保存费用和材料储备资金占用的分析。具体可用因素分析法来进行。

(3) 机械使用费分析

影响机械使用费的因素主要是机械利用率。造成机械利用率不高的原因，是机械调度不当和机械完好率不高。因此在机械设备使用中，必须充分发挥机械的效用，加强机械设备的平衡调度，做好机械设备平时的维修保养工作，提高机械的完好率，保证机械的正常运转。

(4) 施工间接费分析

施工间接费就是施工项目经理部为管理施工而发生的现场经费。因此，进行施工间接费分析，需要运用计划与实际对比的方法。施工间接费实际发生数的资料来源为工程项目的施工间接费明细账。

通过以上分析，可以全面了解单位工程的成本构成和降低成本的来源，对今后同类工程的成本管理很有参考价值。

7.6.3 施工成本考核

1. 施工成本考核的目的、内容及要求

施工成本考核是贯彻项目成本责任制的重要手段，也是项目管理激励机制的体现。施工成本考核的目的是通过衡量项目成本降低的实际成果，对成本指标完成情况进行总结和评价。

项目成本考核的内容应包括责任成本完成情况考核和成本管理工作业绩考核。

施工成本考核的做法是分层进行，企业对项目经理部进行成本管理考核，项目经理部对项目内部各岗位及各作业队进行成本管理考核。因此企业和项目经理部都应建立健全项目成本考核的组织，公正、公平、真实、准确地评价项目经理部及管理人员的工作业绩和问题。

项目成本考核应按照下列要求进行：

① 企业对施工项目经理部进行考核时，应以确定的责任目标成本为依据；

② 项目经理部应以控制过程的考核为重点，控制过程的考核应与竣工考核相结

合；

③ 各级成本考核应与进度、质量、安全等指标完成情况相联系；

④ 项目成本考核的结果应形成文件，为奖惩责任人提供依据。

2. 施工成本考核的实施

(1) 施工的成本考核采取评分制

具体方法：先按考核内容评分，然后按一定的比例(假设为7∶3)加权平均。即责任成本完成情况的评分占70%，成本管理工作业绩占30%。

(2) 施工成本考核要与相关指标的完成情况相结合

即成本考核的评分是奖罚的依据，相关指标的完成情况为奖罚的条件。与成本考核相关的指标，一般有进度、质量、安全和现场管理等。

(3) 强调项目成本的中间考核

项目成本的中间考核分为月度成本考核和阶段成本考核。

在月度成本考核时，不能单凭报表数据，要结合成本分析资料和施工生产、成本管理的实际情况，然后做出正确的评价，带动今后的成本管理工作，保证项目成本目标的实现。

施工过程，一般分为基础、结构主体、装饰装修、总体四个阶段，高层结构可对结构主体分层进行成本考核。

在施工告一段落后的成本考核，可与施工阶段其他指标的考核结合得更好，也更能反映施工项目的管理水平。

(4) 正确考核竣工成本

竣工成本，是在工程竣工和工程款结算的基础上编制的，它是竣工成本考核的依据，是项目经济效益的最终反映。它既是上缴利税的依据，又是进行职工分配的依据。由于施工项目竣工成本关系到企业和职工的利益，必须做到核算清楚，考核正确。

(5) 施工成本的奖罚

施工成本考核的结果，必须要有一定经济奖罚措施，这样才能调动职工的积极性，才能发挥全员成本管理的作用。

施工成本奖罚的标准，应通过经济合同的形式明确规定。一方面，经济合同规定的奖罚标准具有法律效力，任何人无权中途变更，或者拒不执行。另一方面，通过经济合同明确奖罚标准以后，职工就有争取的目标，能在实现项目成本目标中发挥更积极的作用。

在确定施工成本奖罚标准时，必须从本项的实际情况出发，既要考虑职工的利益，又要考虑项目成本的承受能力。

此外，企业领导和项目经理还可以对完成项目成本目标有突出贡献的部门、班组和个人进行随机奖励。这是项目成本奖励的另一种形式，不属于上述奖罚范围。这种形式往往更能起到立竿见影的效果。

【本章要点】

本章内容包括工程项目成本管理概述、工程项目成本管理等主要内容;着重阐述了在项目实施过程中施工阶段的对成本计划的编制、成本控制及成本核算;简要概述了项目成本预测、成本分析以及成本考核的内容。

成本控制是工程项目管理的关键内容,要求学生重点掌握建筑安装工程造价组成、量本利法在成本预测中的应用,以及成本控制的有关内容包括方法及注意事项。熟悉成本分析的主要方法,了解建设工程总投资的构成,成本考核的目的、内容和要求。

【思考与练习】

1. 工程项目成本管理的内容有哪些?
2. 建筑安装工程造价由哪些项目组成?
3. 目标成本的编制要求是什么?
4. 施工阶段目标成本的编制程序是什么?
5. 施工阶段成本计划的编制依据是什么?
6. 项目经理部责任目标成本的确定过程有哪些方面?
7. 成本控制的概念?
8. 项目经理部确定施工预算的依据是什么?
9. 施工成本控制的作用是什么?
10. 施工成本控制的程序及主要内容是什么?
11. 施工成本控制的种类和依据有哪些?
12. 施工成本控制的步骤是什么?
13. 降低工程成本的主要途径有哪些?
14. 成本分类控制的内容有哪些?
15. 成本核算的特点、主要任务及核算内容、要求有哪些?
16. 成本分析的依据有哪些?
17. 成本分析的方法有哪些?

第8章　工程项目质量管理

8.1　工程项目质量管理概述

8.1.1　工程项目质量的基本概念

1. 质量和质量管理

根据国家标准《质量管理体系基础和术语》(GB/T 19000-2008/ISO9000:2005)的定义,质量是指一组固有特性满足要求的程度。对工程质量而言,其固有特性通常包括使用功能、寿命、可靠性、安全性、经济性等,这些特性满足要求的程度越高,质量越好。

质量管理,是在质量方面指挥和控制组织的协调的活动。这些活动通常包括制定质量方针和质量目标,以及质量策划、质量控制、质量保证和质量改进等一系列工作。组织必须通过建立质量管理体系实施质量管理:其中,质量方针是组织最高管理者的质量宗旨、经营理念和价值观的反映;在质量方针的指导下,制定组织的质量手册、程序性管理文件和质量记录;进而落实组织制度,合理配置各种资源,明确各级管理人员在质量活动中的责任分工与权限界定等,形成组织质量管理体系的运行机制,保证整个体系的有效运行,从而实现质量目标。

2. 质量控制

① 根据国家标准《质量管理体系基础和术语》(GB/T19000-2008/ISO9000:2015)的定义,质量控制是质量管理的一部分,是致力于满足质量要求的一系列相关活动。这些活动主要包括:

a. 设定标准:即规定要求,确定需要控制的区间、范围、区域;

b. 测量结果:测量满足所设定标准的程度;

c. 评价:即评价控制的能力和效果;

d. 纠偏:对不满足设定标准的偏差,及时纠偏,保持控制能力的稳定性。

② 由于建设工程项目质量要求是由业主(或投资者、项目法人)提出的,即建设工程项目的系列总目标,是业主的建设意图通过项目策划,包括项目的定义及建设规模系统构成、使用功能和价值、规格档次标准等的定位策划和目标决策来确定的。因此,建设工程项目质量控制,在工程勘察设计、招标采购、施工安装、竣工验收等各个阶段,项目参与各方均围绕着致力于满足业主要求的质量总目标而努力。

③ 质量控活动涵盖作业技术活动和管理活动。产品或服务质量的产生,归根结

底是由作业过程直接形成的。因此作业技术方法的正确选择和作业技术能力的充分发挥是质量控制的致力点;而组织或人员具备相关的作业技术能力只是产出合格的产品或服务质量的前提。在社会化大生产的条件下,只有通过科学的管理,对作业技术活动过程进行科学的组织和协调,才能使作业技术能力得到充分发挥,实现预期的质量目标。

④ 质量控制只是质量管理的一部分而不是全部。质量控制是在明确的质量目标和具体的条件下,通过行动方案和资源配置的计划、实施、检查和监督,进行质量目标的事前预控、事中控制和事后纠偏控制,实现预期质量目标的系统过程。

3. 工程项目质量

工程项目质量是一个广义的质量概念,它由工程实体质量和工作质量两个部分组成。其中,工程实体质量代表的是狭义的质量概念。工程实体质量可描述为"实体满足明确或隐含需要能力的特性之和",上述定义中"实体"是质量的主体,它可以指活动、过程,活动或过程的有形产品、无形产品,某个组织体系或个人及以上各项的集合;"明确需要"是指在合同环境或法律环境中由用户明确提出并通过合同、标准、规范、图纸、技术文件作出明文规定,由生产企业保证实现的各种要求;"隐含需要"是指在非合同环境或市场环境中由生产企业通过市场调研探明而并未由用户明确提出的种种隐蔽性需要,其含义一是指用户或社会对实体的期望,二是指人所公认的、不言而喻的、不必作出规定的需要,如住宅产品实体能够满足人的最起码的居住要求即属于此类需要;"特性"是指由"明确需要"或"隐含需要"转化而来的,可用定性或定量指标加以衡量的一系列质量属性,其主要内容则包括适用性、经济性、安全性、可信性、可靠性、维修性、美观性以及与环境的协调性等方面的质量属性。工程实体质量又可称为工程质量,与建设项目的构成相呼应,工程实体质量通常还可区分为工序质量、分项工程质量、分部工程质量、单位工程质量和单项工程质量等各个不同的质量层次单元。

工作质量,是指为了保证和提高工程质量而从事的组织管理、生产技术、后勤保障等各方面工作的实际水平。工程建设过程中,按内容组成,工作质量可区分为社会工作质量和生产过程工作质量,其中前者是指围绕质量课题而进行的社会调查、市场预测、质量回访等各项有关工作的质量;后者则是指生产工人的职业素质、职业道德教育工作质量、管理工作质量、技术保证工作质量和后勤保障工作质量等。而按照工程建设项目实施阶段的不同,工作质量还可具体区分为决策、计划、勘察、设计、施工、回访保修等各不同阶段的工作质量,工程质量与工作质量的两者关系,体现为前者是后者的作用结果,而后者则是前者的必要保证。项目管理实践表明:工程质量的好坏是建筑工程产品形成过程中各阶段各环节工作质量的综合反映,而不是依靠质量检验检查出来的。要保证工程质量就要求项目管理实施方有关部门和人员精心工作,对决定和影响工程质量的所有因素加以严格控制,即通过良好的工作质量来保证和提高工程质量。

综上所述，工程建设项目质量是指能够满足用户或社会需要的并由工程合同、有关技术标准、设计文件、施工规范等具体详细设定其适用、安全、经济、美观等特性要求的工程实体质量与工程建设各阶段、各环节的工作质量的总和。工程建设项目质量的衡量标准可以随着具体工程建设项目和业主需要的不同而存在差异，但通常均可包括如下主要概念内涵：①在项目前期工作阶段设定项目建设标准、确定工程质量要求；②确保工程结构设计和施工的安全性、可靠性；③出于工程耐久性考虑，对材料、设备、工艺、结构质量提出要求；④对工程项目的其他方面如外观造型、与环境的协调效果、项目建造运行费用及可维护性、可检查性提出要求；⑤要求工程投产或投入使用后生产的产品(或提供的服务)达到预期质量水平，工程适用性、效益性、安全性、稳定性良好。

4. 工程项目质量的特点

由于工程建设项目所具有的单项性、一次性和使用寿命的长期性及项目位置固定、生产流动、体积大、整体性强、建设周期长、施工涉及面广、受自然气候条件影响大，且结构类型、质量要求、施工方法均因项目不同而存在很大差异等特点，从而使工程建设项目建设成为一个极其复杂的综合性过程，并使工程建设项目质量亦相应地形成以下特点。

① 影响质量的因素多。如设计、材料、机械设备、地形、地质、水文、气象、施工工艺、施工操作方法、技术、措施、管理制度等，均可直接影响工程建设项目质量。

② 设计原因引起的质量问题显著。按实际工作统计，在我国近年发生的工程质量事故中，由设计原因引起的质量问题已占据 40.1%，其他质量问题则分别由施工责任、材料使用等原因引起，设计工作质量已成为引起工程质量问题的主要原因。因此为确保工程建设项目质量，严格控制设计质量便成为一个十分重要的环节。

③ 容易产生质量变异。质量变异是指由于各种质量影响因素发生作用引起产品质量存在差异。质量变异可分为正常变异和非正常变异，前者是指由经常发生但对质量影响不大的偶然性因素引起质量正常波动而形成的质量变异；后者则是指由不常发生但对质量影响很大的系统性因素引起质量异常波动而形成的质量变异。偶然性因素如材料的材质不均匀，机械设备的正常磨损，操作的细小差异，一天中温度、湿度的微小变化等，其特点是无法或难以控制，且符合规定数量的样本的质量特征值的检验结果服从正态分布；系统性因素如使用材料的规格品种有误、施工方法不妥、操作未按规程、机械故障、仪表失灵、设计计算错误等，其特点则是可控制、易消除，且符合规定数量的样本的质量特征值的检验结果不呈现正态分布。由于工程建设项目施工不像工业产品生产那样有规范化的生产工艺和完善的检测技术，有成套的生产设备和稳定的生产环境，有相同系列规格和相同功能的产品，因此影响工程建设项目质量的偶然性和系统性的因素很多，特别是由系统性因素引起的质量变异，严重时可导致重大工程质量事故。为此，项目实施过程中应十分注重查找造成质量异常波动的原因并全力加以消除，严防由系统性因素引起的质量变异，从而把质量变异控制在

偶然性因素发挥作用的范围之内。

④ 容易产生判断错误。工程建设项目施工建造因工序交接多、产品多、隐蔽工程多，若不及时检查实质，事后再看表面，就容易产生第二类判断错误，即容易将不合格产品认为是合格产品；另外，若检查不认真，测量仪表不准，读数有误，则会产生第一类判断错误，就是说将合格产品认定为不合格产品。

⑤ 工程产品不能解体、拆卸，质量终检局限大。工程建设项目建成后，不可能像某些工业产品那样，再拆卸或解体检查其内在、隐蔽的质量，即使发现有质量问题，也不可能采取“更换零件”“包换”或“退款”等方式解决与处理有关质量问题，因此工程建设项目质量管理应特别注重质量的事前、事中控制，以防患于未然，力争将质量问题消灭于萌芽状态。

⑥ 质量要受投资、进度要求的影响。工程建设项目的质量通常要受到投资、进度目标的制约。一般情况下，投资大、进度慢，工程质量就好；反之则工程质量差。项目实施过程中，质量水平的确定尤其要考虑成本控制目标的要求，鉴于由于质量问题预防成本和质量鉴定成本所组成的质量保证费用随着质量水平的提高而上升，产生质量问题后所引起的质量损失费用则随着质量水平的提高而下降，这样由保证和提高产品质量而支出的质量保证费用及由于未达到相应质量标准而产生的质量损失费用两者相加而得的工程质量成本必然存在一个最小取值，这就是最佳质量成本。在工程，建设项目质量管理实践中，最佳质量成本通常是项目管理者订立质量目标的重要依据。

5. 工程项目的阶段划分及不同阶段对工程建设项目质量的影响

工程项目实施需要依次经过由建设程序所规定的各个不同阶段。工程建设的不同阶段，对工程项目质量的形成所起的作用各不相同。对此可进行如下描述。

(1) 项目可行性研究阶段对工程项目质量的影响

项目可行性研究是运用工程经济学原理，在对项目投资有关技术、经济、社会、环境等各方面条件进行调查研究的基础之上，对各种可能的拟建投资方案及其建成投产后的经济效益、社会效益和环境效益进行技术分析论证，以确定项目建设的可行性，并提出最佳投资建设方案作为决策、设计依据的一系列工作过程。项目可行性研究阶段的质量管理工作，是确定项目的质量要求，因而这一阶段必然会对项目的决策和设计质量产生直接影响，它是影响工程建设项目质量的首要环节。

(2) 项目决策阶段对工程项目质量的影响

项目决策阶段质量管理工作的要求是确定工程建设项目应当达到的质量目标及水平。工程建设项目建设通常要求从总体上同时控制工程投资、质量和进度。但鉴于上述三项目标互为制约的关系，要做到投资、质量、进度三者的协调统一，达到业主最为满意的质量水平，必须在项目可行性研究的基础上通过科学决策，来确定工程建设项目所应达到的质量目标及水平。因而决策阶段提出的建设实施方案是对项目目标及其水平的决定。它是影响工程建设项目质量的关键阶段。

(3) 设计阶段对工程项目质量的影响

工程项目设计阶段质量管理工作的要求是根据决策阶段业已确定的质量目标和水平,通过工程设计而使之进一步具体化。设计方案技术上是否可行,经济上是否合理,设备是否完善配套,结构使用是否安全可靠,都将决定项目建成之后的实际使用状况,因此设计阶段必然影响项目建成后的使用价值和功能的正常发挥,它是影响工程建设项目质量的决定性环节。

(4) 施工阶段对工程项目质量的影响

工程建设项目施工阶段,是根据设计文件和图纸的要求通过施工活动而形成工程实体的连续过程。因此施工阶段质量管理工作的要求是保证形成工程合同与设计方案要求的工程实体质量,这一阶段直接影响工程建设项目的最终质量,它是影响工程建设项目质量的关键环节。

(5) 竣工验收阶段对工程项目质量的影响

工程建设项目竣工验收阶段的质量管理工作要求是通过质量检查评定、试车运转等环节,考核工程质量的实际水平是否与设计阶段确定的质量目标水平相符,这一阶段是工程建设项目自建设过程向生产使用过程发生转移的必要环节,它体现的是工程质量水平的最终结果。因此工程竣工验收阶段影响工程能否最终形成生产能力,它是影响工程建设项目质量的最后一个重要环节。

8.1.2 工程项目质量控制的基本概念

1. 工程项目质量控制

质量控制是指在明确的质量目标条件下通过行动方案和资源配置的计划、实施、检查和监督来实现预期目标的过程。

工程项目质量控制则是指在工程项目质量目标的指导下,通过对项目各阶段的资源、过程和成果所进行的计划、实施、检查和监督过程,以判定它们是否符合有关的质量标准,并找出方法消除造成项目成果不令人满意的原因。该过程贯穿于项目执行的全过程。

质量控制与质量管理的关系和区别在于,质量控制是质量管理的一部分,致力于满足质量要求,如适用性、可靠性、安全性等。质量控制属于为了达到质量要求所采取的作业技术和管理活动,是在有明确的质量目标条件下进行的控制过程。工程项目质量管理是工程项目各项管理工作的重要组成部分,它是工程项目从施工准备到交付使用的全过程中,为保证和提高工程质量所进行的各项组织管理工作。

2. 工程项目的质量总目标

工程项目的质量总目标由业主提出,是对工程项目质量提出的总要求,包括项目范围的定义、系统构成、使用功能与价值、规格以及应达到的质量等级等。这一总目标是在工程项目策划阶段进行目标决策时确定的。从微观上讲,工程项目的质量总目标还要满足国家对建设项目规定的各项工程质量验收标准以及使用方(客户)提出的其他质量方面的要求。

3. 工程项目质量控制的范围

工程项目质量控制的范围包括勘察设计、招标投标、施工安装和竣工验收四个阶段的质量控制。在不同的阶段，质量控制的对象和重点不完全相同，需要在实施过程中加以选择和确定。

4. 工程项目质量控制与产品质量控制的区别

项目质量控制相对产品来说，是一个复杂的非周期性过程，各种不同类型的项目，其区域环境、施工方法、技术要求和工艺过程可能不尽相同，因此工程项目的质量控制更加困难。主要的区别有以下五点。

(1) 影响因素多样性

工程项目的实施是一个动态过程，影响项目质量的因素也是动态变化的。项目在不同阶段、不同施工过程，其影响因素也不完全相同，这就造成工程项目质量控制的因素众多，使工程项目的质量控制比产品的质量控制要困难得多。

(2) 项目质量变异性

工程项目施工与工业产品生产不同，产品生产有固定的生产线以及相应的自动控制系统、规范化的生产工艺和完善的检测技术，有成套的生产设备和稳定的生产环境，有相同系列规格和相同功能的产品。同时，由于影响工程项目质量的偶然性因素和系统性因素都较多，因此，很容易产生质量变异。

(3) 质量判断难易性

工程项目在施工中，由于工序交接多，中间产品和隐蔽工程多，造成质量检测数据的采集、处理和判断的难度加大，由此容易导致对项目的质量状况做出错误判断。而产品生产有相对固定的生产线和较为准确、可靠的检测控制手段，因此，更容易对产品质量做出正确的判断。

(4) 项目构造分解性

项目建成后，构成一项建筑(或土木)工程产品的整体，一般不能解体和拆分，其中有的隐蔽工程内部质量的检测，在项目完成后很难再进行检查。对已加工完成的工业产品，一般都能在一定程度上予以分解、拆卸，进而可再对各零部件的质量进行检查，达到产品质量控制的目的。

(5) 项目质量的制约性

工程项目的质量受费用、工期的制约较大，三者之间的协调关系不能简单地偏顾一方，要正确处理质量、费用、进度三方关系，在保证适当、可行的项目质量基础上，使工程项目整体最优。而产品的质量标准是国家或行业规定的，只需完全按照有关质量规范要求进行控制，不受生产时间、费用的限制。

8.1.3　工程项目质量形成的影响因素

1. 人的质量意识和质量能力

人是工程项目质量活动的主体，泛指与工程有关的单位、组织和个人，包括建设单位、勘察设计单位、施工承包单位、监理及咨询服务单位、政府主管及工程质量监督监测单位以及策划者、设计者、作业者和管理者等。人既是工程项目的监督者又是实施者,因此,人的质量意识和控制质量的能力是最重要的一项因素。这一因素集中反映在人的素质上,包括人的思想意识、文化教育、技术水平、工作经验以及身体状况等,都直接或间接地影响工程项目的质量。从质量控制的角度,则主要考虑从人的资质条件、生理条件和行为等方面进行控制。

2. 工程项目的决策和方案

项目决策阶段是项目整个生命周期的起始阶段,这一阶段工作的质量关系到全局。这一阶段主要是确定项目的可行性,对项目所涉及的领域、投融资、技术可行性、社会与环境影响等进行全面的评估。在项目质量控制方面的工作是在项目总体方案策划基础上确定项目的总体质量水平。因此可以说,这一阶段从总体上明确了项目的质量控制方向,其成果将影响项目总体质量,属于项目质量控制工作的一种质量战略管理。工程项目的施工方案指施工技术方案和施工组织方案。施工技术方案包括施工的技术、工艺、方法和相应的施工机械、设备和工具等资源的配置。因此组织设计、施工工艺、施工技术措施、检测方法、处理措施等内容都直接影响工程项目的质量形成,其正确与否、水平高低不仅影响到施工质量,还对施工的进度和费用产生重大影响。因此,对工程项目施工方案应从技术、组织、管理、经济等方面进行全面分析与论证,确保施工方案既能保证工程项目质量,又能加快施工进度并降低成本。

3. 工程项目材料

项目材料方面的因素包括原材料、半成品、成品、构配件、仪器仪表和生产设备等,属于工程项目实体的组成部分。这些因素的质量控制主要有采购质量控制,制造质量控制,材料、设备进场的质量控制,材料、设备存放的质量控制。

4. 施工设备和机具

施工设备和机具是实现工程项目施工的物质基础和手段,特别对于现代化施工必不可少。施工设备和机具的选择是否合理、适用、先进,直接影响工程项目的施工质量和进度。因此要对施工设备和机具的使用培训、保养制度、操作规程等加以严格管理和完善,以保证和控制施工设备与机具达到高效率和高质量的使用水平。

5. 施工环境

影响工程项目施工环境的因素主要包括三个方面:工程技术环境、工程管理环境和劳动环境。

8.1.4 工程项目质量控制的基本原理

1. 全面质量管理的思想

全面质量管理(Total Quality Control,缩写为 TQC),是 20 世纪中期在欧美和日本广泛应用的质量管理理念和方法。我国从 20 世纪 80 年代开始引进和推广全面质量管理方法。它主要是指企业组织的质量管理应该做到全面、全过程和全员参与。

在工程项目质量管理中应用这一原理对工程项目的质量控制具有重要的理论和实践指导意义。

TQC的主要特点：以顾客满意为宗旨；领导参与质量方针和目标的制度；提出预防为主、科学管理、用数据说话等。在当今世界标准化组织颁布的ISO9000：2005质量管理体系标准中，处处都体现了这些重要特点和思想。建设工程项目的质量管理，同样应贯彻“三全”管理的思想和方法。

(1) 全面质量管理

建设工程项目的全面质量管理，是指建设工程项目参与各方进行的工程项目质量管理总称，其中包括工程(产品)质量和工作质量的全面管理。工作质量是产品质量的保证，工作质量直接影响产品质量的形成。业主、监理单位、勘察单位、设计单位、施工总承包单位、施工分包单位、材料设备供应商等，任何一方任何环节的怠慢疏忽或质量责任不到位都会造成对建设工程质量的不利影响。

工程项目质量的全面控制可以从纵、横两个方面来理解。从纵向的组织管理角度来看，质量总目标的实现有赖于项目组织的上层、中层、基层乃至一线员工的通力协作。其中，高层管理能否全力支持与参与，起着决定性的作用。从项目各部门职能间的横向配合来看，要保证和提高工程项目质量，必须使项目组织的所有质量控制活动构成为一个有效的整体。广义地说，横向的协调配合包括业主、勘察设计、施工及分包、材料设备供应、监理等相关各方。“全面质量控制”就是要求项目各相关方都有明确的质量控制活动内容。当然，从纵向看，各层次活动的侧重点不同：上层管理侧重于质量决策，制订出项目整体的质量方针、质量目标、质量政策和质量计划，并统一组织、协调各部门、各环节、各类人员的质量控制活动；中层管理则要贯彻落实领导层的质量决策，运用一定的方法找到各部门的关键、薄弱环节或必须解决的重要事项，确定出本部门的目标和对策，更好地执行各自的质量控制职能；基层管理则要求每个员工都要严格地按标准、按规范进行施工和生产，相互间进行分工合作，互相支持协助，开展群众合理化建议和质量管理小组活动，建立和健全项目的全面质量控制体系。

(2) 全过程质量管理

全过程质量管理，是指根据工程质量的形成规律，从源头抓起，全过程推进。我国国家标准GB/T 19000—2008强调质量管理的“过程方法”管理原则，要求应用“过程方法”进行全过程质量控制。要控制的主要过程包括：项目策划与决策过程；勘察设计过程；施工采购过程；施工组织与准备过程；检测设备控制与计量过程；施工生产的检验试验过程；工程质量的评定过程；工程竣工验收与交付过程；工程回访维修服务过程等。

任何产品或服务的质量，都有一个产生、形成和实现的过程。从全过程的角度来看，质量产生、形成和实现的整个过程是由多个相互联系、相互影响的环节组成的，每个环节都或轻或重地影响着最终的质量状况。为了保证和提高质量就必须把影响质量的所有环节和因素都控制起来。工程项目的全过程质量控制主要有项目策划与决策过程、勘察设计过程、施工采购过程、施工组织与准备过程、检测设备控制与计量过程、施工生产的检验试验过程、工程质量的评定过程、工程竣工验收与交付过程以及工程回访维修过程等。全过程质量控制必须体现如下两个思想。

① 预防为主、不断改进的思想。根据这一基本原理,全面质量控制要求把管理工作的重点,从“事后把关”转移到“事前预防”上来;强调预防为主、不断改进的思想。

② 为顾客服务的思想。顾客有内部和外部之分:外部的顾客可以是项目的使用者,也可以是项目的开发商;内部的顾客是项目组织的部门和人员。实行全过程的质量控制要求项目所有各相关利益者都必须树立为顾客服务的思想。内部顾客满意是外部顾客满意的基础,因此,在项目组织内部要树立“下道工序是顾客”,“努力为下道工序服务”的思想,使全过程的质量控制一环扣一环,贯穿整个项目过程。

(3) 全员参与质量管理

按照全面质量管理的思想,组织内部的每个部门和工作岗位都承担着相应的质量职能,组织的最高管理者确定了质量方针和目标,就应组织和动员全体员工参与到实施质量方针的系统活动中去,发挥自己角色的作用。开展全员参与质量管理的重要手段就是运用目标管理方法,将组织的质量总目标逐级进行分解,使之形成自上而下的质量目标分解体系和自下而上的质量目标保障体系,发挥组织系统内部每个工作岗位、部门或团队在实现质量总目标中的作用。

全员参与工程项目的质量控制是工程项目各方面、各部门、各环节工作质量的综合反映。其中任何一个环节,任何一个人的工作质量都会不同程度地直接或间接地影响着工程项目的形成质量或服务质量。因此,全员参与质量控制,才能实现工程项目的质量控制目标,形成顾客满意的产品。主要的工作包括:

① 必须抓好全员的质量教育和培训;

② 要制订各部门、各级各类人员的质量责任制,明确任务和职权,各司其职,密切配合,以形成一个高效、协调、严密的质量管理工作的系统;

③ 要开展多种形式的群众性质量管理活动,充分发挥广大职工的聪明才智和当家作主的进取精神,采取多种形式激发全员参与的积极性。

2. PDCA 循环原理

工程项目的质量控制是一个持续过程。首先在提出项目质量目标的基础上,制定质量控制计划,包括实现该计划需采取的措施;然后将计划加以实施,特别要在组织上加以落实,真正将工程项目质量控制的计划措施落实到实处。在实施过程中,还要经常检查、监测,以评价检查结果与计划是否一致;最后对出现的工程质量问题进行处理,对暂时无法处理的质量问题重新进行分析,进一步采取措施加以解决。这一过程的原理是 PDCA 循环。PDCA 循环又叫“戴明环”,是美国质量管理专家戴明博士首先提出的。PDCA 循环是工程项目质量管理应遵循的科学程序。其质量管理活动的全部过程,就是质量计划的制订和组织实现的过程,这个过程按照 PDCA 循环,不停顿地周而复始地运转。

PDCA 由英语单词 plan(计划)、do(执行)、check(检查)和 action(处理)的首字母组成,PDCA 循环就是按照这样的顺序进行质量管理,并且循环不止地进行下去的科学程序。

工程项目质量管理活动的运转,离不开管理循环的转动,这就是说,改进与解决质量问题,赶超先进水平的各项工作,都要运用 PDCA 循环的科学程序。不论是提高工程施工质量还是降低产品不合格率,都要先提出目标,即质量提高到什么程度,产品不合格率降低多少。要有个计划,这个计划不仅包括目标,而且也包括实现这个目标需要采取的措施。计划制定之后,就要按照计划进行检查,看是否实现了预期效果,有没有达到预期的目标。通过检查找出问题和原因,最后就要进行处理,将经验和教训制订成标准、形成制度。

PDCA 循环作为工程项目质量管理体系运转的基本方法,其实施需要监测、记录大量工程施工数据资料,并综合运用各种管理技术和方法。一个 PDCA 循环一般都要经历以下四个阶段(见图 8-1)、八个步骤(见图 8-2)。

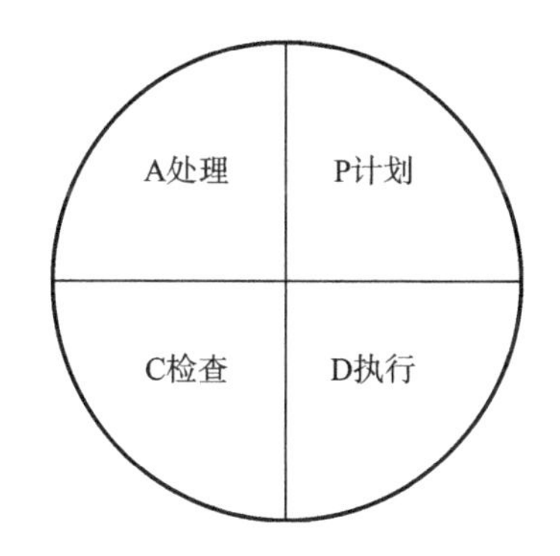

图 8-1　PDCA 循环的四个阶段

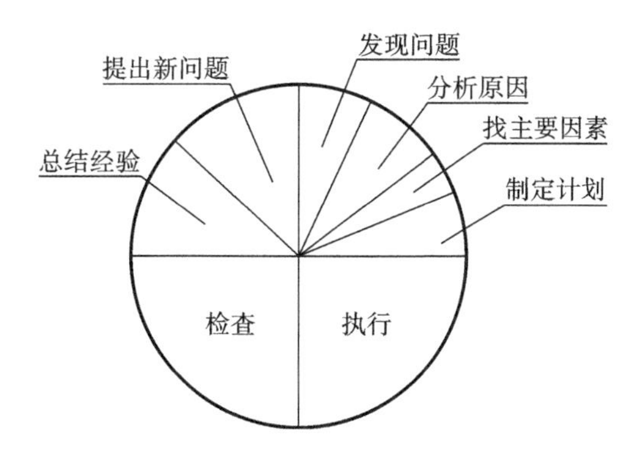

图 8-2　PDCA 循环的八个步骤

1. 计划 P(plan)

计划由目标和实现目标的手段组成,所以说是一条“目标—手段”链。质量管理的计划职能,包括确定质量目标和制定实现质量目标的行动方案两方面。实践表明,质量计划的严谨周密、经济合理且切实可行,是保证工作质量、产品质量和服务质量的前提条件。

建设工程项目的质量计划,是由项目参与各方根据其在项目实施中所承担的任务、责任范围和质量目标,分别制定质量计划而形成的质量计划体系。其中,建设单位的工程项目质量计划,包括确定和论证项目总体的质量目标,提出项目质量管理的组织、制度、工作成效、方法和要求。项目其他各参与方,则根据工程合同规定的质量标准和责任,在明确各自质量目标的基础上,制定实施相应范围质量管理的行动方案,包括技术方法、业务流程、资源配置、检验试验要求、质量记录方式、不合格处理、管理措施等具体内容和做法的质量管理文件,同时亦须对其实现预期目标的可行性、有效性、经济合理性进行分析论证,并按照规定的程序与权限,经过审批后执行。

2. 执行 D(do)

执行职能在于将质量的目标值,通过生产要素的投入、作业技术活动和产出过程,转换为质量的实际值。为保证工程质量的产出或形成过程能给达到预期的结果,在各项质量活动执行前,要根据质量管理计划进行行动方案的部署和交底。交底的目的在于使具体的作业和管理者明确计划的意图和要求,掌握质量标准及其实现的程序与方法。在质量活动的实施过程中,则要求严格执行计划的行动方案,规范行为,把质量管理计划的各项规定和安排落实到具体的资源配置和作业技术活动中去。

3. 检查 C(check)

指对计划实施过程进行各种检查,包括作业者的自检、互检和专职管理者专检。各类检查也都包含两大方面:一是检查是否严格执行了计划的行动方案,实际条件是否发生了变化,不执行计划的原因;二是检查计划执行的结果,即产出的质量是否达到标准的要求,对此进行确认和评价。

4. 处理 A(action)

对于质量检查所发现的质量问题或质量不合格,及时进行原因分析,采取必要的措施,予以纠正,保持工程质量形成过程的受控状态。处理分纠偏和预防改进两个方面。前者是采取有效措施,解决当前的质量偏差、问题或事故;后者是将目前质量状况信息反馈到管理部门,反思问题症结或计划时的不周,确定改进目标和措施,为今后类似质量问题的预防提供借鉴。

在实施 PDCA 循环时,工程项目的质量控制要重点做好施工准备、施工、验收、服务全过程的质量监督,抓好全过程的质量控制,确保工程质量目标达到预定的要求,具体措施如下。

① 将质量目标逐层分解到分部工程、分项工程,并落实到部门、班组和个人。以指标控制为目的,以要素控制为手段,以体系活动为基础,保证在组织上加以全面落实。

② 实行质量责任制。项目经理是工程施工质量的第一责任人,各工程队长是本

队施工质量的第一责任人，质量保证工程师和责任工程师是各专业质量责任人，各部门负责人要按分工认真履行质量职责。

③ 每周组织一次质量大检查，一切用数据说话，实行质量奖惩，激励施工人员，保证施工人员的自觉性和责任心。

④ 每周召开一次质量分析会，通过各部门、各单位反馈输入各种不合格信息，采取纠正和预防措施，排除质量隐患。

⑤ 加大质检权力，质检部门及质检人员根据公司质量管理制度可以行使质量否决权。

⑥ 施工全过程执行业主和有关工程质量管理及质量监督的各种制度和规定，对各部门检查发现的任何质量问题应及时制定整改措施，进行整改，达到合格为止。

3. 工程项目质量控制三阶段原理

工程项目的质量控制，是一个持续管理的过程。从工程项目的立项到竣工验收属于工程项目建设的质量控制阶段，项目投产到项目生命期结束属于项目生产（或经营）的质量阶段控制。两者在质量控制内容上有较大的不同，但不管是建设阶段的质量控制还是经营阶段的质量控制，从控制工作的开展与控制对象实施的时间关系来看，可分为事前控制、事中控制和事后控制三种。

（1）事前控制

事前控制强调质量目标的计划预控，并按质量计划进行质量活动前的准备工作状态的控制。如在施工过程中，事前控制重点在于施工准备工作，且贯穿于施工全过程。首先，要熟悉和审查工程项目的施工图纸，做好项目建设地点的自然条件、技术经济条件的调查分析，完成项目施工图预算、施工预算和项目的组织设计等技术准备工作；其次，做好器材、施工机具、生产设备的物质准备工作；还要组成项目组织机构，进场人员技术资质、施工单位质量管理体系的核查；编制好季节性施工措施，制定施工现场管理制度，组织施工现场准备方案等。

可以看出，事前控制的内涵包括两个方面，一是注重质量目标的计划预控，二是按质量计划进行质量活动前的准备工作状态的控制。

（2）事中控制

事中控制是指对质量活动的行为进行约束，对质量进行监控，实际上属于一种实时控制。如项目生产阶段，对产品生产线进行的在线监测控制，即是对产品质量的一种实时控制。又如在项目建设的施工过程中，事中控制的重点在工序质量监控上。其他如施工作业的质量监督、设计变更、隐蔽工程的验收和材料检验等都属于事中控制。

概括地说，事中控制是对质量活动主体、质量活动过程和结果所进行的自我约束和监督检查的控制，其关键是增强质量意识，发挥行为主体自我约束控制的能力。

（3）事后控制

事后控制一般是指在输出阶段的质量控制。事后控制也称为合格控制，包括对质量活动结果的评价认定和对质量偏差的纠正。如工程项目竣工验收进行的质量控制,即属于工程项目质量的事后控制。项目生产阶段的产品质量检验也属于产品质量的事后控制。

8.2 工程项目质量管理控制系统的建立和运行

8.2.1 工程项目质量控制系统概述

1. 工程项目质量控制系统定义

质量控制,是指为实现预定的质量目标,根据规定的质量标准对控制对象进行观察和检测,并将观测的实际结果与计划或标准对比,对偏差采取相应调整的方法和措施。质量控制系统则是针对控制对象(产品或项目)形成的一整套质量控制方法和措施,也指形成的相应的计算机质量控制软件系统。工程项目质量控制系统是面向工程项目而建立的质量控制系统。

2. 质量管理体系的定义

我国国家标准 GB/T 19000—2008 对质量管理的定义是:在质量方面指挥和控制组织的协调的活动。在质量方面的指挥和控制活动,通常包括制定质量方针和质量目标以及质量策划、质量控制、质量保证和质量改进。

我国国家标准 GB/T 19000—2008 对质量管理体系的定义是:在质量方面指挥和控制组织的管理体系。"体系"的含义是若干有关事物互相联系、互相制约而构成的有机整体。质量管理体系是实施质量方针和目标的管理系统,其内容要以满足质量目标的需要为准,它是一个有机整体,强调系统性和协调性,它的各个组成部分是相互关联的。质量管理体系把影响质量的技术、管理、人员和资源等因素加以组合,在质量方针的指引下,为达到质量目标而发挥效能。一个组织可以建立一个综合的管理体系,其内容可包含质量管理体系、环境管理体系、安全管理体系和财务管理体系等。

质量管理的原则是为了成功地领导和运作一个组织,需要采用一种系统和透明的方式进行管理。以下八项质量管理原则是构成 GB/T 19000 族质量管理体系标准的基础,质量管理是组织各项管理的内容之一,最高管理者可运用这些原则,领导组织进行业绩改进。

(1) 以顾客为关注焦点

组织依存于顾客。因此,组织应当理解顾客当前和未来的需求,满足顾客要求并争取超越顾客期望。

组织在贯彻这一原则时应采取的措施包括通过市场调查研究或访问顾客等方式,准确详细了解顾客当前或未来的需要和期望,并将其作为设计开发和质量改进的依据;将顾客和其他利益相关方的需要和愿望的信息按照规定的渠道和方法,在组织内部完整而准确的传递和沟通；组织在设计开发和生产经营过程中，按规定的方法测量顾客的满意程度，以便针对顾客的不满意因素采取相应的措施。

（2）领导作用

领导者确立组织统一的宗旨及方向。他们应当创造并保持使员工能充分参与实现组织目标的内部环境。

领导的作用是指最高管理者具有决策和领导一个组织的关键作用，为全体员工实现组织的目标创造良好的工作环境，最高管理者应建立质量方针和质量目标，以体现组织总的质量宗旨和方向，以及在质量方面所追求的目的。应时刻关注组织经营的国内外环境，制定组织的发展战略，规划组织的蓝图。质量方针应随着环境的变化而变化，并与组织的宗旨相一致。最高管理者应将质量方针、目标传达落实到组织的各职能部门和相关层次，让全体员工理解和执行。

（3）全员参与

各级人员是组织之本，只有他们的充分参与，才能使他们的才干为组织带来收益。

全体员工是每个组织的基础，人是生产力中最活跃的因素。组织的成功不仅取决于正确的领导，还有赖于全体人员的积极参与，所以应赋予各部门、各岗位人员应有的职责和权限，为全体员工创造一个良好的工作环境，激励他们的积极性和创造性，通过教育和培训增长他们的才干和能力，发挥员工的革新和创新精神，共享知识和经验，积极寻求增长知识和经验的机遇，为员工的成长和发展创造良好的条件，这样才能给组织带来最大的收益。

（4）过程方法

将活动和相关的资源作为过程进行管理，可以更有效地得到期望的结果。

工程项目的实施可以作为一个过程来实施管理，过程是指将输入转化为输出所使用资源的各项活动的系统。过程方法的目的是提高价值，因此在开展质量管理各项活动中应采用过程方法实施控制，确保每个过程的质量并按确定的工作步骤和活动顺序建立工作流程，进行人员培训，确定所需的设备、材料、测量和控制实施过程的方法，以及准备所需的信息和其他资源等。

（5）管理的系统方法

将相互关联的过程作为系统加以识别、理解和管理，有助于组织提高实现目标的效率。

管理的系统方法包括了确定顾客的需求和期望，建立组织的质量方针和目标，确定过程及过程的相互关系和作用，并明确职责和资源需求，建立过程有效性的测量方法并用以测量现行过程的有效性，防止不合格产品出现，寻找改进机会，确立改进方向，实施改进，监控改进效果，评价结果，评审改进措施和确定后续措施。这种建立和实施质量管理体系的方法，既可建立新体系，也可用于改进现行的体系。这种方法不仅可提高过程能力及项目质量，还可以为持续改进打好基础，最终使顾客满意，组织获得成功。

(6) 持续改进

持续改进整体业绩应当是组织的一个永恒目标。

持续改进是一个组织积极寻找改进机会,努力提高效率的重要手段,如此可确保不断增强组织的竞争力,使顾客满意。

(7) 基于事实的决策方法

有效决策建立在数据和信息分析的基础上。

决策是通过调查和分析,确定项目质量目标并提出实现目标的方案,对可供选择的若干方案进行优选后做出抉择的过程。项目组织在工程实施的各项管理活动过程中都需要做出决策。能否对各个过程做出正确的决策,将会影响到组织的有效性和效率,甚至关系到项目的成败。所以,有效的决策必须以充分的数据和真实的信息为基础。

(8) 与供方互利的关系

组织与供方是相互依存的,这种互利关系可增强双方创造价值的能力。

供方提供的材料、设备和半成品等对于项目组织能否为顾客提供满意的最终产品可以产生重要的影响。因此,把供方、协作方和合作方等都看作项目组织同盟中的利益相关者,形成共同的竞争优势,可以优化成本和资源,有利于项目主体和供方双赢。

3. 工程项目质量控制系统与企业质量管理体系的区别

(1) 范围不同

工程项目质量控制系统只用于特定的工程项目质量控制,同一企业不同的工程项目则有不同的质量控制系统;企业的质量管理体系是针对企业整体范围来建立的,适用于整个企业的质量管理。

(2) 主体不同

工程项目质量控制系统涉及工程项目实施中所有的质量责任主体,质量控制系统的各个环节都有质量责任人;企业质量管理体系的主体资格是企业组织本身,是一个整体达到质量管理体系标准的主体概念,它通过质量管理体系中的程序文件、质量记录和规章制度等来约束和控制工程质量。

(3) 目标不同

工程项目质量控制系统的控制目标是工程项目的质量标准,这些标准除建设方(业主)提出的要求外,都属于已颁布的各种国家、行业规范,基本上是量化指标;企业质量管理体系的目标是由企业根据自身情况提出,除引用国家、行业标准外,也可以由企业自己提出。

(4) 时效不同

工程项目质量控制系统与工程项目管理组织是相互依存的,随着工程项目的进展和结束,工程项目质量控制系统的作用也随之发挥和停止,即和项目一样,属于一次性的；质量管理体系是对企业组织而言，只要企业存在，能够持续保证质量管理体系的有效性，就可以使质量管理体系一直保持下去。

（5）评价不同

工程项目质量控制系统是企业与项目部共同为控制项目的质量而建立的，一般只作自我评价与诊断，根据经验在实践中不断修正，不进行第三方认证；企业质量管理体系是国际通用标准，需由具有专业资质的机构进行认证审核。

4. 建设工程项目质量的基本特征

建设工程项目从本质上说是一项拟建成或在建的建筑产品，它和一般产品具有同样的质量内涵，即一组固有特性满足需要的程度。这些特性是指产品的适用性、可靠性、安全性、经济性及环境的适宜性等。由于建筑产品一般是采用单件性筹划、设计和施工的生产组织方式，因此，其具体的质量特性指标是在各建设工程项目的策划、决策和设计过程中进行定义的。建设工程项目质量的基本特性可以概括如下。

（1）反映使用功能的质量特性

建筑产品不仅要满足使用功能和用途的要求，而且在正常的使用条件下应能达到安全可靠的标准，如建筑结构自身安全可靠，在使用过程中防腐蚀，防坠、防火、防辐射以及设备系统运行与使用安全等。可靠性质量必须建立在满足功能性质量需求的基础上，结合技术标准、规范（特别是强调性条文）的要求进行确定与实施。

（2）反映安全可靠的质量特性

工程项目质量控制系统涉及工程项目实施中所有的质量责任主体，质量控制系统的各个环节都有质量责任人；企业质量管理体系的主体资格是企业组织本身，是一个整体达到质量管理体系标准的主体概念，它通过质量管理体系中的程序文件、质量记录和规章制度等来约束和控制工程质量。

（3）反映文化艺术的质量特性

建筑产品具有深刻的社会文化背景，人们历来都把建筑产品视同艺术品。其个性的艺术效果，包括建筑造型、立面外观、文化内涵、时代表征以及装修装饰、色彩视觉等，不仅使用者关注，而且社会也关注；人们不仅现在关注，而且在未来也会持续关注和评价。建设工程项目以上文化特性的质量来自于设计者的设计理念、创意和创新以及施工者对设计意图的领会与精确施工。

（4）反映建筑环境的质量特性

作为项目管理对象的建设工程项目，可能是独立的单项工程或单位工程甚至某一主要分部工程，也可能是一个由群体建筑或线型工程组成的建设项目，如新、改、扩建的工业区，大学城或校区，交通枢纽，航运港区，高速公路，油气管线等。建筑环境质量包括项目用地范围内的规划布局、交通组织、绿化景观、节能环保，还要追求其与周边环境的协调性或适宜性。

5. 建设工程项目质量的形成过程

建设工程项目质量的形成过程贯穿于整个建设项目的决策过程和各个子项目的

设计与施工过程,体现在建设工程项目质量的目标决策、目标细化到目标实现的系统过程。

(1) 质量需求的识别过程

在建设项目决策阶段,主要工作包括建设项目发展策划、可行性研究、建设方案论证和投资决策。这一过程从质量管理职能在于识别建设意图和需求,对建设项目的性质、规模、使用功能、系统构成和建设标准要求等进行策划、分析、论证,为整个建设工程项目质量总目标以及项目内各个子项目提出明确的要求。

必须指出,由于建筑产品采取定制式的承发包生产,因此,其质量目标的决策是建设单位(业主)或项目法人的质量管理职能。尽管在建设项目的前期工作中,业主可以采用社会化、专业化的方式,委托咨询机构、设计单位或建设工程总承包企业进行,但这一切并不改变业主或项目法人的决策性质。业主的需求和法律法规的要求,是决定建设工程项质量目标的主要依据。

(2) 质量目标的定义过程

建设工程质量目标的具体定义过程,首先是在建设工程设计阶段。设计是一种高智力的创造性活动。建设工程项目的设计任务,因其产品对象的单件性,总体上符合目标设计与标准设计相结合的特征。在总体规划设计与单体方案设计阶段,相当于目标产品的开发设计。总体规划和方案设计经过可行性研究和技术经济论证后,进入工程的标准设计,在这整个过程中实现对建设工程项目质量目标的明确定义。由此可见,建设工程项目设计的任务就在于按照业主的建设意图、决策要点、相关法规和标准、规范的强制性条文要求,通过建设工程的方案设计、规范的强制性条文要求,将建设工程项目的质量目标具体化。通过建设工程的方案设计、扩大初步设计、技术设计和施工图设计等环节,对建设工程项目的施工安装作业活动及质量控制提供依据。另一方面,承包方也会为了创建品牌工程或根据业主的创优要求及具体情况来确定工程项目的质量目标,策划精品工程的质量控制。

(3) 质量目标的实现过程

建设工程项目质量目标的实现的最重要和最关键的过程是在施工阶段,包括施工准备过程和施工作业技术活动过程。其任务是按照质量策划的要求,制定企业或工程项目内控标准,实施目标管理、过程监控、阶段考核、持续改进的方法,严格按设计图纸施工,正确合理地配备施工生产要素,把特定的劳动对象转化成符合质量标准的建设工程产品。

综上所述,建设工程项目质量的形成过程,贯穿于建设工程项目的决策过程和实施过程,这些过程的各个重要环节构成了工程建设的基本程序,它是工程建设客观规律的体现。对建设工程项目实体注入一组固有的质量特征,以满足人们预期需求。在这个过程中,业主方的项目管理,负担着对整个建设工程项目质量总目标的策划、决策和实施监控的任务,而建设工程项目各参与方,则直接承担着相关建设工程项目质量目标的控制职能和相应的质量责任。

8.2.2 工程项目质量控制系统的构成

工程项目质量控制系统按区分方式的不同,可以分为不同的种类。

1. 按控制内容区分

① 工程项目勘察设计控制子系统。

② 工程项目材料设备质量控制子系统。

③ 工程项目施工安装质量控制子系统。

④ 工程项目竣工验收质量控制子系统。

2. 按实施主体区分

① 建设单位建设项目质量控制子系统。

② 工程项目总承包企业项目质量控制子系统。

③ 勘察设计单位勘察设计质量控制子系统(设计—施工分离式)。

④ 施工企业(含分包商)施工安装质量控制子系统。

⑤ 工程监理企业工程项目质量控制子系统。

3. 按控制原理区分

① 质量控制计划系统,确定建设项目的建设标准、质量方针、总目标及其分解。

② 质量控制网络系统,明确工程项目质量责任主体构成、合同关系和管理关系,控制的层次和层面。

③ 质量控制措施系统,描述主要技术措施、组织措施、经济措施和管理措施的安排。

④ 质量控制信息系统,进行质量信息的收集、整理、加工和文档资料的管理。

8.2.3 工程项目质量控制系统的建立

1. 建立工程项目质量控制系统的原则

(1) 分层次规划原则

工程项目质量控制系统可分为两个层次,第一层次是建设单位和工程总承包单位,分别对整个建设项目和总承包工程项目,进行相关范围的质量控制系统;第二层次是设计单位、施工单位(含分包商和建设监理单位等)在建设单位和总承包工程项目质量管理控制系统的框架内,进行各自责任范围内的质量控制系统设计,使总框架更加丰富、具体和明确。

(2) 总目标分解原则

按照建设标准和工程项目质量总体目标的要求,把总目标分成若干个分目标,分配到各个责任主体,并由合同加以确定,由各责任主体制定具体的质量计划,确定控制措施和方法。

(3) 质量责任制原则

与项目经理责任制一样,贯彻质量控制,按“谁实施谁负责”的原则,并使工程项目质量与责任人的经济利益挂钩。

(4) 系统有效性原则

即做到整体系统和局部系统的组织、人员、资源和措施落实到位。

2. 建立工程项目质量控制系统的程序

① 确定控制系统各层面组织的工程质量负责人及其管理职责,形成控制系统网络架构。

② 确定控制系统组织的领导关系、报告审批及信息流转程序。

③ 制定质量控制制度,包括质量控制例会制度、协调制度、验收制度和质量责任制度等。

④ 部署各质量主体编制相关质量计划,并按规定程序完成质量计划的审批,形成质量控制依据。

⑤ 研究并确定控制系统内部质量职能交叉衔接的界面划分和管理方式。

3. 建立工程项目质量控制系统的性质、特点和构成

(1) 工程项目质量控制体系的性质

建设工程项目质量控制体系既不是业主方也不是施工方的质量管理体系或质量保证体系,而是建设工程项目目标控制的一个工作系统。其具有下列性质:①建设工程项目质量控制是以工程项目为对象,共同依托于同一项目管理的组织机构;②建设工程项目质量控制体系根据工程项目管理的实际要求而建立,随着建设工程项目的完成和项目管理组织的解体而消失,因此是一个一次性的质量控制工作体系,不同于企业的质量管理体系。

(2) 工程项目质量控制体系的特点

如前所述,建设工程项目质量控制系统是面向项目对象而建立的质量控制工作体系,它与建筑企业或其他组织机构按照 GB/T 19000—2008 族标准的质量管理体系相比较,有如下的不同点。

① 建立目的不同。建设工程项质量控制体系只用于特定的建设工程项目质量控制,而不是用于建筑企业或组织的质量管理,其建立的目的不同。

② 服务的范围不同。建设工程项目质量控制体系涉及建设工程项目实施过程所有的质量责任主体,而不只是某一个承包企业或组织机构,其服务的范围不同。

③ 控制的目标不同。建设工程项目质量控制体系的控制目标是建设工程项目的质量目标,并非某一具体建筑企业或组织的质量管理目标,其控制的目标不同。

④ 作用的实效不同。建设工程项目质量控制体系与建设工程项目管理组织系统相互融合,是一次性的质量工作体系,并非永久的质量管理体系,其作业的实效不同。

⑤ 评价的方式不同。建设工程项目质量控制体系的有效性一般由建设工程项目管理的总组织者进行自我评价与诊断,不需要进行第三方认证,其评价的方式不同。

(3) 工程项目质量控制体系的结构

建设工程项目质量控制体系，一般形成多层次、多单元的结构形态，这是由其实施任务的委托方式和合同结构所决定的。

① 多层次结构。多层次结构是对于建设工程系统纵向垂直分解的单项、单位工程项目的质量控制体系。在大中型工程项目，尤其是群体工程项目中，第一层次的质量控制体系应由建设单位的工程项目管理机构负责建立。在委托代建、委托项目管理或实行交钥匙式工程总承包的情况下，应由相应的代建方项目管理机构、受托项目管理机构或工程总承包企业项目管理机构负责建立。第二层次的质量控制体系，通常是指分包由建设工程项目的设计总负责单位、施工总承包单位等建立的相应管理范围内的质量控制体系。第三层次及其以下，是承担工程设计、施工安装、材料设备供应等各承包单位的现场质量自控体系，或成各自的施工质量保证体系。系统纵向层次机构的合理性是建设工程项目质量目标、控制责任和措施分解落实的重要保证。

② 多单元结构。多单元结构是指在建设工程项目质量控制总体系下，第二层次的质量控制体系及其以下的质量自控或保证体系可能有多个。这是项目质量目标、责任和措施分解的必然结果。

8.2.4　工程项目质量控制系统的运行

工程项目质量控制系统建立后，将进入运行状态。系统运行正常与成功的关键是系统的机制设计，成功的机制设计还需要严格地执行和实施。工程项目质量控制系统的运行与其他任何系统的运行一样，都需要在运行过程中不断地修正和完善，任何特定的工程项目质量控制系统都随工程项目本身和所处环境条件不同而使控制参数、特征及控制条件有所不同，但系统运行的基本方式、机制是基本相同的。

1. 控制系统运行的基本方式

工程项目质量控制系统的基本运行方式：按照 PDCA 循环原理，首先制定详细的项目质量计划，作为系统控制的依据；二是实施质量计划时，包含两个环节，即计划行动方案的交底和按计划规定的方法展开作业技术活动；三是对质量计划实施过程进行自我检查、相互检查和监督检查；四是针对检查结果进行分析原因，采取纠正措施，保证产品或服务质量的形成和控制系统的正常运行。

2. 控制系统运行机制

(1) 控制系统运行的动力机制

工程项目质量控制系统的活力在于它的运行机制，而运行机制的核心是动力机制，动力机制则来源于利益机制，因此利益机制是关键。由于建设工程项目一般是由多个主体参加，其质量控制的动力是受由其利益分配影响的，遵循这一原则来激励和形成工程项目质量控制系统的动力机制是非常重要的。

(2) 控制系统运行的约束机制

工程项目质量控制系统的约束机制取决于自我约束能力和外部监控效力，外部监控效力是来自于实施主体外部的推动和检查监督,自我约束能力则指质量责任主体和质量活动主体的经营理念、质量意识、职业道德及技术能力的发挥。这两方面的约束机制是质量控制系统正确运行的保障。自我约束能力要靠提高员工素质,加强质量文化建设等来形成;外部监控效力则需严格执行有关建设法规来保证。

(3) 控制系统运行的反馈机制

工程项目质量控制系统的运行状态和运行结果信息,需要及时反馈来对系统的控制能力进行评价,以便使系统控制主体进一步作出处理决策;需要及时反馈来对系统的控制能力进行调整或修改系统控制参数,达到预定的控制目标。对此,质量管理人员应力求系统反馈信息准确、及时和不失真。

8.3 工程项目施工阶段质量控制

工程项目施工阶段是根据项目设计文件和施工图纸的要求,进入工程实体的形成阶段,所制定的施工质量计划及相应的质量控制措施,都是在这一阶段形成实体的质量或实现质量控制的结果。因此,施工阶段的质量控制是项目质量控制的最后形成阶段,因而对保证工程项目的最终质量具有重大意义。

8.3.1 项目施工质量控制概述

1. 项目施工质量控制内容划分

工程项目施工阶段的质量控制从不同的角度来描述,可以进行不同的划分,企业可根据自己的侧重点不同,采用适合自己的划分方法。划分方法主要有以下四种:

① 按工程项目施工质量管理主体划分为建设方的质量控制、施工方的质量控制和监理方的质量控制;

② 按工程项目施工阶段划分为施工准备阶段质量控制、施工阶段质量控制和竣工验收阶段质量控制;

③ 按工程项目施工分部工程划分为地基与基础工程的质量控制、主体结构工程的质量控制、屋面工程的质量控制、安装(含给水排水、采暖、电气、智能建筑、通风与空调、电梯等)工程的质量控制和装饰装修工程的质量控制;

④ 按工程项目施工要素划分为材料因素的质量控制、人员因素的质量控制、设备因素的质量控制、方案因素的质量控制和环境因素的质量控制。

2. 项目施工质量控制的目标

项目施工阶段质量控制的目标可分为施工质量控制总目标、建设单位质量控制目标、设计单位质量控制目标、施工单位质量控制目标、监理单位质量控制目标。

(1) 施工质量控制总目标

施工质量控制总目标就是对工程项目施工阶段的总体质量要求,也是建设项目各参与方一致的责任和目标,即要使工程项目满足有关质量法规和标准,正确配置施工生产要素，采用科学管理的方法，实现工程项目预期的使用功能和质量标准。

(2) 建设单位施工质量控制目标

建设单位施工质量控制目标是通过对施工阶段全过程的全面质量监督管理、协调和决策，保证竣工验收项目达到投资决策时所确定的质量标准。

(3) 设计单位施工质量控制目标

设计单位施工质量控制目标是通过对施工质量的验收签证、设计变更控制及纠正施工中所发现的设计问题，采纳变更设计的合理化建议等，保证验收竣工项目的各项施工结果与最终设计文件所规定的标准一致。

(4) 施工单位质量控制目标

施工单位质量控制目标是通过施工全过程的全面质量自控，保证交付满足施工合同及设计文件所规定的质量标准，包括工程质量创优要求的工程项目产品。

(5) 监理单位施工质量控制目标

监理单位施工质量控制目标是通过审核施工质量文件、报告、报表及现场旁站检查、平行检测、施工指令和结算支付控制等手段，监控施工承包单位的质量活动行为，协调施工关系，正确履行工程质量的监督责任，以保证工程质量达到施工合同和设计文件所规定的质量标准。

3. 施工质量控制的依据

施工质量控制的依据主要指适用于工程项目施工阶段与质量控制有关的、具有指导意义和必须遵守(强制性)的基本文件。包括国家法律法规、行业技术标准与规范、企业标准、设计文件及合同等。

4. 施工质量持续改进理念

持续改进的概念来自于《ISO 9000：2015 质量管理体系基础和术语》，是指“增强满足要求的能力的循环活动”。阐明组织为了改进其整体业绩，应不断改进产品质量，提高质量管理体系及过程的有效性和效率。对工程项目来说，由于属于一次性活动，面临的经济、环境条件是在不断的变化，技术水平也在日新月异，因此工程项目的质量要求也需要持续提高，而持续改进是永无止境的。

在工程项目施工阶段，质量控制的持续改进必须主动、有计划和系统地进行质量改进的活动。要做到积极、主动，首先需要树立施工质量持续改进的理念，才能在行动中变成自觉行为；其次要有永恒的决心，坚持不懈；最后关注改进的结果，持续改进要保证是更有效、更完善的结果，改进的结果还能在工程项目的下一个工程质量循环活动中加以应用。概括地说，施工质量持续改进理念包括了四个过程：①渐进过程；②主动过程；③系统过程；④有效过程。

5. 质量管理八项原则

质量管理八项原则是 ISO 9000 族标准的编制基础，是世界各国质量管理成功经验的科学总结，其中不少内容与我国全面质量管理的经验吻合。它的贯彻执行能促进企业管理水平的提高，提高顾客对其产品或服务的满意程度，帮助企业达到持续成功的目的。质量管理八项原则的具体内容如下。

(1) 以顾客为关注焦点

组织(从事一定范围生产经营活动的企业)依存于其顾客。组织应理解顾客当前的和未来的需求,满足顾客要求并争取超越顾客的期望。

(2) 领导作用

领导者确立本组织统一的宗旨和方向,并创造使员工充分参与实现组织目标的内部环境。因此领导在企业的质量管理中起着决定性的作用。只有领导重视,各项质量活动才能有效开展。

(3) 全员参与

各级人员都是组织之本,只有全员充分参加,才能使他们的才干为组织带来收益。产品质量是产品形成过程中全体人员共同努力的结果,其中也包含着为他们提供支持的管理、检查、行政人员的贡献。企业领导应对员工进行质量意识等各方面的教育,激发他们的积极性和责任感,通过教育和培训增长他们的才干和能力,发挥他们的革新和创新精神,使全员积极参与,达到让顾客满意的目标。

(4) 过程方法

将活动和相关的资源作为过程进行管理,可以更高效地得到期望的结果。任何使用资源的生产活动和将输入转化为输出的一组相关联的活动都可视为过程。ISO 9000 族标准是建立在过程控制的基础上。一般在过程的输入端、过程的不同位置及输出端都存在着可以进行测量、检查的机会和控制点,对这些控制点实行测量、检测和管理,便能控制过程的有效实施。

(5) 管理的系统方法

将相互关联的过程作为系统加以识别、理解和管理,有助于组织提高实现其目标的有效性和效率。不同企业应根据自己的特点,建立资源管理、过程实现、测量分析改进等方面的关联关系,并加以控制。即采用过程网络的方法建立质量管理体系,实施系统管理。建立实施质量管理体系的工作内容一般包括:①确定顾客期望;②建立质量目标和方针;③确定实现目标的过程和职责;④确定必须提供的资源;⑤规定测量过程有效性的方法;⑥实施测量确定过程的有效性;⑦确定防止不合格并清除产生原因的措施;⑧建立和应用持续改进质量管理体系的过程。

(6) 持续改进

持续改进总体业绩是组织的一个永恒目标,其作用在于增强企业满足质量要求的能力,包括产品质量、过程及体系的有效性和效率的提高。持续改进是增强和满足质量要求能力的循环活动,是使企业的质量管理走上良性循环轨道的必由之路。

(7) 基于事实的决策方法

有效的决策应建立在数据和信息分析的基础上,数据和信息分析是事实的高度提炼。以事实为依据做出决策,可防止决策失误。为此,企业领导应重视数据信息的收集、汇总和分析,以便为决策提供依据。

（8）与供方互利的关系

组织与供方是相互依存的，建立双方的互利关系可以增强双方创造价值的能力。供方提供的产品是企业提供产品的一个组成部分。处理好与供方的关系，涉及企业能否持续稳定提供顾客满意产品的重要问题。因此，对供方不能只讲控制，不讲合作互利，特别是关键供方，更要建立互利关系，这对企业与供方双方都有利。

8.3.2　施工质量计划的编制

1. 施工质量计划概述

施工质量计划主要指施工企业根据有关质量管理标准，针对特定的工程项目编制的工程质量控制方法、手段、组织以及相关实施程序。对已实行《ISO 9000:2005质量管理体系标准》的企业，质量计划是质量管理体系文件的组成内容。施工质量计划一般由项目经理（或项目负责人）主持，负责质量、技术、工艺和采购的相关人员参与制定。在总承包的情况下，分包企业的施工质量计划是总包施工质量计划的组成部分，总包企业有责任对分包施工质量计划的编制进行指导和审核，并要承担施工质量的连带责任。施工质量计划编制完毕，应经企业技术领导审核批准，并按施工承包合同的约定提交工程监理或建设单位批准确认后执行。

根据建筑工程生产施工的特点，目前我国建设工程项目施工的质量计划常用施工组织设计或施工项目管理规划的文件形式进行编制。

2. 编制施工质量计划的目的和作用

施工质量计划编制的目的是为了加强施工过程中的质量管理和程序管理。规范员工行为，使其严格操作、规范施工，达到提高工程质量、实现项目目标的目的。

施工质量计划的作用是为质量控制提供依据，使工程的特殊质量要求能通过有效的措施加以满足；在合同环境下，质量计划是企业向顾客表明质量管理方针、目标及其具体实现的方法、手段和措施，体现企业对质量责任的承诺和实施的具体步骤。

3. 施工质量计划的内容

（1）工程特点及施工条件分析

熟悉建设项目所属的行业特点和特殊质量要求，详细领会工程合同文件提出的全部质量条款，了解相关的法律法规对本工程项目质量的具体影响和要求，还要详细分析施工现场的作业条件，以便能制定出合理、可行的施工质量计划。

（2）工程质量目标

工程质量目标包括工程质量总目标及分解目标。制定的目标要具体，具有可操作性，对于定性指标需同时确定衡量的标准和方法。如要确定工程项目预期达到的质量等级（如合格、优良或省、市、部优质工程等）则要求在施工项目交付使用时，质量要达到合同范围内的全部工程的所有使用功能符合设计（或更改）图纸要求，检验批、分项、分部和单位工程质量达到施工质量验收统一标准，合格率100%等。

(3) 组织与人员

在施工组织设计中,确定质量管理组织机构、人员及资源配置计划,明确各组织、部门人员在工程施工不同阶段的质量管理职责和职权,即确定质量责任人和相应的质量控制权限。

(4) 施工方案

根据质量控制总目标的要求,制定具体的施工技术方案、施工程序、施工方法、作业文件和技术措施等。

(5) 采购质量控制

包括材料、设备的质量管理及控制措施,涉及对供应方质量控制的要求。可以制定具体的采购质量标准或指标、参数和控制方法等。

(6) 监督检测

施工质量计划中要制定工程检测的项目计划与方法,包括检测、检验、验证和试验程序文件等,以及相关的质量要求和标准。

4. 施工质量计划的实施与验证

(1) 实施要求

施工质量计划的实施范围主要包括项目施工阶段的全过程,重点对工序、分项工程、分部工程到单位工程全过程的质量控制,各级质量管理人员按质量计划确定的质量责任分工、对各环节进行严格的控制,并按施工质量计划要求保存好质量记录、质量审核、质量处理单、相关表格等原始记录。

(2) 验证要求

项目质量责任人应定期组织具有相应资格或经验的质量检查人员、内部质量审核员等对施工质量计划的实施效果进行验证,对项目质量控制中存在的问题或隐患,特别是质量计划本身、管理制度、监督机制等环节的问题,及时提出解决措施,加以纠正。质量问题严重时要追究责任,给予处罚。

8.3.3 生产要素的质量控制

工程项目施工阶段质量控制的影响因素可以归结于五大生产要素,即劳动主体、劳动对象、劳动方法、劳动手段和施工环境。

1. 劳动主体

劳动主体主要指作业者、管理者。对质量控制产生影响的是人员素质及其组织效果。劳动主体的质量包括参与工程的各类人员的生产技能、文化素养、生理体能和心理行为等方面的个体素质及经过合理组织充分发挥其潜在能力的群体素质。因此,企业应通过择优录用、加强思想教育及技能方面的教育培训,合理组织、严格考核,并辅以必要的激励机制,使企业员工的潜在得到最好的组合和充分的发挥。从而保证劳动主体在质量控制系统中发挥主体自控作用。

施工企业的质量控制必须坚持对所选派的项目领导者、组织者进行质量意识教育和组织管理能力训练，坚持对分包商的资质考核和施工人员的资质考核，坚持特殊工种按规定持证上岗制度等。

2. 劳动对象

劳动对象的因素是指原材料、半成品、工程用品、设备等的质量。而原材料、半成品、设备是构成工作实体的基础，其质量是工程项目实体质量的组成部分。故加强原材料、半成品及设备的质量控制，不仅是提高工程质量的必要条件，也是实现工程项目投资目标和进度目标的前提。

对原材料、半成品及设备进行质量控制的主要内容包括控制材料设备性能、标准与文件的相符性；控制材料设备各项技术性能指标、检验测试指标与标准要求的相符性；控制材料设备进场验收程序及质量文件资料的齐全程度等。施工企业应在施工过程中贯彻执行企业质量程序文件中材料设备在封样、采购、进场检验、抽样检测及质保资料提交等一系列明确规定的控制标准。

3. 劳动方法

劳动方法是指采取的施工工艺及技术措施的水平。施工工艺的先进合理是直接影响工程质量、工程进度及工程造价的关键元素，施工工艺的合理可靠还直接影响到工程施工安全。因此在工程项目质量控制系统中，制订和采用先进合理的施工工艺是工程质量控制的重要环节。对施工方案的质量控制主要包括以下内容。

① 全面正确地分析工程特征、技术关键及环境条件等资料，明确质量目标、验收标准、控制的重点和难点。

② 制订合理有效的施工技术方案和组织方案，前者包括施工工艺、施工方法；后者包括施工区段划分、施工流向及劳动组织等。

③ 合理选用施工机械设备和施工临时设备，合理布置施工总平面图和各阶段施工平面图。

④ 选用和设计保证质量和安全的模具、脚手架等施工设备。

⑤ 编制工程所采用的新技术、新工艺、新材料的专项技术方案和质量管理方案。

为确保工程质量，尚应针对工程具体情况，编写气象地质等环境不利因素对施工的影响及其应对措施。

4. 劳动手段

劳动手段是指施工中采用的工具、模具、施工机械和设备等条件。对施工所用的机械设备，包括起重设备、各项加工机械、专项技术设备、检查测量仪表设备及人货两用电梯等，应根据工程需要从设备选型、主要性能参数及使用操作要求等方面加以控制。

对施工方案中选用的模板、脚手架等施工设备，除按适用的标准定型选用外，一般需按设计及施工要求进行专项设计，对其设计方案及制作质量的控制及验收应作为重点进行控制。

按现行施工管理制度要求，工程所用的施工机械、模板、脚手架，特别是危险性较大的现场安装的起重机械设备,不仅要对其设计安装方案进行审批,而且安装完毕交付使用前必须经专业管理部门验收,合格后方可使用。同时,在使用过程中尚需落实相应的管理制度,以确保其安全正常使用。

5. 施工环境

施工环境因素主要包括现场地质水文状况,气象变化及其他不可抗力因素等自然环境;施工现场的通风、照明、安全卫生防护设施等劳动作业环境以及协调配合的管理环境等内容。环境因素对工程施工的影响一般难以避免,要消除其对施工质量的不利影响,主要是采用预测预防的控制方法。对施工环境的质量控制主要包括以下内容。

① 对地质水文等方面的影响因素的控制,应根据设计要求,分析基地地质资料,预测不利因素,并会同设计等方面采取相应的措施,如采取降水排水加固等技术的控制方案。

② 对天气气象方面的不利条件,应在施工方案中制订专项施工方案,明确施工措施,落实人员、器材等方面各项准备工作以备急用,从而控制其对施工质量的不利影响。

③ 对环境因素造成的施工中断,往往也会对施工质量造成不利影响,必须通过加强管理、调整计划等措施,加以控制。

8.3.4 施工全过程的质量控制

1. 施工准备阶段的质量控制

施工准备阶段的质量控制是指在正式施工前进行的质量控制活动,其重点是做好施工准备工作的同时,做好施工质量预控和对策方案。施工质量预控是指在施工阶段,预先分析施工中可能发生的质量问题和隐患及其产生的原因,采取相应的对策措施进行预先控制,以防止在施工中发生质量问题。这一阶段的控制措施包括如下几项。

(1) 文件资料的质量控制

施工项目所在地的自然条件和技术经济条件调查资料应保证客观、真实、详尽、周密,以保证能为施工质量控制提供可靠的依据;施工组织设计文件的质量控制,应要求提出的施工顺序、施工方法和技术措施等能保证质量,同时应进行技术经济分析,尽量做到技术可行、经济合理和质量符合要求;通过设计交底,图纸会审等环节发现、纠正和减少设计差错,从施工图纸上消除质量隐患,保证工程质量。

(2) 采购和分包的质量控制

材料设备采购的质量控制包括严格按有关产品提供的程序要求操作。对供方人员资格、供方质量管理体系的要求,建立合格材料、成品和设备供应商的档案库,定期进行考核,从中选择质量、信誉最好的供应商。采购品必须具有厂家批号、出厂合格证和材质化验单,验收入库后还要根据规定进行抽样检验,对进口材料设备和重大工程、关键施工部位所用材料应全部进行检验。

要在资质合格的基础上择优选择分包商。分包商合同需从生产、技术、质量、安全、物质和文明施工等方面最大限度地对分包商提出要求，条款必须清楚、内容详尽。还应对分包队伍进行技术培训和质量教育，帮助分包商提高质量管理水平，从主观和客观两方面把分包商纳入总包的系统质量管理与质量控制体系中，接受总包的组织和协调。

（3）现场准备的质量控制

建立现场项目组织机构，集结施工队伍并进行入场教育。教育内容包括：对现场控制网、水准点桩的测量；拟定有关试验、试制和技术进步的项目计划；制定施工现场管理制度等。

2. 施工过程的质量控制

工程项目的施工过程是由若干道工序组成的，因此，施工过程的控制重点就是施工工序的控制，主要包括以下三方面的内容。

（1）施工工序控制的要求

工序质量是施工质量的基础，工序质量也是施工能否顺利进行的关键。为满足对工序质量控制的要求，在工序管理方面应做到如下要求。

① 贯彻预防为主的基本要求，设置工序质量检查点，对材料质量状况、工具设备状况、施工程序、关键操作、安全条件、新材料新工艺的应用、常见质量通病、甚至包括操作者的行为等影响因素列为控制点作为重点检查项目进行预控。

② 落实工序操作质量巡查、抽查及重要部位跟踪检查等方法，及时掌握施工质量总体状况。

③ 对工序产品、分项工程的检查应按标准要求进行目测、实测及抽样试验的程序，做好原始记录，经数据分析后，及时做出合格或不合格的判断。

④ 对合格工序产品应及时提交监理进行隐蔽工程验收。

⑤ 完善管理过程的各项检查记录、检测资料及验收资料，作为工程验收的依据，并为工程质量分析提供可追溯的依据。

（2）施工工序控制的程序

① 进行作业技术交底，包括作业技术要领、质量标准、施工依据、与前后工序的关系等。

② 检查施工工序、程序的合理性、科学性，防止工程流程错误，导致工序质量失控。检查内容包括：施工总体流程和具体施工作业的先后顺序，在正常的情况下，要坚持先准备后施工、先深后浅、先土建后安装、先验收后交工等原则。

③ 检查工序施工条件，即每道工序投入的材料，使用的工具、设备及操作工艺及环境条件是否符合施工组织设计的要求。

④ 检查工序施工中人员操作程序、操作质量是否符合质量规程要求。

⑤ 检查工序施工中间产品的质量，即工序质量和分项工程质量。

⑥ 对工序质量符合要求的中间产品(分项工程)及时进行工序验收或隐蔽工程验收。

⑦ 质量合格的工序验收后可进入下道工序施工。未经验收合格的工序,不得进入下道工序施工。

(3) 工序施工效果控制

工序施工效果是工序产品的质量特征和特性指标的反映。对工序施工效果的控制就是控制工序产品的质最特征和特性指标能否达到设计质量标准以及施工质量验收标准的要求。工序施工效果控制属于事后质量控制,其控制的主要途径是实测获取数据、统计分析所获取的数据、判断认定质量等级和纠正质量偏差。

按有关施工验收规范规定,下列工序质量必须进行现场质量检测,合格后才能进行下道工序。

① 地基基础工程。

a. 地基及复合地基承载力检测。

对灰土地基、砂和砂石地基、土工合成材料地基、粉煤灰地基、强夯地基、注浆地基、预压地基,其竣工后的结果(地基强度或承载力)必须达到设计要求的标准。检验数量:每个单位工程不应少于 3000 点;1000 面以上工程,每 100 面至少应有 1 点;3000 m^2 以上工程,每 300 m^2 至少应有 1 点;每个独立基础下至少应有 1 点,基槽每 20 延米应有 1 点。

对水泥土搅拌桩复合地基、高压喷射注浆桩复合地基、砂桩地基、振冲桩复合地基、土和灰土挤密桩复合地基、水泥粉煤灰碎石桩复合地基及夯实水泥土桩复合地基,其承载力检验的数量为总数的 0.5% ~1%,但不应小于 3 处。有单桩强度检验要求时,数量为总数的 0.5% ~1%,但不应少于 3 根。

b. 工程桩的承载力检测。

对于地基基础设计等级为甲级或地质条件复杂,成桩质量可靠性低的灌注桩,应采用静载荷试验的方法进行检验,检验桩数不应少于总数的 1%,且不应少 3 根。当总桩数少于 50 根时,检验桩数不应少于 2 根。

设计等级为甲级、乙级的桩基或地质条件复杂,桩施工质量可靠性低,本地区采用的新桩基或新工艺的桩基应进行桩的承载力检测。检测数量在同一条件下不应少于 3 根,且不宜少于总桩数 1%。

c. 桩身质量检验。

对设计等级为甲级或地质条件复杂,成桩质量可靠性低的灌注桩,抽检数量不应少于总数的 30%,且不应少于 20 根;其他桩基工程的抽检数量不应少于总数的 20%,且不应少于 10 根;对混凝土预制桩及地下水位以上且终孔后经过核验的灌注桩,检验数量不应少于总桩数的 10%,且不得少于 10 根。每个柱子的承台下的桩基检验数量不得少于 1 根。

② 主体结构工程。

a. 混凝土、砂浆、砌体强度现场检测。

检测同一强度等级同条件养护的试块强度，以此检测结果代表工程实体的结构强度。

混凝土：按统计方法评定混凝土强度的基本条件是，同一强度等级的同条件养护试件的留置数量不宜少 10 组，按非统计方法评定混凝土强度时，留置数量不应少于 3 组。

砂浆抽检数量：每一检验批且不超过 250 m^3 砌体的各种类型及强度等级的砌筑砂浆，每台搅拌机应至少抽检一次。

砌体：普通砖 15 万块、多孔砖 5 万块、灰砂砖及粉煤灰砖 10 万块各为一检验批，抽检数量为一组。

b. 钢筋保护层厚度检测。

钢筋保护层厚度检测的结构部位，应由监理（建设）、施工等各方根据结构构件的重要性共同选定。

对梁类、板类构件，应各抽取构件数量的 2 %且不少于 5 个构件进行检验。

c. 混凝土预制构件结构性能检测。

对成批生产的构件，应按同一工艺正常生产的不超过 1000 件且不超过 3 个月的同类型产品为一批。在每批中应随机抽取一个构件作为试件进行检验。

③ 建筑幕墙工程。

a. 铝塑复合板的剥离强度检测。

b. 石材的弯曲强度；室内用花岗石的放射性检测。

c. 玻璃幕墙用结构胶的邵氏硬度、标准条件拉伸黏结强度、相容性试验；石材用结构胶黏结强度及石材用密封胶的污染性检测。

d. 建筑幕墙的气密性、水密性、风压变形性能、层间变位性能检测。

e. 硅酮结构胶相容性检测。

④ 钢结构及管道工程。

a. 钢结构及钢管焊接质量无损检测：对有无损检验要求的焊缝，竣工图上应标明焊缝编号、无损检验方法、局部无损检验焊缝的位置、底片编号、热处理焊缝位置及编号、焊缝补焊位置及施焊焊工代号。焊缝施焊记录及检查、检验记录应符合相关标准的规定。

b. 钢结构、钢管防腐及防火涂装检测。

c. 钢结构节点、机械连接用紧固标准件及高强度螺栓力学性能检测。

(4) 施工工序质量控制点的设置

在施工过程中，为了对施工质量进行有效控制，需要找出对工序的关键或重要质量特性起支配作用的全部活动，对这些支配性要素要加以重点控制。工序质量控制点就是根据支配性要素进行重点控制的要求而选择的质量控制重点部位、重点工序和重点因素。一般来讲,质量控制点是随不同的工程项目类型和特点而不完全相同的,基本原则是选择施工过程中的关键工序、隐蔽工程、薄弱环节、对后续工序有重大影响、施工条件困难、技术难度大等的环节。表8-1列出了建设工程质量控制点设置的一般位置。

表8-1 质量控制点的一般位置设置

分项工程	质量控制点
工程测量定位	标准轴线桩、水平桩、龙门桩、定位轴线、标高
地基、基础(含设备基础)	基坑(槽)尺寸、标高、土质、地基耐压力、基础垫层标高、基础位置、尺寸、标高,预留洞孔、预埋件的位置、规格、数量,基础高、杯底弹线
砌体	砌体轴线,皮数杆,砂浆配合比,预留洞孔、预埋件位置、数量、砌块排列
模板	位置、尺寸、标高,预埋件位置、预留洞孔尺寸、位置,模板强度及稳定性,模板内部清理及湿润情况
钢筋混凝土	水泥品种、标号、砂石质量,混凝土配合比,外加剂比例,混凝土振捣,钢筋品种、规格、尺寸、搭接长度,钢筋焊接,预留洞、孔及预埋件规格、数量、尺寸、位置,预制构件吊装或出场强度,吊装位置、标高、支撑长度、焊缝长度
吊装	吊装设备起重能力、吊具、索具、地锚
分项工程	质量控制点
钢结构	翻样图、放大样
焊接	焊接条件、焊接工艺
装修	视具体情况而定

(5)施工工序控制的检验

施工过程中对施工工序的质量控制效果如何,应在施工单位自检的基础上,在现场对工序施工质量进行检验,以判断工序活动的质量效果是否符合质量标准的要求。

① 抽样。对工序抽取规定数量的样品,或者确定规定数量符合的检测点。

② 实测。采用必要的检测设备和手段,对抽取的样品或确定的检测点进行检测,测定其质量性能指标或质量性能状况。

③ 分析。对检验所得的繁多数据,用统计方法进行分析、整理,发现其遵循的变化规律。

④ 判断。根据对数据分析的结果,经与质量标准或规定对比,判断该工序施工的质量是否达到规定的质量标准要求。

⑤ 处理。根据对抽样检测的结论,如果符合规定的质量标准的要求,则可对该工序的质量予以确认,如果通过判断,发现该工序的质量不符合规定的质量标准的要求,则应进一步分析产生偏差的原因,并采取相应的措施进行纠正。

3. 施工竣工阶段的质量控制

竣工验收阶段的质量控制包括最终质量检验和试验、技术资料的整理、施工质量缺陷的处理、工程竣工验收文件的编制和移交准备、产品防护和撤场计划等。这个阶段主要的质量控制有以下要求。

(1) 最终质量检验

施工项目最终检验和试验是指对单位工程质量进行的验证，是对建筑工程产品质量的最后把关，是全面考核产品质量是否满足质量控制计划预期要求的重要手段。最终检验和试验提供的结果是证明产品符合性的证据。如各种质量合格证书、材料试验检验单、隐蔽工程记录、施工记录和验收记录等。

(2) 缺陷纠正与处理

施工阶段出现的所有质量缺陷，应及时予以纠正，并在纠正后要再次验证纠正的有效性。处理方案包括修补处理、返工处理、限制使用和不做处理。

(3) 资料移交

组织有关专业人员按合同要求，编制工程竣工文件，整理竣工资料及档案，并做好工程移交准备。

(4) 产品防护

在最终检验和试验合格后，对产品采取防护措施，防止部件丢失和损坏。

(5) 撤场计划

工程验收通过后，项目部应编制符合文明施工和环境保护要求的撤场计划。及时拆除、运走多余物资，按照项目规划要求恢复或平整场地，做到符合质量要求的项目整体移交。

8.3.5　施工成品的质量维护

在施工阶段，由于工序和工程进度的不同，有些分项、分部工程可能已经完成，而其他工程尚在施工，或者有些部位已经完工，其他部位还在施工，因此这一阶段需特别重视对施工成品的质量维护问题。

1. 树立施工成品质量维护的观念

施工阶段的成品保护问题，也应该看成是施工质量控制的范围，因此需要全员树立施工成品的质量维护观念，对国家、人民负责，尊重他人和自己的劳动成果，施工操作中珍惜已完成和部分完成的成品，把这种维护变成施工过程中的一种自觉行为。

2. 施工成品质量维护的措施

根据需要维护的施工成品的特点和要求，首先在施工顺序上给予充分合理的安排，按正确的施工流程组织施工，在此基础上可采取以下维护措施。

(1) 防护

防护是指针对具体的施工成品采取各种保护的措施，以防止成品可能发生的损伤和质量侵害。如对进出口台阶可采取垫砖或方木搭设防护踏板作为临时通道；对于门口易碰的部位钉上防护条或者槽型盖铁保护等。

(2) 包裹

包裹是指对欲保护的施工成品采取临时外包装进行保护的办法。如对镶面的饰材可用立板包裹或保留好原包装,对于铝合金门窗采用塑料布包裹等。

(3) 覆盖

覆盖是指采用其他材料覆盖在需要保护的成品表面,起到防堵塞、防损伤的作用。如对地漏、落水口排水管等安装后加以覆盖,以防止异物落入造成堵塞;水泥地面、现浇或预制水磨石地面,应铺干锯末保护等。

(4) 封闭

封闭是指对施工成品采取局部临时性隔离保护的办法。如房间水泥地面或木地板油漆完成后,应将该房间暂时封闭;屋面防水完成后,需封闭进入该屋面的楼梯口或出入口等。

8.4 工程项目施工质量验收

8.4.1 工程项目施工质量验收概述

1. 施工质量验收的概念

工程项目质量的评定验收,是对工程项目整体而言的,工程项目质量的等级,分为"合格"和"优良",凡不合格的项目不予验收;凡验收通过的项目,必有等级的评定。因此,对工程项目整体的质量验收,可称之为工程项目质量的评定验收,或简称工程质量验收。

工程质量验收可分为过程验收和竣工验收。过程验收按项目阶段分,有勘察设计质量验收、施工质量验收;按项目构成分,有单位工程、分部工程、分项工程和检验批四种层次的验收。其中检验批是指施工过程中条件相同并含有一定数量材料、构配件或安装项目的施工内容。由于其质量基本均匀一致,所以可作为检验的基础单位,并按批验收。

与检验批有关的另一个概念是主控项目和一般检验项目。主控项目是指对检验批的基本质量起决定性影响的检验项目;一般检验项目是除主控项目以外的其他检验项目。

工程质量验收是指对已完工的工程实体的外观质量及内在质量按规定程序检查后,确认其是否符合设计及各项验收标准要求的质量控制过程,也是确认是否可交付使用的一个重要环节。正确地进行工程施工质量的检查评定和验收,是保证工程项目质量的重要手段。

2. 施工验收项目的划分

为了便于施工质量的检验和验收,保证施工质量符合设计、合同和技术标准的规定,同时也更有利于衡量承包单位的施工质量水平,全面评价工程项目的综合施工质量,通常在验收时,将施工项目验收按项目构成划分为分部、子分部、分项工程。

3. 工程质量验收依据

① 工程项目承包合同中有关质量的规定和要求。

② 经批准的勘察设计文件、施工图纸、设计变更文件与图纸。

③ 施工组织设计、施工技术措施和施工说明书等施工文件。

④ 设备产品说明书、安装说明书和合格证等设备文件。

⑤ 材料、成品、半成品、购配件的说明书和合格证等质量证明文件。

⑥ 工程项目质量控制各阶段的验收记录。

4. 施工质量验收的要求

工程项目施工质量的验收应满足以下要求。

① 工程质量验收均应在施工单位自行检查评定的基础上进行。

② 参加工程施工质量验收的各方人员，应该具有规定的资格。

③ 建设项目的施工，应符合工程勘察和设计文件的要求。

④ 隐蔽工程应在隐蔽前由施工单位通知有关单位进行验收，并形成验收文件。

⑤ 单位工程施工质量应该符合相关验收规范的标准。

⑥ 涉及结构安全的材料及施工内容，应有按照规定对材料及施工内容进行见证取样检测资料。

⑦ 对涉及结构安全和使用功能的重要部分工程，专业工程应进行功能性抽样检测。

⑧ 工程外观质量应由验收人员通过现场检查后共同确认。

8.4.2 施工质量验收的程序

施工质量验收属于过程验收。其程序包括：

① 施工过程中隐蔽工程在隐蔽前通知建设单位（或工程监理）进行验收，并形成验收文件；

② 分部分项施工完成后应在施工单位自行验收合格后，通知建设单位（或工程监理单位）验收，重要的分部分项工程应请设计单位参加验收；

③ 单位工程完工后，施工单位应自行组织检查、评定，符合验收标准后，向建设单位提交验收申请；

④ 建设单位收到验收申请后，应组织施工、勘察、设计、监理单位等单位人员进行单位工程验收，明确验收结果，并形成验收报告；

⑤ 按国家现行管理制度，房屋建筑工程及市政基础设施工程验收合格后，尚需在规定时间内，将验收文件报政府管理部门备案。

8.4.3 施工质量的评定验收

1. 施工质量评定验收的内容

（1）分部分项工程内容的抽样检查

分项工程所含的检验批的质量均应符合质量合格的规定，分部（子分部）工程所含分项工程的质量均应验收，单位（子单位）工程所含分部工程的质量均应验收合格。

(2) 施工质量保证资料的检查

施工质量保证资料包括施工全过程的技术质量管理资料,其中又以原材料、施工检测、测量复核及功能性试验资料为重点检查内容。

(3) 主要功能项目的抽查

使用功能的抽查是对建筑工程和设备安装工程最终质量的综合检验,也是用户最为关心的内容。因此,在分项分部工程验收合格的基础上,竣工验收时应再做一定数量的抽样检查,抽查结果应符合相关专业质量验收规范的规定。

(4) 工程外观质量的检查

竣工验收时,须由参加验收的各方人员共同进行外观质量检查,可采用观察、触摸或简单测量的方式对外观质量综合给出评价,最后共同确定是否通过验收。

2. 施工质量验收的结果处理

对施工质量验收不符合验收标准的要求时,应按规定进行处理。

① 经返工或更换设备的工程,应该重新检查验收。

在检验批验收时,其主控项目不能达到验收规范要求或一般项目超过偏差限制的子项不符合检验规定的要求时,对其中的严重缺陷应返工重做;对一般缺陷则通过翻修或更换器皿、设备进行处理。通过返工处理的检验批,应重新进行验收。

② 经有资质的检测单位检测鉴定,能达到设计要求的工程,应予以验收。

在检验批发现试块强度等指标不能满足验收标准要求,但经具有资质的法定检测单位检测,能够达到设计要求的,应认为检验批合格,准予验收;如检验批经检测达不到设计要求,但经原设计单位核算,能够满足结构安全和使用功能时,可予以验收。

③ 经返修或加固处理的工程,虽局部尺寸等不符合设计要求,但仍然能满足使用要求,可按技术处理方案和协商文件进行验收。

严重缺陷或超过检验批的更大范围内的缺陷,可能影响结构的安全性和使用功能。若经有资质的检测单位检测鉴定,确认达不到验收标准的要求,即不能满足最低限度的安全储备和使用功能要求,则必须按一定的技术方案进行加固处理,使之达到能满足安全使用的基本要求。但可能造成一些永久性的缺陷,只要不影响安全和使用功能,可以按处理技术方案和协商文件进行验收,而责任方要承担经济责任。

④ 经返修和加固后仍不能满足使用要求的工程严禁验收。

经返修和加固处理的分项、分部工程,虽然改变外形尺寸,但仍不能满足安全使用标准和功能使用要求,则严禁验收。

8.5 工程项目质量问题和质量事故的处理

8.5.1 工程项目质量问题与事故概述

1. 工程项目质量问题与质量事故定义

在工程项目中,凡存在工程质量不符合建筑、安装质量检验评定标准,相关施工与验收规范或设计图纸要求，以及合同规定的质量要求，程度轻微的称为工程质量问题；造成一定经济损失或永久性缺陷的，称为工程质量事故。

工程质量事故按危害性分为重大质量事故、一般质量事故。

按直接经济损失，工程质量问题和质量事故的划分如下。

① 直接经济损失在0.5万元以下的，属质量问题。

② 直接经济损失在0.5万～10万元的，为一般质量事故。

③ 直接经济损失在10万～30万元的，为四级重大质量事故。

④ 直接经济损失在30万～100万元的，为三级重大质量事故。

⑤ 直接经济损失在100万～300万元的，为二级重大质量事故。

⑥ 直接经济损失在300万元以上的，为一级重大质量事故。

2. 工程项目质量问题的特点

(1) 复杂性

工程项目质量问题的复杂性主要在于其质量问题的成因可能是单因素、多因素或综合因素的作用，而这些因素可能导致一个相同的质量问题，从而使得工程项目质量问题的分析和判断复杂化。

(2) 隐蔽性

工程项目质量问题的发生，很多情况下是从隐蔽部位开始的，特别是建筑工程地基基础方面出现的质量问题，在问题出现的初期，可能从建筑物外观无法判断和发现，此类质量问题具有一定的隐蔽性。

(3) 渐变性

工程项目的质量在项目环境的影响下，将是一个渐变的过程，其中由于微小的质量问题，在质量渐变的过程中，也可能导致工程项目质量由稳定的量变出现不稳定的突变，导致工程项目发生质量事故。

(4) 严重性

工程项目质量事故的后果一般较为严重，较轻的影响工程项目进度，增加工程费用；严重的使项目成果不能交付使用，或者使结构破坏，造成巨大经济损失和人员伤亡。

(5) 多发性

工程项目中的有些质量问题在施工中很容易发生，难以控制。如卫生间漏水、预制件出现裂缝、现浇混凝土质量不均或强度不足等问题，在大多数工程项目中都有出现，甚至同一项目中还多次出现。

3. 工程项目质量事故产生原因

引起工程项目质量事故的原因很多，重要的是能分析出其中起主要影响的因素，以便采取的技术处理措施能有效地纠正问题。这些原因综合分析如下。

(1) 违背建设程序

项目不经可行性论证，不做调查分析就决策；没有工程地质、水文地质资料就仓促开工;无证设计,无图施工,任意修改设计,不按图纸施工;工程竣工不进行试车运行、不经验收就交付使用等现象,致使不少工程项目留有严重隐患。

(2) 工程地质勘察原因

未认真进行地质勘察,提供的地质资料、数据有误;地质勘察时,钻孔间距太大,不能全面反映地基的实际情况;地质勘察钻孔深度不够,没有查清地下软土层、滑坡、墓穴、孔洞等地层结构;地质勘察报告不详细、不准确等,均会导致采用错误的基础方案,造成地基不均匀沉降、失稳,使上部结构及墙体开裂、破坏、倒塌等。

(3) 未加固处理好地基

对软弱土、冲填土、杂填土、湿陷性黄土、膨胀土、岩层出露、熔岩或土洞等不均匀地基未进行加固处理或处理不当,均是导致重大质量问题的原因。必须根据不同地基的工程特性,按照地基处理应与上部结构相结合,使其共同工作的原则,从地基处理、设计措施、结构措施、防水措施和施工措施等方面综合考虑处理。

(4) 设计计算问题

设计考虑不周,结构构造不合理,计算简图不正确,计算载荷取值过小,内力分析有误,沉降缝及伸缩缝设置不当,悬挑结构未进行抗颠覆验算等,都是诱发质量问题的隐患。

(5) 建筑材料及制品不合格

诸如钢筋物理力学性能不符合标准,水泥受潮、过期、结块、安定性不良、砂石级配不合理、有害物含量过多,混凝土配合比不准,外加剂性能、掺量不符合要求时,均会影响混凝土强度、和易性、密实性、抗掺性,导致混凝土结构强度不足、裂缝、渗漏、蜂窝、露筋等质量问题;预制构件断面尺寸不准,支承锚固长度不足,未建立可靠预应力值,钢筋漏放、错位,板面开裂等,必然会出现断裂、垮塌。

(6) 施工和管理问题

许多工程质量问题,往往是由施工和管理所造成。

① 不熟悉图纸,盲目施工;图纸未经会审,仓促施工;未经监理、设计部门同意,擅自修改设计,不按图施工;把铰接做成刚接,把简支梁做成连续梁,抗裂结构用光圆钢筋代替变形钢筋等,致使结构裂缝破坏;挡土墙不按图设滤水层,留排水口,致使土压力增大,造成挡土墙倾覆。

② 不按有关施工验收规范施工。如现浇混凝土结构不按规定的位置和方法任意留设施工缝;不按规定的强度拆除模板;砌体不按组砌形式砌筑,留直槎不加拉结条,在小于 1 m 宽的窗间墙上留设脚手眼等。

③ 不按有关操作规程施工。如用插入式振捣器捣实混凝土时,不按插点均布、快插慢拔、上下抽动、层层扣搭的操作方法,致使混凝土振捣不实,整体性差;又如,砖砌体包心砌筑,上下通缝,灰浆不均匀饱满,游丁走缝,不横平竖直等都是导致砖墙、砖柱破坏、倒塌的主要原因。

④ 缺乏基本结构知识。如将钢筋混凝土预制梁倒放安装;将悬臂梁的受拉钢筋

放在受压区；结构构件吊点选择不合理，不了解结构使用受力和吊装受力的状态；施工中在楼面超载堆放构件和材料等，均会给质量和安全造成严重的后果。

⑤ 施工管理紊乱，施工方案考虑不周，施工顺序错误。技术组织措施不当，技术交底不清，违章作业。不重视质量检查和验收工作等，都是导致质量问题的祸根。

⑥ 自然条件影响。施工项目周期长、露天作业多，受自然条件影响大，温度、湿度、日照、雷电、洪水、大风和暴雨等都能造成重大的质量事故，施工中应特别重视，采取有效措施予以预防。

⑦ 建筑结构使用问题。建筑物使用不当，亦会造成质量问题。如不经校核、验算，就在原有建筑物上任意加层；使用荷载超过原设计的容许荷载；任意开槽、打洞、削弱承重结构的截面等。

8.5.2 工程项目质量问题处理

1. 工程项目质量问题的分析

工程项目的质量问题多数以质量通病的形式存在。所谓质量通病是指工程项目中具有普遍性的常见质量问题。对这类问题的特征应该认真加以分析，有针对性地进行防治。主要有以下几点。

(1) 主观重视程度不高

由于这类质量问题一般并不严重，甚至可能不出现直接经济损失，因此施工中很多操作人员主观上并不高度重视，造成这类质量问题经常产生。根据这一特点，应在技术人员和操作人员中强调质量观念，培养一丝不苟、严格操作的工作作风。

(2) 非施工质量原因引起

施工质量的好坏直接影响工程项目质量问题的发生，但有很多质量通病的产生并不仅限于施工质量不好。比如设计欠合理、构配件本身质量低劣、技术不成熟、工期紧以及操作人员技术水平低等因素都可能造成质量问题的发生。因此，对工程项目质量问题的控制应遵循三全控制原理，全面、全过程、全员对工程项目的质量问题进行监控和管理。

(3) 多因素影响

有些工程项目的质量问题，可能既有设计欠缺和材质差的原因，又有施工不当和使用不当的原因。这类由多因素形成的质量问题，在治理上难度要大于其他质量问题。

2. 工程项目质量问题的综合治理

(1) 针对质量问题的专门规划

对特定的工程施工队伍，要对本企业经常出现的质量问题(通病)进行分析，明确哪些质量通病是普遍、危害性大的，根据发生的原因选择最适合的措施进行治理。根据难易程度，制定专门的综合治理规划，先治理难度小的；最后治理难度大的。治理规划要具体，目标要明确，责任要落实，措施要恰当。

(2) 精心设计,改善因设计问题出现的工程质量通病

设计单位在易于发生质量通病的部位,应注意结构的合理性,同时加强构造设计,不留任何容易引起质量问题的设计环节。

(3) 提高施工人员素质,改善工艺、规范施工

为减少因施工作业造成的质量问题,首先应努力提高直接作业人员的技术水平和质量意识;还要积极改进工艺施工方法,严格规范施工。在容易出现质量通病的部位,最好设置质量控制点,使整个施工过程的每一个环节都处于严格的质量控制状态。

(4) 严格控制原材料、设备、购配件的质量

由于建筑材料生产品种繁多,生产企业质量控制不严、管理不规范,因此施工企业采购的原材料、构配件等要严格查验产品说明书、合格证及技术说明书等,严格抽样,检测合格后才能使用,新产品应具有技术鉴定证书、试验资料及用户报告等。

(5) 建立质量奖罚机制

工程项目的质量问题由于存在主观方面的因素,因此除执行国家、行业有关法规标准规定的处罚外,建立与项目质量目标挂钩的奖罚机制,充分调动全体施工人员的主观能动性,从思想上树立质量控制意识的自我约束机制、从组织上健全质量优奖劣罚的管理机制、从制度上建立质量效果与经济收入挂钩的联动机制,全方位防止质量问题的形成和出现。

8.5.3 工程项目质量事故处理

1. 事故调查与分析

对工程质量事故的处理,首先要进行细致的现场调查,观察记录全部实况,充分了解与掌握引发质量事故的现象和特征;及时收集保存与事故有关的全部设计和施工资料;分析摸清工程施工环境的异常变化;找出可能产生质量事故的所有因素,并进行分析、比较和综合判断,确定最可能造成质量事故的原因;必要时,进行科学的计算分析或模拟实验予以论证确认。

进行质量事故原因分析时,采取的基本原理是确定质量事故的初始点(即原点),它是反映质量事故的直接原因,在分析中具有关键作用。围绕原点对现场各种现象和特征进行分析,区别导致同类质量事故的不同原因,逐步揭示质量事故萌生、发展和最终形成的过程;综合考虑原因复杂性,确定诱发质量事故的起源点,即确定真正原因。

质量事故的调查与分析结果最终形成调查报告。

2. 处理方案的确定

(1) 处理依据

质量事故处理的依据包括施工承包合同、设计委托合同、材料设备订购合同;设计文件,质量事故发生部位的施工图;有关的技术文件,如检验单、试验报告、施工记

录、施工组织设计、施工日志等;有关的法规、标准和规定,质量事故调查分析报告。

(2) 方案类型

质量事故处理的方案应根据事故的性质、原因、程度不同而采取不同的方案,主要有封闭保护、结构补强和返工重建等。

(3) 方案选择

根据质量事故的具体情况,可先提出几种可行的处理方案对比初选,必要时辅以实验验证,并要结合当地的资源情况,选择具有较高处理效果又便于施工的处理方案。对涉及的技术领域比较广、问题复杂,可请专家论证,按经济、工期、效果等指标综合评判决策。

3. 方案实施与鉴定验收

(1) 实施要求

严格按处理方案的质量要求进行施工,处理现场要有相关质量监督人员(政府监督部门、监理工程师或建设方),处理完后要按有关规定取样检测并验收。检测结果作为质量事故处理报告的附件材料。

(2) 验收结论

所有质量事故,包括无需进行技术处理的都要提出明确的书面结论,书面验收结论一般包括事故已排除,可以继续施工;隐患已消除,结构安全有保证;经修补处理后,完全能满足使用要求;基本上满足使用要求,但需限制荷载等;其他对耐久性、建筑外观影响的结论等。

(3) 责任分析

对责任的分析应慎重。对短期内难以做出结论的,可提出进一步观测检验意见;对某些问题认识不一致,意见暂时不同的,应继续调查,以便掌握更充分的资料和数据来支持其结论。

4. 处理报告

工程项目质量事故报告的内容一般包括:

① 事故的基本情况;

② 事故的性质和类型;

③ 事故原因的初步分析;

④ 事故的评价;

⑤ 事故责任人员情况;

⑥ 事故处理意见。

【本章要点】

本章主要介绍了工程项目质量控制的概念;质量管理体系的建立和运行;施工阶段质量控制和质量验收;另外还介绍了工程项目质量问题和事故处理的内容。要求学生掌握工程项目质量及管理体系的基本概念,掌握工程项目施工阶段质量控制和质量验收;熟悉工程项目质量控制系统;了解工程项目质量问题和事故的处理。

【思考与练习】

1. PDCA 循环作为工程项目质量管理的原理是什么?
2. 工程项目质量形成的因素有哪些?
3. 工程项目质量控制系统与企业质量管理体系的区别?
4. 工程项目质量控制系统按控制原理如何划分?
5. 施工过程的质量控制关键是什么?为什么?
6. 项目质量验收与施工质量验收有何区别?
7. 施工质量验收不符合验收标准的,应如何进行处理?
8. 重大质量事故和一般质量事故的分界点是什么?
9. 工程项目质量问题与工程项目质量事故的处理区别是什么?
10. 建设工程项目质量事故处理报告包括哪些内容?

第9章 生产要素管理、安全管理与现场管理

9.1 生产要素管理

9.1.1 概述

1. 施工项目生产要素管理的概念

施工项目的生产要素是指生产力作用于施工项目的有关因素，即投入到施工项目的劳动力、材料、机械设备、技术和资金诸要素。加强施工项目管理，必须对施工项目的生产要素认真研究，强化其管理。

施工项目生产要素管理应以实现生产要素的优化配置、动态控制和成本节约为目的。生产要素的优化配置，就是按照优化的原则安排各生产要素在时间和空间上的位置，满足生产经营活动的需要，在数量、比例上合理，从而实现最佳的经济效益。做好项目资源的优化配置，一方面可以保证进度计划得以顺利实施；另一方面可以使人力、机械、材料、资金等生产要素得到充分利用，大大降低成本。项目的实施过程是一个不断变化的过程，随着项目的施工进展，各种资源的数量与比例需求也在变化。也就是说，在项目施工中，某一阶段、某一时期的最优生产组合并不适用于其他阶段或时期。因此，不断调整各种要素的配置和组合，最大限度地使用好项目部有限的人、财、物去完成施工任务；安排好项目在空间上的分布和项目对各种生产要素需求在时间上的衔接；始终保持各要素的最优组合，努力节约成本，追求最佳经济效益；这些就是实现生产要素动态控制和成本节约的前提和目的。具体说来，施工项目生产要素管理的意义体现在以下四点：

① 进行生产要素优化配置，适时、适量、比例适当、位置适宜地配备或投入生产要素，保证施工顺利完成；

② 进行生产要素的优化组合，使投放的生产要素搭配适当，协调发挥最大作用，多快好省地生产出合格产品；

③ 按照项目的内在规律，有效地计划、组织、协调、控制各生产要素，实行动态控制；

④ 在施工项目运行中，合理地使用资源，力求降低工程成本。

2. 施工项目生产要素管理的主要环节

生产要素管理的全过程应包括计划、供应、使用、检查、分析和改进。

(1) 编制生产要素计划

编制生产要素计划的目的,是对资源投入量、投放时间、投放步骤作出合理安排,以满足施工项目实施的需要。计划是优化配置和组合的手段。

(2) 生产要素的供应。

按编制的计划,从资源的来源,到投入施工项目实施,使计划得以实现,施工项目的需要得以保证。

(3) 节约使用资源

即根据每种资源的特性,设计出科学的措施,进行动态配置和组合,协调投入,合理使用,不断纠正偏差,以尽可能少的资源,满足项目的使用,达到节约的目的。

(4) 生产要素检查

进行生产要素投入、使用与产出的检查,达到节约使用的目的。

(5) 进行生产要素使用效果的分析和改进

一方面是对管理效果的总结,总结经验和找出问题,评价管理活动;另一方面又为管理提供储备和反馈信息,以指导以后(或下一循环)的管理工作。

3. 施工项目生产要素管理的内容

(1) 劳动力管理

人是施工活动的主体,是构成生产力的主要因素,具有主观能动性。劳动力管理就是要在对项目目标、规划、任务、进展以及各种变量进行合理、有序地分析、规划和统筹的基础上,对项目过程的所有人员,包括项目经理、项目班子其他成员、项目发起人、投资方、项目业主以及项目客户等予以有效地协调、控制和管理,使他们能够与项目班子紧密配合,尽可能地适合项目发展的需要,最大可能地挖掘人才潜力,最终实现项目目标。

(2) 材料管理

施工项目材料管理就是对项目施工过程中所需的各种材料、半成品、构配件的采购、加工、包装、运输、储存、发放、验收和使用所进行的一系列组织和管理工作。

施工项目所需的主要材料和大宗材料应由企业物资部门订货或从市场中采购,按计划供应给项目经理部。企业物资部门应制定采购计划,审定供应人,建立合格供应人目录,对供应方进行考核,签订供货合同,确保供应工作质量和材料质量。项目经理部应及时向企业物资部门提供材料需求计划,远离企业本部的项目经理部,可在法定代表人授权下就地采购。

施工项目所需特殊材料和零星材料可让承包人授权由项目经理部采购。项目经理部应编制采购计划,报企业物资部门批准,按计划采购。特殊材料和零星材料的品种,由项目管理目标责任书约定。

(3) 机械设备管理

施工项目机械设备管理是指项目经理部根据所承担施工项目的具体情况,科学优化选择和配备施工机械,并在生产过程中合理使用、维修保养等各项管理工作。项目所需机械设备尽量从企业自有机械设备中选用，自有机械无法满足项目需要时，企业可按照项目经理部所报的机械设备使用计划，从市场上租赁或购买提供给项目经理部。对机械设备的管理，中心环节是尽量提高施工机械设备的使用效率和完好率，严格实行责任制，依操作规程加强机械设备的使用、保养和维修。

(4) 技术管理

施工项目技术管理是项目经理部在项目施工的过程中，对各项技术活动过程和技术工作的各种要素进行科学管理的总称。技术活动过程指技术计划、技术运用、技术评价等。技术工作要素指技术人才、技术装备、技术规程、技术资料等。技术作用的发挥，除决定于技术本身的水平外，很大程度上还依赖于技术管理水平。没有完善的技术管理，先进的技术是难以发挥作用的。施工项目技术管理的任务有四项：一是正确贯彻国家和行政主管部门的技术政策，贯彻上级对技术工作的指示与决定；二是研究、认识和利用技术规律，科学地组织各项技术工作，充分发挥技术的作用；三是确立正常的生产技术秩序，进行文明施工，以技术保工程质量；四是努力提高技术工作的经济效果，使技术与经济有机地结合。

(5) 资金管理

施工项目资金管理是指施工项目经理部根据工程项目施工过程中资金运动的规律，进行资金收支预测、编制资金计划、筹集投入资金、资金使用、资金核算与分析等一系列资金管理工作。项目的资金管理要以保证收入、节约支出、防范风险和提高经济效益为目的。

项目经理部应坚持做好项目的资金分析，进行计划收支与实际收支对比，找出差异，分析原因，改进资金管理。项目竣工后，结合成本核算与分析进行资金收支情况和经济效益总分析，上报企业财务主管部门备案。企业应根据项目的资金管理对项目经理部进行奖惩。

9.1.2　施工项目劳动力管理

1. 劳动力的优化配置

劳动力优化配置的目的是保证施工项目进度计划实现，使人力资源充分利用，降低工程成本。项目经理部根据劳动力需要量计划来进行配置，而劳动力需要量计划是根据项目经理部的生产任务和劳动生产率水平以及项目施工进度计划的需要和作业特点进行的。

1) 劳动力的来源

(1) 企业的劳动力主要来源

企业的劳动力主要来源于自有固定工人，建筑劳务基地招募的合同制工人，其他合同工人。随着我国改革的深入，企业自有固定工人逐渐减少，合同制工人逐渐增加，而主要的工人来源将是建筑劳务基地，实行“定点定向，双向选择，专业配套，长期合作”的制度，形成企业内部劳务市场。

(2) 施工项目的劳动力主要来源

施工项目的劳动力大部分由内部劳务市场按项目经理部的劳动力计划提供,当任务需要时,与企业内部劳务市场管理部门签订合同,任务完成后,解除合同,劳动力退归劳务市场。但对于特殊的劳动力,经企业劳务部门授权,由项目经理部自行招募。项目经理享有和行使劳动用工自主权,自主决定用工的时间、条件、方式和数量,自主决定用工形式,并自主决定解除劳动合同,辞退劳务人员等。

2) 劳动力的配置方法

项目经理部应根据施工进度计划、劳动力需要量计划和工种需要量计划进行合理配置。配备时应考虑以下因素:

① 尽量使劳动力需要量计划具体落实,防止漏配;

② 尽量使作业层劳动力和劳动组织保持稳定,防止频繁调动;

③ 尽可能在满足劳动力需求的条件下,注意节约;

④ 尽可能使劳动力的配置有利于激励工人的劳动热情和积极性;

⑤ 尽可能使工种组合及技工与普工搭配比例适当、配套,以保证施工作业的需要;

⑥ 尽量使劳动力均衡配置,便于加强管理。

2. 劳动力的组织形式

施工项目中的劳动力组织是指企业内部劳务市场向施工项目供应劳动力的组织方式及施工组中工人的结合方式。施工项目的劳动力组织形式有以下几种。

1) 内部劳务市场

企业内部劳务市场由若干作业队(或称劳务承包队)组成,按所签的劳务合同可以承包项目经理部所辖的一部分或全部工程的劳动作业。该作业队内一般设10人以内的管理人员,规模可达200～400人,其职责是接受劳务部门的派遣,承包工程,进行内部核算、职工培训、思想工作、生产服务、支付工人劳动报酬。如果企业规模较大,还可由3～5个作业队组成劳务公司,实行内部核算,作业队内划分班组。

2) 项目经理部

项目经理部根据计划与劳务合同的要求,在接收由作业队派遣的作业人员后,再根据工程的需要,或保持原建制不变,或重新进行组合。组合的形式有以下三种。

(1) 专业班组

专业班组是按工艺专业化的要求由同一工种(专业)的工人组成的班组,有时根据生产的需要配备一定数量的辅助工。专业班组只完成其专业范围内的施工过程,优点是有利于提高专业施工水平,高熟练程度和劳动效率,但是各专业班组间的配合难度大。

(2) 混合班组

混合班组是按产品专业化的要求由多种工人组成的综合性班组。工人可以在一个集体中混合作业。打破了工种界限,有利于专业配合,但不利于专业技能及熟练水平的提高。

（3）大包队

大包队即扩大了的专业班组或混合班组，适用于一个单位工程或分部工程的作业承包。该队内还可以划分专业班组，其优点是可以进行综合承包，独立施工能力强，有利于协作配合，简化了管理工作。

3. 劳动力的动态管理

（1）劳动力动态管理的原则

① 以劳务合同和各施工项目的进度计划为依据。

② 应始终以企业内部市场为依托，允许劳动力在市场内作充分、合理的流动。

③ 应以企业内部劳务的动态平衡和日常的调度为手段。

④ 应以企业达到劳动力优化组合和作业人员的积极性得到充分调动为目的。

（2）项目经理部劳动力动态管理的责任

项目经理部是项目施工范围内劳动力动态管理直接责任者，其责任如下：

① 按项目劳动力需要量计划向企业劳务管理部门申请派遣劳务人员，并签订劳务合同；

② 按项目计划在项目中分配劳务人员，并下达施工任务单或承包任务书；

③ 在项目施工中不断进行劳动力平衡、调整，解决施工要求与劳动力数量、工种、技术能力等在相互配合中存在的矛盾。

4. 劳动分配方式

1）劳动分配的依据

① 企业的劳动分配制度。

② 劳动工资核算资料及设计预算。

③ 劳务承包合同。

④ 施工任务书。

⑤ 劳务考核记录。

2）劳动分配的内容和一般方式

按劳动力在项目施工中所经历的过程，劳动力分配的内容及方式包括以下方面。

（1）作业队

作业队首先向企业劳务管理部门上缴完成的项目施工任务。

（2）企业劳务管理部门与项目经理部的劳务费结算

企业劳务管理部门与项目经理部签订劳务承包合同时，即根据包工资、包管理费的原则，在承包造价的范围内，扣除项目经理部的现场管理工资额和向企业上缴的管理费分摊额，对承包劳务费进行合同约定。项目经理部依核算制度按月结算，向劳务管理部门支付。

（3）作业队劳务费的收入

劳务管理部门负责按劳务责任向作业队支付劳务费，该费用支付额根据劳务合同收入总量,扣除劳务管理部门管理费及应缴企业部分,经核算后支付。作业队按月进度收取。

(4) 作业队对班组劳动报酬的支付

作业队向工人班组支付工资及奖金,按计件工资制,在考核进度、质量、安全、节约、文明施工合格基础上进行支付。考核时宜采用计分制。

(5) 班组内部分配

班组向工人进行分配实行结构工资制,并根据表现对考核结果进行浮动。

9.1.3 施工项目材料管理

1. 施工项目材料供应

1) 材料供应方式

(1) 包工不包料

即工程所需要的材料由业主负责供应,施工企业只承包工程的用工。这种方式使人和劳动对象分离,同时各个工程材料不能统一调剂使用,不利于合理组织施工生产。

(2) 包工包料

施工企业不仅承包工程的用工而且承包全部材料的申请、订货、运输和供应。这种方式减少了材料供应环节,避免了层层设仓库,加快了材料流通,减少了积压浪费;有利于施工企业统一调剂使用材料,有利于节约材料,降低成本,保证工程质量和缩短工期;简化了获得材料的手续,提高了材料管理的工作效率。

2) 施工项目材料供应体制

(1) 材料供应权应主要集中在法人层次上

施工企业为方便各项目材料供应的动态配置和平衡协调以及服务于各项目的材料需求,达到节约材料费用,降低工程成本的目的,就必须建立统一的企业内部材料供应机构,使企业法人的材料供应地位既不能被社会材料市场所代替,又不能被众多的项目经理部所代替。

企业取得了物资采购权以后,供料机构对工程项目所需的主要材料、大宗材料实行统一计划、统一采购、统一供应、统一调度和统一核算,承担“一个漏斗,两个对接”的功能,即一个企业绝大部分材料主要通过企业层次的材料机构进入企业,形成“漏斗”;企业的材料机构既要与社会建材市场“对接”,又要与本企业的项目管理层“对接”。

(2) 企业应建立内部材料市场

为了便于材料供应权主要集中在法人层次上,并与社会建材市场对接,建立市场经济体制下新型的生产方式,促使企业从粗放经营转向集约经营,从速度型转向效益型,适应市场经济发展和项目施工,企业必须以经济效益为中心,在专业分工的基础上,把商品市场的契约关系、交换方式、价格调节、竞争机制等引入企业,建立企业材料市场，通过市场信号、运行规则，促进内部模拟市场运行，满足施工项目的材料需求。

材料的企业市场，企业材料部门是卖方，项目管理层是买方，各自的权限和利益由双方签订买卖合同加以明确。除了主要材料由内部材料市场供应外，周转材料、大型工具均采用租赁方式，小型及随手工具采取支付费用方式，由班组在内部市场自行采购。

材料内部市场建立后，作为卖方的企业材料部门，同时负有企业材料管理责任，这些责任主要包括制定本企业材料管理规章制度；搞好材料的订货采购工作；加强常用材料的调剂和平衡工作；发布市场信息，指导编制项目材料需用计划和降低成本计划，检查计划实施情况，总结材料管理经验教训并提出改进措施等。

（3）项目经理部有部分的材料采购供应权

企业内部材料市场建立后，作为买方的项目经理部的材料管理主要任务是提出材料需要量计划，与企业材料部门签订供料合同，控制材料使用，加强现场管理，设计材料节约措施，完工后组织材料结算与回收等。

2. 施工项目现场材料管理

1）现场材料管理责任

项目经理是现场材料管理全面领导责任者。项目经理部主管材料人员是施工现场材料管理直接责任人，班组料具员在主管材料员业务指导下，协助班组长组织并监督本班组合理领、用、退料。

2）现场材料管理的内容

（1）材料计划管理

项目开工前，向企业材料部门提出一次性计划，作为供应备料依据；在施工中，根据工程变更及调整的施工预算，及时向企业材料部门提出调整供料月计划，作为动态供料的依据；根据施工图纸、施工进度，在加工周期允许时间内提出加工制品计划，作为供应部门组织加工和向现场送货的依据；根据施工平面图对现场设施的设计，按使用期提出施工设施用料计划，报供应部门作为送料的依据；按月对材料计划的执行情况进行检查，不断改进材料供应。

（2）材料进场验收

为了把住材料的质量和数量关，在材料进场时根据进料计划、送料凭证、质量保证书或产品合格证，进行材料的数量和质量验收。验收工作按质量验收规范和计量检测规定进行，验收内容包括品种、规格、型号、质量、数量、证件等。验收要做好记录、办理验收手续，对不符合计划要求或质量不合格的材料应拒绝签收。

（3）材料的储存与保管

进库的材料验收入库，建立台账。现场的材料必须防火、防盗、防雨、防变质、防损坏。施工现场材料的放置要按平面布置图实施，做到位置正确，保管得当，符合堆放保管制度。要日清、月结、定期盘点、账物相符。

(4) 材料领发

凡有定额的工程用料,凭限额领料单领发材料。施工设施用料也实行定额发料制度,以设施用料计划进行总控制。超限额的用料,用料前办理手续,填写超限额领料单,注明超耗原因,经签发批准后实施;建立领发料台账,记录领发状况和节超状况。

(5) 材料使用监督

现场材料管理责任者应对现场材料的使用进行分工监督。监督的内容包括:是否按材料计划合理用料,是否严格执行配合比,是否认真执行领发料手续,是否做到"谁用谁清、随领随用、工完料退场地清",是否按规定进行用料交底和作业交接,是否做到按平面堆料,是否按要求保护材料等。检查是监督的手段,检查要做到情况有记录、原因有分析、责任有落实、处理有结果。

(6) 材料回收

班组余料必须收回,及时办理退料手续,并在限额领料单中登记扣除,余料要填表上报,按供应部门的安排办理调拨和退料。设施用料、包装物及容器,在使用周期结束后组织回收,建立回收台账,处理好经济关系。

(7) 周转材料的现场管理

按工程量、施工方案编报需用计划,各种周转材料均应按规格分别堆放,阳面朝上,垛位见方;露天存放的周转材料应夯实场地,垫高 30 cm。有排水措施的,按规定限制高度,垛间留有通道;零配件要装入容器保管,按合同发放,按退库验收标准回收,做好记录;建立维修制度,按周转材料报废规定进行报废处理。

3) 大力探索节约材料的新途径

(1) 用 A、B、C 分类法,找出材料管理的重点

A 类材料是管理的重点,最具节约的潜力。

(2) 应用存储理论,以指导节约库存费用

研究和应用存储理论对于科学采购、节约仓库面积、加速资金周转等都具有重要意义。研究存储理论的重点是如何确定经济存储量、经济采购批量、安全存储量、订购点等,这实际上就是存储优化问题。

(3) 研究材料节约的组织措施

组织措施比技术措施见效快、效果大。因此要特别重视施工组织设计中对材料节约措施的设计,特别重视月度技术组织措施计划的编制和贯彻。

(4) 重视价值分析理论在材料管理中的应用

价值分析的目的是以尽可能少的费用支出,可靠地实现必要的功能。由于材料成本降低的潜力最大,故有必要认真研究价值分析理论在材料管理中的应用。

(5) 正确选择降低成本的对象

价值分析的对象,应是价值低的、降低成本潜力大的对象。这也是降低材料成本应选择的对象,应着力"攻关"。

(6) 改进设计及研究材料代用

按价值分析理论，提高价值的最有效途径是改进设计和使用代用材料，它比改进工艺的效果要大得多。因此应大力进行科学研究，开发新技术，以改进设计寻找代用材料，使代用材料成本大幅度降低。

9.1.4　施工项目机械设备管理

1. 施工项目机械设备的获取

项目所需机械设备可以从企业自有机械设备调配，或租赁，或购买，提供给项目经理部使用。远离公司本部的项目经理部，可由企业法定代表人授权，就地解决机械设备的来源。

(1) 施工项目机械设备来源

① 从本企业设备租赁公司租用的施工机械设备。

② 从社会上设备租赁市场租用的施工机械设备。

③ 分包工程的施工队伍自带的施工机械设备。

④ 企业新购的施工机械设备。

设备租赁单位必须具备相应资质要求。对大型起重设备和特种设备，租赁单位应提供营业执照、租赁资质、设备安装资质、安全使用许可证、设备安全技术定期检验证明、机型机种在本地区注册备案资料、机械操作人员作业证明及地区注册资料，符合要求方可租用。

(2) 设备租赁原则

① 按已批准的施工组织设计及施工方案，选择所需机械设备的型号和数量。施工项目组不得购置机械设备，所需机械设备一律租赁使用，实行统一管理、人随机走和独立核算。

② 租赁机械设备应本着先内后外的原则，充分利用企业现有设备，内部调剂余缺，在本企业内部无法解决时可考虑从社会租用。

③ 外部租用的设备应实行招租，全面考评供方情况、设备状况、服务能力和价格等择优确定供方，招租时应由公司机械部门组织进行。

④ 租用的设备应选择整机性能好、安全可靠、效率高、故障率低、维修方便和互换性强的设备，避免使用淘汰产品。

(3) 租赁计划

① 在开工前一定时间，项目应根据批准的施工组织设计及方案向公司(分公司)机械部门申报机械设备需用总体计划(包括机械名称、规格、型号、数量、计划进退时间等)，由公司(分公司)机械部门审定后组织落实机械设备来源。

② 项目根据施工生产中的实际情况，依据总体计划编报季度、月度计划(含临时需用的设备、机具、配件等)，编报的阶段性计划必须于季度末约20日内报公司(分公司)机械部门，若有较大的调整应提前一个月报公司(分公司)机械部门。

(4) 租赁设备合同签订

① 合同条款应包括机械编号、机械名称、规格型号、起止日期、月工作台办、台班单价、费用结算、双方责任和其他等有关内容。

② 合同签订。其中内部提供的机械设备由机械设备租赁公司与项目经理部签订租赁合同,再按公司内部租赁办法租给项目。

③ 合同生效后,租用双方应严格遵守合同条款。若任何一方违反条款,所造成的经济损失由违约方负责。

④ 合同期满后,若项目需继续使用时,应提前通知机械设备租赁公司,续签合同;若需提前终止合同,应协商终止。

(5) 租赁设备进退场

① 租赁合同签订后,公司(分公司)机械部门应根据项目申请的设备进场计划,协助组织实施,监督租赁方按期将机械设备运至现场。

② 大型机械设备的进出场费、安拆费和辅助设施费等由双方协商,并在合同中签订。

③ 租赁的设备进退场时,项目组应保证道路畅通和作业现场安全。

④ 租赁的设备在进退场时,租用双方共同交接清点并办理交接验收签字手续,公司(分公司)机械部门监督执行。

2. 项目经理部机械设备管理的主要工作

项目经理部应以项目施工进度计划为依据编制机械设备使用计划并报企业审批,对进场的机械设备必须进行安装验收,并做到资料齐全准确。进入现场的机械设备在使用中应做好维护和管理。

项目经理部应采取技术、经济、组织、合同措施保证施工机械设备合理使用,提高施工机械设备的使用效率,用养结合,降低项目的机械使用成本。

机械设备操作人员应持证上岗、实行岗位责任制,严格按照操作规范作业,搞好班组核算,加强考核和激励。严格执行建设部有关规定。

施工项目组应建立项目机械设备台账,对使用的机械设备进行单机、机组核算。

3. 机械设备的优化配置

依据施工组织设计要求编制项目机械设备需用量计划,并按工程项目施工进度计划编制季度、月度机械设备需用计划,计划包括设备名称、规格型号、数量、进场及退场时间,并能认真组织实施,做好施工设备总量、进度控制。

设备选择配置要力求少而精,做到生产上适用,技术性能先进、安全可靠、设备状况稳定、经济合理,能满足施工要求;设备选型应按实物工程数量、施工条件、技术力量、配置动力与生产能力相适应;设备配备应选择整机性能好、效率高、故障率低、维修方便和互换性强的设备。

机械设备的使用管理要有分管机械设备的领导,有专职(小型工程项目也可设兼职)机械管理员,负责施工项目的机械管理工作,履行岗位职责。属专人操作的大型、专用机械设备,租赁单位应按机械设备使用要求随机配足操作、指挥、维修人员。

坚持“三定”(定人、定机、定岗)制度、交接班制度和每周检查制度,填写机械设备周检记录。作业人员严格遵守操作规程,机械操作人员负责机械设备的日常保养,做好“十字”(清洁、润滑、调整、紧固、防腐)作业,填写机械设备运转和交接班记录。维修人员负责机械设备的维护和修理,填写机械设备维修、保养记录,确保机械设备良好正常运转,不得失修、失保、带病作业。

设备进场应按施工平面布置图规定的位置停放和安装。机械设备安放场地应平整、清洁、无障碍物、排水良好,操作棚搭设以及临时施工用电架设和配电装置应符合现场文明施工的要求。

4. 机械设备的安全管理

施工组织设计或施工方案的安全措施中有切实可行的机械设备使用安全技术措施,尤其起重机械及现场临时施工用电等要有明确的安全要求。

机械设备投入使用前必须按原厂使用说明书的要求和建设部《建筑机械使用安全技术规程》(JGJ 33—2012)规定进行试运转,并填写试验记录,试验合格,办理验收交接手续后方可使用。起重机械、施工升降机等垂直运输机械设备必须按《起重机安全技术检验大纲》进行自检,并报请当地有关部门检验,取得“准用证”。

机械设备的特种作业人员必须持当地政府主管部门认可的有效操作证,才能上岗;其他机械操作人员也必须经培训考核合格后上岗;机械设备的各种限位开关、安全保护装置应齐全、灵敏、可靠,做到一机、一闸、一漏、一箱;机械设备旁应悬挂岗位责任制、安全操作规程和责任人标牌;主要机械设备操作人员、指挥人员必须持证上岗,特殊工种作业人员应持当地有关部门颁发的操作证;其他机械操作人员也应经培训考核合格后上岗,并建立人员花名册;开展机械安全教育和安全检查;发生机械设备事故应及时报告,并保护现场。

5. 机械设备的成本核算

随时掌握机械设备完成单位产量、所需动力、配件消耗及运杂费用开支等情况,及时分析设备使用效能。做好资金预测,以利于随时调整施工机械用量,减少费用开支。

对运转台班、台时、完成产量、燃油电力消耗等,做好基础资料收集,施工项目按月汇总、按月租计费结算,填写机械设备月租赁结算单,并对其使用效果进行评估分析。

采取技术、经济、组织、合同措施保证施工机械设备合理使用,提高施工机械设备的使用效率,用养结合,降低项目的机械使用成本。

6. 项目周转料具管理办法

为了动态管理和优化配置工程项目周转料具,发挥企业整体优势,必须尽量减少周转料具的库存积压和浪费,降低工程项目成本;项目周转料具的管理应坚持“内部租赁,有偿使用、动态管理、优化配置”的原则。

公司(分公司)物资部门统一管理周转料具,负责周转料具的购置、租赁和指导检查料具的使用、维修保养及统计资料等的管理工作。负责有关周转料具管理方面规章制度的建立和实施,推进料具管理的合理化,建立料具台账,做到账、卡、物、资四相符,及时收集整理、汇总上报各种资料报表。

7. 施工机械设备选用的质量控制

施工机械设备是实现施工机械化的重要物质基础,是现代化施工中必不可少的设备,对施工项目的进度、质量均有直接影响。为此,施工机械设备的选用,必须综合考虑施工现场的条件、建筑结构形式、机械设备性能、施工工艺和方法、施工组织与管理、建筑技术经济等各种因素并进行多方案比较,使之合理装备、配套使用、有机联系,以充分发挥机械设备的效能,力求获得较好的综合经济效益。

机械设备的选用,应着重从机械设备的选型、机械设备的主要性能参数和机械设备的使用操作要求等三方面予以控制。

(1) 机械设备的选型

机械设备的选型,应本着因地制宜、因工程制宜,按照技术上先进、经济上合理、生产上适用、性能上可靠、使用上安全、操作方便和维修方便的原则,贯彻执行机械化、半机械化与改良工具相结合的方针,突出施工与机械相结合的特色,使其具有工程的适用性,具有保证工程质量的可靠性,具有使用操作的方便性和安全性。

(2) 机械设备的主要性能参数

机械设备的主要性能参数是选择机械设备的依据,要能满足需要和保证质量的要求。

(3) 机械设备使用、操作要求

合理使用机械设备,正确地进行操作,是保证项目施工质量的重要环节。应贯彻"人机固定"原则,实行定机、定人、定岗位责任的"三定"制度。操作人员必须认真执行各项规章制度,严格遵守操作规程,防止出现安全质量事故。

机械设备在使用中,要尽量避免发生故障,尤其是预防事故损坏(非正常损坏),即指人为的损坏。造成事故损坏的主要原因有操作人员违反安全技术操作规程和保养规程;操作人员技术不熟练或麻痹大意;机械设备保养、维修不良;机械设备运输和保管不当;施工使用方法不合理和指挥错误;气候和作业条件的影响等。这些都必须采取措施,严加防范,随时以"五好"标准予以检查控制,即①完成任务好;②技术状况好;③使用好;④保养好;⑤安全好。

要调动人的积极性,建立健全合理的规章制度,严格执行技术规定,就能极大提高机械设备的完好率、利用率和效率。

9.1.5 施工项目技术管理

1. 施工项目技术管理的内容

① 技术管理的基础工作,包括制定技术管理制度,实行技术责任制,执行技术标

准与规程，开展科学试验，交流技术情报，进行技术教育与培训，技术档案管理等。

② 施工技术准备工作，包括图纸会审，编制施工组织设计，进行技术交底等。

③ 施工过程中的技术工作，包括施工工艺管理，技术试验，技术核定，技术检查，标准化管理等。

④ 技术开发工作，包括开展新技术、新结构、新材料、新工艺、新设备的研究与开发，技术革新，技术改造，合理化建议等。

⑤ 技术经济分析与评价。

2. 施工项目技术负责人的主要职责

① 全面负责技术工作和技术管理工作。

② 贯彻执行国家的技术政策、技术标准、技术规程、验收规范和技术管理制度等。

③ 组织编制技术措施纲要及技术工作总结。

④ 领导开展技术革新活动，审定重大的技术革新、技术改造和合理化建议。

⑤ 组织编制和实施科技发展规划、技术革新计划和技术措施计划。

⑥ 参加重点和大型工程三结合设计方案的讨论，组织编制和审批施工组织设计和重大施工方案，组织技术交底和参加竣工验收。

⑦ 主持技术会议，审定签发技术规定、技术文件，处理重大施工技术问题。

⑧ 领导技术培训工作，审批技术培训计划。

⑨ 参加引进项目的考察和谈判。

3. 施工项目的主要技术管理制度

(1) 学习与会审图纸制度

制定、执行图纸学习和会审制度的目的是领会设计意图，明确技术要求，发现设计文件中的差错与问题，提出修改与洽商意见，避免技术事故或产生经济与质量问题。

(2) 施工组织设计管理制度

按企业的施工组织设计管理制度制定施工项目的实施细则，着重于单位工程施工组织设定及分部分项工程方案的编制与实施。

(3) 技术交底制度

施工项目技术管理系统既要接受企业负责人的技术交底，又要在项目内进行层层交底，故要编制技术交底制度，以保证技术责任制的落实，技术管理体系正常运转，技术工作按标准和要求运行。

(4) 施工项目材料、设备检验制度

材料、设备的检验制度的目的是保证项目所用的材料、构件、零配件和设备的质量，进而保证工程质量。

(5) 工程质量检查及验收制度

为了加强工程施工质量的控制，避免质量差错造成永久隐患，并为质量评定提供数据和信息,必须在技术管理中制定工程质量检查及验收制度。工程质量检查及验收制度包括工程预检制度、工程隐检制度、工程分阶段验收制度、单位工程竣工检查验收制度、分项工程交接检查验收制度等。

(6) 技术组织措施计划制度

制定技术组织措施计划制度的目的是为了克服施工中的薄弱环节,挖掘生产潜力,加强其计划性、预测性,从而保证完成施工任务,获得良好的技术经济效果和提高技术水平。

(7) 工程施工技术资料管理制度

工程施工技术资料是指在项目施工过程中形成的各种图纸、表格、文字、音像材料等技术及经济文件材料,是工程施工及竣工交付使用的必备条件,也是对工程进行检查、维护、管理、使用、改建和扩建的依据。制订工程施工技术资料管理制度的目的是为了加强对工程施工技术资料的统一管理,提高工程质量的管理水平。它必须贯彻国家和地区有关技术标准、技术规程和技术规定,以及企业有关的技术管理制度。

(8) 其他技术管理制度

除以上几项主要的技术管理制度以外,施工项目经理部还必须根据需要,制定其他技术管理制度,保证有关技术工作正常运行,例如土建与水电专业施工协作技术规定、工程测量管理办法、技术革新和合理化建议管理办法、计量管理办法、环境保护工作办法、工程质量奖罚办法、技术发明奖励办法等。

4. 施工项目的主要技术管理工作

1) 设计文件的学习和图纸会审

图纸会审是指施工单位熟悉、审查设计图纸,了解工程特点、设计意图和关键部位的工程质量要求,它是帮助设计单位减少差错的重要手段,从而避免造成技术事故和资金的浪费,多快好省地完成施工任务。所以,学习和审查图纸是进行项目工程质量控制、成本控制、进度控制的一种重要而有效的方法。会审图纸有三方代表,即建设单位或其委托的监理单位,设计单位和施工单位。可由监理单位(或建设单位)主持,先由设计单位介绍设计意图和图纸、设计特点、对施工的要求。然后,由施工单位提出图纸中存在的问题和对设计单位的要求,通过三方讨论与协商,解决存在的问题,写出会议纪要,交给设计人员,设计人员将纪要中提出的问题通过书面形式进行解释或提交设计变更通知书。图纸审查的内容包括:

① 是否为无证设计或越级设计,图纸是否经设计单位正式签署;

② 地质勘探资料是否齐全;

③ 设计图纸与说明是否齐全,有无分期供图的时间表;

④ 设计地震烈度是否符合当地要求;

⑤ 几个单位共同设计的,相互之间有无矛盾;专业之间,平、立、剖面图之间是否有矛盾;标高是否有遗漏;

⑥ 总平面与施工图的几何尺寸、平面位置、标高等是否一致;

⑦ 防火要求是否满足；

⑧ 建筑结构与专业图纸本身是否有差错及矛盾；结构图与建筑图的平面尺寸及标高是否一致；建筑图与结构图的表示方法是否清楚，是否符合制图标准；预埋件是否表示清楚；是否有钢筋明细表；

⑨ 施工图中所列各标准图册施工单位是否具备；

⑩ 建筑材料来源是否有保证；

⑪ 地基处理方法是否合理；建筑与结构构造是否存在不能施工、不便于施工，容易导致质量、安全或经费等方面的问题；

⑫ 工艺管道、电气线路、运输道路与建筑物之间有无矛盾，管线之间的关系是否合理；

⑬ 施工安全是否有保证；

⑭ 图纸是否符合监理规划中提出的设计目标。

2）施工项目技术交底

（1）技术交底的要求

① 整个工程和分部分项工程在施工前均须作技术交底。特殊和隐蔽工程，更应该认真作技术交底。

② 在交底时，不但要领会设计意图，还要贯彻上一级技术领导意图和要求。

③ 在交底时，应着重强调易发生质量事故与工伤事故的工程部位，防止各种事故的发生。

④ 技术交底必须满足施工规范、规程、工艺标准、检验评定标准和建设单位的合理要求。

⑤ 技术交底必须以书面形式进行，经过检查与审核，有签发人、审核人、接受人的签字。

⑥ 所有的技术交底资料，都是施工中的技术资料，要列入工程技术档案。

（2）设计交底

由设计单位的设计人员向施工单位交底，一般和图纸会审一起进行，内容如下。

① 设计文件依据：上级批文、规划准备条件、人防要求、建设单位的具体要求及合同。

② 建设项目所处规划位置、地形、地貌、气象、水文地质、工程地质、地震烈度。

③ 施工图设计依据：包括初步设计文件，市政部门要求，规划部门要求，公用部门要求，其他有关部门（绿化、环卫、环保等）的要求，主要设计规范，甲方供应及市场上供应的建筑材料情况等。

④ 设计意图：包括设计思想，设计方案比较情况，建筑、结构和水、暖、电、通信、煤气的设计意图。

⑤ 施工时应注意事项包括：建筑材料方面的特殊要求、建筑装饰施工要求、广播音响与声学要求、基础施工要求、主体结构设计采用新结构、新工艺对施工提出的要

求。

(3) 施工单位技术负责人向下级技术负责人交底的内容

① 工程概况一般性交底。

② 工程特点及设计意图。

③ 施工方案。

④ 施工准备要求。

⑤ 施工注意事项包括:地基处理、主体施工、装饰工程的注意事项及工期、质量、安全等。

(4) 施工项目技术负责人对工长、班组长进行技术交底

应按分部分项工程进行交底,内容包括设计图纸具体要求,施工方案实施的具体技术措施及施工方法,土建与其他专业交叉作业的协作关系及注意事项,各工种之间协作与工序交接质量检查,设计要求,规范、规程、工艺标准,施工质量标准及检验方法,隐蔽工程记录、验收时间及标准,成品保护项目、办法与制度,施工安全技术措施。

(5) 工长向班组长、工人交底

主要利用下达施工任务书的时间进行分项工程操作交底,包括操作要领、材料使用、质量标准、工序交接安全措施、成品保护等,必要时要用图表、样板、示范操作等方法进行。

3) 隐蔽工程检查与验收

隐蔽工程是指那些在施工过程中将被下一道工序掩盖工作成果的工程项目。所以在掩盖前应进行严密检查,作出记录,签署意见,办理验收手续,不得后补。如有问题需复验的,须办理复验手续,并由复验人作出结论,填写复验日期。建筑工程隐蔽工程检查验收主要项目如下。

(1) 地基验槽

包括土质、标高、地基处理、人工地基试验记录等情况。如地基下的坟、井、坑的处理。

(2) 基础、主体结构各部位的钢筋均须办理隐检

内容包括:钢筋的品种、规格、数量、位置、锚固或接头位置长度及除锈、代用变更情况,板缝及楼板胡子筋处理情况,保护层情况等。

(3) 现场结构焊接

钢筋焊接包括焊接形式及焊接种类,焊条、焊剂牌号(型号),焊口规格,焊缝长度、厚度及外观清渣等,外墙板的键槽钢筋焊接,大楼板的连接筋焊接,阳台尾筋焊接。钢结构焊接包括:母材及焊条品种、规格,焊条烘焙记录,焊接工艺要求和必要的试验,焊缝质量检查等级要求,焊缝不合格率统计、分析及保证质量措施、返修措施、返修复查记录,高强螺栓施工检验记录等。

(4) 屋面、厕浴间、地下室、外墙板等

包括屋面、厕浴间防水层下的各层细部做法,地下室施工缝、变形缝、止水带、过

墙管做法等，外墙板空腔立缝、平缝、十字缝接头、阳台雨罩接头等。

4）施工的预检

预检是该工程项目或分项分部工程在未施工前所进行的预先检查。预检是保证工程质量、防止可能发生差错造成质量事故的重要措施。除施工单位自身进行预检外，监理单位应对预检工作进行监督并予以审核认证。预检时要做出记录。建筑工程的预检项目如下。

① 建筑物位置线。包括现场标准水准点，坐标点（包括标准轴线桩、平面示意图），重点工程应有测量记录。

② 基槽验线。包括轴线、放坡边线、断面尺寸、标高（槽底标高、垫层标高）、坡度等。

③ 模板。包括几何尺寸、轴线、标高、预埋件和预留孔位置、模板牢固性、清扫口留置、施工缝留置、模板清理、脱模剂涂刷、止水要求等。

④ 楼层放线。包括各层墙柱轴线、边线和皮数杆。

⑤ 翻样检查。包括几何尺寸、节点做法等。

⑥ 楼层500 mm水平线检查。

⑦ 预制构件吊装。包括轴线位置、构件型号、构件支点的搭接长度、堵孔、清理、锚固、标高、垂直偏差以及构件裂缝、损伤处理等。

⑧ 设备基础。包括位置、标高、几何尺寸、预留孔、预埋件等。

⑨ 混凝土施工缝留置的方法和位置，接槎的处理。

⑩ 各层间地面基层处理，屋面找坡，保温、找平层质量，各阴阳角处理。

5）技术措施计划

技术措施是为了克服生产中薄弱环节，挖掘生产潜力，保证完成生产任务，获得良好的经济效果，在提高技术水平方面采取的各种手段和办法，是对已有的先进经验或措施加以综合运用。要做好技术措施工作，必须编制、执行技术措施计划。

（1）技术措施计划的主要内容

① 加快施工进度方面的技术措施。

② 保证和提高工程质量的技术措施。

③ 节约劳动力、原材料、动力、燃料和利用“三废”等方面的技术措施。

④ 推广新技术、新工艺、新结构、新材料的技术措施。

⑤ 提高机械化水平、改进机械设备的管理以提高完好率和利用率的措施。

⑥ 改进施工工艺和操作技术以提高劳动生产率的措施。

⑦ 保证安全施工的措施。

（2）施工技术措施计划的编制要求

① 同生产计划一样，按年、季、月分级编制，并以生产计划要求的进度与指标为依据。

② 应依据施工组织设计和施工方案。

③ 应结合施工实际,总公司编制年度技术措施纲要,分公司编制年度和季度技术措施计划。

④ 项目经理部编制月度技术措施计划。

⑤ 项目经理部编制的技术措施计划是作业性计划时,既要贯彻上级编制的技术措施计划,又要充分发动施工员、班组长及工人提出合理化建议,使计划有群众基础,集中群众的智慧。

⑥ 编制技术措施计划应计算其经济效果。

(3) 技术措施计划的贯彻执行

① 在下达施工计划的同时,下达到栋号长、工长及有关班组。

② 对技术措施计划的执行情况应认真检查,发现问题及时处理,督促执行。如果无法执行,应查明原因,进行分析。

③ 每月底施工项目技术负责人应汇总当月的技术措施计划执行情况,填写报表上报、总结、公布成果。

9.1.6 施工项目资金管理

1. 资金收入预测

项目资金是按项目合同价款收取的,在实施施工项目的过程中,应从收取工程预付款开始,每月按进度收取工程进度款,直到竣工结算。所以应依据项目施工进度计划及施工项目合同按时间测算收入数额,做出项目收入预测表,绘出项目资金按月收入图及项目资金按月累加收入图。资金收入测算工作应注意以下问题:

① 由于资金测算是一项综合性工作,因此,要在项目经理主持下,由职能人员参加,共同分工负责完成;

② 加强施工管理,依据合同保质、保量、按期完成,免受由于质、量、工期的问题造成经济损失;

③ 严格按合同规定的结算办法测算每月实际应收的工程进度款数额,同时要注意收款滞后时间因素,即按当月完成的工程量计算应收取的工程进度款不一定能按时收取,但应力争缩短滞后时间。

2. 资金支出预测

施工项目资金支出即项目施工过程中的资金使用。项目经理部应依据项目的成本计划、项目管理实施规划、材料物资储备计划等测算出随着工程的实施,每月预计的人工费、材料费、施工机械使用费、临时设施费,其他直接费和施工管理费等各项支出,形成对整个施工项目按时间、进度规划的资金使用计划和项目费用每月支出图及支出累加图。

项目资金支出预测应注意从实际出发,尽量具体而详细,同时必须重视资金的支出时间价值,以及合同实施过程中不同阶段的资金需要。

3. 资金收支预测程序

资金收支预测程序见图 9-1。

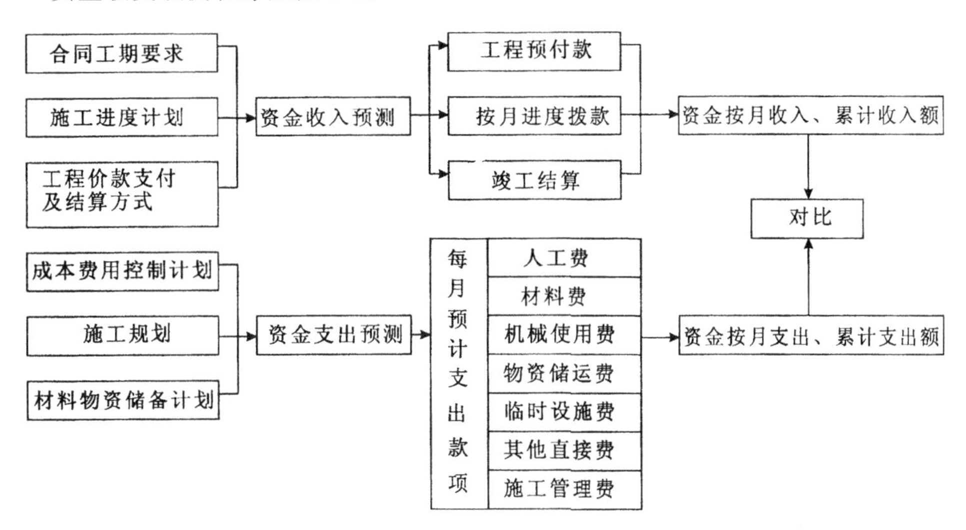

图 9-1　施工项目资金管理收支预测程序

4. 资金收支预测对比

将前述的施工项目资金收入预测累计结果和支出预测累计结果绘制在一个坐标图上，如图 9-2 所示。图中曲线 A 是施工合同计划收入曲线，曲线 B 是预计资金支出曲线，曲线 C 是预计资金收入曲线。B,C 曲线之间的距离是相应时间收入与支出的资金数额之差，亦即应筹措资金数量。其中 a,b 间的距离是本施工项目应筹措资金的最大值；c,d 间的距离是项目保留金；c,e 间的距离是项目毛利润。

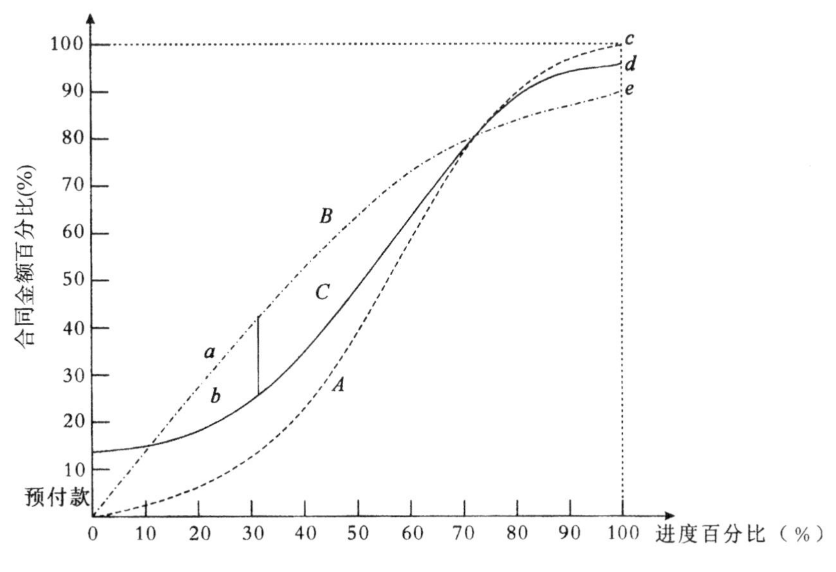

图 9-2　施工项目收支预测对比图

5. 施工项目资金的筹措

(1) 项目施工过程所需要的资金来源

项目施工过程所需要的资金来源，一般是在承包合同条件中规定了的，由发包方(业主)提供工程备料款和分期结算工程款。为了保证生产过程的正常进行，施工企业可垫支部分自有资金，但在占用时间和数量方面必须严加控制，以免影响整个企业生产经营活动的正常进行。因此，施工项目资金来源渠道包括预收工程备料款、已完施工价款结算、银行贷款、企业自有资金、其他项目资金的调剂占用。

(2) 资金筹措的原则

① 充分利用自有资金。其优点是不需支付利息，调度灵活，比贷款的保证性强。

② 必须在经过收支对比后，按差额筹措资金，避免造成浪费。

③ 利用银行贷款时，尽量利用低利率的贷款。用自有资金时也应考虑其时间价值。

6. 施工项目资金管理要点

① 施工项目资金管理应以保证收入、节约支出、防范风险和提高经济效益为目的。

② 承包人应在财务部门设立项目专用账号进行项目资金收支预测，统一对外收支与结算。项目经理部负责项目资金的使用管理。

③ 项目经理部应编制年、季、月度资金收支计划，上报企业主管部门审批实施。

④ 项目经理部应按企业授权，配合企业财务部门及时进行资金计收。

⑤ 项目经理部按公司下达的用款计划控制资金使用，以收定支，节约开支。应按会计制度规定设立财务台账记录资金支出情况，加强财务核算，及时盘点盈亏。

⑥ 项目经理部应坚持做好项目的资金分析，进行计划收支与实际收支对比，找出差异，分析原因，改进资金管理。项目竣工后，结合成本核算与分析进行资金收支情况和经济效益总分析，上报企业财务主管部门备案。企业应根据项目的资金管理效果对项目经理部进行奖惩。

⑦ 项目经理部应定期召开业主、分包、供应、加工各单位代表碰头会，协调工程进度、各方关系、资金及甲方供料等事宜。

9.2 安全管理

9.2.1 安全管理的概念与内容

施工项目安全管理是一项综合性管理，是施工项目管理的重要组成部分，它是指在项目施工的全过程中，运用科学管理的理论、方法，通过法规、技术、组织等手段所进行的规范劳动者行为，控制劳动对象、劳动手段和施工环境条件，消除或减少不安全因素，使人、物、环境构成的施工生产体系达到最佳安全状态，实现项目安全目标等一系列活动的总称。由于施工项目具有露天、高空作业多，受环境影响大，工程结构复杂等特性，使得施工项目生产过程的安全事故与其他行业相比，发生的频率要高，因此在项目管理中应高度重视安全管理问题，将其作为一项复杂的系统工程认真加以研究和防范，尽可能事先排除各种导致安全事故的原因。

安全管理包括劳动保护、安全技术和工业卫生三个相互联系又相互独立的方面。其中劳动保护侧重于以政策、规程、条例、制度等形式，规范操作合理行为，从而使劳动者的劳动安全与身体健康得到应有的法律保障；安全技术侧重对“劳动手段和劳动对象”的管理，包括预防伤亡事故的工种技术安全技术规范、技术规程、标准、条例等；工业卫生侧重对工业生产的高温、粉尘、振动、噪声、毒物的管理，通过预防、医疗、保健等措施，防止劳动者的安全与健康受到有害因素的危害。

1. 项目安全生产管理制度

在工程项目施工过程中，必须有符合项目特点的安全生产制度，参加施工的所有管理人员和工人都必须认真执行并遵守制度的规定和要求。工程项目安全生产制度要符合国家和地方以及各企业的有关安全生产政策、法规、条例、规范和标准。项目负责人和各部门管理人员认真履行上级安全生产责任制的规定，认真执行国家有关劳动保护标准和安全技术规程，作业工人必须遵守本工种的安全操作规程等。

2. 项目安全技术管理

项目安全技术管理要体现在该项目的施工组织设计中。技术部门在编制施工组织设计时，必须结合工程实际，编制切实可行的安全技术措施，所有施工管理人员和作业人员均应认真执行施工组织设计和安全技术措施。项目负责人和安全技术人员要检查安全技术措施的落实情况。安全技术措施在执行中发现不足之处，或者因施工需要必须变更原施工组织设计和施工安全措施时，要报原施工组织设计审批部门负责人，经批准后方可变更。大型工程项目相关施工分项另拟详细的分项安全技术措施。

3. 项目安全教育

工程项目管理人员要认真学习国家和地方以及企业的安全生产、劳动保护规章，在组织施工生产时要树立“安全第一，预防为主”的指导思想，在计划、布置、检查生产工作时，要同时注意计划、布置、检查生产工作是否落实。项目经理要组织全体管理人员的安全教育，消除“只要进度，只抓生产年，忽视安全”的思想意识，从根本上杜绝违章指挥的发生。施工工人在进入岗位前，均要进行入场安全教育和岗位安全技术教育。特种作业人员（如电工、架子工、电焊工等）还要经专门培训、考核，合格后持证上岗。除了以上这些基础安全教育工作外，还要对全体场内施工人员进行经常性安全教育，使职工的安全意识保持较高的状态。

4. 施工现场安全管理

施工现场中直接从事生产作业的人员密集，机、料集中，存在着多种危险因素，因此，施工现场属于事故多发的作业现场。控制人的不安全行为、物的不安全状态和作业环境的不安全因素,是施工现场安全管理的重点,也是预防与避免伤害事故,保证生产处于最佳安全状态的根本环节。

直接从事施工操作的人,随时随地活动于危险因素的包围之中,随时受到自身行为失误和危险状态的威胁或伤害。因此,对施工现场的人机环境系统的可靠性,必须进行经常性地检查、分析、判断、调整、强化动态中的安全管理活动。

9.2.2 施工项目安全设施管理

施工项目的安全设施有脚手架、安全帽、安全带、安全网、操作平台、防护栏杆、临时用电防护等。

1. 脚手架

(1) 脚手架的基本要求

① 坚固稳定。即要保证足够的承载能力、刚度和稳定性,保证在施工期间不产生超过容许要求的变形、倾斜、摇晃或扭曲现象,不发生失稳倒塌,确保施工作业人员的人身安全。

② 装拆简便、能多次周转使用。

③ 其宽度应满足施工作业人员操作、材料堆置和运输的要求。

(2) 脚手架材质的要求

① 木杆常用剥皮杉杆或落叶槛,不准使用杨木、柳木、桦木、油松、腐朽和有刀伤的木料。

② 竹杆一般使用三年以上楠竹,不准使用青嫩、枯脆、虫蛀和有大裂缝的竹料。

③ 钢管材质一般采用外径 48 mm,壁厚 3.5 mm 的 A3 焊接钢管,且应符合《碳素结构钢》(GB/T 700—2006)中 3 号镇静钢的要求,也可采用同样规格的无缝钢管或其他钢管。钢管应涂防锈漆。脚手架钢管要求无严重锈蚀、弯曲、压扁或裂纹。

④ 绑扎辅料不准使用草绳、麻绳、塑料绳、腐蚀铁丝等。

(3) 脚手架设计要求

使用的脚手架及搭设方案须经设计计算,并经技术负责人审批后方可搭设。由于脚手架的问题,特别在高层建筑施工中,导致安全事故较多,因此,脚手架的设计不但要满足使用的要求,而且首先要考虑安全问题。设置可靠的安全防护措施,如防护栏、挡脚板、安全网、通道扶梯、斜道防滑、多层立体作业的防护,悬吊架的安全销和雨季防电、避雷设施等。

2. 安全帽

安全帽须经有关部门检验合格后方能使用,并正确使用安全帽,扣好帽带,不准抛、扔或坐垫安全帽,不准使用缺衬、缺带及破损的安全帽。

3. 安全带

① 安全带须经有关部门检验合格后方能使用。

② 安全带使用两年后,必须按规定抽检一次,对抽检不合格的,必须更换安全绳

后才能使用。

③ 安全带应储存在干燥、通风的仓库内，不准接触高温、明火、强酸碱或尖锐的坚硬物体。

④ 安全带应高挂低用，不准将绳打结使用。

⑤ 安全带上下的各种部件不得任意拆除，更换新绳时要注意加绳套。

4. 安全网

① 从二层楼面设安全网，往上每隔四层设置一道，同时须设一道随施工高度可提升的安全网。

② 网绳不破损并生根牢固、绷紧、圈牢，拼接严密。网绳支杆以钢管为宜，如用毛竹，梢径应不小于7.5 cm。

③ 网宽不小于2.6 m，里口离墙不得大于15 cm，外高内低，每隔3 m高设立支撑，角度为45°。

④ 立网随施工层提升，网高出施工层1 m以上。网下口与墙生根牢靠，离墙不大于15 cm，网之间拼接严密，空隙不大于10 cm。

5. 防护栏杆

地面基坑周边，无外脚手架的楼面及屋面周边，分层施工的楼梯口与楼段边，尚未安装栏杆或栏板的阳台、料台周边，挑平台周边，雨篷与挑檐边，井架、施工用电梯、外脚手架等通向建筑物的通道的两侧边以及水箱与水塔周边等处，均应设置防护栏杆。顶层的楼梯口，应随工程结构的进度而安装正式栏杆或立挂安全网封闭。

6. 临时用电安全防护

① 临时用电应按有关规定编好施工组织设计，并建立对现场线路、设施定期检查制度。

② 配电线路必须按有关规定架设整齐，架空线应采用绝缘导线，不得采用塑胶软线，不得成束架空敷设或沿地明敷设。

③ 室内、外线路均应与施工机具、车辆及行人保持最小安全距离，否则应采取可靠的防护措施。

④ 配电系统必须采取分线配电，各类配电箱、开关箱的安装和内部设置必须符合有关规定，开关电器应标明用途。

⑤ 一般场所采用220 V电压作为现场照明用，照明导线用绝缘子固定，照明灯具的金属外壳必须接地或接零。特殊场所必须按国家有关规定使用安全电压照明。

⑥ 手持电动工具必须单独安装漏电保护装置，具有良好的绝缘性，金属外壳接地良好。所有手持电动工具必须装有可靠的防护罩(盖)，橡皮电线不得破损。

⑦ 电焊机应有良好的接地或接零保护，并有可靠的防雨、防潮、防砸保护措施。焊把线应双线到位，绝缘良好。

9.3 现场管理

9.3.1 施工项目现场管理的意义和要求

1. 施工项目现场管理的意义

建筑工程体积庞大、结构复杂、工种工作繁多,需要立体交叉作业,组织平行流水施工,生产周期长,需用原材料多,工程能否顺利进行受环境影响很大。施工项目现场管理就是通过对施工现场中的质量、安全防护、安全用电、机械设备、技术、消防保卫、卫生、环保、材料等各个方面的管理,创造良好的施工环境和施工秩序。随着建筑业的迅速发展,城市面貌日新月异,现场文明施工的程度也在不断提高,建筑工地的场容已成为建筑业乃至一个城市的文明缩影。

(1) 加强施工项目现场管理是现代化施工本身的客观要求

现代化施工采用先进的技术、工艺材料和设备,需要严密的组织,严格的要求,标准化的管理,科学的施工方案和较高的职工素质等。如果现场管理混乱,不坚持文明施工,先进的设备、新工艺与新的技术就不能充分发挥其作用,科技成果也不能很快转化为生产力。例如:现场塔式起重机是主要的垂直运输设备,如果材料进场无计划,乱堆乱放,施工平面布置不合理,指挥信号不科学,再好的塔吊也不能充分发挥其作用。因此,文明施工是现代化施工的客观要求。遵照文明施工的要求去做,就能实现现代化生产的优质、高效、低耗的目的,企业才能有良好的经济效益和社会效益。

(2) 加强施工项目现场管理是企业展示自身综合实力的需要

改革开放把企业推向了市场,建筑市场竞争日趋激烈。市场与现场的关系更加密切,施工现场的地位和作用就更加突出了。企业进入市场,就要拿出优质的产品,而建筑产品是现场生产的,施工现场成了企业的对外窗口。如果施工现场脏、乱、差,到处"跑、冒、滴、漏",甚至"野蛮施工",建设单位就不会选择这样的队伍施工。实践证明,良好的施工环境与施工秩序,不但可以得到建设单位的支持和信赖,提高企业的知名度和市场竞争能力,而且还可能争取到一些"回头工程",对企业起到宣传作用。

(3) 加强施工项目现场管理有利于培养一支懂科学、善管理、讲文明的施工队伍

目前我国建筑施工企业职工队伍成分变化大,民工占了很大的比例,在不少企业已成为施工的主力军。总体来看,民工和季节工施工技术素质偏低,文明施工意识淡薄,加强民工管理和教育,提高他们的施工技术素质,是搞好文明施工的一项基础工作。另一方面,少数施工企业对文明施工认识不足,管理不规范,标准不明确,要求不严格,形成"习惯就是标准"的做法,这种粗放型的管理同现代化大生产的要求极不适应。文明施工是一项科学的管理工作,也是现场管理中的一项综合性的基础管理工作。坚持文明施工,必然能促进、带动、完善企业整体管理,增强企业"内功",提高整

体素质。文明施工的实践，不仅改善了生产环境和生产秩序，而且提高了职工队伍文化、技术、思想素质，培养了尊重科学、遵守纪律、团结协作的大生产意识，从而促进了精神文明建设。

2. 施工项目现场管理的要求

(1) 遵守施工现场管理法规和规章

项目经理部必须遵循国务院及地方建设行政主管部门颁布的施工现场管理法规和规章，认真搞好施工现场管理，规范场容，做到文明施工、安全有序、整洁卫生、不扰民、不损害公众利益。

(2) 搞好场容文明管理规划

现场出入口应设置承包人的标志，项目经理部应负责施工现场场容文明形象管理的总体策划和部署，各分包人应在项目经理部的指导和协调下，按照分区划块原则，搞好分包人施工用地区域的场容文明形象管理规划并严格执行。

(3) 公示标牌

项目经理部应在现场入口的醒目位置，公示以下标牌：

① 工程项目概况牌，包括：工程规模、性质、用途，发包人、设计人、承包人和监理单位的名称、施工起止年月等；

② 安全纪律牌；

③ 防火须知牌；

④ 安全无重大事故计时牌；

⑤ 安全生产、文明施工牌；

⑥ 施工总平面图；

⑦ 项目经理部组织架构及主要管理人员名单图。

(4) 做好施工现场管理巡查

项目经理应把施工现场管理列入经常性的巡视检查内容，并与日常管理有机结合，认真听取近邻单位、社会公众的意见，及时抓好整改。

9.3.2 施工项目现场管理的内容

1. 合理规划施工用地

首先要保证场内占地的合理使用。当场内空间不充分时，应会同建设单位按规定向规划部门和公安交通部门申请，经批准后才能获得并使用场外临时施工用地。

2. 在施工组织设计中，科学地进行施工平面规划

施工组织设计是施工项目现场管理的重要内容和依据，尤其是施工平面规划。目的就是对施工项目现场进行科学规划，以合理利用空间。在施工平面图上，临时设施、大型机械、材料堆场、物资仓库、构件堆场、消防设施、道路及进出口、加工场地、水电管线、周围使用场地等，都应各得其所，关系合理。

3. 根据施工进展的具体需要，按阶段调整施工现场的平面布置

不同的施工阶段，施工的需要不同，施工现场的平面布置亦应进行调整。不应当把施工现场当成一个固定不变的空间组合,应当对之进行动态管理和控制。但调整不能太频繁,以免造成浪费。

4. 加强对施工现场使用的检查

现场管理人员应经常检查现场布置是否按平面布置图进行,是否符合各项规定,是否满足施工需要,还有哪些薄弱环节,从而为调整施工现场布置提供有用的信息,也使施工现场保持相对稳定,不被复杂的施工过程打乱或破坏。

5. 建立文明的施工现场

文明施工现场即指按照有关法规的要求,使施工现场和临时占地范围内秩序井然,文明安全,环境得到保持,绿地树木不被破坏,交通畅达,文物得以保存,防火设施完备,居民不受干扰,场容和环境卫生均符合要求。

6. 及时清场转移

施工结束后,项目管理班子应及时组织清场,将临时设施拆除,剩余物资退场,新工程转移,以便整理规划场地,恢复临时占用的土地,不留后患。

7. 坚持现场管理标准化,堵塞浪费漏洞

现场管理标准化的范围很广,比较突出而又需要特别关注的是现场平面布置管理和现场安全生产管理,稍有不慎,就会造成浪费和损失。

8. 现场平面布置管理

施工现场平面布置管理,是根据工程特点和场地条件,以配合施工为前提合理安排的,有一定的科学根据。但是,在施工过程中往往会出现不执行现场平面布置,造成人力、物力浪费的情况。施工项目一定要强化现场平面布置的管理,堵塞一切可能发生的漏洞,争创“文明工地”。

9. 现场安全生产管理

现场安全生产管理的目的在于保护施工现场的人身安全和设备安全,减少和避免不必要的损失。要达到这个目的,就必须强调按规定的标准去管理,不允许有任何细小的疏忽。否则,将会造成难以估量的损失,包括人身、财产和资金等损失。

9.3.3 施工项目现场管理的措施

1. 组织管理措施

(1) 健全管理组织

施工现场应成立以项目经理为组长,主管生产副经理、主任工程师、栋号负责人(或承包队长)、生产、技术、质量、安全、消防、保卫、环保、行政卫生等管理人员为成员的施工现场文明施工管理组织。施工现场分包单位应服从总包单位的统一管理,接受总包单位的监督检查,负责本单位的文明施工工作。

(2) 健全管理制度

① 个人岗位责任制。文明施工管理应按专业、岗位、栋号等分片包干,分别建立岗位责任制度。

② 经济责任制。把文明施工列入单位经济承包责任制中，一同“包”、“保”、检查与考核。

③ 检查制度。工地每月至少组织两次综合检查，要按专业、标准全面检查，按规定填写表格，算出结果，制表张榜公布。施工现场文明施工检查是一项经常性的管理工作，可采取综合检查与专业检查相结合、定期检查与随时抽查相结合、集体检查与个人检查相结合等方法。

④ 奖惩制度。文明施工管理实行奖惩制度，要制定奖、罚细则，坚持奖、惩兑现。

⑤ 持证上岗制度。施工现场实行持证上岗制度。进入现场作业的所有机械司机、架子工、司炉工、起重工、爆破工、电工、焊工等特殊工种施工人员，都必须持证上岗。

⑥ 各项专业管理制度。文明施工是一项综合性的管理工作。因此，除文明施工综合管理制度外，还应建立健全质量、安全、消防、保卫、机械、场容、卫生、料具、环保、民工管理制度。定期安全检查的周期，施工项目自检宜控制在10～15天。班组必须坚持日检。季节性、专业性安全检查，按规定要求确定日程。

(3) 健全管理资料

① 上级关于文明施工的标准、规定、法律法规等资料应齐全。

② 施工组织设计(方案)中应有质量、安全、保卫、消防、环境保护技术措施和对文明施工、环境卫生、材料节约等管理要求，并有施工各阶段施工现场的平面布置图和季节性施工方案。

③ 施工现场应有施工日志。施工日志中应有文明施工内容。

④ 文明施工自检资料应完整，填写内容符合要求，签字手续齐全。

⑤ 文明施工教育、培训、考核记录均应有计划、有资料。

⑥ 文明施工活动记录，如会议记录、检查记录等。

⑦ 施工管理各方面专业资料。

(4) 积极推广应用新技术、新工艺、新设备和现代化管理方法

文明施工是现代工业生产本身的客观要求。广泛应用新技术、新设备、新材料是实现现代化施工的必由之路，它为文明施工创造了条件，打下了基础。在有条件的地方应尽量集中设置现代化搅拌站，或采用商品混凝土、混凝土构件、钢木加工等，尽量采用工厂化生产；广泛应用新的装饰、防水等材料；改革施工工艺，减少现场湿作业、手工作业和劳动强度；并应用电子计算机和闭路电视监控系统提高机械化水平和工厂化生产的比重；努力实现施工现代化，使文明施工达到更高的新水平。

2. 现场管理措施

(1) 开展“5S”活动

“5S”活动是指对施工现场各生产要素(主要是物的要素)所处状态不断地进行整理、整顿、清扫、清洁和保养。由于这五个词语中罗马拼音的第一个字母都是“S”，所以简称为“5S”。

"5S"活动,在日本和西方国家企业中实行广泛。它是符合现代化大生产特点的一种科学的管理方法,是提高职工素质,实现文明施工的一项有效措施与手段。开展"5S"活动,要特别注意调动全体职工的积极性,自觉管理,自我实施,自我控制,贯穿施工全过程和全现场,由职工自己动手,创造一个整齐、清洁、方便、安全和标准化的施工环境。开展"5S"活动,领导必须重视,加强组织,严格管理。要将"5S"活动纳入岗位责任制,并按照文明施工标准检查、评比与考核。坚持 PDCA 循环,不断提高施工现场的"5S"水平。

(2) 合理定置

合理定置是指把全工地施工期间所需要的物在空间上合理布置,实现人与物、人与场所、物与场所、物与物之间的最佳结合,使施工现场秩序化、标准化、规范化,体现文明施工水平。它是现场管理的一项重要内容,是实现文明施工的一项重要措施,是谋求改善施工现场环境的一个科学的管理办法。

(3) 目视管理

目视管理是一种符合建筑业现代化施工要求和生理及心理需要的科学管理方式,它是现场管理的一项内容,是搞好文明施工、安全生产的一项重要措施。

① 目视管理就是用眼睛看的管理,亦可称之为"看得见的管理"。它是利用形象、直观,色彩适宜的各种视觉感知信息来组织现场施工生产活动,达到提高劳动生产率,保证工程质量、降低工程成本的目的。

② 目视管理是一种形象直观,简便适用,透明度高,便于职工自主管理,自我控制,科学组织生产的一种有效的管理方式。这种管理方式可以贯穿于施工现场管理的各个领域之中,具有其他方式不可替代的作用。

9.3.4 施工现场环境保护

1. 环境保护的意义

(1) 保证人们身体健康的需要

防止粉尘、噪声和水源污染,搞好施工现场环境卫生,改善作业环境,就能保证职工身体健康,积极投入施工生产。如果环境污染严重,工人和周围居民均将直接受害。搞好环境保护是利国利民的大事,是保障人们身体健康的一项重要措施。

(2) 消除外部干扰,保证施工顺利进行的需要

随着人们的法制观念和自我保护意识的增强,施工环境保护和改善日益重要。尤其在城市施工中,施工扰民问题突出。有些工地的施工人员时常同周围居民发生冲突,影响施工生产。严重者,会受到环保部门罚款,甚至停工整治。如果及时采取防治措施,就能防止环境污染,消除外部干扰,保障施工生产顺利进行。

(3) 现代化大生产的客观要求

现代化施工广泛应用新设备、新技术、新工艺,环境质量要求逐步提高,如果粉尘超标就可能损失设备、影响功能发挥。例如现代化搅拌站各种自动化设备、精密仪器

等都对环境质量有很严格的要求。

2. 环境保护的基本要求

① 项目经理部应根据我国《环境管理系列标准》建立项目环境监控体系，不断反馈监控信息，采取整改措施。

② 施工现场泥浆和污水未经处理不得直接排入城市排水设施或河流、湖泊、池塘。

③ 除符合规定的装备外，不得在施工现场熔化沥青，焚烧油毡、油漆，亦不能焚烧其他产生有毒有害和恶臭气味的废弃物，禁止将有毒有害废弃物作土方回填。

④ 建筑垃圾、渣土应在指定地点堆放，每天进行清理。高空施工的垃圾及废弃物应采用密闭式中筒或其他措施清理搬运。装载建筑材料、垃圾的车辆，应采取防治尘土飞扬、泄漏或流溢的有效措施。施工现场应根据需要设置机动车辆冲洗设施，冲洗污水应进行处理。

⑤ 在居民和单位密集区域进行爆破、打桩等施工作业前，项目经理应按规定申请批准。还应将作业计划、影响范围、程度及相关措施等情况，向受影响范围的居民和单位通报说明，取得协作和配合。对施工机械的噪声与振动扰民，应采取相应措施予以控制。

⑥ 经过施工现场的地下管线，应由发包人在施工前通知承包人，标出位置，加以保护。施工时发现文物、古迹、爆炸物、电缆等，应当停止施工，保护好现场，及时向上级部门报告，按照有关规定处理后方可继续施工。

⑦ 施工中将要停水、停电、封路而影响环境时，必须经有关部门批准。行人、车辆通行的地方施工，应当设置沟、井、坎、穴覆盖物和标志。

⑧ 对施工现场进行绿化布置。

【本章要点】

通过本章的学习，学生可以了解施工项目现场管理的意义和要求，熟悉施工项目现场管理的内容，了解施工项目现场管理的措施及环境保护；熟悉安全管理的内容，了解施工项目安全设施管理；熟悉生产要素管理的主要环节，掌握生产要素管理的主要内容；了解施工项目劳动力管理、施工项目材料管理、施工项目机械设备管理、施工项目技术管理及施工项目资金管理。

【思考与练习】

1. 施工现场管理的要求和措施有哪些？
2. 简述施工现场环境保护的意义及措施。
3. 简述施工项目安全管理的概念及内容。
4. 施工项目生产要素包括哪些方面？
5. 简述劳动力的组织方式有哪几种？

6. 施工项目现场材料管理包括哪些内容?
7. 施工项目机械设备的来源有哪几种方式?
8. 施工项目主要技术管理制度有哪些?
9. 简述施工项目资金管理要点。

第10章　工程项目风险管理

10.1　工程项目风险管理概述

10.1.1　工程项目风险

工程项目风险是指工程项目在可行性研究设计、施工等各个阶段可能遭到的风险。这些风险所涉及的当事人主要是工程项目的业主/项目法人、工程承包商和工程咨询人/设计人/监理人。

1. 业主/项目法人的风险

工程项目业主/项目法人通常遇到的风险可归纳为:项目组织实施风险、经济风险和自然风险。前两种属人为风险。

(1) 项目组织实施风险

这类风险可能起因于下列诸方面:

① 政府或主管部门对工程项目干预太多,瞎指挥;

② 建设体制或法规不合理;

③ 合同条件的缺陷;

④ 承包商缺乏合作诚意;

⑤ 材料、工程设备供应商履约不力或违约;

⑥ 监理工程师失职;

⑦ 设计缺陷等。

(2) 经济风险

此类风险主要产生于下列原因:

① 宏观经济形势不利,如整个国家的经济发展不景气;

② 投资环境差,工程投资环境包括硬环境如交通、通讯等条件和软环境,如地方政府对工程的开发建设的态度等;

③ 市场物价不正常上涨,如建筑材料价格极不稳定;

④ 通货膨胀幅度过大;

⑤ 投资回报期长,属长线工程,预期投资回报难以实现;

⑥ 基础设施落后,如施工电力供应困难,对外交通条件差等;

⑦ 资金筹措困难等。

(3) 自然风险

其通常由下列原因所引起:

① 恶劣的自然条件,如洪水、泥石流等均直接威胁着工程项目;

② 恶劣的气候条件,如严寒无法施工,台风、暴雨都会给施工带来困难或损失;

③ 恶劣的现场条件,如施工用水用电供应的不稳定性,工程的不利的地质条件等;

④ 不利的地理位置,如工程地点十分偏僻,交通十分不利等。

2. 承包商的风险

承包商是业主的合作者,但在各自的利益上又是对应的双方,即双方既有共同利益,各自又有风险。承包商的行为对业主构成风险,业主的举动也会对承包商的利益构成威胁。承包商的风险大致可分为以下几方面。

(1) 决策错误的风险

承包商在实施过程中需要进行一系列的决策,这些决策无不潜伏着各种各样的风险,包括以下各项。

① 信息取舍失误或信息失真的风险。因信息的失真,其决策失误的可能性很大。

② 中介与代理的风险。中介人通常不让交易双方直接见面。在工程承包过程中,缺乏经验的承包商受中介人骗的案例不少。选择不当的代理人或代理协议不当给承包商造成较大损失的例子也不罕见。

③ 投标的风险。投标是取得工程承包权的重要途径,但当承包商不能中标时,其在投标过程中产生的费用是无法得到补偿的。

④ 报价失误的风险。报价过高,面临着不能中标的风险;报价过低,则又面临着利润低,甚至亏本的风险。

(2) 缔约和履约的风险

其潜伏的风险主要表现在以下几方面。

① 合同条件不平等或存在对承包商不利的缺陷。如:不平等条款;合同中定义不准确;条款遗漏或合同条款对工程条件的描述和实际情况差距很大。

② 施工管理技术不熟悉。例如,承包商不掌握施工网络计划新技术,对工程进度心中无数,不能保证整个工程的进度。

③ 合同管理不善。合同管理是承包商赢得利润的关键手段,承包商要利用合同条款保护自己,扩大收益。若做到这一点,则势必存在较大的风险。

④ 资源组织和管理不当。这里的资源包括劳动力、建筑材料和施工机械等,对承包商而言合理组织资源供应,是保证施工顺利进行的条件,若资源组织和管理不当,就存在着遭受重大损失的可能。

⑤ 成本和财务管理失控。承包商施工成本失控的原因是多方面的,包括报价过低或费用估算失误、工程规模过大和内容过于复杂、技术难度大、当地基础设施落后、

劳务素质差和劳务费过高、材料短缺或供货延误等。财务管理风险更大，一旦失控，常会给公司造成巨大经济损失。

（3）责任风险

工程承包是一种法律行为，合同当事人负有不可推卸的法律责任。责任风险的起因可能有下列几种：

① 违约，即不执行承包合同或不完全履行合同。

② 故意或无意侵权。如对工程质量的事故，可能是粗心大意引起，也可能是偷工减料引发的。

③ 欺骗和其他错误。

3. 咨询/设计/监理的风险

同业主、承包商一样，咨询/设计/监理在工程项目实施和管理中也面临着各种风险，归纳起来，源于下列三方面。

（1）来自业主/项目法人方的风险

咨询/设计/监理受业主委托，为业主提供技术服务，当然其要按技术服务合同承担相应的责任，因此承担的风险是不会少的。来自业主方面的风险主要出于下列原因。

① 业主希望少花钱多办事，不遵循客观规律，对工程提出过分的要求，如对工程标准提得太高，对施工速度定得太快等。

② 可行性研究缺乏严肃性。业主上项目的主意已定后，对咨询公司做可行性研究附加种种倾向性要求。

③ 投资先天不足，咨询/设计/监理难做无米之炊。

④ 盲目干预。有些业主虽和监理签有监理合同，明确监理在承包合同管理中的责任，权利和义务，但在实施过程中，业主随意做出决定，对监理工程师干预过多，甚至剥夺监理工程师正常履行职责的权利。

（2）来自承包商的风险

主要表现在以下方面。

① 承包商不诚实。这常见的案例是承包商的报价很低，一旦中标后，在施工过程中工程变更、施工索赔接连不断，若监理工程师不答应，则以停工相要挟。

② 承包商缺乏职业道德。如质量管理方面，常见的现象是承包商还设有自检，就是要求监理工程师同意进行检查或验收，当其履行合同不力或质量不合标准时，要求监理工程师网开一面，手下留情。

③ 承包商素质太差。承包商的素质太差，履约不力，甚至没有履约的诚意或弄虚作假，对工程质量极不负责，都有可能使监理工程师蒙受责任风险。

（3）职业责任风险

咨询/设计/监理的职业责任风险一般由下列因素构成。

① 设计不充分或不完善。这显然是设计工程师的失职。

② 设计错误和疏忽。这潜在重大工程质量问题。

③ 投资估算和设计概算不准。这会引起业主的投资失控,咨询/设计对此当然有不可推卸的责任。

④ 自身的能力和水平不适应。咨询/设计/监理的能力和水平较低,很难完成其相应的任务,与此相伴的风险当然是不可避免的。

10.1.2 风险管理

1. 风险管理的定义

风险管理是人类在不断追求安全与幸福的过程中,结合历史经验和近代科技成就而发展起来的一门新兴管理学科,它是组织管理功能的特殊的一部分。由于风险存在的普遍性,风险管理的涵盖面甚广。从不同的角度,不同的学者提出了不尽相同的定义。英里斯蒂在《风险管理基础》一书中提出:“风险管理是企业或组织为控制偶然损失的风险,以保全获利能力和资产所做的一切努力。”威廉姆斯和汉斯在1964年出版的《风险管理与保险》第一版中提出:“风险管理是通过对风险的识别、衡量和控制,以最低的成本使风险所致的各种损失降到最低限度的管理方法。”罗森布朗在1972年出版的《风险管理案例研究》一书中提出:“风险管理是处理纯粹风险和决定最佳管理技术的一种方法。”尽管说法很多,但其内涵是基本一致的,即风险管理是研究风险发生规律和风险控制技术的一门新兴学科,各经济单位通过对风险的识别、衡量、预测和分析,采取相应对策处置风险和不确定性,力求以最小成本保障最大安全和最佳经营效能的一切活动。

2. 风险管理的目标

风险管理的目标是,通过有效的风险管理,在损失发生之前对经济有保证作用,而在损失发生后使得受损的经济有令人满意的复原。因此风险管理的目标在损失发生之前与之后会有不同的内容。风险管理的目标可以分为损失发生之前和损失发生之后两种。

1）损前目标

(1) 经济合理目标

要实现以最小的成本获得最大的安全保障这一总目标,在风险事故实际发生之前,就必须使整个风险管理计划、方案和措施最经济、合理。

(2) 安全状况目标

安全系数目标就是将风险控制在可承受的范围内。风险管理者必须使人们意识到风险的存在,而不是隐瞒风险,这样有利于人们提高安全意识,防范风险并主动配合风险管理计划的实施。

(3) 社会责任目标

风险主体在生产经营过程中必然受到政府和主管部门有关政策和法规以及风险主体公共责任的制约。风险主体一旦遭受风险损失,在严重的情况下可能使社会蒙受其害。风险主体开展风险管理活动，避免风险对社会造成不利影响也是风险管理的目标之一。

2）损后目标

（1）维持生存的目标

一旦不幸发生风险事件，给企业造成了损失，损失发生后风险管理的最基本、最主要的目标就是维持生存。实现这一目标，意味着通过风险管理人们有足够的抗灾救灾能力，使企业、个人、家庭、乃至整个社会能够经受得住损失的打击，不至于因自然灾害或意外事故的发生而元气大伤、一蹶不振。实现维持生存目标是受灾经济单位恢复和继续发展的前提。

（2）保持生产经营正常的目标

风险事件的发生给人们带来了不同程度的损失和危害，影响正常的生产经营活动和人们的正常生活，严重者可使生产和生活陷于瘫痪。风险管理应能保证为企业、个人、家庭等经济单位提供经济补偿，并能为恢复生产和正常生活创造必要的条件，即除了能继续生存外，还有能力迅速复原。

（3）实现稳定收益的目标

风险管理在使经济单位维持生存并迅速复原后，应通过其运作促使资金回流，尽快消除损失带来的不利影响，力求收益的稳定。

（4）实现持续增长的目标

风险管理不仅应使经济单位恢复原来的生产经营水平，而且应保证原有生产经营计划的继续实施，并实现持续的增长。

（5）履行社会职责

风险损失的发生，不仅会让承担风险的经济单位受害，还会波及供货人、债权人、协作者、税务部门乃至整个社会。损失发生后的风险管理，应尽可能减轻或消除损失给各有关方面带来的不利影响，切实履行对社会应负的责任。关于风险管理的目标还有不少见解，虽然各种说法的角度不同，但与上述内容并不矛盾，且是相互补充的。

3. 风险管理的基本程序

项目风险管理发展的一个主要标志是建立了风险管理的系统过程，从系统的角度来认识和理解项目风险，从系统过程的角度来管理风险。项目风险管理过程，一般由若干主要阶段组成，这些阶段不仅其间相互作用，而且与项目管理其他管理区域也互相影响，每个风险管理阶段的完成都可能需要项目风险管理人员的共同努力。美国项目管理协会（PMI）制定的 PMBOK（2000 版）中描述的风险管理过程为风险管理规划、风险识别、风险定性分析、风险量化分析、风险应对设计、风险监视和控制六个部分。

10.1.3 工程项目风险管理

1. 工程项目风险管理概念

工程项目风险管理是指项目主体通过风险识别、风险估计和风险评价等来分析工程项目的风险,并以此为基础,使用多种方法和手段对项目活动涉及的风险实行有效的控制,尽量扩大风险事件的有利结果,妥善地处理风险事件造成的不利后果的全过程的总称。

2. 工程项目风险管理的重点

工程项目风险管理贯穿在工程项目的整个寿命周期,而且是一个连续不断的过程,但也有其重点。

① 从时间上看,下列时间工程项目风险要特别引起关注:

a. 工程项目进展过程中出现未曾预料的新情况时;

b. 工程项目有一些特别的目标必须实现时,例如道路工程一定要在某个月底通车;

c. 工程项目进展出现转折点,或提出变更时。

② 项目无论大与小、简单与复杂均可对其进行风险分析和风险管理,但是下面一些类型的项目或活动特别应该进行风险分析和风险管理。包括:

a. 创新或使用新技术的工程项目;

b. 投资数额大的工程项目;

c. 实行边设计、边施工、边科研的工程项目;

d. 打断目前生产经营,对目前收入影响特别大的工程项目;

e. 涉及敏感问题(环境、搬迁)的工程项目;

f. 受到法律、法规、安全等方面严格要求的工程项目;

g. 具有重要政治、经济和社会意义,财务影响很大的工程项目;

h. 签署不平常协议(法律、保险或合同)的工程项目。

③ 对于工程建设项目,在以下阶段进行风险分析和风险管理可以获得特别好的效果。

a. 可行性研究阶段。这一阶段,项目变动的灵活性最大。这时若做出减少项目风险的变更,代价小,而且有助于选择项目的最优方案。

b. 审批阶段。此时项目业主可以通过风险分析了解项目可能会遇到的风险,并检查是否已采取所有可能的步骤来减少和管理这些风险。在定量风险分析之后,项目业主还能够知道有多大的可能性实现项目的各种目标,例如费用、时间和功能。

c. 招标投标阶段。承包商可以通过风险分析明确承包中的所有风险,有助于确定应付风险的预备费数额,或者核查自己受到风险威胁的程度。

d. 招标后。项目业主通过风险分析可以查明承包商是否已经认识到项目可能会遇到的风险,是否能够按照合同要求如期完成项目。

e. 项目实施期间。定期作风险分析、切实进行风险管理可增加项目按照预算和进度计划完成的可能性。

3. 工程项目风险管理的特点

① 工程项目风险管理尽管有一些通用的方法,如概率分析方法、模拟方法、专家

咨询法等。但要研究具体项目的风险，就必须与该项目的特点相联系，包括以下各项。

a. 该项目复杂性、系统性、规模、新颖性、工艺的成熟程度等。

b. 项目的类型，项目所在领域。不同领域的项目有不同的风险，有不同的风险的规律性、行业性特点。例如计算机开发项目与建筑工程项目就有截然不同的风险。

c. 项目所处的地域，如国度、环境条件。

② 风险管理需要大量地占有信息、了解情况，要对项目系统及系统的环境有十分深入的了解，并进行预测，所以不熟悉情况是不可能进行有效的风险管理的。

③ 虽然人们通过全面风险管理，在很大程度上已经将过去凭直觉、凭经验的管理上升到理性的全过程的管理，但风险管理在很大程度上仍依赖于管理者的经验及管理者过去工程的经历、对环境的了解程度和对项目本身的熟悉程度。在整个风险管理过程中，人的因素影响很大，如人的认识程度、人的精神、创造力。有的人无事忧天倾，有的人天塌下来也不怕。所以风险管理中要注重对专家经验和教训的调查分析，这不仅包括他们对风险范围、规律的认识，而且包括他们对风险的处理方法、工作程序和思维方式，并在此基础上将分析成果系统化、信息化、知识化，用于对新项目的决策支持。

④ 风险管理在项目管理中属于一种高层次的综合性管理工作。它涉及企业管理和项目管理的各个阶段和各个方面，涉及项目管理的各个子系统。所以它必须与合同管理、成本管理、工期管理、质量管理联成一体。

⑤ 风险管理的目的并不是消灭风险，在工程项目中大多数风险是不可能由项目管理者消灭或排除的，而是有准备地、理性地实施项目，尽可能地减少风险的损失并利用风险因素有利的一面。

4. 风险管理同工程项目管理的关系

风险管理是工程项目管理的一部分，目的是保证项目总目标的实现。风险管理与项目管理的关系如下。

① 从项目的成本、时间和质量目标来看，风险管理与项目管理目标一致。只有通过风险管理降低项目的风险成本，项目的总成本才能降下来。项目风险管理把风险导致的各种不利后果减少到最低程度，这正符合各项目相关方在时间和质量方面的要求。

② 从项目范围管理来看，风险管理是项目范围管理主要内容之一，是审查项目和项目变更所必需的。一个项目之所以必要、被批准并付诸实施，无非是市场和社会对项目的产品和服务的需求。风险管理通过风险分析，对这种需求进行预测，指出市场和社会需求的可能变动范围，并计算出需求变动时项目的盈亏大小。这就为项目的财务可行性研究提供了重要依据。项目在进行过程中，各种各样的变更是不可避免的。变更之后，会带来某些新的不确定性。风险管理正是通过风险分析来识别、估计和评价这些不确定性，向项目范围管理提出任务。

③ 从项目管理的计划职能来看,风险管理为项目计划的制订提供了依据。项目计划考虑的是未来,而未来充满着不确定因素。项目风险管理的职能之一恰恰是减少项目整个过程中的不确定性。这一工作显然对提高项目计划的准确性和可行性有极大的帮助。

④ 从项目的成本管理职能来看,项目风险管理通过风险分析,指出有哪些可能的意外费用,并估计出意外费用的多少。对于不能避免但能够接受的损失也计算出数量,列为一项成本。这就为在项目预算中列入必要的应急费用提供了重要依据,从而增强了项目成本预算的准确性和现实性,这样就能够避免因项目超支而造成项目各有关方的不安。有利于坚定人们对项目的信心。因此,风险管理是项目成本管理的一部分。没有风险管理,项目成本管理则不完整。

⑤ 从项目的实施过程来看,许多风险都在项目实施过程中由潜在变成现实。无论是机会还是威胁,都在实施中见分晓。风险管理就是在认真的风险分析基础上,拟定各种具体的风险应对措施,以备风险事件发生时采用。项目风险管理的另一内容是对风险实行有效的控制。

5. 工程项目风险管理的作用

工程项目风险管理的作用表现在以下各个方面。

① 通过风险分析,可加深对项目的认识和理解,澄清各方案的利弊,了解风险对项目的影响,以便减少或分散风险。

② 通过检查和考虑所有到手的信息、数据和资料,可明确项目的各有关前提和假设。

③ 通过风险分析不但可提高项目各种计划的可信度,还有利于改善项目执行组织内部和外部之间的沟通。

④ 编制应急计划时更有针对性。

⑤ 能够将处理风险后果的各种方式更灵活地组合起来,在项目管理中减少被动,增加主动。

⑥ 有利于抓住机会,利用机会。

⑦ 为以后的规划和设计工作提供反馈信息,以便在规划和设计阶段采取措施防止和避免风险损失。

⑧ 风险虽难以完全避免,但通过有效的风险分析,能够明确项目到底可能承受多大损失或损害。

⑨ 为项目施工、运营选择合同形式和制订应急计划提供依据。

⑩ 通过深入的研究和对情况进行进一步了解,可以使决策更有把握,更符合项目的方针和目标,从总体上使项目减少风险,保证项目目标的实现。

⑪ 可推动项目实施的组织和管理班子积累有关风险的资料和数据,以便改进将来的项目管理工作。

10.2　工程项目风险识别

风险识别是工程项目风险管理的第一步，也是工程项目风险管理的基础。是项目管理者识别风险来源、确定风险发生条件、描述风险特征并评价风险影响的过程。风险识别需要确定三个相互关联的因素：风险来源包括时间、费用、技术、法律等；风险事件指给项目带来积极或消极影响的事；风险征兆，又称为触发器，是指实际风险事件的间接表现。

10.2.1　工程项目风险识别过程

识别风险的过程包括对所有可能的风险事件来源和结果进行客观的调查分析，最后形成项目风险清单，具体可将其分为 5 个环节，如图 10-1 所示。

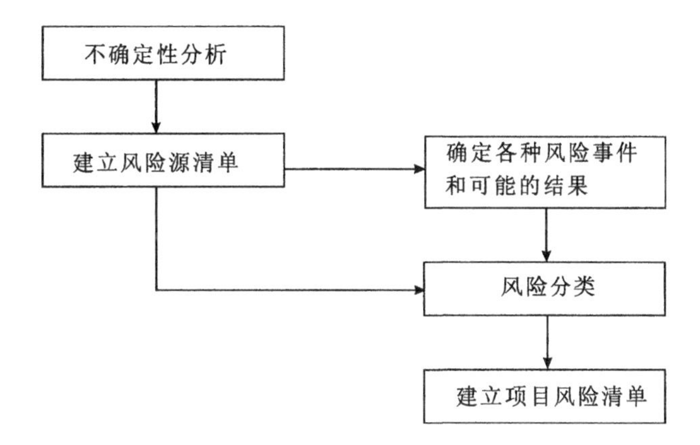

图 10-1　工程项目风险识别过程

1. 工程项目不确定性分析

影响工程项目的因素很多，其中许多是不确定的。风险管理首先是要对这些不确定因素进行分析，识别其中有哪些不确定因素会使工程项目发生风险，分析潜在损失或危险的类型。

2. 建立初步风险源清单

在项目不确定性分析的基础上，将不确定因素及其可能引发的损失或危险性类型列入清单，作为进一步分析的基础。对每一种风险来源均要作文字说明。说明中一般要包括：

① 风险事件的可能后果；

② 风险发生时间的估计；

③ 风险事件预期发生次数的估计。

3. 确定各种风险事件和潜在结果

根据风险源清单中各风险源，推测可能发生的风险事件，以及相应风险事件可能出现的损失。

4. 进行风险分类或分组

根据工程项目的特点,按风险的性质和可能的结果及彼此间可能发生的关系对风险进行分类。在工程项目的实施阶段,其风险可作如表 10-1 的分类。

表 10-1 施工实施阶段风险分类

业主风险	承包商风险
征地 现场条件 及时提供完整的设计文件 现场出入道路 建设许可证和其他有关条例 政府法律规章的变化 建设资金及时到位 工程变更	工人和施工设备的生产率 施工质量 人力、材料和施工设备的及时供应 施工安全 材料质量 技术和管理水平 材料涨价 实际工程量 劳资纠纷
业主和承包商共担风险	**未定风险**
财务收支 变更令谈判 保障对方不承担责任 合同延误	不可抗力 第三方延误

对风险进行分类的目的在于一方面为加深对风险的认识和理解;另一方面为了进一步识别风险的性质,从而有助于制定风险管理的目标和措施。

5. 建立工程项目风险清单

按工程项目风险的大小或轻重缓急,将风险事件列成清单,不仅给人们展示出工程项目面临总体风险的情况,而且能把全体项目管理人员统一起来,使各人不仅考虑到自己管理范围内所面临的风险,而且也使他了解到其他管理人员所面临的风险以及风险之间的联系和可能的连锁反应。工程项目风险清单的编制一般应在风险分类分组的基础上进行,并对风险事件的来源、发生时间、发生的后果和预期发生的次数作出说明。

10.2.2 风险辨识方法

原则上,风险识别可以从原因查结果,也可以从结果反过来找原因。从原因查结果,就是先找出本项目会有哪些事件发生,发生后会引起什么样的结果。如项目进行过程中，关税会不会变化，关税税率的提高和降低各会引起什么样的后果。从结果找原因，则是从某一结果出发，查找引发这一结果的原因。如建筑材料涨价引起项目超支，要分析哪些因素引起建筑材料涨价；项目进度拖延了，要分析造成进度拖延的因素有哪些。

在具体识别风险时，还可以利用核对表等工具或方法。

1. 核对表

人们考虑问题有联想习惯，在过去经验的启示下，思想常常变得很活跃，浮想联翩。风险识别实际是关于将来风险事件的设想，是一种预测。如果把人们经历过的风险事件及其来源罗列出来，写成一张核对表，那么项目管理人员看了就容易开阔思路，容易想到本项目会有哪些潜在风险。核对表可以包含多种内容，例如以前项目成功或失败的原因、项目其他方面规划的结果（范围、成本、质量、进度、采购与合同、人力资源与沟通等计划成果）、项目产品或服务的说明书、项目班子成员的技能、项目可用的资源等等。还可以到保险公司索取资料，认真研究其中的保险例外，这些东西能够提醒还有哪些风险尚未考虑到。

【例10-1】 工程项目管理成功与失败原因的核对表，如表10-2所示。

表10-2 工程项目管理成功与失败原因核对表

工程项目管理成功原因	①项目目标清楚，对风险采取了现实可行的措施 ② 从项目一开始就让参与项目以后各阶段的有关方面参与决策 ③ 项目各有关方的责任和应当承担的风险划分明确 ④ 在项目设备订货和施工之前，对所有可能的设计方案都进行了细致的分析和比较 ⑤ 在项目规划阶段，组织和签约中可能出现的问题都事先预计到了 ⑥ 项目经理有献身精神，拥有所有应该有的权限 ⑦ 项目班子全体成员工作勤奋，对可能遇到的大风险都集体讨论过 ⑧ 对外部环境的变化都采取了及时的应对行动 ⑨ 进行了班子建设、表彰、奖励且及时、有度 ⑩ 对项目班子成员进行了培训
工程项目管理失败原因	①项目业主不积极、缺少推动力 ② 沟通不够，决策者远离项目现场，项目各有关方责任不明确，合同上未写明 ③ 规划工作做得不细，或缺少灵活性 ④ 把工作交给了能力较差的人，又缺少检查、指导 ⑤ 仓促进行各种变更，更换负责人，改变责任、项目范围或项目计划 ⑥ 决策时不征求各方面意见 ⑦ 未能对经验教训进行分析 ⑧ 其他错误

【例 10-2】 工程项目融资风险核对表。近些年来，项目融资作为建设基础产业和基础设施项目筹集资金的方式越来越受到人们的重视。但是项目融资是风险很大的一种项目活动。因此，项目融资的风险管理也变得越来越重要。国际上一些有项目融资经历的专家和金融机构从以往这类业务活动中总结出了丰富的经验和教训。这些经验和教训对于识别今后项目融资以及其他活动中的风险将发挥重要的作用。它们的价值是难以估量的。项目融资风险核对表，如表 10-3 所示。

2. 智暴法

“智暴”一词是从外文 brainstorming 一词翻译过来的。这是一种刺激创造性、产生新思想的技术。这种技术是由美国人奥斯本于 1939 年首创的，首先用于设计广告的新花样，1953 年他总结经验后著书问世。brainstorming 一词直译为“头脑风暴”，原来多用来形容精神病人的胡言乱语，奥斯本则借用它来形容参加会议的人可以畅所欲言，鼓励不受任何约束，发表不同意见。智暴法常在一个专家小组内以会议的方式进行。智暴法专家组一般由下列人员组成：

① 方法论学者——风险分析或预测学领域的专家，一般担任会议的组织者；

② 思想产生者——专业领域的专家，人数占小组成员的 50%～60%；

③ 分析者——专业领域内知识比较渊博的高级专家；

④ 演绎者——具有较高逻辑思维能力的专家。专家组的人数一般在 5～10 人的范围内，会议不要开的太长；组织者要给发表意见者创造一个宽松的环境，以便使人们畅所欲言，便于产生新思想、新观点。

表 10-3 项目融资风险核对表

项目失败原因(潜在的威胁)	①工程延误，因而利息增加，收益减少 ② 成本、费用超支 ③ 技术失败 ④ 承包商财务失败 ⑤ 政府干涉过多 ⑥ 未向保险公司投保人身伤害险 ⑦ 原材料涨价或供应短缺、供应不及时 ⑧ 项目技术陈旧 ⑨ 项目产品服务在市场上没有竞争力 ⑩ 项目管理不善 ⑪ 对于担保物，例如油、气储量和价值的估计过于乐观 ⑫ 项目所在国政府无财务清偿能力

续表

项目成功的必要条件	①项目融资只涉及信贷风险,不涉及资本金 ② 切实地进行了可行性研究,编制了财务计划 ③ 项目要用的产品材料的成本要有保障 ④ 价格合理的能源供应要有保障 ⑤ 项目产品或服务要有市场 ⑥ 能够以合理的运输成本将项目产品运往市场 ⑦ 要有便捷、通畅的通讯手段 ⑧ 能够以预想的价格买到建筑材料 ⑨ 承包商具有经验、诚实可靠 ⑩ 项目管理人员富有经验,诚实可靠 ⑪ 不需要未经实际考验过的新技术 ⑫ 合营各方签有令各方都满意的协议书 ⑬ 稳定、友善的政治环境、已办妥有关的执照和许可证 ⑭ 不会有被政府没收的风险 ⑮ 国家风险令人满意 ⑯ 主权风险令人满意 ⑰ 对于货币、外汇风险事先已有考虑 ⑱ 主要的项目发起者已投入足够的资本金 ⑲ 项目本身的价值足以充当担保物 ⑳ 对资源和资产已进行了满意的评估 ㉑ 已向保险公司缴纳了足够的保险费,取得了保险单 ㉒ 对不可抗拒力已采取了措施 ㉓ 成本超支的问题已经考虑过

会议的过程应遵循以下原则:

① 要禁止对他人所发表的思想的任何非难;

② 发言给出的信息越多越好,信息量越大,出现有价值的设想的可能性就越大;

③ 要重视那些思想奔放、思路宽广、貌似不太符合实际的发言;

④ 应当将得到的思想观点进行组合、分类和改进,之后将所有意见,包括初步分析结果公布出来,让小组成员都看到,这样可以再诱发新思想。将这种方法用于风险辨识上,就要提出下面这样一些问题,供大家发表意见。如进行某项活动会遇到哪些风险?引起这些风险的因素有哪些?其危害的程度如何?(也可根据实际情况不问此问题。)

为了避免重复,提高效率,应当将已有的结果向会议说明,使会议不必再花费很多时间去分析问题本身,或在表面存在的风险上滞留时间太久,使得与会者能迅速打开思路去寻找那些新的、潜在的风险因素。可以看出,这种会议比较适合于所探讨的问题比较简单,目标比较明确的情况。如果问题牵涉面太广,包含的因素太多,那就要首先进行分析和分解,然后再采用此法。当然,对“智暴”的结果还要进行详细的分析,既不能轻视,也不能盲目接受。

3. 事故树分析法

事故树分析法是通过图形演绎的方法,来演示导致事实结果的各种因素之间的因果及逻辑关系,这种图形演绎便被称为“事故树”,同时在树图的基础上,还可对系统进行分析和评价。早在20世纪60年代,美国在研究导弹发射系统的安全性时,就开始使用该方法。现已成为系统工程理论中具有独立学科意义和实用价值的理论体系。

(1) 事故树分析法的特点

① 事故树分析法是系统工程理论中最为重要和有效的方法之一,特别适用于分析大型复杂系统,多用于安全系统工程的系统可靠性分析及评估。

② 事故树法本质上是定量分析方法,但也可作为定性分析的工具。

③ 事故树分析可用来分析事故,特别是重大恶性事故的因果关系。

④ 可进行系统的危险性评价,事故的预测,事故的调查分析,沟通事故安全情报措施,优化决策等工作。也可用于系统的安全性设计,具有逻辑性强的优点。

⑤ 能够全面的分析导致事故的多种因素及其逻辑关系,并对它们做出简洁和形象的描述。便于发现和查明系统内固有的和潜在的危险因素,为制定安全措施和采取安全管理对策提供依据。

⑥ 能够明确各方面的失误对系统的影响,并找出重点和关键因素,使作业人员全面了解和掌握各项防止、控制事故的要点。可以对已经发生的事故的原因进行分析,以充分吸取事故的教训,防止同类事故的再次发生。

(2) 事故树分析法的基本程序

完整的事故树分析过程一般包括以下分析步骤。

① 确定和熟悉所要分析的系统。要求确实了解系统情况,包括系统性能、工作程序、运行情况、各种重要参数、作业情况及环境状况等,必要时画出工艺流程图及其布置图。

② 确定顶上事件。在广泛搜集事故数据的基础上,确定一个或几个事故为顶上事件进行分析。确定顶上事件的时候,要坚持一个事故编一棵树的原则且定义要明确。

③ 详细调查分析事故的原因,顶上事件确定后,就要分析各个与之有关的原因事件,也就是找出系统的所有潜在危险因素和薄弱环节,包括设备组件等硬件故障、软件故障、认为差错以及环境因素,凡与事故有关的原因都要找出来。

④ 确定不予考虑的事件。与事故有关的原因各种各样,但有些原因根本就不可能发生或发生的机会很少,如导线飓风、龙卷风等,编事故树时可不予考虑,但要事先说明。

⑤ 确定分析的深度。在分析原因事件时，要分析到哪一层为止，需要事先明确。分析的太浅，可能发生遗漏；分析得太深，则事故树过于庞大繁琐，具体深度应视分析对象而定。

⑥ 编制事故树。从顶上事件开始，采用演绎分析方法，逐层向下找出直接原因事件，知道所有的基本事件为止。每一层事件都按照输入（原因）与输出（结果）之间逻辑关系用逻辑门连接起来，这样得到的图形就是事故树。初步编好的事故树应进行整理和简化，将多余事件或上下两层逻辑门相通的事件去掉或合并。如有相同的子树，可以用转移符号省略其中一个，以求结构简洁清晰。

⑦ 事故树定性分析。事故树画好后，不仅可以直观的得出事故发生的规律及相关因素，还能进行多种计算。首先可从事故树结构上求最小割集和最小径集，进而得到每个基本事件对顶上事件的影响程度，为采取安全措施的先后次序、轻重缓急提供依据。

⑧ 事故树定量分析。定量分析是系统危险性分析的最后阶段，是对系统进行安全性评价。通过分析可以计算出事故发生的概率，并从数量上说明每个基本事件对顶上事件的影响程度，从而制定出最经济、最合理的方案，实现系统最佳安全的目的。

以上步骤不一定要每一步都做，可以根据需要和实际情况而定。

10.3 工程项目风险估计与评价

风险识别仅是从定性角度去了解和识别风险，要进一步把握风险，有待于对其进行深刻的分析。

10.3.1 工程项目风险估计

风险估计又称风险测定、测试、衡量和估算等，因为在一个项目中存在着各种各样的风险，风险估计可以说明风险的实质，是建立在有效辨识项目风险的基础上的。风险估计根据项目风险的特点，对已确认的风险，通过定性和定量分析方法量测其发生的可能性和破坏程度的大小，对风险按潜在危险大小进行优先排序和评价、制定风险对策和选择风险控制方案有重要的作用。项目风险估计较多采用统计、分析和推断法，一般需要一系列可信的历史统计数据和相关数据以及足以说明被估计的对象特性和状态的数据作保证；当资料不全时往往依靠主观推断来弥补，此时项目管理人员掌握科学的项目风险估计方法、技巧和工具就显得格外重要。

风险估计的对象是工程项目的各单个风险，估计的内容包括风险事件发生的概率及可能发生的损失。

1. 风险事件发生的概率

风险事件发生的概率和概率分布是风险估计的基础。因此，风险估计的首要工作是确定风险事件的概率分布。一般而言风险事件的概率分布应由历史资料确定，这样得到的即为客观概率。当项目管理人员没有足够的历史资料表确定风险事件的概率分布时,可以利用理论概率分布进行风险估计。

由于项目管理活动独特性很强,项目风险来源彼此相差甚远。因此,项目管理班子成员在许多情况下只能根据样本个数不多的小样本对风险事件发生的概率进行估计。对有些新项目,是前所未有的,根本就没有可利用的数据,项目管理人员只能根据自己的经验预测风险事件的概率或概率分布,这即为主观概率。

2. 风险事件后果的估计

风险事故造成的损失大小要从三个方面来衡量即损失性质、损失范围和损失的时间分布。

损失性质是指损失是属于政治性的、经济性的还是技术性的。

损失范围包括严重程度、变化幅度和分布情况。严重程度和变化幅度分别用损失的数学期望和方差表示。

损失的时间分布对于项目的成败关系极大。数额很大的损失如果一次就落到项目头上,项目很有可能因为流动资金不足而破产,永远失去了项目可能带来的机会。而同样数额的损失如果是在较长的时间内分几次发生,则项目班子容易设法弥补,使项目能够坚持下去。

损失这三个方面的不同组合使得损失情况千差万别,因此,任何单一的标度都无法准确地对风险进行估计。

在估计风险事故造成损失时描述性标度最容易用,费用最低;定性的次之;定量标度最难、最贵、最耗费时间。

3. 等风险量图

风险的大小不仅和风险事件发生的概率有关,而且还与风险损失的多少有关。评价风险的大小,常用如图 10-2 所示的等风险量图来衡量。在图 10-2 中,工程项目风险量的大小 R 是关于风险出现概率 P 和潜在的损失量 I 的函数,表示为

$$R = f(P, I) \tag{10-1}$$

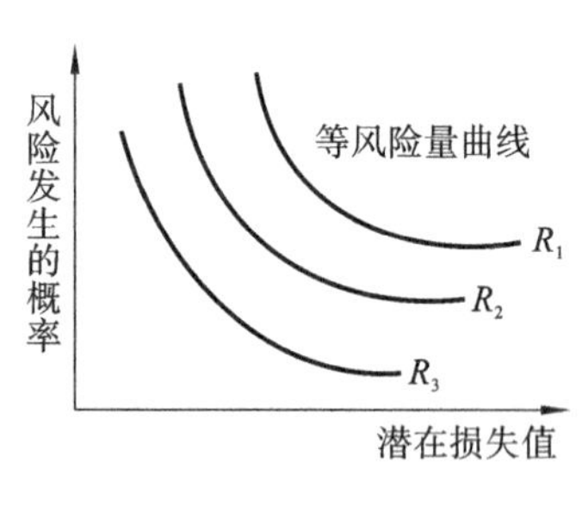

图 10-2 等风险量图

工程风险量 R 具有下列性质。

① R 的大小主要取决于潜在损失的多少。有严重潜在损失的风险,虽不经常发生,但比虽经常发生,但无大影响的风险要可怕。

② 若两种风险的潜在损失相类似,则其发生频率高的风险具有较大的 R。

③ 风险评价图中每条曲线代表一风险事件,不同曲线风险程度不一样。曲线距离原点越远,期望损失越大,一般认为风险就越大。

④ 工程项目风险频率与损失的乘积就是损失期望值,即风险量大小是关于损失期望值的增函数。因此,可得到图 10-2 中等风险量图的大致形状。在风险理论中常

用下列公式来计算 R。

$$R = f(P, I) = p \cdot i \tag{10-2}$$

或

$$R = \sum_{i=1}^{n} p_i i_i \tag{10-3}$$

上式中，$i(=1,2,3,\cdots,n)$表示工程项目的第 i 个风险事件。

4. 风险估计的不确定性

风险估计本质上是在信息不完全情况下的一种主观评价。因此，进行风险估计时有两个问题要注意：第一，不管使用哪种标度，都需要有某种形式的主观判断，所以风险估计的结果必然带有一定程度的不确定性；第二，计量本身也会产生一定程度的不确定性。项目变数（如成本、进度、质量、规模、产量、贷款利率、通货膨胀率）不确定性程度依赖于计量系统的精确性和准确性。计量风险的准确性同不确定性是有区别的。

风险估计还涉及信息资料问题。人们一般不能从收集到手的信息资料直接获得有关风险的大小、后果严重程度和发生频率等信息。在传播过程中，信息资料的意义常常被人们歪曲地理解或解释。如果事件给人留下的印象深，则其损失容易被高估。有人研究过这种现象，结论是广为传播的事件发生频率常常被高估，而传播少的事件则被低估。

10.3.2　工程项目风险评价

风险估计只对工程项目各阶段单个风险分别进行估计和量化，没有考虑到各单个风险综合起来的总体效果，也没有考虑到这些风险是否能被项目主体所接受。这些问题需要通过项目风险评价去解决。

风险评价是对项目风险进行综合分析，并依据风险对项目目标的影响程度进行项目风险分级排序的过程。它是在项目风险规划、识别和估计的基础上，通过建立项目风险的系统评价模型，对项目风险因素影响进行综合分析，并估算出各风险发生的概率及其可能导致的损失大小，从而找到该项目的关键风险，确定项目的整体风险水平，为如何处置这些风险提供科学依据，以保障项目的顺利进行。在风险评价过程中，项目管理人员应详细研究决策者决策的各种可能后果并将决策者作出的决策向自己单独预测的后果相比较，进而判断这些预测能否被决策者所接受。由于各种风险的可接受度或危害程度互不相同，因此就产生了哪些风险应该首先处理或者是否需要采取措施的问题。风险评价一般有定量和定性两种，进行风险评价时，还要提出预防、减少、转移或消除风险损失的初步方法，并将其列入风险管理阶段需进一步考虑的各种方法之中。

1. 风险评价的目的

工程项目风险评价有下列四个目的。

① 对项目各风险进行比较分析和综合评价，确定它们的先后顺序。

② 挖掘项目风险间的相互联系。虽然项目风险因素众多,但这些因素之间往往存在着内在的联系,表面上看起来毫不相干的多个风险因素,有时是由一个共同的风险源造成的。例如若遇上未曾预料到的技术难题,则会造成费用超支、进度拖延、产品质量不合要求等多种后果。风险评价就是要从项目整体出发,挖掘项目各风险之间的因果关系,保障项目风险的科学管理。

③ 综合考虑各种不同风险之间相互转化的条件,研究如何才能化威胁为机会,明确项目风险的客观基础。

④ 进行项目风险量化研究,进一步量化已识别风险的发生概率和后果,减少风险发生概率和后果估计中的不确定性,为风险应对和监控提供依据和管理策略。

2. 风险评价的方法

常见的风险分析方法有八种即调查和专家打分法、层次分析法、模糊数学法、统计和概率法、敏感性分析法、蒙特卡罗方法、CIM 模型、影响图法。其中前两种方法侧重于定性分析,中间三种侧重于定量分析,而后三种则侧重于综合分析。限于篇幅,本书主要介绍调查和专家打分法、层次分析法和蒙特卡罗方法三种方法。

1) 调查和专家打分法

调查和专家打分法是一种最常用的、最简单的、易于应用的分析方法。它的应用由两步组成:首先,识别出某一种特定工程项目可能遇到的所有风险,列出风险调查表(Checklist);其次,利用专家经验,对可能的风险因素的重要性进行评价,综合成整个项目风险,具体步骤如下。

① 确定每个风险因素的权重,以表征其对项目风险的影响程度。

② 确定每个风险因素的等级值,按可能性很大、比较大、中等、不大、较小这五个等级,分别以 1.0、0.8、0.6、0.4 和 0.2 打分。

③ 将每个风险因素的权数与等级值相乘,求出该项风险因素的得分,再求出此工程项目风险因素的总分。显然,总分越高说明风险越大。

表 10-4 为某海外工程的风险调查表,其中,W×X 叫风险度,表示一个项目的风险程度。由 W×X=0.56,说明该项目的风险属于中等水平,可以投标,报价时风险费也可取中等水平。

表 10-4 某海外工程风险调查表

可能发生的风险因素	权数(W)	风险因素发生的可能性					W×X
		很大 1.0	比较大 0.8	中等 0.6	不大 0.4	较小 0.2	
政局不稳	0.05			√			0.03
物价上涨	0.15		√				0.12
业主支付能力	0.10			√			0.06
技术难度	0.20					√	0.04

续表

可能发生的风险因素	权数（W）	风险因素发生的可能性					W×X
		很大 1.0	比较大 0.8	中等 0.6	不大 0.4	较小 0.2	
工期紧迫	0.15			√			0.09
材料供应	0.15		√				0.12
汇率浮动	0.10			√			0.06
无后续项目	0.10				√		0.04
总计	1						0.56

为进一步规范这种方法，可根据以下标准对专家评分的权威性确定一个权重值。

① 有在国内外进行国际工程承包工作的经验。

② 是否参加已投标准备，对投标项目所在国及项目情况的了解程度。

③ 知识领域（单一学科或综合性多学科）。

④ 在投标项目风险分析讨论会上发言的水平等。

该权威性的取值建议在 0.5～1.0 之间，1.0 代表专家的最高水平，其他专家，取值可相应减少，投标项目的最后的风险度值为每位专家评定的风险度乘以各自权威性的权重值，所得之积合计后再除以全部专家权威性的权重值的和。

方法适用于决策前期。这个时期往往缺乏项目具体的数据资料，主要依据专家经验和决策者的意向，得出的结论也不要求是资金方面的具体值，而是一种大致的程度值，它只能是进一步分析的基础。

2）层次分析法

在工程风险分析中，层次分析法提供了一种灵活的、易于理解的工程风险评价方法，承包商在工程项目投标阶段使用 AHP 来评价投标工程风险，以便其在投标前对拟建项目的风险情况有一个全面认识，判断出工程项目的风险程度，并进行投标决策。

应用层次分析法进行投标风险分解过程如图 10-3 所示，具体可分下列八个步骤。

① 工作结构分解。通过工作分解结构（WBS），按工作相似性质原则把整个项目分解成可管理的工作包，然后对每一工作包做风险分析。

② 风险识别。首先，对每一个特定的工作包进行风险分类和识别，常用的方法是专家调查法，如德尔裴法（Delpi）；然后，构造出该工作包的风险框架图。图 10-4 是某国际工程的风险框架图。

③ 构造因素和子因素判断矩阵。请专家按照表 10-5 所示的规则对因素层和子因素层间各元素的相对重要性给出评判，可求出各元素的权重值。

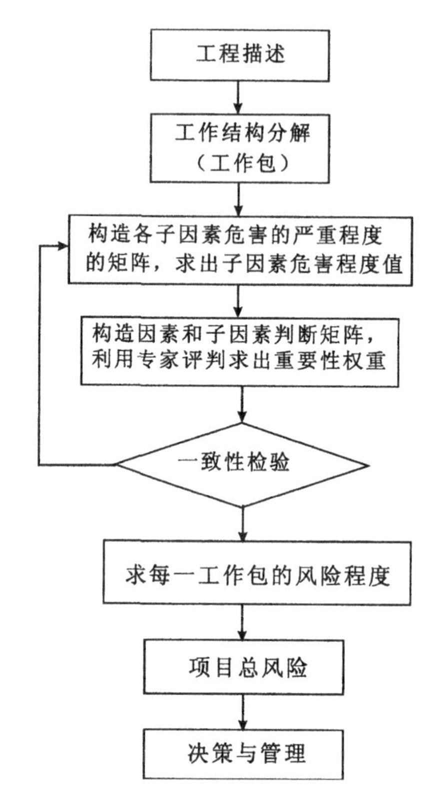

图 10-3 层次分析法投标风险分解过程

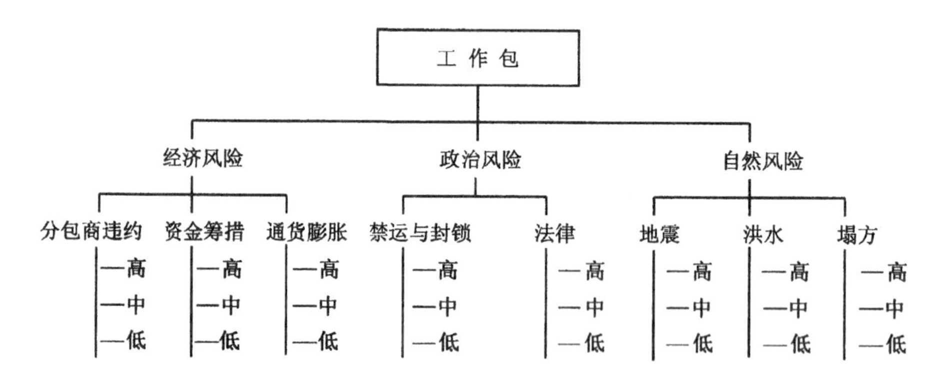

图 10-4 层次分析法投标风险分析框架

表 10-5 评判准则表

标度	含 义
1	表示两因素相比,具有同样重要性
3	表示两因素相比,一个因素比另一因素稍微重要
5	表示两因素相比,一个因素比另一因素明显重要

续表

标度	含　义
7	表示两因素相比，一个因素比另一因素强烈重要
9	表示两因素相比，一个因素比另一因素极端重要
2,4,6,8	上述两相邻判断中间值，如 2 属于同样重要和稍微重要之间

④ 构造反应各个风险因素危害的严重程度的矩阵。严重程度通常用高、中、低风险三个概念表示，求出各个风险因素相对危害程度值。

⑤ 一致性检验。由于③、④中，均采用专家凭经验、直觉的主观判断，那么就要对专家主观判断的一致性加以检验。一般检验不通过，就要让专家重新评价，调整其评价值，然后再检验，直至通过为止。一般一致性检验指标 C_I 不超过 0.1 即可，C_I 的计算公式如下：

$$C_I = \frac{\lambda_{\max} - n}{n - 1} \tag{10-4}$$

式中，n——判断矩阵阶数；

$\lambda_{\max}$——判断矩阵阶数的最大特征值。

⑥ 求风险度。把所求出的各子因素相对危害程度值统一起来，就可求出该工作包风险处于高、中、低各等级的概率值大小，由此可判断该工作包的风险程度。

⑦ 求总风险水平。把组成项目的所有工作包都如此分析评价，并把各工作包的风险程度统一起来，就可得出项目总的风险水平。

⑧ 决策与管理。根据分析评估结果制定相应的决策并实行有效的管理。

3）蒙特卡罗(MC)方法

(1) MC 方法基本原理和应用步骤

蒙特卡罗(MC)方法，又称随机抽样统计试验方法。这种方法计算风险的实质是在计算机上做抽样试验，然后用具体的风险模型进行计算，最后用统计分析方法得到所求的风险值。它是估计经济风险和工程风险常用的一种方法。使用 MC 方法分析工程风险的基本过程如下。

① 编制风险清单。通过结构化方式，把已识别出来的影响项目目标的重要风险因素构造成一份标准化的风险清单。在这份清单中能充分反映风险分类的结构和层次性。

② 采用专家调查法确定风险因素的概率分布和特征值。

③ 根据具体问题，建立风险的数学表达公式。

④ 产生伪随机数，并对每一风险因素进行抽样。

⑤ 计算风险的数学表达公式。

⑥ 重复第四步、第五步 N 次。

⑦ 对 N 个计算值进行统计分析，进而求出具体的风险值。

应用MC方法可以直接处理每一个风险因素的不确定性，但其要求每一个风险因素是独立的。这种方法的计算工作量虽然很大，但在计算机技术发展的今天，这已不再是困难的事。可以编制计算机软件来对模拟过程进行处理，大大节约计算时间。该方法的难点在于对风险因素相关性的识别与评价。但总体而言，该方法无论在理论上，还是在操作上都较前几种方法有所进步，目前已广泛应用于工程项目管理领域。

(2) MC方法在工程进度风险分析计算中的应用

在工程建设中，一般活动(或工序)、子项目的施工先后的逻辑关系一般是确定的，但完成每一活动或子项目所需要的时间(或称工序持续时间)是不确定的。因此，在工期规定的条件下，工程进度就存在风险。下面介绍一个用MC方法计算工程进度风险的案例。

【例10-3】 用MC方法计算该工程的进度风险步骤如下。

① 由“三时”估计法估计工序持续时间，并由公式算工序的期望持续时间和方差。

② 确定模拟仿真次数 N，设定工序持续时间的分布，如选β分布或正态分布。

③ 产生伪随机数 r_i，并进行抽样计算，当工序持续时间为正态分布时，其抽样公式为

$$f_i = D_{ij} + \sigma_{ij} \sum_{i=1}^{12} (r_i - 6) \tag{10-5}$$

式中，f_i——工序随机抽样时间；

D_{ij}——工序(i,j)期望持续时间；

σ_{ij}——工序(i,j)持续时间标准差；

r_i——伪随机数。

表10-6 某工程施工进度网络计划各工作持续时间估计值

活动 i,j	乐观估计工期(a)	最可能估计工期(m)	悲观估计工期(b)	活动 i,j	乐观估计工期(a)	最可能估计工期(m)	悲观估计工期(b)
1,2	8	10	12	10,14	2	4	5
1,3	4	5	6	11,14	2	7	9
1,4	4	7	9	12,14	7	9	10
1,5	4	5	6	12,15	8	9	10
2,3	4	5	7	13,14	13	15	17
2,6	16	18	20	13,15	2	3	4
3,4	2	4	5	13,16	2	4	5
3,7	3	6	9	14,15	7	9	11
4,7	2	3	5	15,16	8	10	12

续表

活动 i,j	乐观估计工期(a)	最可能估计工期(m)	悲观估计工期(b)	活动 i,j	乐观估计工期(a)	最可能估计工期(m)	悲观估计工期(b)
5,7	7	8	9	15,17	2	5	8
5,8	7	9	10	15,18	3	7	12
6,7	14	16	18	15,19	4	5	6
6,8	2	3	5	16,17	2	5	6
6,9	3	4	5	16,20	16	18	20
7,8	6	9	11	17,18	3	4	6
8,9	9	11	13	17,21	3	6	9
8,10	3	5	8	18,21	2	3	5
8,11	2	7	12	19,21	7	8	9
8,12	3	5	6	19,22	7	9	10
9,10	3	5	7	20,21	14	16	18
9,13	17	19	21	20,22	2	3	5
10,11	2	4	6	21,22	8	10	12

④ 由 f_i,用CPM法计算第 k 次模拟仿真的计算工期 T_k。

⑤ 当仿真 N 次后,得到计算工期的集合$\{T_k\}$。

⑥ 由$\{T_k\}$,分别由下列两式推算计算工期的期望值和标准差 S。

$$\overline{T}=\frac{1}{N}\sum_{k=1}^{N}T_k \tag{10-6}$$

$$S=\sqrt{\frac{1}{N-1}\sum_{k=1}^{N}(T_k-\overline{T})^2} \tag{10-7}$$

式中,N——仿真次数;

T_k——第 k 次模拟仿真的计算工期 T_k。

⑦ 当网络的工序较多时,工期服从正态分布,并由计算工期的期望值和标准差 S,即可计算工程进度的风险。

在本案例中,在计算机上仿真10 000次,得到计算期望工期为159.40天,标准差为1.35天,当规定工期为160天时,其不能按时完工的进度风险为32.9%。

10.4 工程项目风险控制

在一个工程项目的实施过程中,不可避免地存在各种各样的自然和社会风险。对这些风险首先要在业主/项目法人、设计、咨询或承包商间合理分配;其次是各方风险控制问题。

10.4.1 风险分配

此处主要介绍工程施工阶段项目风险的分配问题。工程项目施工阶段的风险主要在项目法人/业主和承包商(供应商)间进行分配。合理进行风险分配,对工程项目的顺利实施至关重要。

1. 风险分配的原则

对工程项目施工阶段的风险分配,业主起主导作用。作为买方的业主,通常由其组织起草招标文件、选择合同条件。而承包商或供应商一般处于从属地位。当然,业主一般不能随心所欲,不顾主客观条件,把风险全部推给对方,而对自己免责。风险分配应遵循下列原则:

① 风险分配应有利于降低工程造价和有利于履行合同;

② 合同双方中,谁能更有效地防止和控制某种风险或减少该风险引起的损失,就由谁承担该风险;

③ 风险分配应能有助于调动承担方的积极性,认真做好风险管理工程,从而降低成本,节约投资。

从上述原则出发,施工承包合同中的风险分配通常是双方各自承担自己责任范围内的风险,对于双方均无法控制的自然和社会因素引起的风险则由业主承担,因为承包商很难将这些风险事先估入合同价格中,若由承包商承担这些风险时,则承包商势必只能将风险在投标报价中体现,即增加其投标报价。因此,在这种情况下,当风险不发生时,相对而言会增加业主/项目法人的工程造价;当然,当风险估计不足时,则会造成承包商亏损,且难以保证工程的顺利进行。

2. 项目法人/业主应承担的风险

在工程项目施工合同中,一般要求项目法人/业主承担下列风险。

(1) 不可抗力的社会或自然因素造成的损失和损坏

前者如战争、暴乱、罢工等;后者如洪水、地震、飓风等。但工程所在国以外的战争、承包商自身工人的动乱以及承包商延误履行合同后发生的情况等均除外。

(2) 不可预见的施工现场条件的变化,而引起的损失或损坏

其是指施工过程中出现了招标文件中未提及的不利的现场条件,或招标文件中虽提及,但与实际出现的情况差别很大,且这些情况在招、投标时又是很难预见到的,由此而造成的损失或损坏。在实际工程中,这类问题最多是出现在地下工程的情况,如土方开挖现场出现了岩石,其高程与招标文件所述的高程差别很大;设计指定了土石料场,其土石料不能满足强度或其他技术指标的要求;开挖现场发现了古代建筑遗迹、文物或化石;开挖中遇到有毒气体等。

(3) 工程量变化而导致的价格变化的风险

其是对单价合同而言,因单价合同的合同价是按工程量清单上的估计工程量计算的,而支付款项是按施工实际的支付工程量计算的,由于两种工程量不一致,就会

出现合同价格变化的风险。若采用的是总价合同，则此项风险由承包商承担。另一种情况是当某项作业其工程量变化很大，而导致施工方案变化引起的合同价格变化。

(4) 设计文件缺陷风险

设计文件有缺陷而造成的损失或成本增加，由承包商负责的设计除外。

(5) 法规变更风险

国家或地方的法规变化导致的损失或成本增加，承包商延误履行合同发生的除外。

3. 承包商应承担的风险

在工程项目施工合同中，一般规定由承包商承担的风险如下：

① 投标文件的缺陷，指由于对招标文件的错误理解，或者勘察现场时的疏忽，或者投标中的漏项等造成投标文件有缺陷而引起的损失或成本增加；

② 对业主提供的水文、气象、地质等原始资料分析或运用不当而造成的损失和损坏；

③ 由于施工措施失误、技术不当、管理不善、控制不严等造成施工中的一切损失和损坏；

④ 分包商工作失误造成的损失和损坏。

10.4.2 风险控制策略和措施

工程项目风险控制包括所有为避免或减少风险发生的可能性以及潜在损失而采取的各种措施。一般控制风险的策略和措施有减轻、预防、转移、回避、自留和后备措施六种。

1. 减轻风险

减轻风险，又称风险缓解，是指将工程项目风险的发生概率或后果降低到某一可以接受的程度。减轻风险的前提是承认风险事件的客观存在，然后再是考虑采用适当措施去降低风险出现的概率或者消减风险所造成的损失。在这一点上，减轻风险与风险规避及转移的效果是不一样的，它不能消除风险，而只能减轻风险。减轻风险的目标是降低风险发生的可能性或减少后果的不利影响。具体目标是什么，则在很大程度上要看风险是已知的，可预测的，还是不可预测的。

可预测或不可预测的风险是项目管理人员难以控制的风险，直接动用项目资源一般难以收到好的效果，必须进行深入细致的调查研究，减少其不确定性和潜在损失。

减轻风险采用的形式可能是选择一种减轻风险的新方案，采取更有把握的施工技术，运用熟悉的施工工艺，或者选择更可靠的材料或设备。减轻风险还可能涉及变更环境条件，以使风险发生的概率降低。

分散风险也是有效缓解风险的措施。通过增加风险承担者，减轻每个个体承担的风险压力。例如，国际性银行通过向第三世界国政府或股票市场投资者提供银团货款来分散其风险;总承包商则通过在分包合同中另加入误期损害赔偿条款来降低其所面临的误期损害赔偿风险;联合投标和承包大型复杂工程,在中标后,风险因素也很多,这诸多风险若由一家承包商承担十分不利,而将风险分散,即由多家承包商以联合体的形式共同承担,可以减轻他们的压力,并进一步将风险转化为发展的机会。

风险降低措施可以分成四类。第一种是通过教育和培训来提高雇员对潜在风险的警觉,即强化意识。第二是采取一些降低风险损失的保护措施。例如承包商可以雇用一家独立的质量保证公司来作为对工程项目的第二检查人,这种方法费用高昂但确实能减少隐藏的缺陷。第三种是通过建立使项目实施过程前后保证一致的系统,以及鼓励人们多考虑风险。最后一种是通过提供对人员和财产保护的措施来降低风险。

在制定缓解风险措施时,必须将风险缓解的程度具体化,即要确定风险缓解后的可接受水平。至于将风险具体减轻到什么程度,这主要取决于项目的具体情况、项目管理的要求和对风险的认识程度。在实施缓解措施时,应尽可能将项目每一个具体风险减轻至可接受水平,从而减轻项目总体风险水平。

2. 预防风险

工程项目风险预防通常采用有形和无形的手段。

(1) 有形的风险预防手段

在有形手段中,常以工程措施为主。如,在修山区高速公路时,为防止公路两侧高边坡的滑坡,可以采用锚固技术固定可能松动滑移的山体。有形的风险预防手段有多种多样的形式,如:

① 防止风险因素出现,即在工程活动开始之前就采取一定的措施,减少风险因素。

② 减少已存在的风险因素。如在施工现场,当用电的施工机械增多时,因电而引起的安全事故势必会增加,此时,可采取措施,加强电气设备管理和做好设备外壳接地等,减少因漏电而引起的安全事故。

③ 将风险因素同人、财、物在时间和空间上隔离。风险事件发生时,造成财产损毁和人员伤亡是因为人、财、物同一时间处于破坏力作用范围之内。因此,可以把人、财、物与风险源在空间上实行隔离,在时间上错开,可达到减少损失和伤亡的目的。

(2) 无形的预防手段

此种手段分为教育法和程序法。

① 教育法。工程项目实践表明,工程项目风险因素有一大类是由于工程项目管理者和其他人员的行为不当而引发的。因此,要减轻与不当行为有关的风险,就必须对有关人员进行风险和风险管理的教育,主要内容包括:资金、合同、质量、安全等方面的法律、法规、规程规范、工程标准、安全技能等方面的教育。

② 程序法,即是指用规范化、制度化的方式从事工程项目活动,减少不必要的损

失。工程项目活动许多是有规律的，若规律被打破，有时也会给工程项目带来损失，如工程建设的基本建设程序要求是先设计后施工，若设计还没有完成就仓促上马施工，势必会出现设计变更增多、设计缺陷泛滥等问题。

3. 转移风险

工程风险应对策略中采用最多的是转移风险。转移风险是设法将某风险的结果连同对风险应对的权利和责任转移给他方。实行这种策略要遵循三个原则：转移风险应有利于降低工程造价和有利于履行合同；谁能更有效地防止或控制某种风险或减少该风险引起的损失，就由谁承担该风险；转移风险应有助于调动承担方的积极性，认真做好风险管理，从而降低成本，节约投资。

转移风险并不会减少风险的危害程度，它只是将风险转移给另一方来承担。他人肯定会受到风险损失。各人的优势、劣势不一样，对风险的承受能力也不一样。

在某些环境下，转移风险者和接受风险者会取得双赢。而在某些情况下，转移风险可能造成风险显著增加，这是因为接受风险的一方可能没有清楚意识到他们所面临的风险。例如，总承包商在和分包商签订分包合同时，可能会制订一个误期损害赔偿条款，该条款既包括分包商由于误期而需对主合同所做的赔偿又包括对主承包商所遭受损失的赔偿。分包商可能没有意识到这种转嫁给他的额外风险，并且分包商很可能不具备承担这些风险的经济能力。

1）转移风险的注意事项

实施转移风险策略应注意到：

① 必须让承担风险者得到相应的回报；

② 对于具体的风险，谁最具有管理能力就转移给谁。

2）转移风险的实现方法

转移风险可以通过工程的发包与分包（在国外还可采用工程转包，但在国内不合法）、工程保险以及工程担保来实现。

（1）工程的发包与分包

工程的发包与分包属于非保险性转移风险。通过具体合同条款的签订、合同计价方式的选择，能够有效转移风险。例如建设项目的施工合同按计价形式划分，有总价合同、单价合同和成本加酬金合同。采用总价合同时，承包商要承担很大风险，而业主的风险相对而言要小得多。成本加酬金合同，业主要承担很大的费用风险。采用单价合同，承包商和业主承担的风险相当，因而承包单位乐意接受，故应用较多。

（2）工程保险和工程担保

现在最普遍的转移风险方式就是通过保险转移风险，以将不确定性转化为一个确定的费用。在建筑业中，获得保险的投保费用正变得越来越高昂，对于建设工程项目，没有任何缺陷的建筑物是无法保证的，可能在项目完工后很久才会被发现。这种在建筑物完工时或合同规定的缺陷责任期内无法发现某些潜在缺陷的现象正是建筑业的一大特点。而工程保险通过购买保险，投保人将本应自己承担的责任转移给保险公司(实际上是所有向保险公司投保的投保人);工程担保通过担保公司或银行或其他机构与组织开具保证书或保函,在被担保人不能履行合同时,由担保人代为履行或作出赔偿。工程担保和保险都是一种补偿机制,其中担保主要是对人为责任的补偿,而保险则是对非人为或非故意人为责任的补偿。

目前对于发现潜在缺陷后的处理安排无法很好的满足业主、承包商或设计者的利润的,通常,在法庭上都需要确定建设过程中各方的责任和义务。对于业主来说存在着一种风险,即他必须通过法律程序证明缺陷及其造成的损失是由其他方违反合同、忽略或忽视而引起诉讼。对于承包商和设计者来说,他们在项目完工后许多年中都存在着对业主索赔需承担的潜在责任。而且,在多方关系中的连带责任中,可能导致工程各方中的一方或多方,将不得不承担赔偿中的一个不合理的比例。

虽然专业责任险已是造成保险公司亏损的一个险种,但专业人士用于处理索赔的管理费用和诉讼费用的总和已远远超出了建筑物修复所需的费用,而后者才是专业责任保险实际的意图。

以上意味着保险可能会导致对被保险责任提出索赔的风险增加,如果项目中出现任何问题,业主就会采取一些方法来弥补损失。有一种观点认为法律责任将由最有能力进行支付的一方来承担。

各种报告都表明了那种只要受到了实际损失,无需提供是该由何方承担责任的证据都可理赔的保险对业主是最有利的。开发商或建筑物的所有者应在初步设计阶段就开始项目保险策略的谈判。根据目前的做法,项目保险是可以转让给后续所有者或整幢建筑物的租户的。这种做法的主要优点就是确保了业主和租户不用为在保险范围内的潜在缺陷修复费用及其后果而担心,修复的费用是可以得到补偿的,所以这种保险有助于高速、高效地在公平的基础上修复缺陷和弥补造成的损害。建设过程中涉及的各方的责任和义务也不会受到法律的追索。这有助于减少对上诉讼和费用超过保险金额的担心,从而可以提高项目的建筑质量。

在其中付款中扣除承包商和专业承包商的保留金是一种针对剩余的风险的管理方法。这部分金额用来确保承包商正确地完成工程以及保障由于承包商误期可能导致的损失风险。保留金的金额判别很大,但通常为项目造价的3%~5%。业主也可以采用保函方式,这在美国用的很多。由保险公司或银行提供的履约保函保证在承包商违约时将继续完成项目。保函实质上是由业主购买并最终支付费用的保险的一种方式。

与发达国家相比,我国对项目实施过程中风险的转移主要停留在工程的发包以及分包这一层面上。在国际上,与建设工程有关的险种非常丰富,几乎涵盖了所有的工程风险。建设项目的业主不但自己为建设项目施工中的风险向保险公司投保,而且还要求承包方也向保险公司投保。在工业发达国家或地区,工程担保作为建筑工程社会保障体系一个极其重要的部分,已形成了一套完整而健全的体系。国内工程项目只有少数进行了工程保险,工程担保则基本上处于刚刚起步的阶段。我国对工程保险的有关规定很薄弱，尤其在强制性保险方面。所以，中国应尽快建立起参照国际惯例并符合国情的工程保险和担保制度。

4. 回避风险

回避风险是指当工程项目风险潜在威胁发生可能性太大，不利后果也太严重，又无其他策略可用时，主动放弃项目或改变项目目标与行动方案，从而规避风险的一种策略。如承包商通过风险评价后发现投某一标中标的可能性较小，且即使中标，也存在亏损的风险。此时，就应该放弃投标，以回避亏本的经济风险。

回避风险常用形式有两种：①完全拒绝承担风险；②抛弃早先承担的风险。

前者如放弃进行某高风险项目，即避免了这个高风险项目可能导致的损失；后者如已经上马的某项目，可中途中止合同。通过回避来消除风险的做法并不常见。一般来说，最适宜采用回避技术的有以下两种情况。

① 某种特定风险所致的损失频率和损失幅度相当高。

② 应用其他风险管理技术所需成本也超过其产生的效益。

此时，采用回避方法可使项目遭受损失的可能性降为零。

损失回避会因回避风险而失去一些可从潜在风险中获得的利益。故在采取该技术时，应考虑以下因素。

① 避免风险是否可能。有时，风险无法回避。例如，避免一切责任风险的唯一办法是取消责任，但有些责任无法取消。

② 避免风险是否适当。某些风险虽可回避，但从经济角度看也许不合算。若潜在利益远超过潜在的损失，就不要考虑采用回避方法。

③ 避免某种风险是否可能引发新的风险。例如，用铁路或公路运输来代替空运，避免航空运输可能带来的风险，但替换中新的风险即铁路或公路运输的风险也随之产生。

5. 自留风险

自留风险是一种风险财务技术，其明知可能会有风险发生，但在权衡了其他风险应对策略之后，出于经济性和可行性的考虑，仍将风险留下，若风险损失真的出现，则依靠项目主体自己的财力，去弥补财务上的损失。

若从降低成本、节省工程费用出发，将自留风险作为一种主动积极的方式应用时，则可能面临着某种程度的风险及损失后果。甚至在极端情况下，风险自留可能使工程项目承担非常大的风险，以致于可能危及工程项目主体的生存和发展，所以，掌握完备的风险事件的信息是采用自留风险的前提。

有些时候，项目班子可以把风险事件的不利后果自愿接受下来。自愿接受可以是主动的，也可以是被动的。由于在风险管理规划阶段已对一些风险有了准备，所以当风险事件发生时马上执行应急计划，这是主动接受。被动接受风险是指在风险事件造成的损失数额不大，不影响项目大局时，项目班子将损失列为项目的一种费用。自留风险是最省事的风险规避方法，在许多情况下也最省钱。当采取其他风险规避方法的费用超过风险事件造成的损失数额,并且损失数额没有超过项目主体的风险承受能力时,可采取自留风险的方法。

6. 后备措施

有些风险要求事先制定后备措施。一旦实际进展情况与计划不同时,就动用后备措施。后备措施通常包括如下两项。

(1) 预算应急费

其是一笔事先准备好的资金,用于补偿差错、疏漏及其他不确定性对工程项目费用估计精确性的影响。

(2) 技术后备措施

其是专门为应付工程项目的技术风险而预先准备好的时间或一笔资金。准备好的时间主要是为应付技术风险造成的进度拖延;准备好的一笔资金主要是为对付技术风险提供的费用支持。

具体建设项目当中的风险控制工作可以按照图 10-5 所示流程进行。

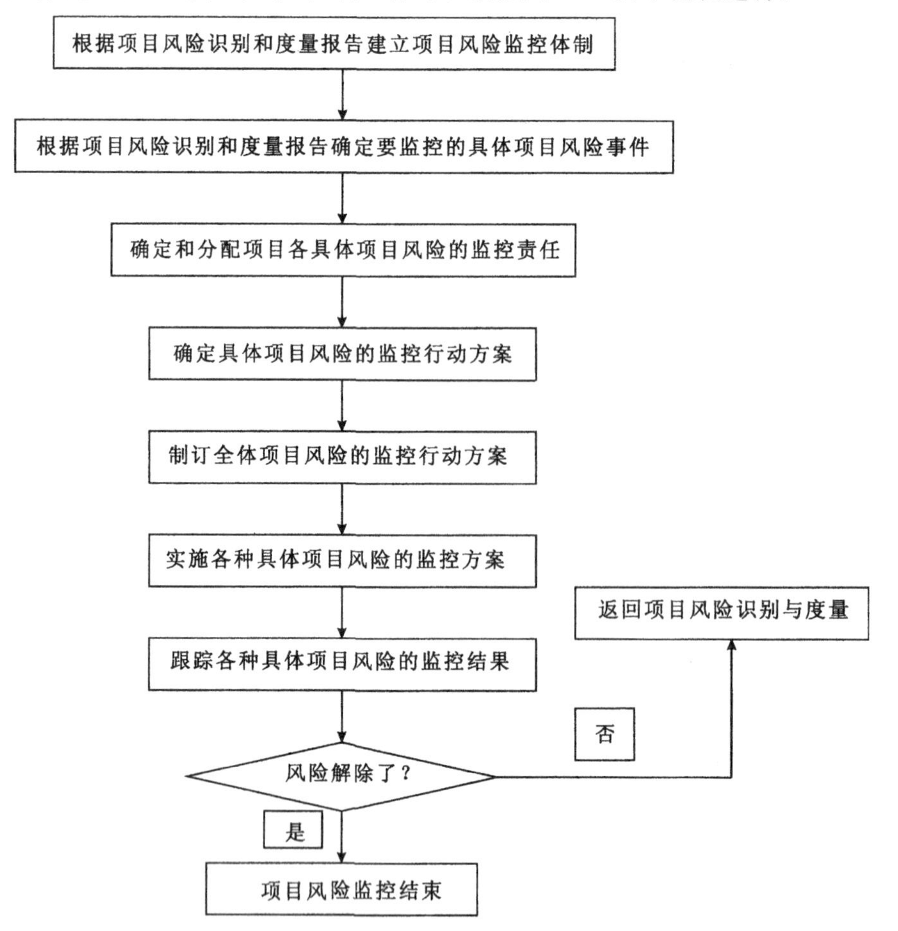

图 10-5　项目风险监控工作流程图

10.5 工程项目保险

10.5.1 工程保险概述

1. 工程保险的基本含义

工程保险是针对项目建设过程中可能出现的自然灾害和意外事故而造成的物质损失和依法应对第三者的人身伤亡和财产损失的经济赔偿责任提供保障的一种综合性保险。主要以各类民用、工业用和公共事业用建筑工程为承保对象。

2. 工程保险的分类

工程保险按适用对象，可以分为建筑工程(一切)险和安装工程(一切)险。区分的主要依据是工程项目中土建和安装部分投资所占比例，通常以25%为界限，即在建筑工程中，如果安装项目的投资比重在25%以下，采用建筑工程(一切)险；同样在安装工程中，如果建筑项目的投资比重在25%以下，采用安装工程(一切)险；如果土建、安装工程投资都超过25%时，则应当采用不同的保险分别承保。

为使工程保险市场的产品满足不同类型建设项目和消费者需要，经中国保险监督管理委员会批准的《建筑、安装工程保险条款》(列明风险条款)是针对一些中、小型项目工程保险的产品，其特点是责任范围相对较窄，操作简单。

3. 引入工程保险机制的重要意义

首先，能够合理地运用风险转移机制，保证建设项目按时、按质完成。项目业主和承包商可以将项目建设过程中的大部分风险转移给保险公司，特别是发生重大自然灾害等毁坏性很强的风险时，可以从保险公司及时得到物质补偿，很快恢复施工，减少了资金方面的追加投入，保证建设项目的按时按质完成。

第二，有助于加强对施工单位的风险管理，减少风险和损失的发生。由于保险公司在工程施工方面存在着利益因素，同时，根据保险合同规定的权利义务，保险公司主动地对工程施工实施必要的监督。尤其是在工程施工的安全管理等方面，通过保险公司对工程施工的风险检查和提出隐患整改意见，有助于加强项目业主和施工单位的风险管理，减少风险和损失发生的可能。

第三，有利于保障投资人和贷款人的资产安全。投资人和贷款人的资产安全和效益往往与建设项目能否按时按质完成有密切的关系。在以往情况下，投资人和贷款人不得不承担因工程发生意外情况受损或停工而导致的投资、贷款损失或由于追加资金而导致的资金收益降低。引入了工程保险机制后，这种损失的大部分将转嫁给保险公司。在一定条件下贷款人还有直接收回部分贷款资金的可能。

第四，工程保险的引入是我国工程建设体制与国际接轨的重要环节。按照国际工程建设的惯例和要求，每一个工程项目都需要办理工程保险。我国的工程建设在与国际接轨的过程中，必然要引入工程保险机制。

第五,工程保险是建设项目风险管理体系的重要组成部分。工程建设所面临的风险是多方面的,引入风险管理相关配套机制,采取风险共担和利益相关的方法,建立科学合理的工程风险管理体系是工程建设的必然要求。工程保险作为对工程风险分散和控制的一种重要手段,在工程风险管理体系中占有重要的地位,是不可或缺的部分。

4. 工程保险的特点

工程保险属于财产保险领域,但是它与普通财产保险相比具有显著的特点,主要有以下五点。

(1) 工程保险承保的风险具有特殊性

一是工程保险既承保被保险人财产损失的风险,同时还承保被保险人的责任风险;二是承保的风险标的中,大部分处于裸露环境中,其抵御风险的能力大大低于普通财产保险的标的;三是工程在施工中始终处于一种动态的过程,各种风险因素错综复杂,使风险程度加大。

(2) 工程保险的保障具有综合性

工程保险的主责任范围一般由物质损失部分和第三者责任部分构成。同时,工程保险还可以针对建设项目风险的具体情况,提供运输过程中、工地外储存过程中、保证期过程中等各类风险的专门保障。

(3) 工程保险的被保险人具有广泛性

由于工程建设过程中的复杂性可能涉及的当事人和关系方较多,包括:项目业主、主承包商、分包商、设备供应商、勘察设计单位、技术顾问、工程监理等,他们均可能对工程项目拥有保险利益,成为被保险人。这种广泛性的优点是将这些有关的方面均置于一个保险项目下,可以避免相互之间的责任追索。

(4) 工程保险的保险期限具有不确定性

工程保险的保险期限一般是根据工期确定的,往往是几年,甚至十几年;工程保险的保险期限起止点也不是确定的具体日期,而是根据保险单的规定和工程的具体情况确定的。为此,工程保险采用的是工期费率,而不是年度费率。

(5) 工程保险的保险金额具有变动性

工程保险的保险金额在保险期限内是随着工程建设的进度而增加的。工程保险在保险期限内的不同时点,其保险金额都是不同的。

5. 工程保险的重要原则

(1) 保险利益原则

《中华人民共和国保险法》明确规定:“投保人对保险标的应当具有可保利益。”保险利益(可保利益)是指投保人对保险标的所具有的法律上承认的经济利益。它体现了投保人或被保险人与保险标的之间存在的经济利益关系,即保险标的损害或丧失,投保人或被保险人必然蒙受经济损失。

保险利益的构成有三个条件。一是必须是法律认可的利益。保险利益必须是符合法律规定、符合社会公共利益要求、被法律认可并受法律保护的利益。二是必须是客观存在的利益。保险利益必须是客观上或事实上的利益。所谓事实上的利益包括“现有利益”和“期待利益”。保险利益主要是指投保人或被保险人的现有利益,诸如财产所有权、共有权、使用权等。如果期待利益可以确定并可以实现的话,也可以作为可保利益。三是必须是经济上能确定的利益,即可通过货币形式计算的利益。

保险利益原则是指在订立和履行保险合同的过程中,投保人或被保险人对保险标的必须具有可保利益。如果投保人对保险标的不具有可保利益,保险合同无效;或者保险合同生效后,投保人或被保险人失去了对保险标的的可保利益,保险合同也随之失效。

(2) 最大诚信原则

《中华人民共和国保险法》明确规定:“从事保险活动必须遵守法律、行政法规,遵循自愿和诚实信用的原则。”由于保险合同具有特殊性,要求合同双方遵循最大诚信原则。

诚信是指诚实、守信,要求一方当事人对另一方当事人不得隐瞒、欺骗;守信是指任何一方当事人都必须善意地、全面地履行自己的义务。最大诚信原则是指保险合同双方在签订和履行合同时,必须以最大的诚意履行自己应尽的义务,互不欺骗和隐瞒,恪守合同的认定与承诺,否则保险合同无效。

(3) 补偿原则

补偿原则有两层含义:一是指保险合同生效后,如果发生保险责任范围内的损失,被保险人有权按照合同的约定,获得全面、充分的赔偿;二是保险赔偿是弥补被保险人由于保险标的遭受损失而失去的经济利益,被保险人不能因保险赔偿而获得额外的利益。

补偿原则的核心是维护保险作为一个社会经济制度的积极意义,一方面要确保被保险人在遇到承保风险造成损失时能够得到充分的补偿,以稳定其正常生产、建设和生活;另一方面又要防止一些不法的被保险人利用保险进行非法牟利。只有这样,保险才能健康有序地发展,才能真正发挥其保障的作用。

在工程保险中确定的赔偿原则是采用重置方式进行的,即按照恢复出险时标的物的原来状况所需的实际费用进行赔偿。应当注意的是,这种赔偿方式是有前提条件的,即投保人应当按照重置价进行投保。在工程保险的理赔过程中,往往因赔偿标准问题产生纠纷,其核心的问题就是前提条件的确认和维持。如果被保险人是按照重置价进行投保的,则保险人就应当按照重置方式进行赔偿;如果被保险人没有按照重置价进行投保,则保险人就可以拒绝按照重置方式进行赔偿。实际情况往往是在保险期间工程的重置价发生了较大的变化,投保人或者被保险人没有及时通知保险人,到了损失发生时,保险人才发现重置价发生了变化。针对这种情况,可以通过“申报制度”的方式加以解决,即对于那些工期较长的项目要求投保人每隔一定的时间向保险人申报一次合同金额的变化情况。另一种方式是保险人经常对合同金额可能发生的变化进行检查和核对。

6. 工程保险针对的风险

工程保险承保的风险主要是自然灾害和意外事故。自然灾害是指人力不可抗拒的、破坏力强大的自然现象;意外事故是指不可预料的以及被保险人无法控制并造成物质损失或人身伤亡的突发性事件,包括火灾和爆炸。

在一定条件下,工程保险还可以承保以下风险:

① 技术风险,包括工人经验不足、施工工艺不善、材料缺陷、设计错误、新型设计、新型材料等;

② 道德风险,包括管理不善、安全生产措施不落实、劳资关系恶化、工地社会环境恶劣等。

10.5.2 工程保险合同

1. 工程保险合同组成

工程保险合同通常包括保险条款、投保单、保险单、批单和特别约定。工程保险合同采用书面合同形式。

工程保险合同的基本要素有投保人和被保险人、责任范围、除外责任、保险期间、保险金额及责任限额、免赔额和特别条款。

2. 投保人和被保险人

(1) 投保人

工程保险的投保人,是指对保险标的拥有保险利益、向保险人提出订立保险合同申请、并负有缴付保险费义务的人。

(2) 被保险人

工程保险的被保险人,是指其财产或者利益受保险合同保障的人。

在工程保险中,财产损失部分的被保险人是保险财产的权利主体或者是拥有利益的主体;第三者责任部分的被保险人是对第三者的财产损毁或人身伤亡负有法律责任,要求保险人代其进行赔偿,而对自己的利益进行保障的人。

可以成为工程保险被保险人的范围较广,核心风险层有项目业主、承包商和分包商;外围风险层有勘察单位、设计单位、监理单位、咨询(顾问)机构、材料和设备供应商、为工程建设提供运输服务单位、施工机具的出租人、施工材料的仓储保管人等与工程项目建设有直接关系的单位。为建设项目进行融资的金融机构也可以成为被保险人。

3. 责任范围

工程保险的责任范围,包括物质损失和第三者责任两个部分。物质损失,主要是针对工程项目下的物质损失,包括工程标的有形财产的损失和相关费用的损失;第三者责任,主要是针对被保险人在施工过程中因可能产生的第三者责任而承担经济赔偿责任导致的损失。

工程保险的责任条款，按照承保风险的范围有两种不同类型的条款：一切险条款和列明风险条款。一切险条款的实质是一种列明除外条款，其责任范围为条款列明除外责任以外的任何自然灾害与意外事故造成的损失。列明风险条款的责任范围则是条款中列明的风险损失。在实际工作中，应当注意区分“一切险”型保险单和“列明风险”型保险单的差异。“一切险”型保险单，是指保险单承保造成损失的原因是除外责任以外的任何自然灾害和意外事故。而“列明风险”型保险单，是指保险单承保造成损失的原因仅限于保险单上列明的自然灾害和意外事故。

工程保险的“一切险”条款的标准措辞如下。

在本保险期限内，若本保险单明细表中分项列明的被保险财产在列明的工地范围内，因本保险单除外责任以外的任何自然灾害或意外事故造成的物质损坏或灭失（以下简称“损失”），本公司按本保险单的规定负责赔偿。

对经本保险单列明的因发生上述损失所产生的有关费用，本公司亦可负责赔偿。

本公司对每一保险项目的赔偿责任均不得超过本保险单明细表中对应列明的分项保险金额以及本保险单特别条款或批单中规定的其他适用的赔偿限额。但在任何情况下，本公司在本保险单项下承担的对物质损失的最高赔偿责任不得超过本保险单明细表中列明的总保险金额。

1）关于责任范围的限定

① 工程保险的物质损失部分属于财产保险的一种，它主要是针对被保险财产的直接物质损坏或灭失。通常对因此产生的各种费用和其他损失不承担赔偿责任。

② 造成损失的原因是除外责任以外的任何自然灾害和意外事故。“除外责任以外”的措辞成为“一切险”保险单的特征。尽管措辞是“任何自然灾害和意外事故”，但在之后的“定义”对自然灾害和意外事故的概念又做了限定。

③ 关于“在本保险期限内”。工程保险的保险期限的确定不同于其他财产保险，普通财产保险的保险期限是在保单上列明的具体日期，一般是一个确定的时间点。工程保险尽管在保单上也有一个列明的保险期限，但保险人实际承担保险责任的起止点往往要根据保险工程的具体情况确定，是一个事先确定的时间点。如工程项目所用的尚未进入工地范围内的材料、工程项目中已交付的部分项目发生保险责任范围内的损失，尽管发生损失的时间是在保单列明的保险期限内，但保险人对上述损失不承担赔偿责任。

④ 关于“在列明的工地范围内”。工程保险对保险标的的地理位置通常限定于工地范围内，即被保险财产只有在工地范围内发生保险责任范围内的损失，保险人才负责赔偿。若在工地范围之外发生保险责任范围内的损失，保险人不承担赔偿责任。被保险人若因施工的需要，必须将被保险财产存放在施工工地以外的地方时，应在确定保险方案时就予以考虑。解决的办法有两种，一是如果这种工地外存放的地点相对集中、固定，可以在保单明细表上的“工程地址”栏进行说明和明确；二是如果这种工地外存放的地点相对分散，且投保时尚无法确定，可以采用扩展“工地外储存”条

款,对这类风险进行扩展承保。

⑤ 责任范围除了对承保的风险进行"定性"限制外,同时对保险人承担赔偿责任进行"定量"限制。定量限制采用的是分项限制和总额限制相结合的方法。分项限制主要是三类:一是保险单明细表的对应分项限额,如场地清理费用;二是特别条款中明确的赔偿限额;三是保险单中规定的赔偿限额。总限额是对整个保险单的赔偿限额进行总体的限制,即在任何情况下保险人承担赔偿责任的最高数额。

2) 关于风险事故的定义

风险事故是指造成生命和财产损失的偶发事件,是造成损失的直接原因或外在原因损失的媒介物,即风险只有通过风险事故的发生,才能导致损失。工程保险中的风险事故主要是指自然灾害或意外事故。为了明确责任范围,工程保险的保险单中采用"定义"形式对关键性的名词进行了明确的界定。

(1) 关于"自然灾害"的定义

"自然灾害:指地震、海啸、雷电、飓风、台风、龙卷风、风暴、暴雨、洪水、水灾、冻灾、冰雹、地崩、山崩、雪崩、火山爆发、地面下陷下沉及其他人力不可抗拒的破坏力强大的自然现象。"工程保险对"自然灾害"的概念性定义是:"人力不可抗拒的破坏力强大的自然现象",凡是符合这一条件的均为"自然灾害"。同时,为了明确起见,保险单还罗列了常见的自然灾害现象。但由于这些自然灾害现象在程度上存在巨大的不同,可能造成损失的情况也有很大的差异,所以,在保险实践中往往需要对这些现象作进一步的规定和明确,以免发生争议。一般是通过国家的保险监管机关,如中国保险监督管理委员会或以前的中国人民银行颁发的,具有法律效力的《条款解释》来实现的。

(2) 关于"意外事故"的定义

"意外事故:指不可预料的以及被保险人无法控制并造成物质损失或人身伤亡的突发性事件,包括火灾和爆炸。"工程保险对于"意外事故"的概念性定义是:"不可预料的以及被保险人无法控制并造成物质损失或人身伤亡的突发性事件",凡是符合这一条件的均为"意外事故"。定义的关键词为:"不可预料""无法控制"和"突发性"。

4. 除外责任

除外责任是指工程保险不承保的风险和损失。除外责任从性质上可以分为绝对除外责任和相对除外责任两类。

绝对除外责任是指保险人从保险和经济合同的基本原理以及社会公德等方面考虑而绝对不予承保的风险。

相对除外责任是指保险人在工程保险保险单的标准格式项下相对不予承保,但这种风险一般可以通过其他险种,或者在工程保险保险单项下扩展予以承保。

工程保险保险单对于除外责任的结构设计有两种模式:一种是分别设计工程项目下的物质损失和第三者责任的除外责任;另一种是先设计一个总除外责任,即它是同时适用于工程项目下的物质损失和第三者责任的,然后再分别设计工程项目下的物质损失和第三者责任的除外责任。

5. 保险期间

保险期间是指从保险合同生效到保险合同终止期间，即保险合同期间。工程保险的保险期间原则上是根据工期确定的。保险期间通常可以包括建设期和试车期，同时，还可以根据投保人的要求承保保证期。对承保试车期的，需在保险单中说明。通过保险合同期间的规定，进一步解决保险责任期间问题，即明确保险责任的时间限制，只有在特定期间内发生的特定事件才能够构成保险责任。对于投保人和被保险人而言，保险期间是保险人承担责任的前提和重要条件；对于保险人而言，保险期间是保险人评估风险确定费率的重要依据。

在保险合同的安排过程中，双方应当十分重视保险期间的确定，进行充分的交流和沟通。

6. 保险金额及责任限额

保险金额和责任限额应在双方签订保险合同时确定，并在合同中载明。保险金额通常是针对物质损失类标的；责任限额则是针对责任和费用标的。具体含义有三点：一是合同双方确认的被保险标的的金额，或者被保险责任的限额；二是保险人承担赔偿责任，被保险人获得保障的最高限额；三是保险人收取保险费的计算依据。

工程保险是一种综合性的保险，保险标的包括了物质损失风险和责任损失风险。在物质损失风险标的中，除了建设项目主体工程外，还可以包括施工机具、工地内已经存在的财产以及与风险损失相关的费用等。物质损失部分的主保险金额是根据工程合同价确定的，即按照工程项目建设完成时的造价确定。第三者责任部分的责任限额是由双方根据风险的情况共同商定的。

对于不同的保险标的，确定保险金额或者责任限额的方式也不同。不管情况有多复杂，在签订保险合同时就应当对这些问题进行协商并予以明确，以免日后发生争议。

7. 免赔额

免赔额也叫自负额，有两层含义：一是指在保险责任范围内发生的风险事故所导致的损失中，被保险人自己负担的部分；二是指保险人对于保险标的在一定限度内的损失不负赔偿责任的金额。

设定免赔额的实质是对被保险财产的可能发生的损失有条件地由保险人和被保险人共同承担，即在一定条件下降低保险人实际承担的责任。

免赔额的设定主要是针对一些保险金额巨大、责任范围广、损失几率高的保险种类的，如一些大型项目的财产一切险保险单和工程一切险保险单。在这些保险单项下设定免赔额的意义如下。

(1) 增强投保人和被保险人的安全生产的责任心

免赔额的设定意味着投保人、被保险人和保险人必须共同去面对每一个保险责任范围内的事故，而且被保险人在承担保险责任范围内的损失时处于“第一位”的地位,即发生了损失,如果损失金额在免赔额范围内,就由被保险人自行承担,保险人不负任何赔偿责任。只有当损失金额超过免赔额时,保险人才承担保险赔偿责任。

工程保险的特点是一方面保险的责任范围广泛,包含了人力不可抗拒的自然灾害和主要是由人为因素产生的意外事故;另一方面工程往往存在涉及面广和人多,时间和空间上的立体和交叉作业的情况。在这种情况下被保险人就成为防止和减少损失的关键的一环,即被保险人对于安全生产的认识和重视,将在很大程度上影响工程建设过程中的事故发生率和损失的大小。工程保险中的免赔额的设定正是针对工程保险可能面对的这一特点提出的,这样就可以从根本上增强被保险人的责任心,促使被保险人加强安全生产工作,以防止损失的发生,尤其是一些中、小损失的发生。

(2) 减少小额案件的处理

由于工程保险的责任范围较广,如果不设定一个免赔额,可以提起索赔的案件将会很多,而要处理这些案件,一方面被保险人为了准备索赔必须收集大量的单证,制作索赔文件,势必耗费大量的人力和物力;另一方面保险人为了处理这些案件也必须花费一定的人力、物力进行调查取证,审核理赔。其结果是保险人和被保险人为了处理案件的付出,在大多数情况下是超过案件最终赔付的金额,从而违背了市场经济的基本原则。设定一个适当金额的免赔额就可以较好地解决这个问题,即损失在免赔额以下的,由被保险人自行承担,保险人只是针对那些损失金额较大的案件承担赔偿责任。

(3) 降低投保人的保险费支出

保险费的收取总是与所承保风险可能发生的保险损失率有关。如果不设定免赔额或免赔额定得过低,势必造成保险赔付概率和数量的增多,保险人则需收取较高的保险费;反之,投保人若能根据自身财务承受能力的实际情况,确定并接受一个合理的免赔额,则可以在保险费方面获得一定的优惠,而对于一些保险金额巨大的大型项目来讲,这种保险费优惠在绝对数上可能是相当可观的数字。从现代风险管理的原理看,一个科学、合理和经济的风险管理方案是:投保人根据自身的实际情况接受一个适当的自留风险额,而获得一个相对低的风险转移支出。

8. 特别条款

工程保险条款是针对工程建设过程中的风险特点和共性制定的。由于工程项目的种类繁多、情况复杂、风险各异,如果用这种统一的保险条款简单地去适用所有的工程,这无论对于投保人或被保险人,还是对于保险人来讲均存在着不足。为了解决这个问题,通常在保险单中均采用特别条款的方式加以解决。特别条款根据其性质可分三类:扩展性特别条款、限制性特别条款和规定性特别条款。其中,扩展性特别条款包括扩展保险责任类、扩展保险标的类和扩展保险期限类;限制性特别条款包括限制保险责任类和限制保险标的类;规定性特别条款是针对保险合同执行过程中的一些重要问题,需要明确的规定,以免产生误解和争议。

10.5.3 工程保险实务

1. 确定保险方案的基本原则

工程保险方案的确定，对工程风险的管理具有至关重要的作用。确定保险方案应当遵循以下基本原则。

(1) 有效性原则

建设项目业主和承包商之所以购买保险，是希望通过保险转移工程风险，一旦发生风险事故，能够得到及时、有效的经济补偿，以确保工程建设的正常运行。有效性就成为选择投保险种首先应该考虑的因素。

(2) 严密性原则

为最大限度地发挥保险的保障作用，项目业主和承包商在选择投保险种时，应注意纵向与横向风险保障。横向风险保障，是指在确定险种保障风险范围时，应当注意投保险种之间的紧密衔接，以确保各险种之间的"无缝式链接"；纵向风险保障，是指工程建设的各个时间段之间风险保障的紧密衔接，以最大限度地发挥保险的保障作用。

(3) 合理性原则

项目业主和承包商在选择投保险种时，应当明确保险所保障的是"可保风险"，即符合保险人承保条件的特定风险，而不是工程面临的所有风险。项目业主和承包商在选择投保险种时，应当将工程项目作为一个整体，在整个工程建设中合理安排诸如部分工程项目竣工与整体工程竣工之间的保险保障等问题。

(4) 经济性原则

保险合同与其他经济合同一样，应体现责权利相等的原则。项目业主和承包商在选择险种时，要在获得更大经济保障的前提下，尽量以最低成本，换取最大、最充分的风险保障。

2. 工程保险的一般事项

(1) 申请承保

申请承保通常是由投保人向保险公司提交投保申请文件并提供必要的资料，如：工程合同、工程量清单、工程设计书、工程进度表、工程地质报告、工程略图等。由于工程保险的特殊性，往往需要与保险人具体协商制定承保方案，在保险方案确定后，投保人与保险公司签订保险合同并交纳保险费。

(2) 申请理赔

一旦在保险责任范围内发生风险事故，投保人或被保险人应当在第一时间向保险公司报案，向保险人提供所需的材料和证明并提出索赔要求。协助保险公司进行损失确定的有关工作，并就保险公司的损失核定提出意见。在保险公司确定理赔数额之后，收取赔款并出具收据。

(3) 申请批改

签订保险合同后,被保险人如对于保险合同中的有关内容有新的要求和意见,可向保险人提出批改保险合同的要求,经双方协商确定,由保险人出具批单。

3. 工程保险投保方式

工程保险的投保方式包括项目业主统一安排投保,或由承包商单独投保。

(1) 建设项目业主统一安排投保

建设项目业主统一安排投保是指由建设项目业主以自己的名义进行投保,据需要,将一部分或者全部工程关系人纳入被保险人的范畴。

建设项目业主统一安排投保的优点如下:第一,通过统一安排保险,能够对整个工程的风险管理和风险转移有充分的控制权;第二,由于是建设项目业主自己办理,所以其对保险费的支出和赔款的处置拥有充分的主动权;第三,可以防止因多头办理保险而造成的保障重复或保障脱节;第四,如同"批发与零售"的关系,建设项目业主统一投保可以节约保险费支出;第五,发生赔案后,索赔相对简单,争议减少,并可以充分保障建设项目业主的利益。

建设项目业主统一安排投保的主要缺点是建设项目业主为安排保险而需做大量的事务性工作。

(2) 由承包商单独投保

由承包商单独投保是由建设项目业主在工程合同中规定,将办理工程保险的工作委托由承包商负责。

由承包商单独投保的优点是建设项目业主指定由承包商出面投保,并在承包合同价中给出保险费预算,免除了建设项目业主的大量事务性工作,承包商自主性较强。

由承包商单独投保的主要缺点是建设项目业主对工程保险的具体安排可能失去控制,如保险保障是否全面、承包商与承保人所谈的具体条件等,承包商可能选择资信较差的保险公司、降低保险金额、减少保险责任的方法以节约开支,致使工程项目得不到切实、有效的保险保障。

4. 保险方案制订

在工程风险管理和工程保险工作中,保险方案制订是关键的环节之一。保险方案制订工作的内容包括:对保险需求进行定性和定量分析,对保险产品进行专业研究,选择保险公司,确定保险条款、条件和保费,签订工程保险合同等。

由于工程风险管理和工程保险具有较强的专业性和特殊性,在制定工程保险方案的过程中,不仅需要具有与工程项目建设相关的知识背景和经验,还需要通晓风险管理和工程保险方面的知识和实务。在国外,由于保险中介市场十分发达,中介机构的内部分工明确并具有较强的专业性,因此,一般大型工程项目的工程保险安排通常是委托专门从事工程保险的保险经纪人或者是保险顾问进行的。由于我国的保险市场仍处于发展的初期,保险中介市场,特别是工程保险专业中介市场还不成熟,因此,根据我国的实际情况，保险方案的制订可有三种方式，一是经过比较，选择一家保险公司作为建设项目的工程风险管理的顾问，提供保险服务；二是培养自己的风险管理专业人才，建立风险管理部，集中统一负责风险管理工作；三是委托外部专业机构，如保险经纪人或者是保险顾问，提供保险服务。

5. 保险公司的选择

截止到 2002 年底，我国保险市场上能够提供工程保险的财产保险公司有 22 家。按公司性质分，国有公司有中国人民保险公司；股份公司有平安保险公司、太平洋保险公司和华泰保险公司等；外资公司有美国美亚保险公司和日本东京海上保险公司等。按经营范围分，全国性的公司有中国人民保险公司、平安保险公司、太平洋保险公司和华泰保险公司等，区域性的公司有天安保险公司、大众保险公司、华安保险公司、永安保险公司等。

目前，我国的保险市场仍然处于相对垄断阶段，中国人民保险公司、平安保险公司和太平洋保险公司三家占有市场的绝大多数份额。2001 年中国人民保险公司的市场份额为 75%，平安保险公司的市场份额为 9%，太平洋保险公司的市场份额为 12%。

由于工程保险一般金额较高，技术难度较大，因此对保险公司的承保能力、资金和技术实力有较高的要求。被保险人应对保险公司的承保能力、偿付能力、技术水平等要有充分的了解，慎重选择保险公司，避免在签订保险合同后，特别是出险后产生不必要的纠纷，从而影响工程的及时恢复。

选择保险公司要考虑两大因素，一个是保险公司的实力、承保能力和技术；另一个是保险公司、特别是相关人员对于建设项目的理解和沟通能力。

保险公司的选择可以通过保险招标进行。保险招标可分两个阶段进行。第一阶段为保险方案的招标。由于每一个项目的风险情况都不一样，每一个项目的保险方案也不一样，可以通过招标选择合理的保险方案。第二阶段为通过招标选择保险人。项目业主可以在保险方案招标的过程中了解保险人的情况，然后，再通过协商方式确定保险人以及价格。

对一些大型或者超大型建设项目，其风险金额往往超过了一家保险公司能够承担的能力，解决这个问题的方法通常是安排再保险。再保险是由保险公司将其承保风险的一部分，通过再保险合同的方式，转嫁给再保险公司。再保险可以被视为保险公司的保险。因此，在一些大型项目的保险安排过程中，投保人应当了解和关注保险人的再保险安排情况，确保风险的充分分散。

目前，一些建设项目的保险安排过程中出现了共同保险的现象，即由几家保险公司按照一定的份额共同承保这个项目的工程风险。从理论上讲这种安排不是一个最优方案。原因是在这种安排下，投保人需要面对几家保险公司，关系难以协调，成本相对较大，更重要的是在保险事故的处理过程中，往往容易因各家保险公司之间的意见不一、相互矛盾，导致不能得到及时和充分的赔偿。如果由于种种原因，投保人不得不选择共同保险时,必须要求保险公司形成一个共保体,并确定一家保险公司作为首席承保人,负责协调各家保险公司,并对投保人负责。

6. 切实履行投保人和被保险人义务

保险合同是经济合同的一种,在经济合同项下合同双方的权利和义务均是对等的,一方的权利就是另一方的义务,合同一方履行义务是其享有权利的前提条件。投保人和被保险人的基本义务有十项:诚信义务、交纳保险费的义务、防灾防损义务、损失通知义务、减少损失的义务、保留事故现场的义务、及时报案的义务、法律诉讼的通知义务、损失举证的义务、纠正缺陷的义务。

(1) 诚信义务

由于保险合同的特殊性,要求当事人遵循“最大诚信”原则,其含义是指当事人应向对方充分而且准确地告知有关保险的所有重要事实。

(2) 交纳保险费的义务

经济合同的重要特征之一是合同的对价关系,在保险合同关系中投保人交纳保险费与保险人承担保险责任形成一种对价关系,所以投保人交纳保险费是保险人承担保险责任的前提条件。

(3) 防灾防损义务

保险公司承担了投保人和被保险人因发生自然灾害和意外事故可能遭受损失的经济赔偿责任,但是它并未免除投保人和被保险人应防止灾害发生这一不可推卸的责任。因此,投保人和被保险人必须恪尽职守,按照国家的有关规定,积极采取科学的管理方法和合理的防损措施,采纳保险人代表提出的合理的防损建议,以尽可能避免灾害事故的发生。

(4) 损失通知义务

保险事故发生后,投保人和被保险人应立即通知保险人。保险人及时知道损失事故的发生是非常重要的,一是使保险人得以迅速展开对事故的调查,掌握事故发生的原因以及损害的真实情况,不至于因调查的迟延而丧失证据,影响保险责任和损失程度的确定;二是使保险人能够及时指导和协助被保险人开展施救行动,防止损失进一步扩大;三是如果存在潜在第三者责任的索赔,保险双方可以尽早协商及采取对策,将损失控制在最小的范围内;四是使保险人有准备保险赔偿金的充分时间。如果因被保险人延误通知而使保险人无法查明原始损失情况,或造成进一步的损失,保险人有权拒绝赔偿或仅与被保险人按比例分担责任。

(5) 减少损失的义务

保险事故发生之后,投保人和被保险人在履行及时通知义务的同时,还应当积极进行施救、控制和减少损失。这一条与防灾防损义务一样,都是国家法律赋予投保人和被保险人的不可推卸的责任。

投保人和被保险人所采取的施救措施应包括两个方面:一是防止损失扩大,即防止保险标的受灾范围扩大;二是减少损失,即减少受损保险标的损毁程度。

（6）保留事故现场的义务

事故现场的第一手资料，是保险人确定保险责任和损失金额的重要依据。因此，除非是抢救工作之必须，或事先获得保险人的书面同意，在保险人对损失原因和损失程度的核定工作完成之前，投保人和被保险人应当尽力保护事故现场的任何实物证据。

（7）及时报案的义务

一些涉及刑事犯罪的保险事故发生后，投保人和被保险人应及时向有关部门报案。这是我国公民都应尽的义务。有了公安部门的配合，既有助于保险人确定保险责任，又增加了事后追回损失的可能性（例如盗窃案件）。及时向公安部门报案也是获得公安部门出具事故证明材料的前提条件。

（8）法律诉讼的通知义务

这一义务主要是针对可能发生的第三者责任索赔而言的。投保人和被保险人大多对此类索赔缺乏经验，如果及时通知并获得保险人的专业支持，可减少损失和不必要的法律纠纷。

（9）损失举证的义务

在保险事故发生之后，为了便于保险人确认保险事故的性质、原因、损失程度和其他足以影响保险责任之成立或大小的事实，投保人和被保险人应在行使保险金请求权的同时，向保险人提供必要的与确定保险事故的性质、原因和损失程度有关的索赔证据和文件。

（10）纠正缺陷的义务

强调投保人和被保险人发现缺陷后，应及时予以纠正，且自负一切费用。否则，保险人不仅对有缺陷标的本身的损失不负责赔偿，而且对因此类缺陷所引起的其他完好标的的损失也不予赔偿。

7. 工程保险费

1）保险费

保险费简称保费，是投保人为转移风险取得保险保障而应付出的代价，亦是保险人承担保险合同所约定的保险责任，为被保险人提供风险保障服务而取得的报酬。

一般情况下，保险费即毛保费，又称营业保费，可以分解为纯保费和附加保费两部分。纯保费是保费的主要部分，用以建立保险赔偿与给付基金，是保险费的最低界限，根据对保险标的未来保险损失的预测（期望值及一定的安全附加）而确定。附加保费用于保险人的经营管理开支和预期利润，包括职工工资、业务费用、管理费用、中介费用、宣传费用、税金、利润等。

2）影响工程保险费的风险因素

影响保险费的直接因素有三个。一是保险金额。保险费与保险金额成正相关。保险期限与保险费率一定，则保险金额愈高保费愈多，保险金额愈低保费愈少。二是保险期限。保险费与保险期限成正相关。保险金额与保险费率一定，则保险期限愈长保费愈多,保险期限愈短保费愈少。三是保险费率。

不同保险在确定价格的过程中,将考虑不同的风险因素。在工程保险费率的确定过程中,考虑的风险因素主要有:

① 工程的性质和总造价;

② 工程施工的危险程度,包括施工方法和建筑高度等;

③ 施工期限,包括施工期的长短和季节、试车期的长短、保证期长短及责任范围;

④ 工地及邻近地区的自然地理条件,有无特别危险及发生巨灾的可能性;

⑤ 承包商及其他工程关系方的资信、技术水平和经验,是否从事过类似工程,对施工组织的水平和现场安全管理的能力,以及以往承包工程的损失记录;

⑥ 同类工程以往的损失记录;

⑦ 被保险人要求提供的保障范围,包括特殊风险扩展及其危险性大小;

⑧ 最大可能损失程度;

⑨ 每次事故免赔额的设定;

⑩ 特种危险赔偿限额的设定;

⑪ 如果工程的保险金额巨大,必须对外进行分保时,则还应考虑有关分保市场的行情。

3)工程保险费的测算方法

(1)分别计算

① 对建筑工程、所有人提供的物资、安装及其他指定分包项目、场地清理费、专业费用、工地内现有财产及被保险人的其他财产,测算一个总的费率。该费率为整个工期的一次性费率,其与总保险金额的乘积即为应收取的保险费。

② 施工用机器、设备的保险费率采用年费率,因为这类保险标的的流动性大,一般为短期使用,而且旧机器多,损耗大,小事故多。如果保险期限不足一年,则按短期费率计收保险费,按每一时段累计总金额计算。

③ 第三者责任保险费率亦为工期性费率,主要按每次事故赔偿限额计算。

④ 保证期保险费率亦为工期性费率,按总保险金额计算。

⑤ 因增加附加保障所加收的保险费,按附加保障所属的范畴,即物质损失或第三者责任,及其所要求的赔偿限额分别计算。

(2)一揽子计算

对"分别计算"中的①、③、④、⑤项分别测算保险费之后,再相对于物质损失的总保险金额倒算出一个总的工期一次性费率。目前在工程保险中,大多采用这种计算方法。

对"分别计算"中的第②项,在任何情况下都必须单独以年费率计算,不得与总的平均一次性费率混在一起。

工程保险采用工期保险的原因如下。

① 在保险期限内，工程的保险价值累计增长，每一固定时段的保险价值难以确定，如以年费率计算，则容易出现不足额保险的情况。

② 防止保险费的重复支出。足额保险＝前段＋后段(已建成但未移交的工程仍有风险)。

4）赔偿后恢复保险金额的保险费

与其他财产类保险一样，在工程发生物质损失之后，保险标的的保险金额自然要相应减少。被保险人若要恢复保险金额，可以有两种方法：一是在保险合同中加入“自动恢复保险金额”条款，则在损失发生后，因损失而减少的保险金额将被自动恢复，即将保险金额自动维持在一个适当的数额上，以充分地保障被保险人的利益；二是在损失发生之后，被保险人因担心自己的利益不能得到足额保障而要求恢复。不论是哪一种情况，被保险人都应该就恢复的保险金额部分交付相应的保险费。

5）保险费的结算或调整

如果被保险人采用工程概算总造价投保，保险人在开立保险单时所收取的保险费仅仅是预收的暂定保险费。在工程结束时，按照双方事先约定，保险人应根据被保险人提供的工程结算总造价和约定的保险费率，对总的工程保险费进行结算，并根据计算结果对预收的暂定保险费，多退少补，但保险人至少可以保留双方事先约定的最低保险费。

6）保险中介人佣金和税收

如果工程的保险业务是通过保险中介人，即保险经纪人或保险代理人收费时，保险人在测算保险费时，还应将需支付给保险中介人的佣金因素一并考虑在内。

7）保险费的分期付款

工程保险因其保险期限较长，保险金额大，保险费的数额通常也较大。通常投保人或者被保险人可以要求保险人给予一种优惠，即采用分期付款方式支付保险费，以减轻财务压力，保险人原则应当同意。一般情况下，分期付款的次数不超过四次，而且第一期保险费应在保险单签发之后，保险生效之前，最后一期则在工程完工前六个月。

8. 保险索赔

安排工程保险的主要目的之一就是在发生保险事故时，能够得到及时和充分的补偿，缓解财务压力，尽快恢复生产。工程保险属于经济合同的范畴，投保人要维护自身的合法权益，关键是要严格按照合同的有关规定执行，包括履行合同规定的各项义务，按照合同规定的程序操作。

工程保险合同规定的索赔程序主要有及时报案、保留现场、协助查勘和提供证明材料。在以往的实践过程中，存在的一个突出问题是建设项目工程保险工作的内部脱节，即安排工程保险的部门(财务部)不负责索赔工作，而负责索赔的部门不了解保险合同的具体情况。因此，建立一个内部管理协调机制是十分重要的，通过这个机制协调内部的各种资源，包括信息资源，共同完成保险合同的管理工作，尤其是索赔工作。

在各项与索赔相关的工作中,及时报案最为重要。不少大型项目尽管安排了工程保险,但由于内部信息不通畅,责任不明确、不落实,导致事故发生之后,没有及时地向保险公司报案,甚至根本就没有报案,也就不可能进行查勘定损工作。待到日后提起索赔时,事故现场已经事过境迁,一方面保险公司无法确定损失的真实情况,另一方面被保险人也难以举证损失情况,这样也就不能,或者难以得到充分赔偿。

在保险事故的处理过程中,对于事故的定性和定量鉴定是一项专业性很强的工作,需要进行大量、细致和专业的工作。在我国,以往这项工作均是由保险公司的查勘定损人员完成,被保险人的相关人员配合进行。但是,由于立场的相对和利益的对立,往往容易产生矛盾和争议。解决这个问题,可以采用公估人制度,即保险合同双方共同指定和委托独立的第三方(公估人)对于保险事故损失进行鉴定,以确定事故的原因是否属于保险合同范围以及损失的金额。在一些大型建设项目的工程保险安排过程中,可以采用事先约定的方式,即在订立保险合同时,就约定对于损失金额超过一定数额的事故,由某一家保险公估公司负责事故鉴定工作,双方均接受其提供的理算报告。公估费用通常是计入赔款,由保险公司负责支付。

【本章要点】

本章主要介绍了风险的概念及其类型;工程项目风险管理的概念、目标和内容;风险识别的过程和方法;工程项目风险估计与评价的步骤和方法;工程项目风险控制;工程项目保险等内容。

通过本章的学习,掌握工程项目风险管理的概念、目标和内容、工程项目风险估计与评价的步骤和方法,熟悉风险识别的过程和方法,了解工程项目保险等内容。

【思考与练习】

1. 什么是项目风险?
2. 简述项目风险识别过程。
3. 调查几家保险公司,了解一些工程保险的主要条款。
4. 简述风险管理的目标。
5. 简述工程项目管理风险识别的程序。

参考文献

[1] 国家发展和改革委员会建设部.建设项目经济评价方法与参数[M].3版.北京:中国计划出版社,1993.
[2] 冯为民.建设项目管理[M].武汉:武汉理工大学出版社,2005.
[3] 王卓甫,杨高升.工程项目管理:原理与案例[M].3版.北京:中国水利水电出版社,2014.
[4] 戎贤,杨静,章慧蓉.工程建设项目管理[M].2版.北京:人民交通出版社,2014.
[5] 仲景冰,王红兵.工程项目管理[M].2版.北京:北京大学出版社,2012.
[6] 田金信.建设项目管理[M].2版.北京:高等教育出版社,2017.
[7] 成虎.工程项目管理[M].4版.北京:中国建筑工业出版社,2015.
[8] 陈立文.项目投资风险分析理论与方法[M].北京:机械工业出版社,2004.
[9] 白思俊.现代项目管理[M].北京:机械工业出版社,2010.
[10] 卢有杰,卢家仪.项目风险管理[M].北京:清华大学出版社,1998.
[11] 王卓甫.工程项目管理:风险及其应对[M].北京:中国水利水电出版社,2005.
[12] 曾华.工程项目风险管理[M].北京:中国建筑工业出版社,2013.
[13] 王幼松.土木工程项目管理[M].广州:华南理工大学出版社,2005.
[14] 池仁勇.项目管理[M].3版.北京:清华大学出版社,2015.
[15] 中华人民共和国住房和城乡建设部.建设工程项目管理规范(GB/T 50326—2017)[S].北京:中国建筑工业出版社,2017.
[16] 全国二级建造师执业资格考试用书编写委员会.建设工程施工管理(全国二级建造师执业资格考试用书)[M].北京:中国建筑工业出版社,2016.
[17] 全国建筑企业项目经理培训教材编写委员会.施工项目成本管理[M].北京:中国建筑工业出版社,2016.
[18] 从培经.工程项目管理[M].北京:中国建筑工业出版社,2012.
[19] 齐宝库.工程项目管理[M].北京:化学工业出版社,2016.
[20] 蔺石柱,闫文周.工程项目管理[M].2版.北京:机械工业出版社,2015.
[21] 全国造价工程师执业资格考试培训教材编审委员会.建设工程技术与计量(全国造价工程师执业资格考试培训教材)[M].北京:中国计划出版社,2016.
[22] 陆惠民,苏振民,王延树.工程项目管理[M].3版.南京:东南大学出版社,2015.
[23] 丁士昭.建设工程项目管理[M].2版.北京:中国建筑工业出版社,2014.
[24] 张跃松.房地产项目管理[M].北京:中国人民大学出版社,2010.
[25] 周建国.工程项目管理基础[M].北京:人民交通出版社,2007.

[26] 全国一级建造师执业资格考试用书编写委员会.建筑工程管理与实务[M].北京:中国建筑工业出版社,2016.
[27] 全国一级建造师执业资格考试用书编写委员会.建设工程项目管理[M].北京:中国建筑工业出版社,2016.
[28] 卢向南.项目计划与控制[M].2版.北京:机械工业出版社,2009.